U0288759

软件设计和体系结构

秦 航 主编

张 健 夏浩波 邱 林 徐杏芳 胡森森 副主编

清华大学出版社

北京

内 容 简 介

本书全面系统地讲述软件设计和体系结构的相关思想、理论和方法,并提供了来自业界的最新研究内容和进展。全书共包含 14 章,第 1 章是软件工程和软件设计概述,第 2 章至第 14 章讲述软件模型和描述、软件体系结构建模和 UML、软件设计过程、软件体系结构风格、面向对象的软件设计方法、面向数据流的软件设计方法、用户界面分析与设计、设计模式、Web 服务体系结构、基于分布构件的体系结构、软件体系结构评估、软件设计的进化、云计算的体系结构。

本书条理清晰、语言流畅、通俗易懂,在内容组织上力求自然、合理、循序渐进,并提供了丰富的实例和实践要点,使读者更好地把握软件工程学科的特点,更容易理解所学的理论知识,掌握软件设计和体系结构的应用。

本书可作为高等学校的软件工程专业、计算机应用专业和相关专业的教材,并可作为其他各类软件工程技术人员的参考书。

图书在版编目(CIP)数据

软件设计和体系结构/秦航主编.--北京:清华大学出版社,2014(2020.8重印)
21 世纪高等学校规划教材·软件工程
ISBN 978-7-302-34696-8

Ⅰ.①软… Ⅱ.①秦… Ⅲ.①软件设计 ②软件—计算机体系结构 Ⅳ.①TP311.5

中国版本图书馆 CIP 数据核字(2013)第 290904 号

责任编辑:魏江江 王冰飞
封面设计:傅瑞学
责任校对:白 蕾
责任印制:宋 林

出版发行:清华大学出版社
    网 址:http://www.tup.com.cn,http://www.wqbook.com
    地 址:北京清华大学学研大厦 A 座   邮 编:100084
    社 总 机:010-62770175   邮 购:010-62786544
    投稿与读者服务:010-62776969,c-service@tup.tsinghua.edu.cn
    质量反馈:010-62772015,zhiliang@tup.tsinghua.edu.cn
    课件下载:http://www.tup.com.cn,010-83470236
印 装 者:三河市铭诚印务有限公司
经 销:全国新华书店
开 本:185mm×260mm 印 张:22.25   字 数:567 千字
版 次:2014 年 2 月第 1 版   印 次:2020 年 8 月第 8 次印刷
印 数:7101~8600
定 价:39.00 元

产品编号:056070-01

出 版 说 明

　　随着我国改革开放的进一步深化,高等教育也得到了快速发展,各地高校紧密结合地方经济建设发展需要,科学运用市场调节机制,加大了使用信息科学等现代科学技术提升、改造传统学科专业的投入力度,通过教育改革合理调整和配置了教育资源,优化了传统学科专业,积极为地方经济建设输送人才,为我国经济社会的快速、健康和可持续发展以及高等教育自身的改革发展做出了巨大贡献。但是,高等教育质量还需要进一步提高以适应经济社会发展的需要,不少高校的专业设置和结构不尽合理,教师队伍整体素质亟待提高,人才培养模式、教学内容和方法需要进一步转变,学生的实践能力和创新精神亟待加强。

　　教育部一直十分重视高等教育质量工作。2007 年 1 月,教育部下发了《关于实施高等学校本科教学质量与教学改革工程的意见》,计划实施"高等学校本科教学质量与教学改革工程(简称'质量工程')",通过专业结构调整、课程教材建设、实践教学改革、教学团队建设等多项内容,进一步深化高等学校教学改革,提高人才培养的能力和水平,更好地满足经济社会发展对高素质人才的需要。在贯彻和落实教育部"质量工程"的过程中,各地高校发挥师资力量强、办学经验丰富、教学资源充裕等优势,对其特色专业及特色课程(群)加以规划、整理和总结,更新教学内容、改革课程体系,建设了一大批内容新、体系新、方法新、手段新的特色课程。在此基础上,经教育部相关教学指导委员会专家的指导和建议,清华大学出版社在多个领域精选各高校的特色课程,分别规划出版系列教材,以配合"质量工程"的实施,满足各高校教学质量和教学改革的需要。

　　为了深入贯彻落实教育部《关于加强高等学校本科教学工作,提高教学质量的若干意见》精神,紧密配合教育部已经启动的"高等学校教学质量与教学改革工程精品课程建设工作",在有关专家、教授的倡议和有关部门的大力支持下,我们组织并成立了"清华大学出版社教材编审委员会"(以下简称"编委会"),旨在配合教育部制定精品课程教材的出版规划,讨论并实施精品课程教材的编写与出版工作。"编委会"成员皆来自全国各类高等学校教学与科研第一线的骨干教师,其中许多教师为各校相关院、系主管教学的院长或系主任。

　　按照教育部的要求,"编委会"一致认为,精品课程的建设工作从开始就要坚持高标准、严要求,处于一个比较高的起点上;精品课程教材应该能够反映各高校教学改革与课程建设的需要,要有特色风格、有创新性(新体系、新内容、新手段、新思路,教材的内容体系有较高的科学创新、技术创新和理念创新的含量)、先进性(对原有的学科体系有实质性的改革和发展,顺应并符合 21 世纪教学发展的规律,代表并引领课程发展的趋势和方向)、示范性(教材所体现的课程体系具有较广泛的辐射性和示范性)和一定的前瞻性。教材由个人申报或各校推荐(通过所在高校的"编委会"成员推荐),经"编委会"认真评审,最后由清华大学出版社审定出版。

　　目前,针对计算机类和电子信息类相关专业成立了两个"编委会",即"清华大学出版社计算机教材编审委员会"和"清华大学出版社电子信息教材编审委员会"。推出的特色精品教材包括：

（1）21世纪高等学校规划教材·计算机应用——高等学校各类专业，特别是非计算机专业的计算机应用类教材。

（2）21世纪高等学校规划教材·计算机科学与技术——高等学校计算机相关专业的教材。

（3）21世纪高等学校规划教材·电子信息——高等学校电子信息相关专业的教材。

（4）21世纪高等学校规划教材·软件工程——高等学校软件工程相关专业的教材。

（5）21世纪高等学校规划教材·信息管理与信息系统。

（6）21世纪高等学校规划教材·财经管理与应用。

（7）21世纪高等学校规划教材·电子商务。

（8）21世纪高等学校规划教材·物联网。

清华大学出版社经过三十多年的努力，在教材尤其是计算机和电子信息类专业教材出版方面树立了权威品牌，为我国的高等教育事业做出了重要贡献。清华版教材形成了技术准确、内容严谨的独特风格，这种风格将延续并反映在特色精品教材的建设中。

清华大学出版社教材编审委员会
联系人：魏江江
E-mail：weijj@tup. tsinghua. edu. cn

前言

计算机语言 C++ 的发明人 Bjarne Stroustrup 这样说道："人类的文明运行于软件之上。" 在过去的半个世纪里，软件已成为构建我们这个世界的深入渗透的人工产品。以前，软件工程师致力于如何操纵计算机，使其正常工作并正确地解决问题，当时软件的核心是数据的组织和算法的实现。如今，越来越多的底层工作，像内存管理、网络通信等，都已实现自动化了，或者可以用更少的代码来重用。这样，软件工程师就无须在机器代码中埋头苦干，而是使用高级编程语言、集成开发工具把更多的问题留给软件本身。随着软件的功能越来越强，使用越来越方便，规模和复杂程度越来越高，无论是大型的电信网络管理系统，还是大规模应用的互联网架构，以及企业级的 ERP 软件，构建软件系统比起以前更加困难。

解决这些复杂、困难问题的关键，正是软件设计和体系结构。

作为软件开发的核心活动之一，软件设计对开发出满足需求的高质量软件起关键作用。软件设计需要综合考虑软件系统的各种约束条件，并给出相应方案，因此，及早发现软件设计中存在的错误将极大地减少修复成本、维护成本。程序设计方法的快速发展和应用程序的大量部署，使现有计算机系统内部的代码构成差异很大。须知，应用软件市场竞争的加剧对更快的用户需求交付、更多的系统功能、更可靠的性能要求越来越高，于是就有了复用现有的系统代码、代码外包，以及采购商品化构件进行系统集成。在这种大环境下，很多软件工程师都不能很舒服地采用一种程序设计方法，从头开始，按照详细设计书进行开发，而是从阅读、维护或迁移各种已有的系统代码、外包代码进行程序设计。各种程序设计方法隐藏在不同来源的代码中，要理解、复用、改造这些代码，软件工程师应全面了解各种方法的优点和局限，因为不存在一种放之四海而皆准的程序设计方法，各种方法都有其长处和短处。例如，更抽象和高级的方法，在带来开发效率提高的同时，往往会导致执行效率的降低；更低级和离硬件近的方法，尽管可能学习时间短，但是适应面受到了限制。适合的才是最好的，软件工程师需要根据自己的情况，分析、选择适合的程序设计方法。

软件如同建筑，它的设计不能脱离实用价值。今天，"软件架构师"这个在软件领域负责软件设计、分析、处理来自不同涉众、不同关注点和需求关系的职位，已经被普遍认为是软件开发团队的核心。在软件工程方法中，需求和设计之间存在着一条很难逾越的鸿沟，从而很难有效地将需求转换为相应的设计，软件体系结构的出现，在软件需求与软件设计之间架起了一座"桥梁"，由此实现了软件系统的结构和需求向实现的平坦过渡。软件体系结构是软件架构师洞见系统内部结构、规律、原则、逻辑的过程。作为系统整体设计的刻画，软件体系结构包括全局组织与控制结构，构件间通信、同步、数据访问的协议，设计元素间的功能分配，物理分布，设计元素集成，伸缩性和性能，设计选择等。软件项目开发首先需要一个健壮、优雅、灵活、易维护的软件体系结构。正因为如此，软件体系结构讨论如何快速、可靠地复用构件构造系统的方式，着重于软件系统自身的整体结构和构件间的互联，主要包括软件体系结构的原理和风格、软件体系结构的描述和规约、特定领域的软件体系结构、基于软件体系结构的构件组装机制等。

　　全书由秦航任主编,第 1、14 章由秦航编写,第 2 章由包小军编写,第 3、9 章由夏浩波编写,第 4、6 章由邱林编写,第 5、7、11 章由张健编写,第 8、10 章由徐杏芳编写,第 12、13 章由胡森森编写,付盈参与了第 5、9、13 章的编写。全书由秦航负责统稿,由王同喜主审。借此机会,作者谨向为本书付出辛勤劳动和智慧的老师和同仁表示诚挚的谢意。

　　本书可作为高等院校"软件设计与体系结构"课程的教材或教学参考书,也可供有一定实际经验的软件工程人员和需要开发应用软件的广大计算机用户阅读参考。由于作者水平有限,书中不当与错误之处在所难免,敬请读者和专家提出宝贵的意见,以帮助本书不断地改进和完善。

编　者

2013 年 10 月

目 录

第1章　软件工程和软件设计概述 ·· 1

1.1　软件 ·· 1

　　1.1.1　软件的本质 ··· 1

　　1.1.2　软件神话 ·· 6

1.2　软件工程 ·· 7

　　1.2.1　软件工程基础知识 ·· 7

　　1.2.2　软件过程和软件工程实践 ··· 9

　　1.2.3　网络环境带来的影响 ··· 11

1.3　软件设计 ·· 14

　　1.3.1　软件工程中的设计 ·· 14

　　1.3.2　设计过程和设计质量 ··· 15

　　1.3.3　软件设计原则 ·· 16

1.4　软件体系结构 ·· 20

　　1.4.1　什么是软件体系结构 ··· 20

　　1.4.2　软件体系结构的内容 ··· 25

　　1.4.3　设计阶段的软件体系结构 ··· 29

1.5　小结 ·· 33

1.6　思考题 ·· 33

第2章　软件模型和描述 ·· 34

2.1　什么是软件模型 ··· 34

2.2　软件模型的发展历程 ·· 35

2.3　软件模型解析 ·· 35

　　2.3.1　功能模型 ·· 36

　　2.3.2　对象模型 ·· 40

　　2.3.3　组件模型 ·· 42

　　2.3.4　配置型组件模型 ·· 46

　　2.3.5　服务模型 ·· 49

　　2.3.6　抽象模型 ·· 51

2.4　深入认识软件模型 ·· 55

　　2.4.1　软件体系结构的描述 ··· 55

　　2.4.2　软件体系结构的设计 ··· 58

2.5　体系结构描述语言 ·· 59

2.5.1　ADL 简介 ……………………………………………… 59

2.5.2　几种典型 ADL 的比较 …………………………………… 61

2.5.3　描述体系结构行为 ………………………………………… 62

2.6　小结 ………………………………………………………………… 63

2.7　思考题 ……………………………………………………………… 63

第 3 章　软件体系结构建模和 UML ………………………………………… 64

3.1　软件体系结构建模概述 …………………………………………… 64

3.2　基于软件体系结构的开发 ………………………………………… 65

3.3　UML 概述 …………………………………………………………… 66

3.3.1　UML 的发展历程 …………………………………………… 66

3.3.2　UML 的特点和用途 ………………………………………… 67

3.3.3　UML 2.0 的建模机制 ……………………………………… 67

3.4　面向对象方法 ……………………………………………………… 67

3.4.1　面向对象方法中的基本概念 ……………………………… 68

3.4.2　面向对象方法的优势 ……………………………………… 70

3.5　UML 2.0 中的结构建模 …………………………………………… 70

3.5.1　类图 ………………………………………………………… 71

3.5.2　对象图 ……………………………………………………… 74

3.5.3　构件图 ……………………………………………………… 74

3.5.4　部署图 ……………………………………………………… 75

3.6　UML 2.0 中的行为建模 …………………………………………… 75

3.6.1　用例图 ……………………………………………………… 76

3.6.2　顺序图 ……………………………………………………… 77

3.6.3　通信图 ……………………………………………………… 78

3.6.4　交互概览图 ………………………………………………… 78

3.6.5　时序图 ……………………………………………………… 79

3.6.6　状态图 ……………………………………………………… 79

3.6.7　活动图 ……………………………………………………… 80

3.7　小结 ………………………………………………………………… 80

3.8　思考题 ……………………………………………………………… 81

第 4 章　软件设计过程 ……………………………………………………… 82

4.1　软件设计基础 ……………………………………………………… 82

4.2　软件体系结构设计 ………………………………………………… 86

4.3　高可信软件设计 …………………………………………………… 90

4.3.1　可信软件的特点 …………………………………………… 90

4.3.2　容错设计 …………………………………………………… 90

4.3.3　软件失效模式和影响分析 ………………………………… 91

4.3.4　软件故障树分析 …………………………………………… 92

　　　　4.3.5　形式化方法 ·· 93
　　　　4.3.6　净室方法 ·· 93
　　4.4　软件设计规格说明 ··· 94
　　4.5　软件设计评审 ··· 94
　　4.6　小结 ··· 95
　　4.7　思考题 ··· 95

第 5 章　软件体系结构风格 ··· 96
　　5.1　软件体系结构风格概述 ··· 96
　　5.2　软件体系结构基本风格解析 ······································· 97
　　　　5.2.1　管道-过滤器 ··· 97
　　　　5.2.2　数据抽象和面向对象风格 ·································· 100
　　　　5.2.3　基于事件的隐式调用风格 ·································· 100
　　　　5.2.4　分层系统风格 ··· 101
　　　　5.2.5　仓库风格和黑板风格 ······································ 103
　　　　5.2.6　模型-视图-控制器风格 ···································· 106
　　　　5.2.7　解释器风格 ··· 107
　　　　5.2.8　C2 风格 ·· 108
　　5.3　案例分析 ·· 109
　　　　5.3.1　案例 1：上下文关键字 ···································· 109
　　　　5.3.2　案例 2：仪器软件 ·· 112
　　5.4　C/S 风格 ·· 115
　　5.5　三层 C/S 结构风格 ·· 117
　　　　5.5.1　三层 C/S 结构的优点 ····································· 119
　　　　5.5.2　案例：某石油管理局劳动管理信息系统 ···················· 120
　　5.6　B/S 风格 ·· 123
　　5.7　C/S 与 B/S 混合结构风格 ·· 124
　　5.8　正交软件体系结构风格 ··· 125
　　　　5.8.1　正交软件体系结构的概念 ·································· 125
　　　　5.8.2　正交软件体系结构的优点 ·································· 126
　　　　5.8.3　正交软件体系结构的实例 ·································· 126
　　5.9　异构结构风格 ·· 129
　　　　5.9.1　使用异构结构的原因 ······································ 129
　　　　5.9.2　异构体系结构的实例 ······································ 130
　　　　5.9.3　异构组合匹配问题 ·· 133
　　5.10　小结 ·· 134
　　5.11　思考题 ··· 134

第 6 章　面向对象的软件设计方法 ··· 135
　　6.1　面向对象方法概述 ··· 135

6.2 面向对象的分析与设计 ……………………………………………… 136

6.2.1 面向对象的系统开发过程概述 ……………………………… 136

6.2.2 面向对象分析 ………………………………………………… 137

6.2.3 面向对象设计 ………………………………………………… 137

6.3 面向对象的分析与设计过程案例：图书管理系统 ……………………… 146

6.3.1 用例分析与设计 ……………………………………………… 146

6.3.2 静态建模 ……………………………………………………… 150

6.3.3 系统设计 ……………………………………………………… 151

6.3.4 对象设计 ……………………………………………………… 152

6.3.5 部署模型设计 ………………………………………………… 153

6.4 小结 ………………………………………………………………………… 153

6.5 思考题 ……………………………………………………………………… 154

第7章 面向数据流的软件设计方法 ……………………………………… 155

7.1 数据流图与数据字典 ……………………………………………………… 155

7.1.1 数据流图 ……………………………………………………… 155

7.1.2 数据字典 ……………………………………………………… 162

7.2 实体-关系图 ……………………………………………………………… 163

7.3 状态迁移图 ………………………………………………………………… 164

7.4 案例分析：教材购销系统 ………………………………………………… 166

7.4.1 数据流图的建立 ……………………………………………… 166

7.4.2 数据字典的建立 ……………………………………………… 168

7.5 面向数据流的需求分析方法 ……………………………………………… 172

7.5.1 自顶向下逐层分解 …………………………………………… 174

7.5.2 描述方式 ……………………………………………………… 175

7.5.3 步骤 …………………………………………………………… 175

7.6 面向数据流的设计方法 …………………………………………………… 175

7.6.1 信息流的类型 ………………………………………………… 175

7.6.2 变换分析 ……………………………………………………… 177

7.6.3 事务分析 ……………………………………………………… 181

7.6.4 启发式设计策略 ……………………………………………… 182

7.6.5 设计优化 ……………………………………………………… 183

7.7 小结 ………………………………………………………………………… 184

7.8 思考题 ……………………………………………………………………… 184

第8章 用户界面分析与设计 ……………………………………………… 186

8.1 人性因素 …………………………………………………………………… 186

8.2 设计良好界面的主要途径 ………………………………………………… 187

8.2.1 分析用户类型 ………………………………………………… 187

8.2.2 运用黄金规则 ………………………………………………… 188

8.3　用户界面分析 ·· 189
　　8.3.1　用户分析 ·· 189
　　8.3.2　任务分析和建模 ·· 189
　　8.3.3　内容展示分析 ·· 190
　　8.3.4　工作环境分析 ·· 190
8.4　用户界面设计 ·· 190
　　8.4.1　设计过程 ·· 190
　　8.4.2　界面对象、动作和布局的定义 ··· 192
　　8.4.3　设计用户界面需考虑的问题 ·· 193
8.5　用户界面原型 ·· 194
　　8.5.1　设计用户界面原型需考虑的问题 ··· 194
　　8.5.2　实施用户界面原型 ·· 196
　　8.5.3　获得有关用户界面原型的反馈 ··· 197
　　8.5.4　如何展示原型 ·· 198
8.6　界面设计的评估 ·· 198
8.7　小结 ·· 199
8.8　思考题 ··· 199

第 9 章　设计模式 ·· 200

9.1　设计模式与体系结构描述 ··· 200
9.2　设计模式的主要作用 ·· 202
9.3　常用设计模式解析 ··· 202
　　9.3.1　创建型设计模式 ·· 202
　　9.3.2　结构型设计模式 ·· 206
　　9.3.3　行为型设计模式 ·· 215
9.4　深入认识设计模式 ··· 221
9.5　小结 ·· 223
9.6　思考题 ··· 223

第 10 章　Web 服务体系结构 ·· 224

10.1　Web 服务概述 ·· 224
10.2　Web 服务体系结构模型 ··· 226
10.3　Web 服务的核心技术 ·· 227
10.4　面向服务软件体系结构 ·· 234
10.5　Web 服务的应用实例 ·· 237
　　10.5.1　Web 服务的创建 ·· 237
　　10.5.2　Web 服务的发布 ·· 238
　　10.5.3　Web 服务的调用 ·· 238
10.6　小结 ·· 238
10.7　思考题 ··· 239

第 11 章　基于分布构件的体系结构 ·················· 240

11.1　EJB 分布构件框架 ·················· 240

11.1.1　EJB 技术 ·················· 240

11.1.2　EJB 的规范介绍 ·················· 242

11.1.3　EJB 的体系结构 ·················· 243

11.2　DCOM 分布构件框架 ·················· 247

11.2.1　DCOM 的使用 ·················· 247

11.2.2　DCOM 的特点 ·················· 248

11.2.3　DCOM 的灵活配置与扩展机制 ·················· 250

11.2.4　在应用间共享连接管理 ·················· 252

11.2.5　DCOM 的安全性设置 ·················· 254

11.3　COBRA 分布构件框架 ·················· 258

11.3.1　COBRA 的基本原理 ·················· 258

11.3.2　CORBA 的体系结构 ·················· 261

11.3.3　CORBA 规范 ·················· 265

11.3.4　CORBA 产品概述 ·················· 266

11.3.5　讨论 ·················· 269

11.4　小结 ·················· 270

11.5　思考题 ·················· 270

第 12 章　软件体系结构评估 ·················· 271

12.1　软件体系结构评估的定义 ·················· 271

12.1.1　质量属性 ·················· 271

12.1.2　评估的必要性 ·················· 274

12.1.3　基于场景的评估方法 ·················· 275

12.2　SAAM 体系结构分析方法 ·················· 276

12.2.1　SAAM 的一般步骤 ·················· 277

12.2.2　场景的形成 ·················· 278

12.2.3　描述软件体系结构 ·················· 278

12.2.4　场景的分类和优先级划分 ·················· 278

12.2.5　间接场景的单独评估 ·················· 279

12.2.6　评估场景交互 ·················· 279

12.2.7　形成总体评估 ·················· 280

12.3　ATAM 体系结构权衡分析方法 ·················· 280

12.3.1　ATAM 参与人员 ·················· 280

12.3.2　ATAM 结果 ·················· 281

12.3.3　ATAM 的一般过程 ·················· 282

12.3.4　ATAM 评估阶段 ·················· 284

12.4　评估方法比较 ·················· 285

12.4.1　场景的生成方式不同 ·· 285

12.4.2　风险承担者商业动机的表述方式不同 ················· 285

12.4.3　软件体系结构的描述方式不同 ·························· 286

12.5　小结 ··· 286

12.6　思考题 ·· 287

第13章　软件设计的进化 ·· 288

13.1　软件演化概述 ·· 288

13.2　软件需求演化 ·· 290

13.3　软件演化的分类 ·· 291

13.4　软件的进化策略 ·· 292

13.4.1　函数层次 ·· 292

13.4.2　类层次 ··· 292

13.4.3　构件层次 ·· 292

13.4.4　体系结构层次 ·· 293

13.5　软件再工程 ··· 293

13.5.1　业务过程重构 ·· 294

13.5.2　软件再工程的过程模型 ·································· 296

13.5.3　软件再工程中的经济因素 ································ 297

13.6　软件体系结构的演化 ··· 298

13.6.1　软件体系结构模型 ······································ 298

13.6.2　动态软件体系结构 ······································ 298

13.6.3　软件体系结构的重建 ···································· 299

13.7　重构 ··· 300

13.7.1　重构的目标 ·· 300

13.7.2　如何重构 ·· 301

13.8　软件移植 ··· 302

13.8.1　源代码移植 ·· 303

13.8.2　二进制移植方法 ·· 303

13.9　小结 ··· 304

13.10　思考题 ·· 305

第14章　云计算的体系结构 ··· 306

14.1　云计算 ·· 306

14.1.1　云计算的定义和技术特点 ································ 307

14.1.2　云计算的分类 ·· 311

14.1.3　云计算与网格计算 ······································ 313

14.2　云计算服务模型 ·· 314

14.2.1　云设计目标 ·· 314

14.2.2　基础设施层 IaaS ·· 315

14.2.3 平台层 PaaS 和应用程序层 SaaS ·· 319

14.3 云计算主要平台 ·· 323

14.3.1 谷歌应用引擎 ··· 323

14.3.2 亚马逊的弹性计算云 ·· 328

14.3.3 IBM 的蓝云系统 ··· 329

14.3.4 微软的 Azure ·· 330

14.3.5 我国云计算产业的发展 ··· 331

14.4 新兴云软件环境 ·· 332

14.4.1 开源云计算基础设施 ·· 332

14.4.2 Eucalyptus ·· 332

14.4.3 Nimbus ··· 333

14.4.4 RESERVOIR ·· 334

14.5 云计算的机遇与挑战 ·· 335

14.6 小结 ··· 336

14.7 思考题 ··· 336

参考文献 ··· 337

第1章 软件工程和软件设计概述

三十辐共一毂，当其无，有车之用。埏埴以为器，当其无，有器之用。凿户牖以为室，当其无，有室之用。故有之以为利，无之以为用。

——老子《道德经》

现在，软件已经成为计算机系统、产品中的关键部分，并且成为世界舞台上最重要的技术之一。

在过去的半个世纪里，软件已经从解决问题、分析信息的专用工具，发展成为独立的产业。但是，随着软件的功能越强、使用越方便、规模和复杂程度越高，如何在有限的时间里以有限的资金开发高质量的软件，成为我们面临的难题。软件系统的发展，关键在于软件设计和体系结构的发展，它们是软件工程、软件开发过程的重要组成部分。软件工程强调用工程化的方法开发软件，软件设计对开发高质量的软件起到关键作用。作为软件工程的一个蓬勃发展的领域，作为在软件设计过程中控制软件的复杂性，支持软件开发、复用的重要手段，软件体系结构自提出以来就不断受到软件工程师的普遍关注。

本章共分4个部分，1.1节介绍软件，1.2节介绍软件工程，1.3节介绍软件设计，1.4节介绍软件体系结构。

1.1 软件

1.1.1 软件的本质

计算机软件是由专业人员开发并长期维护的软件产品。

完整的软件产品包括可以在不同规模和体系结构的计算机上运行的程序，在程序运行过程中产生的各种结果、各种描述信息，这些信息能以硬拷贝或者电子媒介的形式存在。作为产品生产的载体，软件提供了计算机控制（操作系统）、信息通信（网络）、应用程序开发和控制（软件工具和环境）的基础平台。

软件科学成为今天商业、科学、工程必需的技术，促进了新科技的创新和发展。软件技术已经成为个人计算机革命的推动力量，消费者能够很容易地购买、下载、安装合适的软件产品。随着产品逐渐演化为服务，软件公司随需应变，可以比传统工业时代的公司更大、更有影响力。在大量应用软件的驱动下，互联网迅速发展，并将对人们生活的诸多方面（从图书文献搜索、消费购物到政治演说，甚至年轻人的交友习惯）引起革命性的变化。

现在，一个庞大的软件产业已经成为工业经济中的主导因素。作为新兴产业，软件从无到

图 1-1　软件与信息的转换

有,从小到大,蓬勃发展。但是,无论在国外、国内,软件危机(Software Crisis)的"达摩克利斯之剑"一直高悬在软件从业者头顶,至今挥之不去。图 1-1 所示为软件与信息的转换,软件不是有形的物理产品,而是人类思维的产物,软件不是被制造出来的,而是被思考出来的。实际上,正如当前的计算机硬件受到本质的物理条件限制,如光速对硬件速度的限制、原子直径对硬件尺寸的限制等,软件也受到本质的条件限制,这就是软件的复杂性。

而解决上述软件危机的关键是解决软件固有的复杂性问题。

如今,早期的独立程序员已经被专业的软件开发团队代替,团队中的不同专业技术人员分别关注复杂的应用系统中的某一个技术部分。然而,和过去的单个程序员一样,现在的软件开发人员依然面临同样的问题:

◇ 为什么软件需要如此长的开发时间?

◇ 为什么开发成本居高不下?

◇ 为什么在软件交付顾客使用之前,程序员无法找到所有的错误?

◇ 为什么维护已有的程序要花费高昂的时间和人力代价?

◇ 为什么软件开发、维护的过程依旧难以度量?

种种问题,显示了业界对软件以及软件开发方式的关注,这些关注促使了业界对软件工程实践方法的采纳。

1. 软件的特性和分类

软件也是一系列按照特定顺序组织的计算机数据和指令的集合。

一般来说,软件被划分为编程语言、系统软件、应用软件、中间件。其中,系统软件为计算机提供最基本的功能,而不针对特定的应用领域。应用软件恰恰相反,不同的应用软件根据用户和所服务的领域提供不同的功能。软件并不只是包含在计算机上运行的程序,和计算机程序相关的文档也被视作软件的一部分。简单地说,软件就是程序和文档的集合体。软件被应用于世界的各个领域,对人们的生活、工作都产生了深远的影响。

为了更好地理解软件的含义,有必要将软件和其他人工产品加以区分。软件是逻辑的而非物理的系统元素,因此软件和硬件具有完全不同的特性。

1) 软件不是在传统意义上生产制造的,而是由设计开发的

虽然软件开发和硬件制造存在某些相似点,但两者根本不同。两者均可通过优秀的设计获取高品质的产品,然而,硬件在制造阶段会引入质量问题,而这在软件中并不存在(或者易于纠正);两者都依赖人,但是人员和工作成果之间的对应关系完全不同;两者都需要构建产品,但是构建方法不同。软件产品成本主要在于开发设计,因此不能像管理制造项目那样管理软件开发项目。

2) 软件不会像硬件那样磨损和老化

图 1-2 左边的"浴缸曲线"描述了硬件失效率,其中,失效率是时间的函数。该曲线的关系

图显示,硬件在早期具有相对较高的失效率(这种失效通常来自设计、生产缺陷),将缺陷逐一纠正后,失效率随之降低,并在一段时间内保持平稳(理想情况下很低)。然后,随着时间的推移,因为灰尘、震动、使用不当、温度超限以及其他环境问题所造成的硬件组件损耗的累积,使得失效率再次提高。简言之,硬件开始磨损了。

而软件,不会受引起硬件磨损的环境问题的影响。

因此,从理论上说,软件的失效率曲线,应该呈现为图 1-2 右边的"理想曲线"。未知的缺陷,在程序的生命周期前期会造成高失效率。然后,随着错误被纠正,曲线将趋于平缓。理想曲线只是软件实际失效模型的粗略简化,含义很明显,即软件不会磨损,但是软件退化的确存在。

这个看上去矛盾的现象,用图 1-2 右边的"实际曲线"能够很好地解释。在完整的生存周期里,软件面临变更,每次变更都可能引入新的错误,使得失效率像实际曲线那样陡然上升。在曲线回到最初的稳定失效率状态前,新的变更会引起曲线又一次上升。这样,最小的失效率点沿斜线(类似于)逐渐上升,可以说,不断的变更是软件退化的根本原因。

磨损的另一方面说明了软/硬件的不同。磨损的硬件部件,可以用备用部件替换,而软件却不存在备用部件。每个软件的缺陷,都暗示了设计的缺陷或者在从设计转化到机器可执行代码的过程中产生的错误。因此,软件维护要应对变更请求,比硬件维护更加复杂。

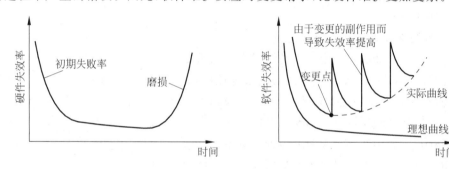

图 1-2　硬件和软件的失效曲线图

3) 随着构件构造模式的发展,软件需要根据实际需求定制

构件(Component)在计算机科学中指一个系统或软体中的基本组成部分。

工程学科的发展,将产生一系列标准的设计器件。标准螺丝钉及可订购的集成电路,只是机械工程师、电子工程师在设计新系统时所使用的上千种标准器件中的两种。可复用构件的使用,使得工程师专注于设计中的创新部分和新的内容。在硬件设计中,构件复用是工程进程中通用的方法。而在软件设计中,大规模的复用才刚刚开始尝试。

软件的构件应该被设计、实现成可在不同程序中复用的组件。现代的可复用构件封装了数据和数据处理,使得软件工程师能够利用它来构造新的应用程序。例如,现在的交互式用户界面,就使用可复用构件构造图形窗口、下拉菜单和各种交互机制,构造用户界面所需的数据结构、处理细节,被封装在用于用户界面设计的可重用构件库中。

下面来看看软件的分类。

目前,计算机软件分为 7 个大类:①系统软件(主要功能是调度、监控和维护计算机系统,负责管理计算机系统中各种独立的硬件,使之协调工作);②应用软件(为了某种特定用途被开发的软件);③嵌入式软件(嵌入在硬件中的操作系统和开发工具软件,它们在产业中的关联关系体现为芯片设计制造→嵌入式系统软件→嵌入式电子设备的开发、制造);④科学和工程计算软件(通常带有数值计算算法的特征,涵盖了广泛的应用领域,从天文学到火山学,从自动应力分析到航天飞机轨道动力学,从分子生物学到自动制造业);⑤产品线软件(关注有限的特定的专业市场,如库存控制产品,或者大众消费品市场,如文字处理、电子制表软件、计算机绘图、多媒体、娱乐、数据库管理、个人及公司财务应用);⑥人工智能软件(该领域的应用程序利用非数值算法,包括机器人、专家系统、模式识别、人工神经网络、定理证明、博弈等);⑦Web 应用软件(一类以网络为中心的软件,随着 Web 2.0 的出现,不仅为最终用户提供独立的特性、计算功能、内容信息,还与企业数据库、商务应用程序相结合)。软件工程师正面临着持续的挑战。

全世界所有的软件工程师,正在为上述软件项目努力工作。有时建立一个新的系统,有时只是对现有应用程序纠错、适应性调整和升级,永远在线发布、在线升级 beta(试用)版并朝着贴近用户需求的方向不断完善。然而,新的挑战逐渐显现出来,如开放计算(无线网络的快速发展,促成普适计算的实现,软件工程师开发系统、应用软件,使得移动设备、个人计算机、企业应用可以通过大量的网络设施进行通信)、开源软件(将系统应用程序,如操作系统、数据库、开发环境代码开放,使得很多人能够为软件开发做贡献,如 Linux、Apache、MySQL、Eclipse、TeX、GNU Emacs),等等。毫无疑问,所有这些新的挑战将对商务人员、软件工程师、最终用户产生无法预测的结果。然而,软件工程师可以做一些准备,灵活应变,以适应未来必将发生的种种技术和业务变化。

2. 软件的演变和人类的认识过程

下面把计算机软件的发展史和人类认识世界的历史进行比较。

文艺复兴时期,现代科学产生了两大重量级理论,表现为理性主义和经验主义。其中,理性主义认为,理智是信息的主要来源,并给出假设,只需要通过思考就能够理解和描述这个真实的世界。理性主义的支持者包括现代科学的众多先驱,像法国哲学家、数学家勒内·笛卡儿(Rene Descartes),德国数学家戈特弗里德·威廉·莱布尼茨(Gottfried Wilhelm Leibniz),泛神论的创始人荷兰哲学家巴鲁赫·斯宾诺莎(Benedict Spinoza)。

在英吉利海峡的另一边,诞生了经验主义。几乎在同一时代,那些伟大的英国思想家,如大卫·休姆(David Hume)、约翰·洛克(John Locke)、乔治·贝克莱(George Berkeley)都坚持认为,人类对世界的认识主要来源于经验。如果看不到、听不到、感觉不到我们现有的这个世界,那么人们根本无法对这个世界进行思考。

在 20 世纪 40 年代和 50 年代,编写代码是一件非常困难的事。人们不得不学习机器语言,同时还要知道寄存器的大小、数量。如果出现麻烦活,还得拿起螺丝刀亲自上阵,去连接计算单元的信号线。人们没有太多精力去思考算法,而是将精力花在把算法编写成可执行代码上,编程在那时是一种枯燥、机械的工作。

FORTRAN 语言的出现,给当时的程序员带来了福音。与经验主义者一样,程序员只关心数学公式的计算,而无须考虑其他内容,他们可以完全不了解汇编语言,也不用关心计算机内部的技术细节。然后,可以把琐碎的事情丢到一边,而专注于更重要的事,如怎样将数学公式写成相应的算法步骤,再交给计算机进行计算。FORTRAN 语言简化了软件开发过程,几乎没有什么东西是不能用它来处理的,这是经验主义者的一个巨大成功。

不过,编码不是一件简单的事,它需要变得更简单。为了解决这一矛盾,又产生了一些新语言(如 COBOL),大家打出的口号是"新手就能学"、"管理层就能读懂",进一步地简化了一些特殊任务的编码工作。虽然,今天已经没有人考虑用 COBOL 编写一个新的系统了,但是在当时,COBOL 与汇编语言或 FORTRAN 语言相比,能大大简化对数据库的操作。由此,经验主义风头更甚。

但是,并非所有人都喜欢经验主义,很多人始终认为,万事万物都是合理的,程序员也不例外。在 20 世纪 50 年代,理性主义者约翰·麦卡锡(John McCarthy)在 λ 演算的数学模型的基础上发明了 LISP 语言,λ 演算的数学模型包含了大量的理论知识。数学是一门纯理性学科,因此 LISP 完全由纯粹的推理来支持。据说,在设计 LISP 语言的时候,很多人认为,最重要的是保持数学的纯洁性。这些执著的理性主义者甚至认为,语言不一定有用,也不一定可实现,但语言必须是纯粹、干净、合理的。图 1-3 所示为计算机编程语言的演化。

图 1-3 计算机编程语言的演化

同样,从软件设计方法学角度看,程序设计语言的发展有 3 个层面:

(1) 以标准 C 语言族为典型代表的面向过程的软件设计方法:代表了编码层面的方法学。它偏重在编码层面上,将一个复杂的程序分解为函数、过程;强调计算流程中的顺序、循环、条件要素;关注程序的开发过程、执行过程,考虑需求分析、结构设计、编码到软件测试整个流程;产生了"软件生命周期"的概念,形成一整套的软件开发工具。

(2) 以 Java 语言族为典型代表的面向对象的软件设计方法:代表了软件设计层面的方法学。它以"类"为基本程序单元,对象是"类"的实例化,对象之间以消息传递为基本手段;软件的设计、编码均以类及类的对象之间的关系为核心,3 个重要特征为封装、继承、多态。

(3) 以 XML 语言为典型代表的面向构件的软件设计方法:代表了软件体系结构的方法学。它寻求比"类"的粒度更大、易于复用的"构件";希望实现软件的再设计、再工程,实现软件的二次集成。

以上 3 种设计方法,体现在过去的发展过程中,软件工程的基本模块越来越大。在网络时代,软件可将"服务"(Service)作为一个基本模块,有人称为宏编程。

有人把计算机科学分为两派,即美国派和欧洲派。

美国是实用主义的发源地,通常更务实一些;而欧洲人则更愿意探索远景。在软件领域也能发现这一特点,很多例子表明,欧洲人更倾向于理性主义而轻视实用主义。基于消息的计算和信号量同步模式的发明者 Egsger W. Dijkstra 认为,"编程是一门数学味很浓的工程学科。"按照他的说法,程序员应该坚持理性主义。然而,环顾四周,再看看程序员编写的那些软件系统,大家会感觉,其实写程序跟下厨房做饭差不多,没有多少数学内容在里面。发明了 Pascal 的 Niklaus Wirth 认为,"简单、优雅的方案往往更加有效,只不过想找到这样的方案却很困难,需要更多的时间。"该说法很正确,但在当前上市时间决定成功的年代,人们根本没有时间来探寻最佳方案。

从演变历史上看,理性主义在当今的软件工程世界里已无存身之地。现代的程序员,几乎没有几个人推崇理性主义了。Dijkstra 也曾说:"大部分程序员都没有能力编写好的代码。"现代社会不断对软件业提出新的需求,基于理性主义还是基于经验主义去理解这个世界,其实无关紧要,因为这个世界并不需要每个人都成为哲学家。编写程序也是如此,软件工程也不要求所有程序员都是科学家。

1.1.2   软件神话

软件神话即关于软件及其开发过程被盲目相信的一些说法,可以追溯到计算技术发展的初期。神话具有一些特点,让人们觉得不可捉摸。例如,神话看起来是事实的合理描述,有时的确包含真实的成分,它们符合直觉,并且经常被那些知根知底、有经验的从业人员拿来宣传。今天,大多数有见地的软件工程师意识到软件神话的本质,实际上误导了管理者、从业人员对软件开发的态度,从而引发了严重的问题。然而,由于习惯、态度的根深蒂固,这一切难以改变,软件神话遗风犹在。

《人月神话》的内容源于作者布鲁克斯在 IBM 公司 SYSTEM/360 家族(最长寿的计算机体系结构之一)和 OS/360 中的项目管理经验。

佛雷德·布鲁克斯(Fred Brooks)为美国工程院院士,曾是 1999 年的图灵奖获得者,被认为是"IBM 360 系统之父",美国计算机协会(Association for Computing Machinery,ACM)称赞他:"对计算机体系结构、操作系统和软件工程做出了里程碑式的贡献。"《人月神话》探索了达成一致性的困难和解决方法,并探讨了软件工程管理的诸多方面,既有发人深省的观点,又有软件工程的实践,为每个复杂项目的管理者给出了作者的真知灼见。

Fred Brooks 认为,对于软件开发,大型的系统开发经常遇到"焦油坑",具体描述如下:

 ◇ "史前史中,没有别的场景比巨兽在焦油坑中垂死挣扎的场面更令人震撼。上帝见证着恐龙、剑齿虎在焦油中的挣扎。挣扎越是猛烈,焦油越是缠得紧,没有任何猛兽足够强壮或具有足够的技巧能够挣脱束缚,它们最后都沉到了坑底。"

 ◇ "表面上看,好像没有任何一个单独的问题会导致困难,每个都能被解决,但是,当它们相互纠缠、积累在一起的时候,团队的行动就会变得越来越慢。对问题的麻烦程度,每个人都会感到惊讶,并且很难看清问题的本质。"

在软件领域,也很少能有像《人月神话》一样具有深远影响力和畅销不衰。作者为人们管理复杂项目提供了最具洞察力的见解,既有很多发人深省的观点,又有大量软件工程的实践。该书内容堪称软件开发项目管理的典范。

作者在该书提出如下论断:"没有一种单纯的技术或管理上的进步,能够独立地承诺在 10 年内大幅度地提高软件的生产率、可靠性、简洁性。"

《人月神话》提出两条著名的法则:①人月神话(The Mythical Man-Month),向一个已经延后的项目中投入更多的人力资源,只会让它更延后。②没有银弹(No Silver Bullet),没有一种策略、技术、技巧可以极大地提高程序员的生产力。几十年过去了,尽管软件已经深入到人们生活的各个方面,但人们仍然没有找到那颗神话般的银弹。也许,这颗银弹永远不会出现。"软件难做",编程界经典教科书的作者高德纳(Donald Knuth)这样写道,但原因何在? 由于软件本质上的条件限制,复杂性是软件系统开发和演化中永远存在的障碍。年复一年,个人、企业、政府的信息技术需求日臻复杂。一方面,软件产品是人的思维结果,软件生产水平在相当程度上取决于软件人员的教育、训练、经验的积累;另一方面,软件系统中大量堆积的底层细节和它们之间错综复杂的关系,逐渐超出了开发人员的理解能力。图 1-4 所示为 Fred Brooks、《人月神话》和书中中生代时期拉布雷亚焦油坑复原图。

图 1-4　Fred Brooks、《人月神话》和书中中生代时期拉布雷亚焦油坑复原图

1.2　软件工程

1.2.1　软件工程基础知识

1. 科学、工程和技术

"工程"一词始于南北朝,常指土木工程。

西方出现"工程"一词则要追溯到 17 世纪至 18 世纪,最初用来指战争设施的建造活动。到了近代,工程则扩展到各个领域,如矿冶工程、土木工程、机械工程、水利工程、化学工程、信息工程、生物工程、海洋工程、航空航天工程等。工程是人类的一项创造性的实践活动,是人类为了改善自身生存、生活条件,并根据当时对自然规律的认识,而进行的一项物化劳动的过程,它应早于科学,并成为科学诞生的一个源头。

钱学森、钱伟长、郭永怀的老师冯·卡门(Von Karman)曾经说过,"科学家研究已有的世界,工程师创造未来的世界。"这句话很好地解释了科学家与工程师的区别。

在中国,两千多年前李冰父子所筑的都江堰水利工程是中国古代工程的成功典范。其因势利导构思的巧妙、就地取材施工的便宜、水资源充分利用的合理,至今仍令中外水利专家赞叹不已。一项工程,能造福数千万人两千多年,到如今还在发挥着作用,在世界工程史上是一个奇迹。伏龙观有一副对联:"因地制宜,代天行化。"很好地说出了这些工程的哲学思想。

美国工程院提出了面向 2020 年的工程师必须具备的关键特征,即分析能力、实践经验、创造力、沟通能力、商务与管理能力、伦理道德,以及终身学习能力。由此可见,工程教育和科学教育是两种不同的教育,两者有一定的联系,但也有本质的区别。两种不同的实践,形成的经验背景、思维模式也迥然不同。工程的根本目的在于改造自然,创造有用的人工产品。工科学生作为未来的工程师,必须学会正确处理人与人之间的关系,具备协作意识、协调能力。启蒙思想家严复认为,"治学之材与治事之材,恒不能相兼。尝有观理极深,虑事极审,宏通渊粹,通贯万物之人,授之以事,未必即胜任而愉快。"由此可见,工程人员不能只做治学之材,而应当是治事之材。

2. 层次结构软件工程

软件工程(Software Engineering)的定义五花八门,比较公认的是美国电气与电子工程师协会(Institute of Electrical and Electronics Engineers,IEEE)给出的定义。

软件工程是:①将系统化的、规范的、可量化的方法应用于软件的开发、运行和维护,即将工程化方法应用于软件;②对①中所述方法的研究。

"软件工程"一词,公认产生于 1968 年在原西德加密斯(Garmish)召开的带有标志性的北大西洋公约组织(North Atlantic Treaty Organization,NATO)科学委员会会议。NATO 会议上首次提出了软件危机的概念(如图 1-5 所示),该概念试图建立并使用正确的软件工程方法,开发出低成本、高可靠性并能运行的软件,从而解决或缓解软件危机。

此后,软件开发开始了从"艺术"、"技巧"和"个体行为"向"工程"和"群体协同工作"转化的历程。

如图 1-6 所示,软件工程是一种层次化的技术,包括软件工程在内的任何工程方法必须构建在质量的基础之上。全面质量管理、六西格玛和类似的理念促进了不断的过程改进文化,正是这种文化,最终引导人们开发出更有效的软件工程方法。

Doug McIlroy on Software Components, 1968

图 1-5   NATO 会议上首次提出了软件危机的概念(1968 年)

工具
方法
过程
质量关注点

图 1-6   软件工程层次图

◇ 质量关注点:支持软件工程的根基在于质量关注点。

◇ 过程:软件工程的基础是过程层。软件过程将各个技术层次结合在一起,使得合理、及时地开发计算机软件成为可能。过程定义了一个框架,构建该框架是有效实施软件工程技术必不可少的。软件过程构成了软件项目管理控制的基础,建立了工作环境,以便于应用技术方法、提交工作产品、建立里程碑、保证质量、正确管理变更。

◇ 方法:软件工程方法为构建软件提供技术上的解决方法,即"如何做"。方法的覆盖面很广,包括沟通、需求分析、设计建模、编程、测试、技术支持。软件工程方法依赖于一组基本原则,这些原则涵盖了软件工程的所有技术领域,包括建模和其他描述性技术等。

◇ 工具:软件工程工具为过程、方法提供自动化或半自动化的支持。这些工具集成起来,使得一个工具产生的信息可被另外一个工具使用,这样就建立了软件开发的支撑系统,称为计算机辅助软件工程。

3. 软件工程与计算机科学

软件开发究竟是一门科学还是一项工程?这是一个人们争论了很久的问题。

实际上,软件开发兼有两者的特点,但是,这并不意味着两者可以互相混淆。很多人认为,软件工程之于计算机科学、信息科学,就如同传统意义上的工程学之于物理、化学。在美国,大约40%的软件工程师具有计算机科学的学位,世界上的其他地方,比例也差不多。软件工程师不一定每天都使用计算机科学方面的知识,但是他们每天都会使用软件工程方面的知识。表1-1所示为软件工程与计算机科学的差别。

表1-1 软件工程与计算机科学的差别

	软件工程	计算机科学
目标	在时间、资源、人员3个主要限制条件下构建满足用户需求的软件系统	探索正确的计算和建模方法,从而改进计算方法本身
产品	软件(例如办公包和编译器)	算法(例如希尔排序法)和抽象的问题(例如哲学家进餐问题)
进度与时间表	软件专案都有特定的进度与时间表	研究专案一般不具有设置的进度与时间表
关注点	软件工程关注如何为用户实现价值	软件理论关注的是软件本身运行的原理,例如时间复杂度、空间复杂度和算法的正确性
变化程度	随着技术和用户需求的不断变化,软件开发人员必须时刻调整自己的开发以适应当前的需求,同时软件工程本身也处于不断的发展之中	对于某一种特定问题的正确解决方法将永远不会改变
需要的其他知识	相关领域的知识	数学
著名的探索者和教育家	Barry Boehm、David Parnas、Fred Brooks	Edsger Dijkstra、Donald Ervin Knuth、Robert Tarjan、Peter Slater、Alan Turing、姚期智
著名的实践者	John Backus、Dan Bricklin、TimBerners-Lee、Linus Torvalds、Richard Matthew Stallman	无

1.2.2 软件过程和软件工程实践

软件过程(Software Process)是工作产品构建时所执行的一系列活动(Activity)、动作(Action)、任务(Task)的集合。活动主要实现宽泛的目标(如与利益相关者进行沟通),与应用领域、项目大小、结果复杂性、实施软件工程的重要程度没有直接关系。动作(如体系结构设计)包含了主要工作产品(如体系结构设计模型)生产过程中的一系列任务。任务,则关注小而明确的目标,能够产生实际产品(如构建一个单元测试)。

在软件工程领域,过程不是对如何构建计算机软件的严格规定,而是一种可适应性的调整方法,以便于工作人员或软件团队挑选适合的工作动作、任务集合。其目标通常是及时、高质量地交付软件,以满足软件项目资助方和最终用户的需求。

过程框架定义了若干个框架活动,为实现完整的软件工程过程建立了基础。这些活动,可广泛应用于所有软件开发项目,无论项目的规模和复杂性如何。此外,过程框架还包含一些适用于整个软件过程的普适性活动。一个通用的软件工程过程框架通常包含以下5个活动。

(1)沟通:在技术工作开始之前,和客户的沟通、协作极其重要,目的是了解利益相关者的项目目标,并收集需求,以定义软件特性、功能。

(2)策划:软件项目好比是一个复杂的旅程,策划活动就是创建一个使任何复杂的旅程都变得简单的地图,以指导团队的项目旅程,该地图称为软件项目计划。它定义和描述了软件工程工作,包括需要执行的技术任务、可能的风险、资源需求、工作产品和工作进度计划。

（3）建模：无论是庭院设计家、桥梁建造者、航空工程师、木匠还是建筑师，每天的工作都离不开模型。他们会画一张草图来辅助自己理解整个项目的大的构想，包括体系结构、不同的构件如何结合，以及其他特征。如果有需要，可以把草图不断细化，以便更好地理解问题并找到解决方案。软件工程师也是如此，利用模型来更好地理解软件需求，并完成符合这些需求的软件设计。

（4）构建：包括手写的、自动生成的编码和测试，以发现编码中的错误。

（5）部署：软件以全部、部分增量的形式交付给用户，用户对其进行评测，并给出反馈意见。

上述 5 个通用框架活动，既适用于简单小程序的开发，也适用于大型网络应用程序的构造，以及基于计算机的大型复杂系统工程。在不同的应用案例中，软件过程的细节差别可能很大，但是框架活动都是一致的。对于许多项目来说，随着项目的开展，框架活动可以迭代应用。也就是说，在项目的多次迭代过程中，上述 5 个活动不断重复。每次项目迭代，都会产生一个软件增量，每个软件增量实现了部分软件特性、功能。随着每一次增量的产生，软件逐渐完善。通用的框架活动（沟通、策划、建模、构造、部署）和普适性活动是软件工程工作的体系结构框架。

但是，软件工程的实践如何融入该框架呢？

图 1-7 给出了 10 个最主要的软件工程实践思想。在这里，将讨论一些不同抽象层次上的原则。"原则"这个词在字典里的定义是某种思想体系所需要的重要的根本规则或者假设。一部分原则关注软件工程的整体，另一部分则考虑特定的、通用的框架活动（如沟通），还有一些关注软件工程的动作（如架构设计）或者技术任务（如编制用例场景）。无论关注哪个层次，原则都可以帮助我们建立一种思维方式，进行扎实的软件工程实践，因此非常重要。如果每位程序员都能遵循下面 7 条简单的原则，那么许多困难都可以迎刃而解。

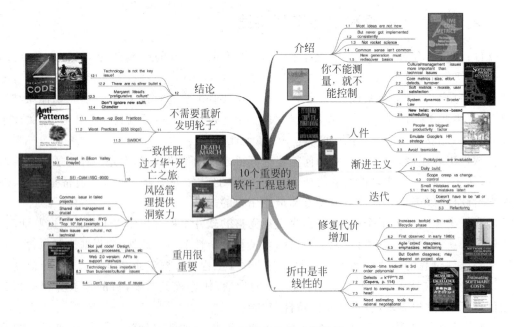

图 1-7   10 个重要的软件工程思想

（1）存在价值：软件系统因能给用户提供价值，而具有存在价值。所有的决定，都应基于该思想。在确定系统需求之前,在关注系统功能之前,在决定硬件平台或者开发过程之前,不妨问一问,这确实能为系统增加真正的价值吗? 如果不,那就坚决不做。这也是其他原则的基础。

(2) 保持简洁:软件设计并不是随意的过程,在软件设计中需要考虑很多因素。所有的设计都应该尽可能简洁,但不是过于简化。的确,优雅的设计通常也是简洁的设计,但简洁并不意味着快速、粗糙。事实上,简洁经常是经过大量的思考、多次工作迭代才达到的,这样做的回报是使得到的软件维护容易、错误更少。

(3) 保持愿景:清晰的愿景是软件项目成功的基础。没有愿景,项目将会有多种设计思想而永远不能结束。如果缺乏一致性,系统就好像是许多不协调的设计补丁,通过错误的集成方式强行拼凑在一起,这将削弱甚至彻底破坏设计良好的系统。系统的实现始终与愿景保持一致,这对成功开发项目至关重要。

(4) 关注使用者:有产业实力的软件系统,不是在真空中开发、使用的。通常,软件系统必定是由开发者以外的人员使用、维护和编制文档,等等,这就必须要让别人理解你的系统。因此,在需求说明、设计和实现过程时,要想到让别人理解你所做的事情。任何一个软件产品都可能有很多读者,其他软件测试工程师可能会来调试程序员的代码,并成为程序员编写代码的使用者。因此,尽可能地让使用者的工作简单化,会大大提升系统的价值。

(5) 面向未来:生命期持久的系统具有更高的价值。在现在的计算环境中,需求规格说明随时会变,硬件平台几个月后就会淘汰,软件生命周期都是以月而不是以年来衡量的。然而,真正高质量的软件系统必须持久、耐用。为了达到这一点,系统必须能适应这样、那样的变化,并一开始就以该路线设计系统。因此,能解决通用问题的系统构建,为各种可能做好准备,会提高整个系统的复用性。

(6) 计划复用:复用既省时又省力。在软件系统开发过程中,高水平的复用是一个很难实现的目标。面向对象技术会给代码和设计复用带来好处,但是这种投入回报不会自动实现。为达到上述复用性,程序员需要做前瞻性的设计、计划,提前做好复用计划,以降低开发费用,并增加可复用构件以及构件化系统的价值。

(7) 认真思考:这是最后一条规则,可能最容易忽略。在行动之前,清晰定位、完整思考,通常能产生更好的结果。仔细思考,可以提高做好事情的可能性,而且也能明确如何把事情做好。如果在仔细思考过后还是把事情做错了,那么就变成了很有价值的经验,将明确的思想应用在系统中,就产生了价值。

1.2.3 网络环境带来的影响

回顾计算机科学发展的历史,以 CPU 为核心的计算机一直被认为是软件工程行为的主体,CPU 又是以图灵计算模式、冯·诺依曼结构为基础的,网络只是其外部设备的延伸,而网络互联是软件之间通过通信协议实现数据交换的一种功能。

60 多年前,计算机科学从电子学中脱颖而出,后来软件从硬件中脱颖而出,软件工程从计算机体系结构中脱颖而出。1984 年,卡内基·梅隆大学(Carnegie Mellon University, CMU)创立软件工程研究所(Software Engineering Institute, SEI),成为世界软件工程的先驱。

40 年来,软件工程始终没有一个确切的指向,从面向过程、面向对象,到面向构件、面向网络服务,科学家们对软件工程的关注域总是在与时俱进,如图 1-8 和表 1-2 所示。美国南加州大学的巴里·贝姆(Barry Boehm)教授总结了国际上软件工程的发展历程,即 20 世纪 50 年代

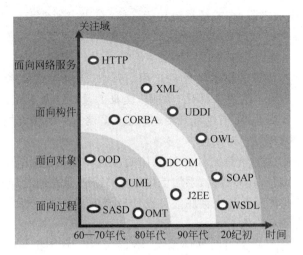

图 1-8　软件工程在 40 年发展历程中关注域转向需求

的类似硬件工程、60 年代的软件手工生产、70 年代的形式化方法和瀑布模型、80 年代的软件生产率和可扩展性、90 年代的软件并发和顺序进程、21 世纪初的软件敏捷性和价值。

表 1-2　术语解释

简　　称	全　　称	中文解释
SASD	Structure Analysis Structure Design	结构化设计方法
OOD	Object-Oriented Design	面向对象设计
UML	Unified Modeling Language	统一建模语言
OMT	Object Modeling Technology	对象建模方法
CORBA	Common Object Request Broker Architecture	公共对象请求代理体系结构
DCOM	Distribute Component Object Model	分布式组件对象模型
J2EE	Java 2 Platform Enterprise Edition	Java 2 平台企业版
HTTP	HyperText Transfer Protocol	超文本传输协议
XML	Extensible Markup Language	可扩展标记语言
UDDI	Universal Description Discovery and Integration	统一描述、发现和集成协议
OWL	Ontology Web Language	本体 Web 语言
SOAP	Simple Object Access Protocol	简单对象访问协议
WSDL	Web Service Describe Language	网络服务描述语言

　　40 年来,软件工程的发展都是以系统为中心的,基于图灵计算模式,图灵计算时代。计算机软件是与计算机系统操作有关的程序、规程、规则,以及如何与之有关的数据结构和文档,即:

软件 = 程序 + 数据结构 + 文档

　　从事软件开发的工作者,更愿意将计算机看作单机,而不愿看作网络的节点。很多软件工作者进行软件开发,从编程工作开始,很少考虑单机系统之外的事情,很少考虑输入/输出的数据、程序在运行中的作用。所以,尽管电子信息领域到处出现遵循摩尔定律的发展速度,但是软件工程发展的速度大大落后于预期。前面谈到,Fred Brooks 认为软件工作量以"人月"来统计是一个神话。对于 1000 个人月的软件开发工作量而言,10 个人开发 100 个月,完全不同于

100 个人开发 10 个月,这正说明,软件之间相互作用的重要性。软件工程的症结在于:程序正确性证明,在软件工程中没有彻底解决;软件工程师的知识、智能,始终无法从编程过程中剥离出来;任何编程技巧,都没有能够带来程序生产率呈数量级的提高;软件全自动化生产没有能够实现。

现代软件的"生态环境"是网络为广大用户提供一个均等的、虚拟的、丰富的计算机应用平台、信息服务平台、软件资源下载平台、软件维护平台,无论是软件开发商还是系统用户,越来越把软件视作网络环境中的软件。对于网络环境下工作的用户,端机上的资源量(计算资源、存储资源、软件资源、信息资源等)和网络上的资源量相比,都变得微不足道。软件的开发、应用,越来越面向日益丰富的网络资源,软件正从面向图灵计算模式转向面向网络计算模式。

这是一个划时代的转变,人们开始推崇"软件即服务"的思想。

那么,计算机软件是满足需求的信息及与之有关的服务工具,即:

$$软件 = 满足需求的信息 + 服务工具$$

Google 的成功,就是一个现实的例子。

现在,发布开源软件和从网上下载软件成为时尚,软件在开发后出卖产权反而不被看好,Vista 操作系统出台后被恶评就是一个例子。这就是我们目前的时代特征,虽然免费的软件不太好,但是可用。用户广泛选择免费软件,不求所有,只求所用,这就是给软件工程师的信号。最后,软件工程师还要感谢网络用户,说用了就是贡献。

互联网具有广泛的连通性、异构性、自组织性,在此基础上发展起来的集群计算、网格计算、对等计算、云计算等新颖的服务模式,对以 CPU 为核心的传统软件工程产生了巨大的冲击,推动了软件生产进入按需服务的时代。软件产业成为"以用户为中心"的服务业,对各类端用户而言,软件不求所有,只求所用,软件即服务,甚至是个性化的服务;对广大软件工程师而言,借助开放的网络、开源的软件开发平台和工具,大量的软件工程师从精细编码走向大块编程,形成网络开发社区。软件主要以网络为中心来实现各种复杂的分布式应用,满足多元化的大众需求。

网络化的软件,促进了用户之间的资源聚合、信息共享、协同工作,是新的生产力的代表,并将成为一个时代的特征。

最后,用户严重依赖网络,资源通过网络聚合,并提供服务;软件产品的开发与演化,离不开网络;用户越来越把软件视作网络环境中的软件。软件在网络时代的发展,迫使软件工程寻找新的解决办法。在网络时代,软件从集中到分散,计算从单核到多核协同计算,软件从单体到群体软件的交互、协同,依靠网络实现各种各样的虚拟计算环境,软件逐渐从"为我所有"到"为我所用",这些变化是必然的。表 1-3 比较了针对单机或分布式环境的传统软件工程观和互联网时代的软件工程观之间的不同。

表 1-3 传统的与互联网时代的软件工程观比较

	传统软件工程观	互联网时代软件工程观
基础理论	基于系统,以中央处理器为核心; 基于图灵计算理论和冯·诺依曼结构	基于网络,节点是图灵机或智能体等主体对象,主体间相互作用; 网络化软件具有小世界、无标度和高集聚的特性,研究网络动力学行为

	传统软件工程观	互联网时代软件工程观
研究方法	操作系统屏蔽硬件的异构性,中间件屏蔽操作系统的异构性; 用层次结构描述软件单元间的相互关系; 自顶向下分解、逐步求精的开发; 软件生命周期、软件评测和软件成熟度	网络成为一个虚拟资源环境; 重视在不同时间段、不同软件规模上的软件间的相互关系和协同; 软件按偏好依附生长,逐步演化
工程方法	软件业是制造业; 面向系统的结构; 要求用户提供确定的需求、明确的系统边界	软件即服务,软件业是服务业; 面向服务的架构; 用户主导,随需即取,规模定制,敏捷开发

1.3　软件设计

"设计"一词,在人类社会已有了很长时间。

在朗曼字典里,"设计"的解释如下:

(1) 描述某个事物如何被制造出来的图样或模式。

(2) 形成上述图样或模式的艺术。

(3) 对人造产品中组成部分的一种安排,将对产品在实践中的可用性具有影响。

(4) 人的头脑中的一种规则,等等。

由上述定义可知,设计是一种"图样、模式或规划",其目标就是要描述一个产品如何被制造出来。因此,软件设计可以被看作"对软件将如何开发出来的一种描述"。如果把设计当作一个动词,那么软件设计就是"得到这种描述的活动或过程"。

在软件出现的早期,软件设计曾被狭隘地认为是"编程序"、"写代码",致使软件设计方法学采用一种工程设计的标准衡量,缺乏深度,不具备量化特性。随着软件越来越复杂,仅仅依靠施工人员把建筑材料堆砌在一起并不能保证最终质量,而需要在施工前进行详细的设计。因此,在编码前,先对软件结构进行良好的设计,已成为软件开发中非常重要的环节。随着软件工程思想的出现,以及结构化软件开发、面向对象软件开发、基于构件的软件开发等方法的发展,软件设计越来越受到重视,并形成各种系统化的设计过程和技术。

下面来看一看软件设计。

1.3.1　软件工程中的设计

软件设计,在软件工程过程中处于技术核心,而且它的应用与使用的软件过程模型无关。对软件需求进行分析后,软件设计是建模活动的最后一个软件工程活动,接着便要进入构造阶段,并生成代码和测试。

(1) 分析模型:分析模型实际上是一组模型,是系统的第一个技术表示,生成如图1-9所示的建模元素的派生类。分析模型由基于场景的元素、基于类的元素、面向流的元素、行为元素表示,并作为设计任务的输入。然而,不同项目之间,每个元素(即用于构造元素、模型的图表)的特定内容可能因项目而异。软件团队必须想办法保持模型的简单性,只有那些为模型增加价值的建模元素,才能使用。分析模型的每个元素,都提供了创建4种设计模型所必需的信息，这 4 种设计模型是完成完整的设计规格说明所必需的。按照图 1-9 中所示的软件设计过程中的信息流，使用设计表示法和设计方法将得到数据/类设计、体系结构设计、接口设计和构件级设计。

（2）数据/类设计：将分析类模型转化为设计类的实现以及软件实现所要的数据结构。CRC(Class Responsibility Collaborator)索引卡定义的类和关系、类属性和其他表示法所刻画的详细数据内容，为数据设计活动提供基础。在和软件体系结构设计连接中，可能会有部分的类设计，更详细的类设计在设计每个软件构件时进行。

（3）体系结构设计：定义了软件的主要结构元素之间的联系、可用于达到系统需求的体系结构风格和设计模式，以及影响体系结构实现方式的约束。基于计算机系统框架的体系结构表示方法，可以从系统规格说明、分析模型、分析模型定义中的子系统交互给出。

（4）接口设计：描述了软件和协作系统之间、软件和使用人员之间是如何通信的。接口，意味着信息流（如数据流和控制流）和特定的行为类型。因此，使用场景和行为模型，为接口设计提供了所需的大量信息。

（5）构件级设计：将软件体系结构的结构元素变为软件构件的过程性描述。基于类的模型、流模型、行为模型获得的信息，将作为构件设计的基础。

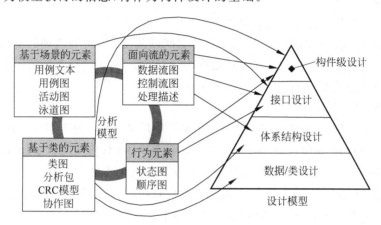

图 1-9　从分析模型到设计模型的转化

在设计过程中所作的决定将最终影响软件构建是否成功，而且会影响软件维护的难易程度。

但是，设计为什么如此重要呢？

软件设计的重要性可以用"质量"（Quality）这个词来表达。设计是软件工程中形成质量的地方，设计为我们提供了质量评估的软件表示，设计是我们能够将用户需求准确地转化为软件产品或系统的唯一方法。软件设计是所有软件工程活动和随后的软件支持活动的基础。没有设计，就会有构造不稳定系统的风险。

1.3.2　设计过程和设计质量

软件设计是一个迭代的过程，通过设计过程，需求被转换为用于构建软件的"蓝图"。

初始时，蓝图描述了软件的整体视图。设计是高抽象层次上的表达，在该层次上，可以直接跟踪到特定的系统目标和更详细的数据、功能、行为需求。随着设计迭代的开始，后续的精化，导致更低抽象层次的设计表示。这些表示，仍然能够跟踪到需求，但是连接更加错综复杂。

在整个设计过程中,要使用一系列正式技术评审或设计走查来评估设计演化的质量。标准如下:

◇ 设计必须实现所有分析模型中的明确需求,而且满足客户期望的所有隐性需求。

◇ 对于生成代码的人、进行测试的人、维护软件的人,设计必须是可读的、可理解的指南。

◇ 设计必须提供软件的全貌,并从实现的角度说明数据域、功能域、行为域。

以上每个特征,实际上都是设计过程的目标,但是如何实现这些目标呢?需要通过质量指导原则和质量属性。

1. 质量指导原则

为了评估某个设计表示的质量,必须建立优秀设计的技术标准,相应的指导原则如下:

(1) 设计应使用可识别的体系结构风格、模式创建,由具备良好设计特征的构件组成,最后以演化的方式实现,从而便于实现和测试。

(2) 设计应模块化,软件应该按照逻辑划分为元素或子系统。

(3) 设计应包含数据、体系结构、接口、构件的明确表示。

(4) 设计应导出数据结构,这些数据结构适合于要实现的类。

(5) 设计应导出显示独立功能特征的构件。

(6) 设计应导出接口,这些接口降低了构件之间以及与外部环境连接的复杂性。

(7) 设计的导出应根据软件需求分析过程中获取的信息,采用可重复使用的方法进行。

(8) 设计应使用能有效传达其意义的表示法来表达。

2. 质量属性

惠普(HP)开发了一系列的软件质量属性,并取其首字母组合为 FURPS,各字母分别代表功能性(Functionality)、易用性(Usability)、可靠性(Reliability)、性能(Performance)、可支持性(Supportability)。FURPS 质量属性体现了所有软件设计的目标。

(1) 功能性:程序的特征和能力,所提交功能的适用性,以及整个系统的安全。

(2) 易用性:考虑人的因素、整体美感、一致性和文档。

(3) 可靠性:故障的频率和严重性、输出结果的精确性、故障平均时间(Mean Time To Failure,MTTF)、故障恢复能力、程序的可预见性。

(4) 性能:处理速度、响应时间、资源消耗、吞吐率、效率。

(5) 可维护性:综合了可扩展性、适应性、耐用性,还包括可测试性、兼容性、可配置性、系统安装的简易性、问题定位的简易性。

在软件开发中,不是所有软件质量属性都具有相同的分量。有的应用问题可能强调功能性,特别突出安全性;有的应用问题可能要求性能,特别突出处理速度;还有的可能关注可靠性。抛开分量不谈,我们在开始设计时就需要考虑这些质量属性,而不是在设计完成后才意识到它们(具体内容参见本书第 12 章)。

1.3.3 软件设计原则

在软件工程的历史上,发展了一系列基本的软件设计概念。

尽管多年来,人们对于这些设计概念的关注程度不断变化,但它们都经历了时间的考验,并为软件设计者提供了进行更加复杂设计的基础。

1. 抽象

抽象(Abstraction)是人类处理复杂问题的基本方法之一。

当我们考虑某一问题的模块化解决方案时,可以给出许多抽象级。在最高的抽象级上,使用问题所在的环境语言以概括性术语来描述解决方案;在较低的抽象级上,将提供更详细的解决方案说明。当在不同的抽象级间移动时,需要创建过程抽象和数据抽象。

(1) 过程抽象:指具有明确和有限功能的指令序列。过程抽象的命名暗示了功能,但是隐藏了具体细节。如过程"开"门,就隐含了一连串的过程性步骤,如走到门前、伸手抓住门上的把手、转把手并拉门、离开打开的门,等等。

(2) 数据抽象:数据抽象是描述数据对象的冠名数据集合。在过程抽象"开"下,可以定义一个叫"门"的数据抽象。和任何数据对象一样,门的数据抽象将包含一组描述门的属性,如门的类型、转动方向、开门机构、重量和尺寸等。因此,过程抽象"开"将利用数据抽象"门"的属性中所包含的信息。

2. 体系结构

体系结构(Architecture)是程序构件(模块)的结构或组织,即这些构件交互的形式以及这些构件所用数据的结构。更多情况下,构件可被推广,用于代表主要的系统元素及交互。软件设计的目标之一是导出系统的体系结构透视图,透视图作为框架,将指导更详细的设计活动。一系列的体系结构模式,使得软件工程师能够复用设计级的概念。体系结构设计,可以使用一种或多种模型来表达。

3. 模式

模式(Pattern)其实就是解决某一类问题的方法论。

把解决某类问题的方法总结归纳到理论高度,那就是模式。相应地,设计模式是一套被反复使用、多数人知晓的、经过分类编目的、代码设计经验的总结。使用设计模式,为了可重用代码、让代码更容易被他人理解、保证代码的可靠性。毫无疑问,设计模式于己、于人、于系统都是多赢的,设计模式使代码编制真正实现工程化,设计模式是软件工程的基石,如同大厦的一块块砖石一样(具体内容参见本书第 9 章)。

4. 模块化

模块化(Modularity)是指解决一个复杂问题时,自顶向下逐层把系统划分成若干模块的过程,有多种属性分别反映其内部特性。模块化是一种将复杂系统分解为更好的可管理模块的方式。模块化用来分割、组织、打包软件。每个模块完成一个特定的子功能,然后,所有模块按某种方法组装起来,成为一个整体,完成整个系统所要求的功能。

模块化是软件的单个属性,使程序更容易管理。软件工程师难以控制由一个单独模块构成的大型程序,因为其控制路径的数量、引用的跨度、变量的数量、整体的复杂度,使得理解这样的软件几乎不可能。例如,考虑两个问题 1 和 2,如果问题 1 的理解复杂度大于问题 2 的理解复杂度,那么解决问题 1 所需的工作量将大于解决问题 2 所需的工作量,因为解决困难问题的确需要花费更多的时间。

另一个问题是两个问题结合时的理解复杂度,通常要大于每个问题各自的理解复杂度之和,这就引出了"分而治之"(Divide and Conquer)的策略。将一个复杂问题分解成可以管理的若干块,能够更好地解决问题。作为模块化的论据,该策略对模块化和构件来说意义重大。

如果我们无限制地划分文件,那么开发所需的工作量会变得小到可以忽略。不幸的是,其他因素的作用导致该结论不成立。如图 1-10 所示,开发某个独立软件模块的工作量(成本)随着模块数增加而下降,给定同样的需求,更多的模块意味着每个模块的规模更小。但是,随着模块数量增加,集成模块的工作量(成本)也在增加。这些特性,形成了总体成本或工作量曲线。事实上,存在一个模块数量 M,这个数量可以带来更小的开发成本。

当划分模块时,上述曲线给我们提供了有益的指导。在模块化时,位置需要保持在 M 附近,从而避免过少、过多的模块化。至于如何知道 M 的附近位置? 如何将软件划分成模块? 则需要读者理解后面的设计概念。

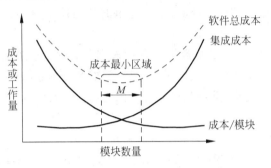

图 1-10   模块化和软件成本

5. 信息隐蔽

模块化概念让每个程序员面对一个问题:如何分解一个软件解决方案,以获得最好的模块组合?

信息隐蔽(Information Hiding)原则表明,模块具备的特征是对其他所有模块都隐蔽自己的设计策略。即模块应该详细说明、精心设计,使得包含的信息(算法和数据)不被不需要这些信息的其他模块访问。隐蔽,意味着定义一系列独立的模块,可以得到有效的模块化,独立模块相互之间只交流实现软件功能所必需的那些信息。抽象有助于定义构成软件的过程(或信息)实体,隐蔽定义并加强了模块内的过程细节和模块所使用的任何局部数据结构的访问约束。

把信息隐蔽用作模块化系统的设计标准,在软件测试和维护的修改过程中有很大好处。因为,大多数数据、程序对软件的其他部分隐蔽,那么在修改过程中无意地引入错误并传播到软件其他地方的可能性会很小。

6. 功能独立

功能独立(Functional Independence)的概念是模块化、抽象概念、信息隐蔽的直接结果。

通过开发具有"专一"功能和"避免"与其他模块过多交互的模块,可以实现功能独立。我们希望设计软件时,要使每个模块仅涉及需求的某个特定的子功能,并当从程序结构的其他部分观察时,每个模块只有一个简单的接口。

那么,独立为什么重要呢?

具有独立模块的软件更容易开发,是因为功能的分割、接口的简化。独立模块更容易维护和测试,是因为修改设计和代码的副作用被限制,避免了错误扩散,并使得模块复用。所以,功能独立是优秀设计的关键,而设计又是软件质量的关键。独立性可以使用内聚性、耦合性来进行评估。内聚性显示了某个模块相关功能的强度;耦合性显示了模块间的相互依赖性。

(1) 内聚性(Cohesion)是信息隐蔽概念的自然扩展。内聚的模块执行独立的任务,与程序的其他部分构件只需要很少的交互。在理想情况下,一个内聚的模块只完成一件事情。

（2）耦合性（Coupling）表明软件结构中多个模块之间的相互连接。耦合性依赖于模块之间的接口复杂性、引用或进入模块所在点以及通过接口传递的数据。在软件设计中，我们要努力得到尽可能低的耦合。模块间简单的连接性，使得软件易于理解并减少"涟漪效应"（即在某个地方发生错误时导致扩散到整个系统）。

7．求精

逐步求精（Refinement）是由 Niklaus Wirth 提出的一种"自顶向下"的设计策略。

通过连续精化层次结构的程序细节来实现程序开发，层次结构将通过逐步分解功能的宏观陈述（过程抽象）直至得到程序设计语言的语句。求精，实际上是一个细化的过程。精化促使设计者在原始陈述上细化，并随着每个精化（细化）的持续进行，提供越来越多的细节。

抽象和精化是互补的概念。

抽象使得设计人员能够明确地说明过程、数据，同时，忽略底层细节；精化有助于设计人员在设计过程中揭示底层的细节。这两个概念，均有助于设计人员在设计演化中构造出完整的设计模型。

8．重构

重构（Refactoring）就是在不改变软件现有功能的基础上，通过调整程序代码改善软件的质量、性能，使程序的设计模式和架构更趋于合理，从而提高软件的扩展性、维护性。

在重构软件时，需要检查设计的冗余性、没使用的设计元素、低效的算法、不恰当的数据结构以及其他的不足，然后修改不足来获得更好的设计。例如，第一次设计迭代可能得到一个构件，表现出很低的内聚性（例如，执行 3 个功能，但是它们相互之间的联系有限），这样，设计人员就可以将这个构件重构为 3 个独立的构件，使之具备较高的内聚性。这样的处理结果，将使软件更容易集成、更容易测试、更容易维护。

9．设计类

分析模型定义了一组完整的分析类，这些类关注于用户、客户可见的问题，抽象级相对较高。

设计模式演化时，软件团队必须定义一组设计类（Design Class），通过给出的设计细节来精化分析类，这些设计细节将促使类的实现。下面给出 5 种不同类型和层次上的设计类。

（1）用户接口类：定义人机交互所必需的所有抽象。在很多情况下，人机交互出现在隐喻的环境（例如，支票簿、订单表格、传真机），而接口的设计类，可能是这种隐喻元素的形象表示。

（2）业务域类：业务域类是前面分析类的精化，这些类识别实现某些业务域元素所必需的属性或服务（方法）。

（3）过程类：实现完整管理业务域类所必需的低层业务抽象。

（4）持久类：表示在软件执行之外持续存在的数据存储，如数据库。

（5）系统类：实现软件管理、控制功能，使得系统能够运行，并在计算环境内与外界交互。

软件团队必须为每个设计类开发一组完整的属性或操作。随着每个分析类转化为设计表示，抽象级降低。设计类更多地表现技术细节，并将作为实现的指导。组织良好的设计类有以下 4 个特征：

（1）完整性和充分性。设计类应该完整地封装所有可以预见（根据对类名的理解）的存在于类中的属性和方法。例如,为视频编辑软件定义的 Scene 类,只有包含与创建视频场景相关的合理的属性、方法,才完整。充分性,确保设计类只包含那些"对实现这个类的目的足够"的方法,不多也不少。

(2) 原始性。原始性指和某个设计类相关的方法,应该关注于实现类的某个服务。一旦服务被某个方法实现,类就不提供另一种完成同一事情的方法。例如,视频编辑软件的 VideoClip 类,可能用属性 start-point 和 end-point 指定剪辑的起点和终点(注意,加载到系统的原始视频可能比要用的部分长)。方法 setStartPoint() 和 setEndPoint() 为剪辑提供了设置起点、终点的唯一手段。

(3) 高内聚性。一个内聚的设计类具有小的、集中的职责集合,并且专注于使用属性的方法来实现这个职责。例如,视频编辑软件 VideoClip 类,可能包含一组用于编辑视频剪辑的方法。只有每个方法关注和视频剪辑相关的属性,内聚性才得以维持。

(4) 低耦合性。在设计模型内,设计类之间的相互协作是必然的。但是,协作应该保持在一个可以接受的最小范围内。如果设计模型高度耦合(所有的设计类都和所有的设计类有协作关系),系统将难以实现、测试,并且维护起来也费力。通常,一个子系统内的设计类,对其他子系统中的类应仅有有限的了解。而一个方法,应该只向周围类的方法发送消息。

1.4　软件体系结构

1.4.1　什么是软件体系结构

1. 从建筑、音乐谈起

首先,看一看体系结构的概念。

在牛津字典中,"体系结构"一词的定义如下:

(1) 建筑的艺术或科学,特别是在考虑美感和实用因素的情况下,设计人类使用的大型建筑物所需的技巧和实际。

(2) 建筑风格,建筑物,组织机构、结构的一种样式、规矩或风格。

建筑师、音乐家、作家、计算机设计师、网络设计师、软件开发者都在使用"体系结构"这个概念,但是不同的用法其结果不同。建筑与交响乐毫不相干,但都有体系结构。针对好的体系结构,建筑师会说,一座建筑,应该提供适合工作或生活的环境,而且应该看起来很美。音乐家会说,音乐应该能演奏,包含能够辨明的主题,而且应该听起来很美。软件架构师会说,系统应该对用户友好、响应及时、可维护、没有重大错误、易于安装、可靠,应该通过标准的方式与其他系统通信,而且也应该是美的。

软件体系结构(Software Architecture)作为控制软件复杂性、提高软件系统质量、支持软件开发和复用的重要手段之一,自提出以来,日益受到软件研究者和实践者的关注,并发展成为软件工程的一个重要的研究领域。卡内基·梅隆大学的软件工程研究所在网站上公开征集软件体系结构的定义,至今已有百余种。其中,较有影响力的定义如下:

(1) 软件系统的结构,包含软件元素、软件元素外部可见的属性以及这些软件元素之间的关系。

(2) 软件系统的基本组织,包含构件、构件之间、构件与环境之间的关系,以及相关的设计与演化原则等。

这些定义一般都将构件以及构件之间的连接作为软件体系结构的基本组成部分。

体系结构,有助于确保系统能够满足其利益相关人的关注点,在构想、计划、构建、维护系统时,体系结构有助于处理复杂性。开发一个具有一定规模和复杂性的软件系统和编写一个简单的程序,是不一样的,借用《设计模式》一书的作者 Grady Booch 的比喻,其差别如同建造一座大厦和搭建一个狗窝的差别。如图 1-11 所示,考虑一个狗窝、一套房子、一栋高楼,对于一个狗窝,一个人就能建成,狗窝需要最少的建模、简单的过程、简单的工具;而对于一套房子,通过组建一个团队(需要建模、定义好的过程和强大的工具)能够有效、及时地完成;最后,对于一栋高楼,则需要考虑规模、过程、费用、日程表、开发团队的熟练度、材料和技术、利益相关者、风险等诸多方面,因此复杂得多。

图 1-11　狗窝、房子和高楼

可见,体系结构提供一种方法来解决共同的问题,确保建筑、桥梁、乐曲、书籍、计算机、网络或系统在完成之后具有某些属性或行为。

换而言之,体系结构既是所构建系统的计划,确保得到期望的特性,同时也是所构建系统的描述。维基百科上说,"根据这方面已知最早的著作,即公元前 1 世纪罗马工程师马可·维特鲁威(Marcus Vitruvius Pollio)的《建筑十书》,好的建筑应该美观(Venustas)、坚固(Firmitas)、实用(Utilitas);体系结构可以说是这三方面的一种平衡和配合,没有哪一个方面比其他方面更重要。"

虽然,人们常用建筑体系结构设计来类比软件体系结构,另外,音乐作曲可能是更好的类比。建筑师创建的是相对静止的结构(该体系结构必须考虑到人员、服务在建筑内的移动,以及承重结构)的静态描述(蓝图、其他图纸)。在音乐作曲和软件设计中,作曲家(软件体系结构师)创建一段音乐的静态描述(体系结构描述、代码),这段音乐以后将被演奏(执行)多次。在音乐和软件中,设计都依靠许多组件的交互来得到期望的结果,结果依赖于演奏者、演奏环境,以及演奏者所做的诠释。

体系结构观点中的常见思想是结构,每种结构都由各种类型的组件及其关系构成,即它们如何组合、相互调用、通信、同步,以及进行其他交互。组件可以是建筑中的支架横梁或内部腔室、交响乐中的旋律、故事中的章节或人物、计算机中的 CPU 和内存、通信栈中的层或连接到一个网络上的处理器、协作的顺序过程、对象、编译时的宏、构建时的脚本。每个学科,都有一套自己的组件和组件间的相互关系。

那么,作为软件工程中的一个蓬勃发展的领域,软件体系结构可以帮助人们解决上面提到的问题。有了它,设计人员或者项目管理者就能在一个比较高的层次上俯瞰软件的整体状况。同时,软件体系结构可以复用,这样就能减少开发成本,并降低软件的开发风险,例如在设计、实现、测试、评估、维护、升级中的潜在问题。

2. 软件架构师的角色

在设计、构建、修复建筑时，我们指定关键的设计师为"建筑师"（Architects），并赋予他们广泛的职责。

建筑师准备建筑的最初草图，如图 1-12 所示，展示建筑的外观和内部布局，并与客户讨论这些草图，直至所有相关方都达成一致意见，认为展示的就是想要的。这些草图较抽象，它们关注建筑中某些方面的适当细节，而忽略其他内容。当客户和建筑师在这些抽象上达成一致意见之后，建筑师会准备或监督准备更为详细的图纸，以及相关的文字规格说明。这些图纸和规格说明描述了建筑的许多"实质性"细节，如管道、壁板材料、窗户玻璃、电线等。

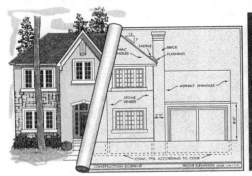

图 1-12　房子的建模

在极少的情况下，建筑师简单地将详细规划交给建造者，建造者根据规划完成项目。对于一些更重要的项目，建筑师会继续参与，定期检查工作，并且可能会建议变更，或接受来自建造者、客户的变更建议。如果建筑师监督项目，仅当他确认项目充分符合了规划、规格说明的要求时，项目才算完工。

建筑师是为了确保：①设计满足客户的需要，包括前面提到的特征；②设计具有概念完整性，处处运用到了相同的设计原则；③设计满足法规、安全的要求。建筑师职责的一个重要方面是确保设计概念在实现时得到一致的体现。如图 1-13 所示，建筑师也充当建造者和客户之间的协调人。哪些决定需要由建筑师做出？哪些决定由其他人做出？人们对这个问题常有不同的意见，但我们知道，建筑师将做出重要决定，包括对结构的可用性、安全性、可维护性产生影响的那些决定。

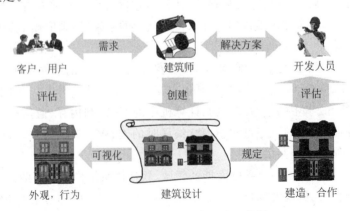

图 1-13　建筑师的角色和沟通依据

再来看一看缺少体系结构和建筑师设计的经典例子。

温切斯特神秘屋（Winchester Mystery House）是一个引人入胜的旅游地点（如图 1-14 所示），位于美国加州的 San Jose 附近。温切斯特神秘屋是温切斯特财产（通过卖温切斯特步枪而发迹）的女继承人的家。传说，她去拜访一个灵媒，获知她受到了诅咒，会受到每个死在温切斯特步枪下的鬼魂的骚扰。避开这个诅咒的唯一方法是建造一座大厦，只要不停地建造，鬼魂就不会来打搅她。她迅速地请了 147 个建筑

图 1-14 体系结构的需要：温切斯特神秘屋

工人（但是没有建筑师！），开始建造这座大厦。38 年后这位女继承人过世，这些建筑工人还一直在建造大厦。工作的结果，最终成了一个缺少体系结构的经典案例：大厦有 160 个房间，40 个卧室，6 个厨房，两个地下室和 950 扇门。在 950 扇门中，65 个是开向墙的，13 个楼梯造好后又废弃了，24 个天窗开在不同的楼层上。原因在于，这个大厦没有制作过建筑蓝图。

在软件企业中，软件架构师（Software Architect）作为一种专门的职业独立出来，成为与软件项目经理并列的技术领导者。典型地，如微软公司创始人比尔·盖茨将自己的职位界定为首席软件架构师（Chief Software Architect）。软件开发项目需要一些人在软件构建时扮演软件架构师的角色，就像构建或修复建筑时传统的建筑师角色一样。但是，对于软件系统来说，从来就弄不清楚哪些决定属于软件架构师的职责范围，哪些决定要留给实现者。软件架构师和建筑师相比，有所不同。

（1）建筑师可以回顾几千年的历史，看看过去的建筑师都做过些什么。他们可以参观、研究那些矗立了几百年的建筑，甚至是有上千年历史、仍在使用的建筑，而软件业只有几十年的历史，设计常常是不公开的。

（2）建筑是有形的产品，在建筑师制作的规划和工人修造的建筑之间存在着明显的区别，而软件则是无形的。

3. 软件体系结构的发展历程

软件体系结构的研究，同样可追溯到 1968 年的 NATO 软件工程会议。

20 世纪 70 年代，Brooks、Dijistra、Parnas 等软件工程先驱提出了概念完整性、结构化程序设计、模块化、信息隐藏、封装等与软件结构相关的重要原则。20 世纪 90 年代，面向对象技术（具体内容参见本书第 6 章）已成为软件开发的主流技术，设计、开发、维护大型软件系统的需求，促使研究者从更高的抽象层次关注软件，软件体系结构也在这一阶段得到了广泛关注。1995 年出版的 IEEE Software 体系结构专刊和 1996 年出版的专著《软件体系结构：一门初露端倪学科的展望》，可以被认为是软件体系结构作为软件工程的一个研究方向正式提出的标志。

此后十几年内，软件体系结构领域得到了蓬勃的发展。

越来越多的研究者不断关注并参与到软件体系结构的研究中来，与软件体系结构相关的会议、期刊、书籍逐步增多，越来越多的知名国际会议将软件体系结构列入主要议题，并举行了大量直接以软件体系结构为主题的研讨会、国际会议。软件体系结构的研究还得到了工业界的广泛关注与认同，如 UML 2.0 标准中引入了软件体系结构领域中连接件的概念（具体内容

参见本书第 3 章),在实际软件开发过程(如统一软件开发过程)中,也引入软件体系结构的概念、原则。2006 年出版的 IEEE Software 软件体系结构专刊,总结了这十年间的软件体系结构研究与实践。

另外,软件本身也在发生变化,从为专门的大型主机进行程序设计,到为某个计算机的特定操作系统编写程序;从独立软件,到部署在网络中的多个节点上的分布式软件;从固态僵化的软件,到动态柔性的软件。现在仍然有许多非常复杂、难以开发的软件。那么,这些软件在下一个十年会变成什么样子? 随着软件的变化,软件体系结构也会随着这个趋势精化地发展下去。图 1-15 显示了近年来软件体系结构的发展历程,包括 2001 年到 2012 年间的重要方法、语言、论文、数据和会议(如 WICSA-3~10、ECSA、CompArch 等)。

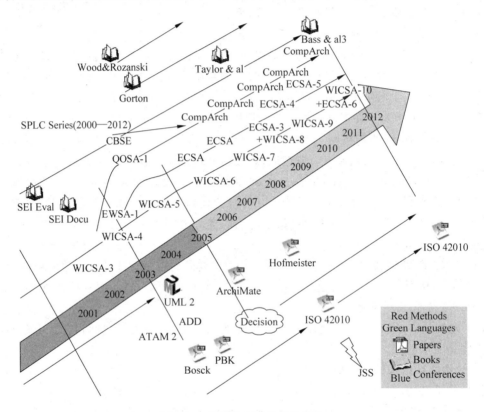

图 1-15　软件体系结构的发展史

最初,软件体系结构概念的提出是为了解决从软件需求向软件实现(包括代码)的平坦过渡问题,软件体系结构是软件系统的抽象描述,可以作为系统实现的蓝图,担当从需求到实现的"桥梁"。所以,早期的软件体系结构研究主要集中在软件生命周期的设计阶段,关注如何通过软件体系结构解决软件系统的前期设计问题、典型的研究点,如体系结构描述语言、体系结构风格,体系结构的验证、分析、评估方法等。

此后,随着许多不同背景研究者的参与,软件体系结构的研究也开始超出软件设计阶段,逐步扩展到整个软件生命周期。如在系统设计前期,考虑在需求中引入对体系结构的想法;在设计后期,考虑如何用软件体系结构支持系统的实现、组装、部署;以及开发阶段之后的维护、演化与复用等。在软件系统开发的过程中,软件体系结构主要支持开发人员之间的交流,直接支持系统开发,支持软件复用等。表 1-4 总结了整个软件生命周期中各阶段软件体系结构的研究热点。

表 1-4 软件生命周期中软件体系结构的研究与应用

需求	面向软件体系结构的需求工程,从需求到软件体系结构的转换
设计	软件体系结构的描述、设计方法,以及设计经验的记录和重用
实践	支持软件体系结构的开发过程,从设计模型到系统实现的转换;基于软件体系结构的测试
部署	基于软件体系结构的应用部署
开发后	动态软件体系结构,软件体系结构的恢复和重建

4. 体系结构与设计

体系结构是系统设计的一部分,突出了某些细节,并通过抽象省略掉另一些细节。所以,体系结构是设计的一个子集。

关注实现系统组件的开发者,可能不会特别关心所有组件是如何装配在一起的,而是关注少数组件的设计、开发,包括必须遵守的体系结构约束和可以应用的规则。因此,开发者和架构师面对的是系统设计的不同方面。如果说体系结构关注的是组件之间的关系和系统组件外部可见的属性,那么设计还要关注这些组件的内部结构。例如,如果一组组件包含一些信息隐藏的模块,那么这些外部可见的属性就构成了这些组件的接口,内部的结构与模块内的数据结构和控制流要一同考虑。

1.4.2 软件体系结构的内容

1. 体系结构的研究领域

优秀的体系结构,通常是一个软件系统取得成功的决定性因素。

虽然很多体系结构范例,如管道线、分层系统、客户机/服务器结构等非常有用,但是对这些范例没有形成一致的理解,而是以习惯的方式理解它们,并且对它们的使用也没有一致的方式。结果,软件系统设计者很难在系统体系结构中找到通用的东西,不能在多个设计方案中做出合理的选择,也不能将通用的范例应用于某一具体领域,或者将他们的设计经验传授给其他设计者。

当前,软件体系结构已经成为软件工程实践者和研究者的一个重要的研究领域。很多领域的研究工作,使得软件体系结构的许多问题正在被解决,这些领域包括模块接口语言、特定领域的软件体系结构、软件的重用、软件组织结构模式的规范化编纂、体系结构描述语言、体系结构设计形式化的支持、体系结构设计环境。

虽然目前这一领域相当活跃,但是许多研究工作只是在一些小的机构中进行,这些研究工作并没有与其他工作相互协调和配合。下面将当前软件体系结构分为 4 个研究领域:

(1)通过提供一种新的体系结构描述语言(ADL)解决体系结构描述问题。这种语言的目标是给实践者提供设计体系结构更好的方法,以便设计人员相互交流,并可以使用支持体系结构描述语言的工具来分析案例(具体内容参见第 2 章)。

(2)体系结构领域知识的总结性研究。这一领域关心的是工程师通过软件实践,总结出各种体系结构原则和模式的分类和阐释。

(3)针对特定领域的框架的研究。这类研究产生了针对一类特殊软件的体系结构框架,例如,航空电子控制系统、移动机器人、用户界面。这类研究一旦成功,这样的框架便可以被毫不费力地实例化来生产这一领域的新产品。

（4）软件体系结构形式化支持的研究。随着新符号的产生，以及人们对体系结构设计实践理解的逐步深入，需要用一种严格的形式化方法刻画软件体系结构及其相关性质（具体内容参见 2.4.1）。

2．体系结构风格、设计模式、应用框架

1）体系结构风格

体系结构风格是描述特定系统组织方式的惯用范例，强调组织模式、惯用范例。组织模式即静态表述的样例；惯用范例则是反映众多系统共有的结构和语义。通常，体系结构风格独立于实际问题，强调软件系统中通用的组织结构，例如管道线、分层系统、客户机/服务器等。体系结构风格以这些组织结构定义了一类系统族（具体内容参见第 5 章）。

2）设计模式

设计模式是软件问题高效、成熟的设计模板，模板包含了固有问题的解决方案。设计模式可以看成规范的小粒度的结构成分，并且独立于编程语言、编程范例。设计模式的应用，对软件系统的基础结构没有什么影响，但可能会对子系统的组织结构起较大作用。每个模式，处理系统设计、实现中的一种特殊的重复出现的问题。例如，Bridge 模式，为解决抽象部分和实现部分独立变化的问题，提供了一种通用结构。因此，设计模式更强调直接复用的程序结构（具体内容参见第 9 章）。

3）应用框架

应用框架是整个或部分系统的可重用设计，表现为一组抽象构件的集合以及构件实例间交互的方法。可以说，一个框架是一个可复用的设计构件，规定了应用的体系结构，阐明了整个设计、协作构件之间的依赖关系、责任分配、控制流程，表现为一组抽象类以及其实例之间协作的方法，为构件复用提供了上下文关系。在很多情况下，框架通常以构件库的形式出现，但构件库只是框架的一个重要部分。框架的关键，还在于框架内对象间的交互模式、控制流模式。

设计模式是对在某种环境中反复出现的问题以及解决该问题的方案的描述，比框架更抽象。框架可以用代码表示，也能直接执行或复用，而对于模式而言，只有实例才能用代码表示；设计模式是比框架更小的元素，在一个框架中往往含有一个或多个设计模式，框架总是针对某一特定的应用领域，但同一模式却可适用于各种不同的应用。体系结构风格描述了软件系统的整体组织结构，独立于实际问题。设计模式和应用框架则更加面向具体问题。

体系结构风格、设计模式、应用框架的概念是从不同的目的和出发点讨论软件体系结构，它们之间的概念经常互相借鉴和引用。

3．创建软件体系结构

目前，已经讨论了一般意义上的体系结构，并分析了软件体系结构与其他领域体系结构之间的相似和不同之处。

接下来，看一看如何设计软件体系结构。当软件架构师创建软件系统时，应该关注什么？

软件架构师的首要关注点，不是系统的功能。例如，设计一个基于 Web 的应用，首先是考虑页面布局和导航树，还是问答下面这些问题：

◇ 谁提供应用主机托管？托管的环境有什么技术限制？

◇ 系统是运行在 Windows 服务器上，还是运行在 LAMP 上？

◇ 支持多少并发用户？

◇ 应用需要怎样的安全性？有需要保护的数据吗？应用运行在公网上还是私有的内部

网上?

◇ 能为这些答案排列优先级吗？例如，用户数是否比响应时间更重要？

根据对上述问题的回答，可以画出系统体系结构的草图。但是，我们还没有谈到应用的功能。

品质关注点指明了功能必须以何种方式交付，才能被系统的利益相关人所接受，系统的结果，包含这些人的既定利益。利益相关人有一些关注点，软件架构师必须重视。架构师的一项职责是确保系统设计能满足客户的需要，我们将利用品质关注点来帮助读者理解这些需要。一名架构师，需要首先考虑想从系统中得到什么？有怎样的优先级？在实际项目中，会找出其他的利益相关人。典型的利益相关人及其关注点如下。

◇ 投资人：想知道项目是否能够在给定的资源和进度约束下完成。

◇ 架构师、开发人员、测试人员：首先考虑的是最初的构建和以后的维护与演进。

◇ 项目经理：需要组织团队，制定迭代计划。

◇ 市场人员：想通过品质特点实现与竞争者的差异化。

◇ 用户：包括最终用户、系统管理员，以及安装、部署、准备、配置人员。

◇ 技术支持人员：关注帮助平台电话呼入的数目和复杂性。

每个系统都有自己的品质关注点。有些关注点可能定义得很好，如性能、安全、可伸缩性。但是，另一些同样重要的关注点，却可能没有详细规定，如可变性、可维护性、可用性。利益相关人，希望把功能放到软件上，而不是放到硬件上，这主要是为了很容易、很快速地修改，然后在品质关注方面又对可变性轻描淡写。很奇怪，不是吗？哪些改变能够迅速、容易地实现？哪些改变需要花费时间并且很难实现？体系结构的决定将对此产生重要的影响。所以，软件架构师应在理解功能需求的同时，也理解利益相关人在"可变性"等品质方面的期望。

当软件架构师理解了利益相关人的品质关注点之后，接下来需要考虑折中。

例如，对信息加密将加强安全性，但会损失性能；利用配置文件将增加可变性，但会降低可用性，除非能够验证配置是有效的。应该对这些文件使用标准的表示方式，如 XML？还是使用自己发明的格式？创建系统的体系结构，将涉及许多这样的艰难折中。

软件架构师的第一项任务，就是与利益相关人协作，理解这些品质关注点和约束，并为它们排列优先级。为什么不从功能需求开始？因为通常有多种可能的系统分解方式。例如，从数据模型开始可能得到一种体系结构，而从业务处理模型开始，则可能得到不同的体系结构。在极端的情况下，系统没有分解，被开发成单一的软件。这可能会满足所有的功能需求，但可能不会满足品质需求，如可变性、可维护性、可伸缩性等。架构师通常必须进行体系结构层面的系统重构，例如为了满足伸缩性、性能的要求，将单机部署迁移到分布式部署，从单线程转向多线程，或者将硬编码的参数移到外部配置文件中，因为原来从不改变的参数现在需要修改了。

尽管许多体系结构都能满足功能需求，其中却有一小部分只能够满足品质需求。

下面，回到我们前面讲到的 Web 应用的例子，考虑提供 Web 页面的诸多方式，例如 Apache 和静态页面、CGI、Servlet、JSP、JSF、PHP、Ruby on Rails、ASP. NET 等。选择其中的一种技术，决定一种体系结构，将对满足特定品质需求的功能产生重要影响。例如，像 Ruby on Rails 这样的方式可能提供快速推向市场的好处，但可能很难维护，因为 Ruby 语言和 Rails 框架都在不断地快速发展。也许，应用基于 Web 的电话，需要让电话"响铃"。如果为了满足性能的要求，需要从服务器向 Web 页面发出真正异步的事件，那么基于 Servlet 的体系结构可能更容易测试和修改。

在真实的项目中,满足利益相关人的关注点需要做出更多的决定,而不仅仅是选择一个Web框架。是否真的需要一个"体系结构",并需要一名软件架构师来做出这些决定?谁将做出这些决定?是编程人员(他们可能会做出许多无意识的、隐含的决定)?还是由软件架构师(他们全面了解整个系统、利益相关人、系统的演进,然后做出明确的决定)?不论哪种方式,都会有一个体系结构。

当然,这种选择通常不是这么死板的。但是随着系统规模的增大、复杂度和开发人员数目的增加,这些早期决定以及记录方式将产生越来越大的影响。

如果系统非常大,情况会怎样?之所以运用"分而治之"的体系结构原则,一个原因就是为了降低复杂性,让工作能够并发进行。这让我们能够创建越来越大的系统。但体系结构本身是否能够分解为多个部分?这些部分是否能由不同的人并行开发?

是否需要理解体系结构的所有方面,才能使用?体系结构分离关注点,所以,大多数情况下,利用体系结构来构建或维护系统的开发人员、测试人员,不需要一下面对全部的体系结构,而是只面对必要的部分,就能完成指定的功能。这让我们能够创建超出个人可以理解的、更大的系统。

Fred Brooks说,概念完整性是体系结构最重要的特征,"最好是让系统反映一组设计思想,而不是让系统包含许多好的思想,而这些思想却彼此独立,互不协调"。正是这种概念完整性,让开发者在知道了系统的一部分之后,能够迅速理解系统的另一部分。概念完整性来自于处理问题的一致性,如分解的判据、设计模式的应用、数据模式。这让开发者运用在系统中的一部分工作经验来开发、维护系统的其他部分。同样的规则应用于整个系统各处,当我们转向"众系统之系统"时,集成了这些系统的体系结构中也必须保持概念完整性。例如,可以选择发布/订阅消息总线这样的体系结构风格,然后将这种风格统一地应用于"众系统之系统"的系统集成中。

体系结构团队的挑战在于,在创建体系结构时保持同一种思考方式。

让团队尽可能小,让他们在充分沟通、高度协作的环境下工作,让一两个"首席架构师"担任独裁者,最终做出所有决定。这种体系结构模式常见于成功的团队,不论是公司开发还是开源开发,由此得到的概念完整性是完美体系结构的一种特征。当然,具体系统会有其他关键的关注点。

◇ 功能性:产品向用户提供哪些功能?

◇ 可变性:软件可能需要哪些改变?哪些改变不太可能发生?

◇ 性能:产品达到怎样的性能?

◇ 容量:多少用户并发使用该系统?该系统为用户保存了多少数据?

◇ 生态系统:在部署的生态环境中,该系统与其他系统进行哪些交互?

◇ 模块化:如何将编写软件的任务分解为工作指派(模块),特别是这些模块可以独立地开发,并能够准确、容易地满足彼此的需要?

◇ 可构建性:如何将软件构建为一组组件,并能够独立实现和验证这些组件?哪些组件应该复用其他产品,哪些应该从外部供应商处获得?

◇ 产品化:如果产品以几种变体的形式存在,如何开发一个产品线,并利用这些变体的共性?产品线中的产品以怎样的步骤开发?在创建一条软件产品线时,要进行哪些投资?开发产品线中不同变体的选择,预期会得到怎样的回报?是否可能先开发最小的有用产品,然后添加(扩展)组件,在不改变以前编写的代码的情况下开发产品线的其他成员?

◇ 安全性:产品是否需要用户认证,或者必须限制对数据的访问? 数据的安全性如何得到保证? 如何抵挡"拒绝服务"攻击或其他攻击?

1.4.3 设计阶段的软件体系结构

1. 体系结构设计决策

体系结构设计是一个充满创造性的过程,设计建立一个系统组成来满足功能性、非功能性需求。由于是一个有创造性的过程,所以过程中的活动差别非常大,在很大程度上依赖于要开发的系统的类型、系统体系结构设计师的背景和经验、系统的特殊需求等。因而,我们从决策角度来看体系结构设计,比从活动角度来看更有效。在体系结构设计过程中,设计师必须做很多重要的决定,这些决定极大地影响了系统本身及其开发过程。根据知识、经验,设计师需要回答一些根本性问题:

◇ 对于所要开发的系统,是否存在一个一般性的应用体系结构可以拿来作为模板?

◇ 系统如何分配到多个处理器上?

◇ 有哪个、哪几个体系结构类型适合本系统?

◇ 有哪些基本方法可以用来构成该系统?

◇ 如何将系统中的结构单元分解为模块?

◇ 应使用怎样的策略来控制系统中单元的操作?

◇ 如何评估体系结构设计?

◇ 如何记录系统体系结构?

尽管每个软件系统都独一无二,但是同一个应用领域内的系统通常具有相似的体系结构,这种体系结构能反映基本的领域概念。这些应用体系结构相当通用,例如信息管理系统的体系结构,或者更专业一点的系统的体系结构。应用产品线是围绕一个核心体系结构建立的一些应用,核心体系结构会有一些变量可以调整来满足专门用户的需求。在设计系统体系结构时,必须找出本系统和更广泛的一些应用类之间的共同之处,然后确定这些应用体系结构能复用多少。

2. 软件体系结构设计方法

软件体系结构设计方法是指通过一系列的设计活动,获得满足系统功能性需求(Functional Requirement,FR),并且符合一定非功能性需求(Non-Functional Requirement,NFR)约束的软件体系结构模型。

现阶段,软件体系结构设计方法大多侧重于对系统 NFR 的考虑,常常和软件体系结构分析方法结合使用,希望能够在软件生命周期前期发现潜在的风险。需求阶段的体系结构研究和软件体系结构设计方法研究有若干重叠的研究点,如需求规约的表示、从需求向软件体系结构模型的转换等。但是,前者主要考虑如何组织需求以保持转换过程中的一致性和可追踪性;后者更强调具体的转换步骤以及在转换过程中所采用的设计决策,特别是针对 NFR 的设计决策。

根据在设计过程中对 FR 和 NFR 考虑的阶段不同,可以将软件体系结构设计方法分为3 类。

(1) FR 驱动的软件体系结构设计:根据 FR 得到初步的体系结构设计模型,然后通过一定的手段精化设计结果,以逐步达到 NFR 的目标,典型的方法包括评估与转化、自顶向下组装等。

(2) NFR 驱动的软件体系结构设计:将 NFR 作为首要考虑因素,将 NFR 直接映射成为体系结构的建模元素,典型的方法包括属性驱动的设计 ADD 等。

(3) 集成 FR 和 NFR 的方法:将 FR 和 NFR 视为同等重要的设计输入,在体系结构设计过程中同时兼顾 FR 和 NFR,并将其转化成相应体系结构的建模元素,这类方法往往和面向 Aspect 的方法相结合,典型的方法包括 Use Case 和目标驱动、形式化设计分析框架 FDAF、Aspect 构件等。

FR 驱动的软件体系结构设计,关注评估并调整已经得出的软件体系结构模型,评估的主要目的是得出软件体系结构模型对质量属性目标的满足程度。调整软件体系结构模型的主要依据是评估结果和质量属性需求,调整方法一般基于体系结构风格和模式、经验规则等,如自顶向下组装方法根据从 NFR 到解决方案映射的"特征-方案图"来进行调整。NFR 驱动的软件体系结构设计,强调 NFR 在整个设计过程中的主导作用,如 ADD 方法基于质量属性需求(场景)确定适当的体系结构模式,然后根据功能需求实例化模式中所包含的构件类型。集成FR 和 NFR 的方法,在面向 Aspect 的研究得到关注之后迅速兴起,这类方法一般在将 FR 转化为体系结构建模元素的同时,也将 NFR 转化为适当的体系结构元素(如 Aspect 构件等),然后考虑这两类元素的集成(如通过适当的连接件或者 Aspect 编织机制等)。因为需要同时考虑 FR 和 NFR,所以在需求阶段如何将 FR 和 NFR 组织到统一的视图上,成为这类方法关注的重点,如 Use Case 和目标驱动方法就通过 NFR 关联点将 NFR 和 Use Case 图相关联。除 Aspect 构件外,这 3 类方法一般都支持迭代的设计过程。它们的差异,更多地体现在对质量属性的支持种类上,如 ADD 提供了对质量属性的广泛支持,而其他方法则一般只提供对一种质量属性(性能)的支持。

3. 体系结构设计经验的总结与复用

下面来看一下体系结构复用的例子。

如图 1-16(左)所示,圣索菲亚大教堂(Hagia Sophia)建造于公元 6 世纪,率先使用了所谓的"穹顶"结构来支撑巨大的圆形屋顶,它是拜占庭建筑之美的代表。1100 年后,Christopher Wren 使用了同样的设计来建造圣保罗大教堂的穹顶(St. Paul's Cathedral),如图 1-16(右)所示,它成为伦敦的地标性建筑。这两座建筑,今天仍在使用。和建筑一样,总结和记录软件经验是软件工程的重要目标之一。软件体系结构的研究也强调对软件设计经验的总结和复用,所采用的主要手段为体系结构风格和模式、领域特定的软件体系结构和软件产品线技术。

1) 体系结构风格和模式

体系结构风格是描述某一特定应用领域中系统组织方式的惯用模式,作为"可复用的组织模式和习语",它为设计人员的交流提供了公共的术语空间,促进了设计复用、代码复用。体系结构模式是对设计模式的扩展,描述了软件系统基本的结构化组织方案,可以作为具体软件体系结构的模板。在实际使用中,风格和模式常常混用。从目的上看,风格和模式都是为了把设计决策记录下来;从使用上看,两者大多使用了类似的技术来记录、阐明设计决策。一般而言,在软件体系结构领域,风格和模式不进行区分,统称为体系结构风格。体系结构风格的研究分为 3 个方向,即总结设计经验、寻找并记录经典的风格;提供风格描述手段;在软件体系结构设计过程中使用风格。

图 1-16　体系结构的复用

现在,已总结出若干被人们广泛接受的体系结构风格,经典的体系结构风格有数据流风格、调用/返回风格、独立构件风格、虚拟机风格、仓库风格等,之后仍有扩充,出现了基于消息的风格 C2 等。此外,模式领域也针对不同的系统类型提出若干种体系结构风格,如分布式系统、交互式系统、适应性系统的体系结构风格等(具体内容参见本书第 5 章)。

风格的描述方法主要有两种:

(1)提供非形式化描述模型,并将其引入到体系结构设计过程中,例如 Aesop 提供的通用的对象模型,这类方法在精确描述、性质分析方面存在缺陷,很难验证风格对于体系结构设计所施加的约束,风格的实现,也只能依靠程序员的经验。

(2)提供形式化规约,精确地说明风格的特征,并用于高层性质验证。在这类方法中,风格被定义为从语法到语义的解释,负责规约构件、连接件和它们之间的配置的语义。风格的规约与验证依赖于所采用的形式化语言,如 Z 语言、图论等的描述、验证能力。

上述两种风格的描述方法均缺乏一个行之有效的开发方法来指导风格的建模,而且在混合风格问题出现之后,陷入了发展的瓶颈。

近年来,出现了若干关注如何使用风格的研究,探讨如何针对实践的需要选择适合的风格,并保证其在软件体系结构设计中得到体现。研究者们提出了一些风格的使用指导框架,代表性工作有风格选择的分类指导框架、风格构造方法等,但关于风格应用的研究尚处于起步阶段。软件体系结构风格的相关内容参见本书第 5 章。

2) 领域特定的软件体系结构和软件产品线

领域特定的软件体系结构是领域工程的核心部分。领域工程分析应用领域的共同特征和可变特征,对刻画这些特征的对象和操作进行选择和抽象,形成领域模型,并进一步生成领域特定的软件体系结构。软件产品线是指一组具有公共的可控特征(系统需求)集的软件系统,这些特征针对特定的商业行为或者任务。产品线开发的特点是维护公共软件资产库,并在开发过程中使用这些资产,如领域模型、软件体系结构模型、过程模型和构件等。这两种方法,将特定应用领域或者产品家族的软件体系结构记录下来,并用于产品复用。需要说明的是,领域工程和软件产品线技术本身就是贯穿软件生命周期的软件开发方法,不过,它们均在开发阶段提供了记录、复用软件体系结构设计经验的支持。

表 1-5 对软件结构进行了总结。该表列出了每个结构中的元素及其关系,并说明了每种结构可能会用于什么情况。

表 1-5 系统的构架结构

软件结构	关　系	适　用　于
分解	它是一个子模块，与之共享秘密	资源分配、项目结构化和规划；信息隐藏、封装；配置控制
使用	要求正确地出现	设计子集；设计扩展
分层	要求正确地出现、使用服务、提供抽象	增量式开发；在"虚拟机"可移植性上实现系统
类	类是一个实例，共享访问方法	在面向对象的设计系统中，从一个公共的模板中产生快速的、相近的实现
客户机-服务器	与之通信；依赖于	分布式操作；关注点的分离；性能分析；负载平衡
进程	与之并发运行、可能会与之并发运行；排除；优先于等	调度分析；性能分析
并发	在相同的逻辑线程上运行	确定存在资源争用，线程可以交叉、连接、被创建或被杀死的位置
共享数据	产生数据；使用数据	性能；数据完整性；可修改性
部署	分配给；移植到	性能、可用性、安全性分析
实现	存储到	配置控制、集成、测试活动
工作分配	分配到	项目管理、最佳利用专业技术、管理通用性

4. 软件体系结构的应用实践

软件体系结构自提出以来，一直注重理论研究与工业实践相结合。

现阶段，软件体系结构实践成熟的标志包括工业级培训与认证、标准的软件体系结构、成熟的体系结构模式和策略分类、端对端生命周期模型、可重复的体系结构评估和校验方法、成熟的工具支持、企业级体系结构基础设施层和应用层支持、软件架构师的职业化等。总体而言，软件体系结构在工业界的应用和推广体现在以下几个方面。

(1) 工业标准的制定：如 IEEE 专门制定了体系结构相关的国际标准；SAE(Society for Automotive Engineers)制定了体系结构描述语言的国际标准 AADL(Arditecture Analysis and Design Language)；在 OMG(Object Management Group)所制定的 UML 标准中，沿用了 4+1 视图；UML 2.0 标准，则引入了连接件、复合构件等软件体系结构领域提出的概念；在不少工业级框架中，也将软件体系结构领域提出的连接件概念显式化，如 JSR 112 标准中即制定了 J2EE Connector Architecture，用于连接异构的系统。

(2) 实际产品的开发：如西门子公司、贝尔实验室等大力推动软件体系结构在实际软件产品开发中的应用，并通过联合项目、学术研讨会等形式，将其在工业实践中所积累的经验贡献给体系结构研究者，如 CMU 的软件工程研究所(SEI)中就拥有大量来自工业界的研究人员。

(3) 相关资源：软件体系结构得到了工业界的诸多关注，还体现在相关资源上。如卡内基·梅隆大学的软件工程研究所成立了体系结构技术促进会，组织推出了一整套与体系结构相关的图书、课程、产品；在国际上也成立了软件架构师协会和软件架构师国际联盟，并通过出版图书、会员活动等方式推动软件体系结构的教育与应用。

1.5 小结

软件设计、软件体系结构与软件工程密切相关,它们是软件工程和软件开发过程的重要组成部分。因此,本章首先对软件工程进行介绍,包括软件的本质、软件危机的出现、软件神话,然后对层次化的软件工程以及网络环境带来的影响进行了描述。由此可以看到,软件设计在软件生命周期和各种软件开发过程模型中所处的位置。其次,对设计过程、设计质量、软件设计原则进行了介绍,使读者对软件设计有一个全面的理解。最后,介绍了软件体系结构的概念、软件体系结构的内容和设计阶段的软件体系结构。软件体系结构设计作为软件设计过程中的活动之一,能在较为抽象的级别上描述整个软件系统的结构,成为大规模、复杂软件系统设计中必不可少的步骤。

1.6 思考题

1. 什么是软件? 软件的特点是什么? 软件有哪些分类?

2. 软件设计应该包含哪些要素? 软件设计在软件工程中所处的位置和重要性如何?

3. 请用自己的话说明软件体系结构。传统的建筑体系结构学科和软件体系结构有何相似之处? 有何不同之处?

4. 软件设计和软件体系结构有何关系? 软件体系结构的出现有何必然性和重要意义?

5. 在软件设计过程中,人们需要重点考虑软件系统结构的哪些方面?

第 2 章 软件模型和描述

首先学会计算机科学和所有的理论。然后发展出一个编程风格。之后便要忘掉所有这些，以自由的方式探索。

——George Carrette

体系结构强调一种思想的抽象，它通过一些原则和方法等具体体现。体系结构的另一种解释是指系统的基本组成元素及其相互关系的抽象。

软件体系结构也是体系结构概念在软件上的投影或具体应用，它是一系列关于软件系统组织的重大决策，是软件系统结构的结构，由软件元素、元素的外部可见属性及元素间的关系组成。

软件模型是软件体系结构赖以建立的基础。

本章共分 5 个部分对软件模型及其描述进行介绍，2.1 节介绍什么是软件模型，2.2 节介绍软件模型的发展历程，2.3 节介绍软件模型解析，2.4 节介绍深入认识软件模型，2.5 节介绍体系结构描述语言。

2.1 什么是软件模型

模型（Model），一般是指客观世界中存在事物的一种抽象。事物可以是具体的，例如房子、人等；也可以是抽象的，例如思想、算法等。

模型一般都需要通过某种形式表达出来，以便于交流。从形式上看，模型的表达有文字（包括自然语言和数学语言）、图形（图形语言）或图文混合。用数学语言表达的模型称为数学模型，这种模型的形式化级别最高，一般用来描述事物的抽象本质，刻画事物内在的稳定规律。例如，$s = v_0 t + \frac{1}{2} a t^2$ 描述了匀加速直线运动的本质，刻画了时间、加速度和路程之间的稳定变化规律。相对于数学模型，用自然语言或图形语言表达的模型的形式化级别比较低，一般用来描述对事物的某种认识和理解，表示一种观点。例如，一座房子的结构、一个系统的结构或者某种思想体系等。数学模型是精确的定量描述，其他模型则是一种定性描述。

软件模型（Software Model）是指软件的一种抽象，目前，一般通过非数学模型来描述。相对于其他事物，软件具有特殊性。这主要体现在软件描述的基本元素的一致性，也就是说，无论如何描述软件，同构模型中描述的最基本单元的抽象都是统一的。在本书中，将这种统一的基本单元的抽象称为软件模型，而将软件系统的抽象称为软件体系结构。因此，软件模型可以看作一种元模型（Meta Model）。

软件模型作为软件组成的最基本单元的抽象,既反映了软件体系结构构建的核心思想,也奠定了软件体系结构构建的基础。一方面,它定义了软件体系结构构建的基本单元元素的形态;另一方面,它定义了基本单元元素之间关系的基本形态。不同的软件模型隐式地定义了软件体系结构构建的不同方法。

2.2 软件模型的发展历程

审视软件模型从诞生到发展的历程,尽管各种软件模型的发展存在一定的时间交叉,但从其是否作为软件构造技术的主体支撑技术来说,软件模型的发展基本上符合图 2-1 所示的发展轨迹。

功能模型　对象模型　组建模型　配置型组件模型　服务模型　抽象模型

图 2-1　软件模型的发展轨迹

软件模型的发展轨迹也清晰地体现了计算机应用发展的历程以及计算机技术发展的历程。

计算机应用的发展和计算机技术的发展相辅相成。一方面,计算机应用的发展对计算机技术提出了新的要求,促进计算机技术的发展;另一方面,计算机技术的发展又为新型计算机应用的发展提供了基础,促进计算机应用的发展。作为计算机技术之一的软件技术,在计算机应用和其他计算机技术之间建立起"桥梁"。因此,软件模型的发展实际上就是不断动态地黏合应用与技术。图 2-2 给出了计算机应用、计算机技术和软件模型的关系。

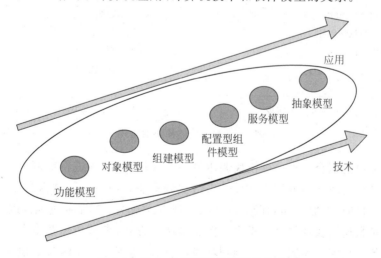

图 2-2　技术、应用和软件模型的关系

2.3 软件模型解析

本节按照软件模型的发展轨迹,主要解析各种软件模型的基本原理及其思维本质,并阐述其对软件体系结构建立的影响。

2.3.1　功能模型

功能模型(Function Model)也被称为过程模型或函数模型,它是模型化软件构建方法的第一个基本模型。功能模型的基本原理是将一个系统分解为若干个基本功能模块,基本功能模块之间可以按需进行调用。基本功能模块集合及其调用关系集合构成一个系统的模型。

功能模型诞生于 20 世纪 60 年代,它强调对程序中数据处理(功能)的抽象,通过功能分解和综合的方法,降低系统构造的复杂度,从而实现一体式程序体系结构向结构化程序体系结构的转变,并建立了结构化软件设计方法。

功能模型的核心之一是基本功能模块的抽象及耦合。

事实上,基本功能模块是一种处理方法的抽象,这种方法独立于其处理的具体数据集,建立在抽象数据集上。通过将抽象数据集具体化,可以实现处理方法在某个具体数据集上的作用,从而实现处理方法的重用。因此,基本功能模块的抽象一般需要定义其处理的抽象数据集。在具体实现中,基本功能模块一般有函数(Function)和过程(Procedure)两种形式,前者返回处理结果,后者不返回处理结果。抽象数据集称为形式参数,具体数据集称为实际参数。图 2-3 分别给出了基本功能模块在 Pascal 语言和 C 语言中的实现。

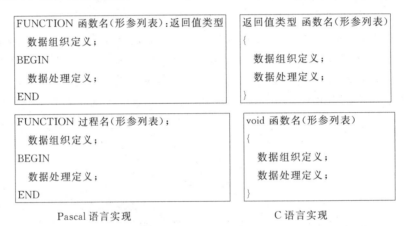

图 2-3　基本功能模块的实现

基本功能模块的耦合是指一个模块调用另一个模块时,如何进行被调模块的抽象数据集的具体化以及被调模块如何返回其处理结果给主调模块。前者一般称为参数传递,后者一般称为函数返回。目前,参数传递和函数返回的实现方式基本上都是通过堆栈进行,图 2-4 给出了参数传递和函数返回实现的基本思想。按照传递的方式,参数传递基本上有值传递和地址传递两种。值传递将实际参数的值复制到堆栈,地址传递则是将实际参数值存放的内存地址

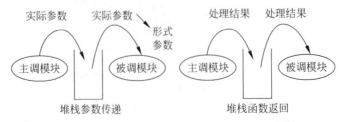

图 2-4　参数传递和函数返回实现的基本思想

复制到堆栈。因此,当被调模块的抽象数据集具体化后,值传递方式不会因为被调模块的处理而改变原始的实际参数值,而地址传递方式由于被调模块的处理会通过实际参数值存放的内存地址而间接地作用于原实际参数,从而改变原始的实际参数值。图 2-5 是两种参数传递方式的 C 语言实现。

```
int submodule (int p, int q)
{
  int r;
  r = p + q;
  return r;
}
main module( )
{
  int x = 10 ,y = 20, z = 0;
  z += submodule (x, y);
  printf( "The Results is : % d\n", z );
}
```

```
int submodule (int * p, int * q)
{
  int r;
  r = * p + * q;
  return r;
}
main module( )
{
  int x = 10 ,y = 20, z = 0;
  z += submodule (&x, &y);
  printf( "The Results is : % d\n", z );
}
```

图 2-5 两种参数传递方式的 C 语言实现

功能模型的核心之二是递归思想的具体实现。

递归(Recursion)是指用同一种处理方法来处理不断缩小规模的数据集,并通过不断综合小规模数据集的处理结果来得到大规模数据集的处理结果的一种问题处理方法。图 2-6 给出了递归方法的基本思想。

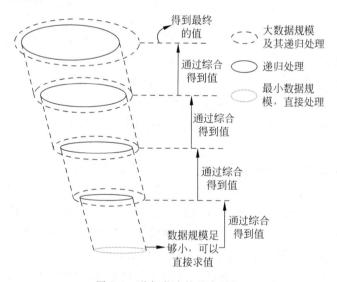

图 2-6 递归方法的基本思想

功能模型中的递归思想体现在两个方面:一方面是基本功能模块的递归应用;另一方面是处理逻辑或数据组织方式的递归应用。基本功能模块的递归应用是将图 2-6 中的一种处理方法通过一个基本功能模块实现,将数据集规模作为基本功能模块的形式参数之一,这样在基本功能模块处理逻辑的定义中,显然需要在缩小后的数据规模上调用其自身(使用同一种处理方法)。可见,递归是一种特殊的模块耦合关系,其主调模块和被调模块是同一个处理模块。

图 2-7 给出了基本功能模块递归应用的一个具体案例。

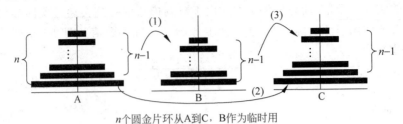

n个圆金片环从A到C，B作为临时用

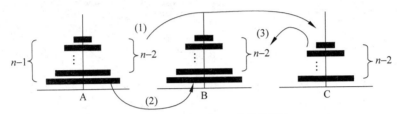

n−1个圆金片环从A到B，C作为临时用

```
void move (unsigned n, char a, char c, char b)
{
  if(n>0)
  {
    move(n-1, a, b, c);                          (1)
    printf("%d : %c - > %c\n", n, a, c);         (2)
    move(n-1, b, c, a);                          (3)
  }
}
```

图 2-7　基本功能模块递归应用的具体案例——汉诺塔问题求解

　　根据模块调用关系的不同,递归可以呈现多种具体应用形式,如图 2-8 所示。

　　处理逻辑的递归应用是指将问题的整个处理逻辑看作数据集,将基本的处理逻辑看作处理方法,从而实现用基本的处理逻辑及其组合来实现处理不同复杂度问题的整个处理逻辑。功能模型建立了 3 种基本处理逻辑,即顺序、分支和循环。图 2-9 给出了它们的语义,图 2-10 解释了处理逻辑的递归应用内涵。由图 2-10 可知,程序 A(大程序)和子程序 B(小程序)在思维上具有显示通约性。

　　数据组织方式的递归应用是指将需要组织的全部数据看作数据集,将基本的数据组织类型看作处理方法,从而用基本的数据组织类型及其组合来实现不同规模的数据的结构化组织。在计算机中,数据组织是通过数据类型实现的,一般分为基本数据类型和复合数据类型两类。复合数据类型是基本数据类型的组合实现,这种组合实现建立在递归思维基础之上。图 2-11 给出了 C 语言中的两类数据类型,图 2-12 给出了 C 语言中递归数据组织的具体应用。

　　由于功能模型侧重于功能部分,淡化了数据部分以及数据与功能之间的关系,因此对于大规模程序的构造,功能模型具有其固有的波动效应的缺陷。也就是说,如果一个模块或者某个数据被修改了或被调整了,而且没有及时通知其他相关的模块,则会产生意想不到的影响。这种现象会在整个系统中产生连锁反应(即波动效应),最终导致整个系统的不正确。尽管功能模型存在固有的缺陷,并由此失去其主流技术的地位,但其模型化构造方法的建立以及模块化设计思想、递归构造思想的建立,对软件构造方法产生了深远的影响。

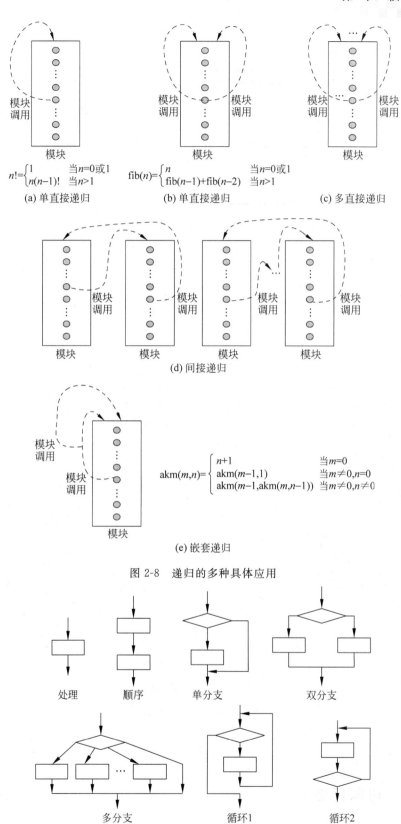

图 2-8 递归的多种具体应用

图 2-9 3 种基本的处理逻辑及其语义

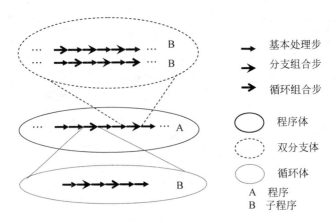

图 2-10　处理逻辑的递归应用内涵

图 2-11　C 语言中的两类数据类型

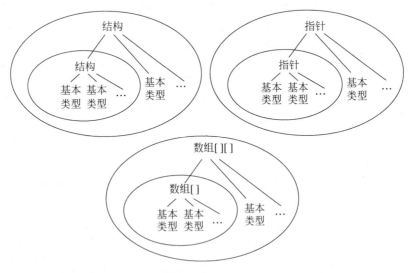

图 2-12　C 语言中递归数据组织的具体应用

2.3.2　对象模型

对象模型(Object Model)于 20 世纪 80 年代诞生,它强调了对程序中数据组织的抽象,并将数据处理和数据组织统一进行考虑。对象模型以对象为核心,通过对象进行数据组织的抽象并实现数据组织和数据处理的统一,并在此基础上建立面向对象的软件构造方法。因此,对象模型的基本原理是将一个系统分解为若干个对象,对象之间可以通过发送消息按需进行协作。对象集合及其协作关系集合构成一个系统的模型。

对象(Object)是指客观世界中存在的事物,可以是具体的(如人、猫、狗等)或者抽象的(如缓冲池、堆栈等)。

在计算机中,为了描述一个对象(或以对象进行数据组织),必须给出对象的形态(称为对象的型),并按照需要建立对象的各个具体实例(称为对象的值)。例如,在 C++ 中,以类(Class)描述一个对象的型,以变量描述对象的值(类的实例)。一个对象一般有静态属性和动态行为(即对象的职责),例如,汽车有品牌、型号、颜色、价格、质量、牌号、大架号、发动机号等静态属性,有行驶、制动、转向等动态行为。因此,在对象的型的描述中,必须将该类对象的静态属性和动态行为描述清楚。其中,静态属性对应于数据组织,动态行为对应于数据处理,从而以对象为核心,实现数据处理和数据组织的统一。

图 2-13 给出了对象描述的基本视图,图 2-14 则给出了 C++语言中描述对象的具体案例。

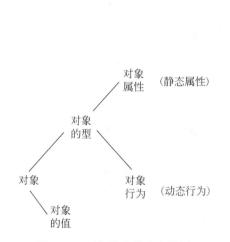

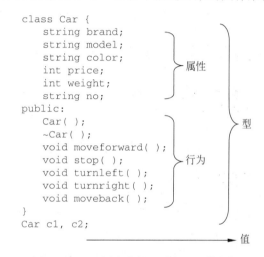

图 2-13 对象描述的基本视图   图 2-14 C++语言中描述对象的具体案例

对数据类型的抽象是对象模型的核心之一。

所谓数据类型的抽象,是指允许用户按照需求定义自己的数据类型,并通过其进行数据组织,从而扩展某种程序设计语言固有的数据类型,为应用程序的构造带来灵活性。相对于传统的固有数据类型,扩展的数据类型称为抽象数据类型(Abstract Data Type)。一般来说,一种数据类型既要规定数据的取值范围,又要定义数据的基本运算操作。因此,对象模型中的对象机制可以用来定义抽象数据类型。其中,对象的属性描述与数据的取值范围相对应,对象的行为描述与数据的基本运算操作相对应。可见,对象本质上就是数据,对象的描述就是定义一种抽象数据类型。值得注意的是,抽象数据类型的定义体现了数据组织方式的递归应用特性。相对于功能模型中的复合数据类型,抽象数据类型的实现具有更强的灵活性和扩展性。

对象模型的核心之二是同构(或同族)对象关系的定义,这种关系体现在继承和多态两个方面。继承是指同族对象后代可以共享前代的某些属性及行为特征。例如,麻雀可以作为其父类——鸟类的一个子类,因此麻雀可以集成鸟类的一些属性及行为特征。同时,麻雀可以有自己的属性和行为特征,也可以改变父类的一些属性和行为特征。多态是指对象的某个行为在各个具体实例中呈现不同的形态。例如,对于一个图形类,可以定义一个 draw()行为。但是对于直线、圆、矩形等不同的图形,显然各自的 draw()行为会呈现出不同的具体形态(绘制方法)。根据不同形态表现的时机,多态可以分为静态多态和动态多态。静态多态是指在具体实例建立之前,对象的行为描述中就已经将各种形态的表现定义清楚。这种多态形式一般用于一个对象的行为描述中。动态多态是指各种形态的表现要在具体实例建立之后才能确定。这种多态行为一般用于具有继承关系的多个对象的行为描述中。此时,父类通常只给出抽象的行为(即对象可以做什么),而不定义具体行为(即对象究竟如何做),各个子类具体定义其对象应具有的行为。这样,当通过抽象引用概念性地要求对象做什么时,将会得到不同的行为,具体行为取决于子类对象的具体类型。在 C++语言中,静态多态通过函数重载机制实现,动态多态通过虚函数机制实现。

对象模型通过对象机制统一了数据组织和数据处理两个方面,并建立了抽象数据类型构造的方法。然后,其抽象级别仍然很低,认识视野仍然局限于实现层次,对概念层次和规约层次的重视不够,从而使得基于对象模型的面向对象的设计思想和方法失去了巨大的效力。也就是说,抽象数据类型的具体实现仍然需要由具体的程序设计语言来体现,对象不能独立于语言。另外,对象模型通过继承机制强化了同族对象关系,而对异族对象关系并没有显式地说明。因此,对于异构集成以及大规模软件的开发,对象模型暴露出它的不足之处。

2.3.3　组件模型

20 世纪 90 年代,组件模型(Component Model)诞生,它在对象模型的基础之上强调了异族对象关系以及独立性问题。异族对象关系指组件内部完成组件功能的对象可以是同族的,也可以是异族的。独立性是指组件建立在二进制基础之上并独立封装,可以独立部署。组件模型以接口(Interface)为核心,通过接口抽象组件行为,并在此基础上建立面向接口的软件构造方法。组建集合及其协作关系集合构成一个系统的模型。所谓接口是指对象动态行为的集合,接口也支持继承机制。相对于对象模型,组件模型更加重视在概念层次和规约层次上认识面向对象的方法和思想,强调对象具有可以被其他对象或对象自身调用的方法。也就是说,将数据组织部分封装在内部,而将对数据的处理部分以接口的形式暴露在外部。所谓组件,是指能完成特定功能并能独立部署的软件合成单元。一个组件一般具有一个或多个接口,每个接口的功能由一个或多个方法实现。接口的具体功能由组建对象实现,组建对象之间可以通过聚合和包容方式进行功能重用。

图 2-15 是组件的基本结构,图 2-16 是组件功能重用的两种基本方式,图 2-17 显示了COM 组件的封装结构和运行时结构。

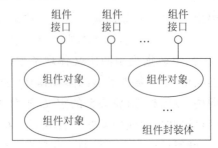

图 2-15　组件的基本结构

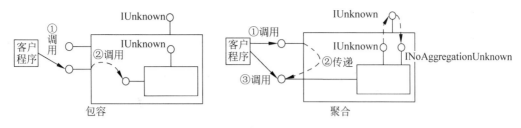

图 2-16 组件功能重用方式

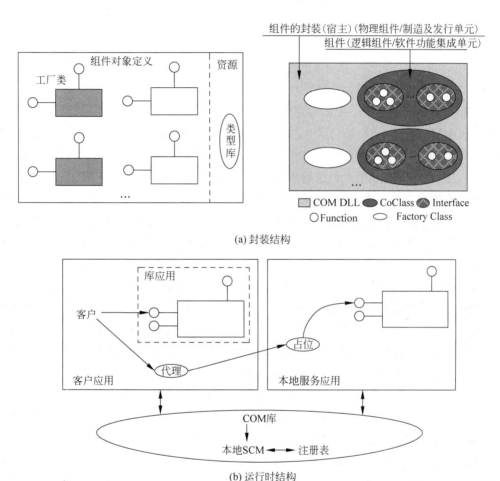

(a) 封装结构

(b) 运行时结构

图 2-17 Microsoft COM 组件的基本结构

组件模型强调标准,以实现具有独立性的组件之间的集成。组件模型的标准一般称为软件总线(简称软总线,Software Bus),它定义组件的封装结构并提供基本的集成服务功能(例如命名服务、查找服务等)。满足同一标准的组件可以通过软总线进行集成。目前,常见的组件模型标准有微软的 COM、Sun 的 Java Beans 和 OMG 的 CORBA。为了实现对组件的管理和集成,软总线除了提供各种基本服务功能以外,还提供一些高级服务功能,例如属性服务、持久化服务、安全服务、事务服务等。图 2-18 是组件集成的基本原理,其中,组件对象必须首先在软总线中进行注册,然后才能使用。某个客户应用或一个对象需要使用某个组件对象时,也是通过软总线进行查找,然后再使用。因此,软总线充当组件对象集成的中介。

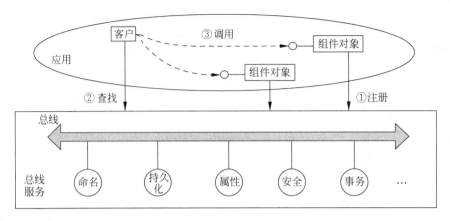

图 2-18　组件集成的基本原理

组件模型通常采用基于框架的程序构造方法。

所谓框架(Framework),指已实现部分功能的某类程序结构的实现。框架抽象了某类程序的结构,定义其中各个功能组件及其相互关系并实现部分功能。框架与生产线很相似,通过框架构造程序,相当于按照生产线进行各种组件的装配。框架可分为水平型、垂直型和复合文档型 3 种。水平型框架一般面向通用类程序的构造,与特定的应用领域无关,例如,Visual C++支持的各种项目类型就是各种水平型框架。垂直型框架一般面向特定的应用领域,它抽象和封装了该应用领域应用程序的基本结构和共性基本组件,例如,San Francisco 就是一种垂直型框架。复合文档型框架是一种比较通用的框架,它将一个程序抽象为一个文档,将构成程序的各个组件看作是文档中不同的独立元素,这些独立元素通过事件消息相互联系。通过复合文档型框架构造程序相当于用各种元素在文档上创作一幅动态的图画。因此,随着图形用户界面的流行以及计算机应用的普及,复合型文档框架已经成为程序构造的主流。目前,除了 Visual C++以外,基本上所有的集成开发环境都是基于复合文档型框架的。图 2-19 是利用复合文档型框架进行程序构造的基本原理及样例。

相对于对象模型,组件模型基于二进制黑盒重用机制,为软件的维护提供了技术上的保障。基于框架的程序构造模式为软件工业的大规模生产奠定了基础。然而,尽管组件模型的独立特性扩展了对象模型的重用机制,但是各种标准之间的异构集成和重用仍然是一个问题。

由于组件模型解决了异构集成问题,因此分布式对象计算模型得到迅速的发展。分布式对象计算的基本模型如图 2-20 所示。它在软件总线的基础上,通过在客户端和服务端分别增加代理机制来实现分布式环境下组件对象之间的集成。客户端代理、服务端代理以及软件总线为应用开发者屏蔽了底层网络通信细节和异构环境的特性,建立了一个面向分布式环境应用开发的通用基础结构。

CORBA 直接支持分布式计算模型,Java Beans 通过 Java RMI(Remote Method Invoke)将其组件模型扩展为分布式计算模型,COM 通过 RPC(Remote Procedure Call)将其扩展为 DCOM(Distributed Component Object Model)。图 2-21 是 DCOM 运行时结构。对于 DLL 封装的组件,DCOM 通过自动加载一个 dllhost.exe 作为其宿主。

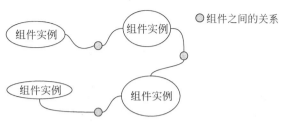

(a) 基本原理

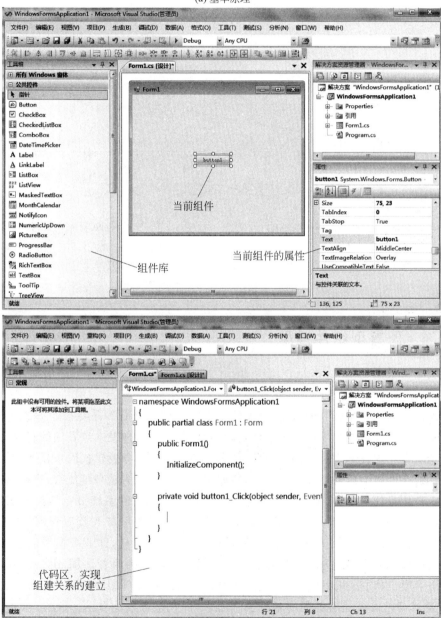

(b) 一个样例

图 2-19 利用复合型文档框架进行程序构造的基本原理及样例

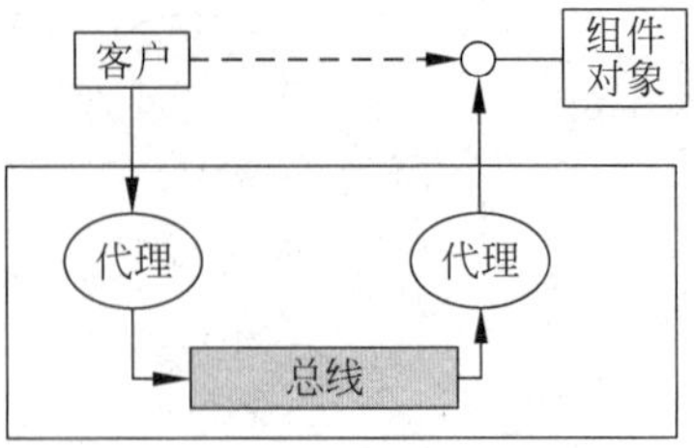

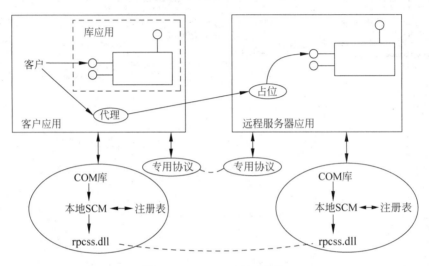

图 2-20　分布式对象计算的基本模型

图 2-21　DCOM 运行时结构

2.3.4　配置型组件模型

配置型组件模型(Configurable Component Model)又称为服务器组件模型,它专门针对应用服务器,定义其基于组件的基础结构模型。

在传统的分布式对象计算模型中,软总线提供的附加基础服务需要被业务逻辑代码显式地使用。对于响应大量客户端的服务器而言,基础服务的提供涉及系统资源的有效利用,基础服务需要与资源管理技术一起使用。因此,如果这两者都由业务逻辑代码来显式地使用,那么应用开发的复杂度就会急剧增大。特别是,随着组件交互的行为越来越复杂,协调这些基础服务就成了一项困难的任务,这就需要与编写业务逻辑代码无关的系统级专门技术来处理。同时,这样处理也可使业务逻辑代码的开发者避免陷入各种基础服务和资源管理机制的系统级事务处理的"泥潭"之中,从而将其思维重心服务于其工作的本质,即业务模型的建立。因此,配置型组件模型的基本原理是将应用业务逻辑与系统基础服务两者解耦,由系统基础服务构成一个服务容器,自动隐式地为各种应用业务逻辑按需统一提供相应的基础服务。也就是说,应用业务逻辑可以按需提出不同的基础服务要求,即它是可以配置的。这样,基于问题分离(Separation of Concerns)原理和功能可变性(Functional Variability)原理,将业务逻辑的功能部分和系统资源有效管理的技术部分分开,可以允许两者独立演化并促进基础服务和资源的重用。图 2-22 是配置型组件模型的基本实现思想。

在配置型组件模型中,配置型组件是一种分布式、可部署的服务器端组件。执行应用业务逻辑的配置型组件的可配置性主要体现在两个层面：首先,在应用部署包进行部署时,相应的部署工具(例如 Windows 中的服务管理器)根据部署包中的公共配置以及各个业务逻辑组件的配置说明进行相应配置要求的登记,同时,自动生成客户端和服务器端的相应代码黏合层(Glue Code Layer)。例如,在 COM+中,通过 Windows 服务管理器可以在组件安装时为每一个应用生成一个特殊的安装文件(*.msi),该文件记录所有组件及其配置参数与相应黏合层代码。然后,每当客户端调用组件的相应业务操作功能时,客户端代理附加调用上下文,经过总线将请求发送给服务器端,服务器端的代码黏合层负责创建组件实例,并且通过拦截机制在将客户端请求发送到目标业务裸机操作之前,根据其预先登记的配置要求启动相应的基础服务,将附加的基础服务功能加入到应用业务逻辑中。同时,为了实现服务器资源的有效利用和提高各个组件实例的执行性能,服务器端通过组件的生命周期回调接口对运行中的组件实例进行管理。

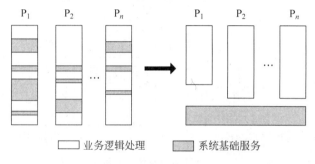

图 2-22 配置型组件模型的基本实现思想

当前,流行的配置型组件模型标准主要有 EJB、COM+和 CCM(CORBA Component Model)。

CCM 定义了一种比较完善的可配置组件模型,但目前还没有具体的产品诞生。

在 EJB 中,主对象称为 Home 对象,远程对象称为 EJB 对象,配置型组件称为 Enterprise Bean,配置型组件的配置说明用配置描述器给出。此外,还可以通过一个特定的属性描述器描述 Enterprise Bean 的一些附加属性,以便 Enterprise Bean 在运行时使用。目前,一个 EJB 对象只能支持一个接口。EJB 基础服务包括生命周期管理、持久性服务、事务处理服务、安全管理服务等。对于这些基础服务,Enterprise Bean 都可以按需进行配置。

在 COM+中,主对象称为工厂对象(Class Factory 实例),配置型组件称为组件对象(CoClass 实例),远程对象是组件对象的一种封装,在 COM+中通过调和器对象(Mediator)给出。配置型组件的封装一般只能以一个 DLL 文件给出,配置型组件的配置说明可以通过在程序中加入属性描述给出或在组件安装时进行交互式配置。COM+中的一个配置型组件可以实现一个或多个接口的功能。实际上,COM+并没有特别地定义一种可配置组件模型,而是在 COM/DCOM 组件基础上融入微软事务服务器(Microsoft Transaction Server,MTS)以及其他基础服务功能,并借助于 Windows 操作系统构成一个运行时环境,由 Windows 操作系统及各种基础服务套件充当应用服务器和容器的角色。任何 DLL 封装格式的 COM 组件,只要在 Windows 服务管理器中被导入到某个应用程序并进行相应配置即可称为 COM+组件。因为,COM+应用程序可以看成一种逻辑可部署包,它可以包含多个 COM+组件,这些组件具有相同的已配置特性。COM+基础服务增强了有关线程同步方面的控制服务,提供了对组件实例并发运行的细粒度控制。另外,COM+服务容器除了提供实例池管理、分布式事务处理外,还提供基于角色的安全管理、松散耦合的事件服务等,并集成了 MSMQ(Microsoft

Message Queue)、负载平衡、内存数据库等服务功能。

随着.NET 平台的推出,COM＋组件标准得到了修正和完善。

.NET 采用装配件(Assembly)作为基本的组件打包及部署单元,它是一种逻辑组件(Logical Component),可以包含打包清单(Manifest,用来描述该配件以及所需的其他配件,包括版本号、编译链接号以及编译器在编译时捕获的修正号、文化特征等版本信息)以及一个(或多个)物理 DLL 或 EXE 模块,每个模块内部包含 IL 代码(Intermediate Language Codes,中间语言代码)、元数据(Metadata,描述配件中声明的所有类型及其关系)及资源(包括图标、图像等),模块以文件形式存储。装配件可以是静态的,即由开发工具生成并存储在磁盘上,也可以是动态的,即在内存中动态生成并立即运行,可以保存在磁盘上再次使用。模块及装配件的基本结构如图 2-23 所示。

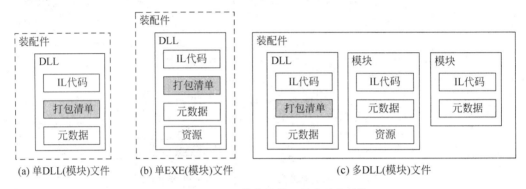

图 2-23   .NET 模块及装配件的基本结构

在装配件基础上,.NET 环境通过应用程序域(AppDomain)概念定义装配件的运行模型,建立.NET 环境中的可配置组件模型。另外,.NET 平台通过公共语言运行时(Common Language Runtime,CLR)环境封装并提供类似于 COM＋容器所提供的基础服务,扩展了COM＋的容器机制,从而使.NET 中的每个应用程序域成为一个在 CLR 中可以独立配置并部署的逻辑可部署包。正因为如此,.NET 平台通过元数据机制及 CLR 改善了 COM＋的各种缺陷,简化了组件的开发和部署。

例如,.NET 没有类工厂,而是由 CLR 将类型声明、解析成包含该类型的装配件以及该装配件内确切的类或结构;通过完善的无用单元回收机制改善由引用计数缺陷导致的内存和资源泄漏;采用元数据方法,代替类型库和接口描述语言(Interface Description Language,IDL)文件;采用命名空间和装配件名称来确定类型范围的方法,以提供类型(类或接口)的唯一性来改善基于全局统一标识符(Globally Unique Identifier,GUID)的注册的脆弱性;.NET 没有套件,在默认情况下,所有.NET 组件都在自由线程环境中运行,由开发者负责同步组件的访问,开发者可以依赖.NET 的同步锁或使用 COM＋的活动来实现同步;.NET 通过在类定义中使用 internal 关键字来告知 CLR 拒绝一个装配件之外的任何调用者访问该装配件内的组件,从而防止在 COM＋中通过搜索注册表找到私有组件的 CLSID(CoClass IDentifier,组件类标识符),以使用它的漏洞。.NET 通过为指定代码段配置许可并提供证据,将 COM＋中基于角色的安全性扩展为角色安全和调用身份验证双重的安全控制,为高度分散、面向组件的环境提供新的安全模型;.NET 中有关组件的一切操作都不依赖于注册表,并严格维护版本控制,从而简化组件的部署;不同于 COM＋只支持运行时不同语言所实现的组件的集成,.NET 同时支持运行时和开发时的组件的无缝集成,即允许使用某一种语言开发的组件从使用另外一种语言开发的组件派生;采用基于属性的编程方法增加组建配置的灵活性,等等。

另外,.NET 支持两种组件,即使用基础服务的组件(Serviced Component)和标准的被管理组件(Managed Component,又称托管代码或受控代码)。其中,前者就是 COM＋标准组件的演化和发展,后者则是新的组件封装模型。.NET 实现了两者的统一。为了支持说明性程序设计,.NET 提供的新型程序设计语言 C♯支持将配置要求以属性方式写入程序中,建立基于属性的程序设计方法(Attribute-Based Programming)。图 2-24 描述了.NET 应用程序的结构。

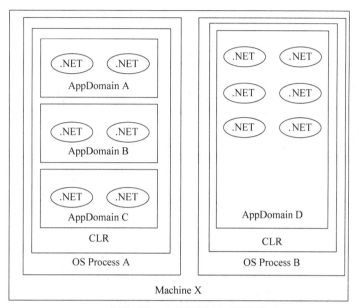

(a) 组件对象、应用程序域和进程的关系

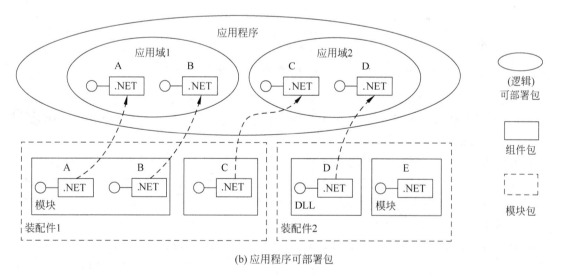

(b) 应用程序可部署包

图 2-24 .NET 应用程序的结构

2.3.5 服务模型

随着互联网应用的不断普及,配置型组件模型及其衍生的分布式对象计算模型,由于紧耦合、多标准和底层传输协议的依赖性等弊端,导致其不能适应面向互联网的应用动态集成的需

求。因此,服务模型应运而生,并在此基础上建立了服务计算模型。服务(Service)是指一个封装着高级业务概念、实现公共需求功能、可远程访问的独立的应用程序模块。服务一般由数据、业务逻辑、接口及服务描述构成,如图 2-25 所示。服务独立于具体的技术细节,一般提供业务功能,而不是技术功能。服务模型的基本原理是明确服务提供者和服务使用者,并通过服务中介实现两者的耦合,如图 2-26 所示。服务模型通过定义独立于具体技术、可以扩展的通用描述手段来描述服务和实现服务交互,而将服务实现的具体技术细节隐藏在内部,从而实现服务的无缝集成。图 2-27 给出了服务模型的抽象作用。

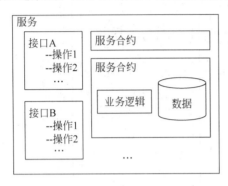

图 2-25   服务的一般结构

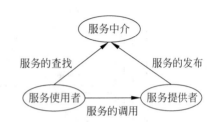

图 2-26   服务模型的基本原理

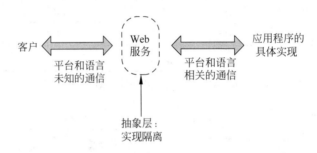

图 2-27   服务模型的抽象作用

目前,服务模型的标准主要是 Web Services。Web Services 以 XML(Extensible Markup Language,可扩展标记语言)作为最基本的通用描述规范,并以此定义出各种规范。例如,服务定义、描述、访问、发布和集成等。

信息是人类社会必要及重要的资源,信息处理技术是现代社会的基本要求。因此,如何组织和描述信息并对信息进行访问和各种处理成为一个核心问题。特别是随着互联网的蓬勃发展,信息的可交换性变得越来越重要。XML 技术体系就是针对这一问题的一套标准。XML首先通过 Infoset 定义一个信息实体的抽象概念模型,然后基于该模型,通过 XPath、XPointer、XLink、XBase 定义如何创建信息实体内和信息实体间的关系,通过 DOM、SAX 定义如何访问信息实体的编程接口。同时,通过 Schema 为信息实体定义结构和类型,通过Namespace 将一个信息元素与其关联的 Schema 关联起来,避免 XML 文档中的元素和属性等名称在使用时发生冲突,通过 XSLT 定义一个词汇表到另一个词汇表的转换规则,从而建立SML 技术体系中的核心规范集。最后,基于这些规范,面向各种应用定义各种具体的应用规范。例如,Web Services 中的 SOAP 和 WSDL 等。

实际上,XML 是一种通用的结构化信息编码标准。即作为一种可以创建其他专用标记语言的通用元标记语言,XML 可以对任意结构化信息进行定义。XML Infoset 所定义的信息模型是层次型模型,层次型模型的递归特性决定了其广泛的适用性和描述能力。XML 可以是软件集成问题的统一解决方案,如图 2-28 所示。

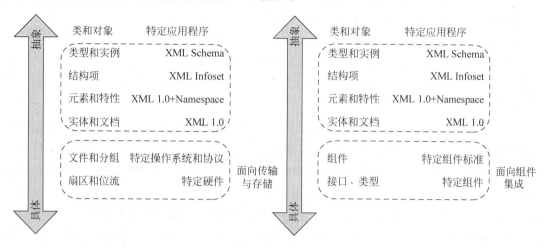

图 2-28 XML 作为一种集成技术

Microsoft. NET 平台面向新一代 Web 应用的开发,通过在开发工具 Visual Studio. NET 中提供 Visual C♯ Projects 中的 ASP. NET Web Service 模板类型以及建立支持属性编程的新型程序设计语言 C♯,直接支持面向 Web Service 的应用开发。通过 Web Service,将 COM+ 对象封装为面向互联网的一种服务对象,如图 2-29 所示。另外,. NET 平台还提供了一系列公共 Web 服务,称为. NET My Service。这些服务与传统程序设计中的系统函数、类库中的类或者组件库中的组件相似,供开发者按需调用。

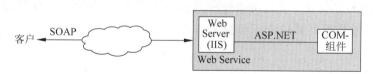

图 2-29 面向互联网的 Web 服务对象

相对于组件模型而言,服务模型也采用基于框架的程序构造方法。但是,不同于组件模型的框架,服务模型的框架是一种动态框架,它根据业务流程的需要动态集成各个 Web 服务。因此,这种方法也称为基于流程的程序设计方法,即流程是一种动态框架。组件模型采用与计算机相关的二进制且标准不一,从而导致对服务接口与执行环境的分离不够彻底。而服务模型因为采用与计算机无关、基于 XML 的文本描述且标准统一,使得服务接口与执行环境彻底分离。因此,服务模型比组件模型更加抽象。另外,从支持软件大工业生产的角度来看,组件模型侧重于细粒度的技术基础,而服务模型侧重于面向粗粒度的应用基础。同时,服务模型也体现了递归思想,主要表现在动态框架本身又可以作为一个服务被其他动态框架集成。

2.3.6 抽象模型

虽然服务模型已经强调业务逻辑的抽象并使之独立于具体的平台和环境,但是,其系列标准中对于动态框架的建立仍然局限于传统控制流的设计思维,具有封闭性,不能适应应用不断变化所带来的复杂交互场景的应用业务流的描述。因此,服务模型的抽象层次还不够高。于是,抽象模型应运而生。目前,抽象模型主要包括基于归纳思维策略的可恢复程序语句组件模型和基于演绎思维策略的元模型。两者都是面向抽象层的应用业务逻辑的描述,而不关注描述的具体实现平台和环境,具有完整的技术独立性和应用发展的适应性。下面以可恢复程序语句组件模型为例,简要介绍抽象模型的结构及其工作原理。

可恢复程序语句组件模型打破了传统的以语句为原子执行单位的编程方式,以可恢复程序语句组件作为编程的基本元素,使程序的逻辑控制流等元结构得以无限扩展,建立了面向交互式程序的编程范型。

可恢复程序语句组件模型,通过书签机制来实现其可恢复特性。书签(Bookmark)是指一个物理恢复点,对应于可恢复程序语句组件中的一个逻辑定位点及可恢复程序语句组件实例的当前执行状态。每当一个可恢复程序语句组件实例接收到与书签对应的外部事件后,该可恢复程序语句组件实例可以从这个物理恢复点恢复执行。例如,一个可恢复程序语句组件包含3个基本操作,其中后两个基本操作定义为逻辑定位点。当该可恢复程序语句组件实例执行第1个基本操作时,将第2个操作名及当时的执行状态作为物理恢复点建立一个书签,然后钝化自己并等待外部事件到来;一旦外部事件到来,则该可恢复程序语句组件实例可以从书签中预先设置的物理恢复点恢复其执行;执行时又可将第3个操作名及当时的执行状态作为物理恢复点建立一个书签,然后再钝化自己并等待外部事件到来;一旦外部事件到来,则该可恢复程序语句组件实例可以从新书签中预先设置的物理恢复点恢复其执行。可见,书签机制采用异步回调的方式将一个可恢复程序语句组件的逻辑分离成多个异步执行片段,并维护它们的链接关系。

一个可恢复程序语句组件实例需要一个或多个书签,因此,所有的书签必须由一个书签管理器统一管理,并且还需要一个监听器程序,所有需要分发到书签中的数据都由该程序进行分发。书签管理器和监听器都独立于可恢复程序语句组件。图 2-30 给出了书签机制的完整解析。

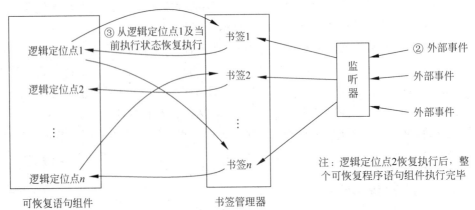

图 2-30　书签机制的完整解析

基于书签机制,可恢复程序语句组件具有可恢复性(Resumable)及支持片段式执行(Episodic Execution)的特点。因此,可恢复程序语句组件的基本模型一般包括两个部分,即基本执行逻辑和可恢复执行逻辑,如图 2-31 所示。其中,基本执行逻辑部分相当于初始化部分,主要用于建立初始书签;可恢复执行逻辑部分用于定义需要恢复执行的逻辑片段,其逻辑定义中可以再次设置书签来实现可恢复逻辑片段的执行。可恢复执行逻辑部分可以省略,此时其退化为传统的语句组或语句块;另外,可恢复执行逻辑部分可以是一个,也可以是多个。基本执行逻辑部分及各个可恢复执行逻辑部分构成一个可恢复程序语句组件的多个逻辑执行片段。

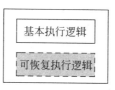

图 2-31　可恢复程序语句组件的基本模型

可恢复程序语句组件是可恢复程序语句组件模型中的基本执行单位,相当于一个语句。通过多个可恢复程序语句组件及其逻辑关系定义可以建立复合可恢复程序语句组件(Composite Resumable Program Statements Component,复合语句组件)。复合语句组件是可恢复程序语句组件模型中的控制流,相对于传统编程模型中控制流封闭的特点,可恢复程序语句组件模型中的控制流具有开放、可扩展的特点。由于复合语句组件可以定义任意的控制流,因此确保控制流的健壮性成为可恢复程序语句组件模型的一个重要问题。例如,如何阻止外部对象对一个可恢复程序语句组件执行片段的随意调用?如何阻止一个可恢复程序语句组件在其最后一个执行片段执行完成后不再继续执行?针对该问题,显然需要一种通用机制和模型来建立控制流执行的语义约束。在可恢复程序语句组件模型中,一般采用有限状态机来定义一个可恢复程序语句组件和控制流的生命周期。

基于可恢复程序语句组件模型的可恢复程序,是由可恢复程序语句组件和复合语句组件及其逻辑关系定义所建立的一个复合语句组件。即可恢复程序本质上也是一个复合语句组件,其描述的控制流是相对独立的某种业务工作流。图 2-32 是可恢复程序的一个基本结构。

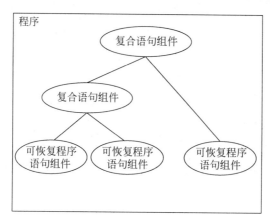

图 2-32　可恢复程序的基本结构

在可恢复程序中,位于最顶层的复合语句组件是整个程序的入口,该复合语句组件的执行完成意味着整个程序的执行完成。在可恢复语句组件模型中,将控制流和基本语句作为一种构造类型,可恢复程序的描述在于通过利用这些类型按需定义一种更大的类型——程序类型(Program Type),从而使可恢复程序的描述具有递归特性。因此,可恢复程序本质上就是一种数据,即程序=数据。该类型化设计思想与面向对象的设计思想具有明显的思维通约性,图 2-33 给出了思维通约性的解析。

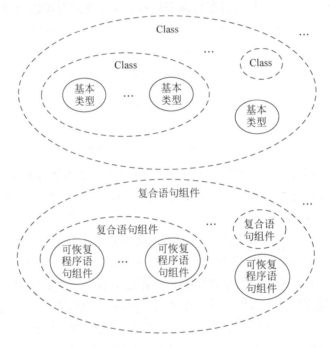

图 2-33   可恢复程序设计思想与面向对象设计思想的思维通约性

在可恢复程序语句组件模型中,程序已经类型化,因此,对于一种程序类型可以创建多个程序实例,每个程序实例都有各自的运行过程。对于不同的程序类型,可以创建多种不同的程序实例,每种程序实例有其各自的运行过程。为了实例化程序类型并管理多个程序实例的运行,需要一个运行环境(也称为运行时,Runtime)。显然,运行时的构造应该建立在程序类型基础上。由于可恢复程序类型最终都是基于可恢复程序语句组件模型,因此运行时必须支持可恢复程序语句组件模型。

详细来说,运行时应该统一管理书签,维护每个可恢复程序语句组件实例的生命周期以及整个程序实例的生命周期,提供基本的运行时服务(实例钝化、恢复等)。运行时的具体实现可以采用统一的书签机制或者分级书签机制。统一书签机制将对整个程序实例中的每一个可恢复程序语句组件实例的可恢复调度与对一个可恢复程序语句组件实例的可恢复调度采用同一个书签机制;而分级书签机制将对两者的可恢复调度采用不同的书签机制。图 2-34 给出了可恢复程序的执行流程。

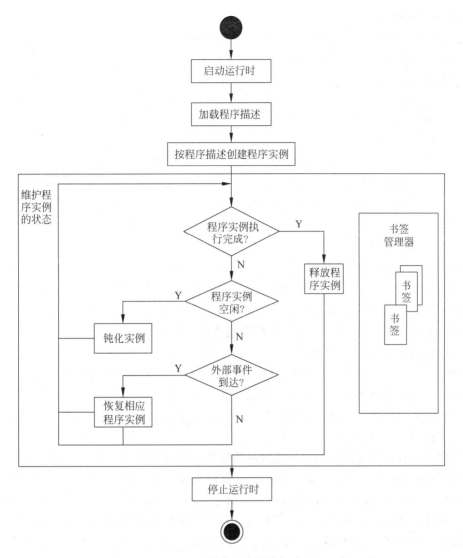

图 2-34 可恢复程序的执行流程

2.4 深入认识软件模型

随着软件模型的演化和发展,软件体系结构也在不断演化和发展,同时,人们对软件的认识也在不断深入。本节将从一个更深的层次来认识软件模型。

2.4.1 软件体系结构的描述

软件体系结构的描述是指通过某种语言表达软件体系结构,描述的目的是为了实现对软件体系结构的认识、理解和交流。进而,基于描述,可以对软件系统的行为和特性进行各种理论分析和仿真模拟,以及实现软件系统代码的自动生成。因此,软件体系结构的描述对于科学的软件系统设计方法的建立、大规模高质量软件系统的设计与构造有着重要的意义。

对于软件体系结构的描述,目前有非形式化描述和形式化描述两大类方法。

1. 非形式化描述

软件体系结构非形式化描述方法的典型代表是基于 UML 的统一建模方法。UML 是一种通用的可视化建模语言,它建立在对象模型概念的基础上,提供了标准的系统建模方法,可以对任何具有静态结构和动态行为的系统进行建模。UML 的统一性在于其所提供的概念可以统一已有的各种建模方法,在系统开发的各个阶段具有一致性,可以面向各种应用领域系统建模。也就是说,UML 统一了建模的基本元素及其语义、语法和可视化表示方法。关于 UML 的详细介绍请参见第 3 章。

事实上,在大多数软件开发过程中,对体系结构的描述都是非形式化的。然而,非形式化描述不利于用户对软件的理解和交流。非形式化描述大量使用了自然语言与非形式化的图形符号,这种对自然语言与图形符号的依赖加剧了描述体系结构的困难。

非形式化描述有以下缺陷。

1) 语义模糊

系统说明是一份"哑"文档,所以语义模糊是时常发生的,要想达到一个高精确度通常是不可能的任务。从根本上说,语义模糊是由于自然语言的二义性造成的。同时,图形符号仅包含一些简单的结构化信息不足以消灭二义性的存在,而且图形符号的使用必然受到图形表达能力的限制。总而言之,非形式化描述不能精确地描述一个系统。

2) 由语义模糊引起的沟通障碍

软件工业中的个人英雄主义时代已经过去,当前,大型软件系统的开发需要的是一个整个团队的合作。合作团队中的沟通交流是项目开发成功与否的关键因素。非形式化描述在结构描述上存在着语义模糊的问题,必然导致一定的沟通障碍。

3) 无法实现系统验证

系统设计者往往希望能在设计阶段就对系统结构进行验证。验证就是检查系统的一致性与完备性,即系统能否如描述的那样正确运行,就好像建筑师需要确保设计中的建筑可以被实现一样。在建筑学中,数学与物理分析可以完成建筑师所需的验证。但是在软件工程中,非形式化语言描述的系统无法进行验证。即便自然语言与图形化符号是无二义性的,可以很精确地表达设计者的意图,并且包含了足够多的设计信息,但由于不利于计算机表达与计算,缺乏相关的数学理论的支持,使得验证无法实现。因为无法发现设计中的矛盾,并且无法保证软件产品的质量,以至于系统最终会遭遇致命的错误。

4) 不适于描述体系结构行为

事实上,体系结构行为描述不仅仅是声明系统模块的功能和不同模块之间的交互,也是系统验证的重要依据。因此,行为描述是体系结构描述中非常重要的一个部分。虽然一些非形式化描述可以描述系统的内部行为,但是仍有如下缺陷:

- ◇ 语义模糊妨碍了系统行为描述的准确性。
- ◇ 行为无法通过计算来预测。
- ◇ 非形式化描述不能够表述运行时的动态行为。

因此,我们不得不忍受交互协议的不一致甚至是死锁问题,也同样导致无法进行系统验证的问题。

2. 形式化描述

在计算机科学中,形式化描述是指用于软件与硬件系统的说明、开发与验证的数学化方法。形式化的基础就是数学化理论。

在一个软件的开发过程中,形式化描述可以被应用到各个方面。形式化描述在体系结构描述上具有以下特点。

1) 形式化描述可以用于系统描述,而且可以在不同层次上进行描述

通过提供系统结构抽象级别上的精确语义,系统的形式化模型可以对系统的关键属性提供严谨的分析。应用形式化描述实现了对体系结构与结构风格的建模与分析,无二义性的数学符号与计算规则可以消除语义模糊,软件设计者可以精确地表述其理念与系统需求。在开发阶段,消除了二义性,所有的设计工作都将遵循某种数学理论。因为拥有了唯一的标准与解释规则,形式化描述将指导开发者的工作与探讨,语义模糊造成的沟通障碍也迎刃而解。

2) 形式化描述在体系结构行为描述上更胜一筹

与非形式化描述相比,形式化描述的主要优点如下:

◇ 形式化描述更利于计算机表达和计算。

◇ 形式化描述提供了形式化且准确的定义,用于描述行为、行为模式、行为分析等。

◇ 对行为的分析与建模是系统验证的重要组成部分。

3) 形式化描述使得系统验证变得可行

如前所述,对于行为描述的良好支持有利于系统验证。由于精确定义了系统必须符合的约束,所以可以判别一个系统是否与某一个体系结构相符合,或者给定的体系结构是否属于某一个风格。利用形式化描述的原理,系统正确性的验证可以通过自动化的方法来证明,主要有以下两种方法。

(1) 自动化理论证明:在给定系统描述的情况下,基于逻辑原语与推理规则来进行形式化证明。

(2) 模式识别:系统通过对可能达到的状态以完全搜索的方式验证特定的属性。

基于上述的属性,形式化描述在高综合性系统应用中尤为重要,例如对安全性要求较高的系统。形式化描述在需求和说明方面十分有效,可以被用于完全的形式化开发。

经过30多年的研究和应用,形式化描述领域已经取得了相当的成就,从一阶谓词逻辑衍生出的方法包含各种类别,应用于不同的领域,如基于逻辑方法、状态机、网络、进程代数、代数以及其他形式化描述,这里介绍几种典型的形式化描述。

(1) Petri 网:Petri 网是用于表述分布式系统的众多数学方法之一。作为一种建模语言,它采用图形化方法将一个分布式系统结构表述为带标签的有向双边图。1962 年,Carl Adam Petri 在他的博士论文中提出了 Petri 网。

(2) Z 语言:Z 语言是一种形式化的说明语言,用于计算系统的描述与建模。它旨在对计算程序的明晰说明以及对于系统行为的公式化证明。1997 年,Jean-Raymond Abrial 在 Steve Schuman 与 Bertrand Meyer 的帮助下提出了 Z 语言。

其他的形式化描述方法有 Actor Model、B-Method、CSP、VDM 等。

形式化描述的本质在于抽象,抽象的级别不同将导致方法的适用范围不同。基于数学语言的通用抽象形式化描述方法及语言具有较高的抽象级别,其适用范围较为宽广,可以作为其他描述语言的基础。而直接面向体系结构建模的形式化描述方法及语言,其抽象级别相对较低,因此其适用范围相对较窄。实际上,直接面向体系结构建模的形式化描述方法主要关注系统的结构部分,是面向系统宏观部分的描述;而通用抽象形式化描述方法主要关注系统的行为部分,是面向系统微观部分的描述。

形式化描述方法可以克服体系结构描述存在的许多缺陷。尽管如此,形式化描述方法也

有自己不可避免的局限。虽然它在软件工程以及相关领域中获得了应用,但是比起面向对象技术,仍然不能够吸引软件工业的关注。形式化描述方法还存在以下问题:

◇ 说明与实际代码的差距仍然很大。

◇ 受本身性质所限,形式化描述方法很难与软件开发过程整合。

虽然关于形式化描述方法的争议仍然会持续下去,但它已经显示出了杰出的技术能力。作为成功的指导,它同样是软件体系结构描述的必要方法。需要注意的是,形式化描述方法仅仅拥有数学理论而缺乏对系统结构的表达。没有对软件系统拓扑信息的描述,数学理论将毫无意义,它们之间需要一条将形式化描述方法与软件体系结构连接在一起的"纽带"。基于此考虑,才引入了体系结构描述语言(ADL)。有关 ADL 的内容,将在 2.5 节进行介绍。

2.4.2　软件体系结构的设计

软件体系结构设计的基本任务是识别出构成系统的子系统并建立子系统控制和通信的基本框架,以满足系统的功能性和非功能性需求。因此软件体系结构设计是指使用某种体系结构描述方法或语言,通过某种设计工具和环境,针对一个特定的软件系统的构造,为其逻辑构成做出决策的一种创造性活动。

1. 水平型设计

水平型设计是指运用通用建模设计工具和表达语言所进行的软件体系结构的设计。由于所使用的建模设计工具和表达语言不是专门针对软件体系结构的,因此水平型设计具有较大的自由度及其带来的不一致性。即针对同一个软件系统,不同的人可能采用不同的工具子集和语言子集,描述的粒度也不相同。由于工具和语言本身没有提供针对软件体系结构描述的统一模型,因此水平型设计的应用能力取决于设计人员的业务素质和能力。

目前,水平型设计的基本语言和工具是 UML 及其相关的建模工具。针对软件体系结构的设计,需要按需采用多种 UML 图形语言单元,并且设计的粒度和完整性完全取决于设计人员。

2. 垂直型设计

垂直型设计是指运用面向体系结构的专用建模设计工具及其表达模型所进行的软件体系结构的设计。一般来说,这种专用工具针对软件体系结构的描述首先定义一种表达模型,然后围绕该模型,通过提供相应的设计工具来支持软件体系结构的设计。目前,这种专用工具的典型代表是 Microsoft 的 VSTS(Visual Studio Team System)Architecture Edition。

随着互联网及其应用的深入发展,当今的企业都是基于 IT 的企业,IT 在整个企业运转中成为核心因素。然后,企业应用发展的动态性和 IT 技术本身发展的动态性导致了企业应用系统构建的固有复杂性。为了提高企业的敏捷性和对市场变化的快速反应能力并降低企业应用系统的开发成本,Microsoft 公司依据其自身多年的软件设计经验给出了解决方案。它将分布式企业应用系统定义为动态系统,通过 IT 与企业紧密合作,以满足快速变化的环境需求。同时,提出 Dynamic System Initiative(DSI)作为其产品和解决方案的技术策略,以协助企业使用"技术"来增强其"人员"、"流程"和 IT 基础结构的动态能力。DSI 的核心思想是对系统和服务进行可视化抽象,并且支持对每个系统和服务进行元数据跟踪,以向其他系统和服务提供其自身描述。即 DSI 打破了体系结构设计人员、应用程序设计人员、系统开发人员、系统测试人员和基础结构设计人员之间的思维隔阂,以元数据实现各种角色的认知统一及设计的逻辑验证,支持设计和代码的同步,实现分布式应用系统的设计、测试、部署和操作自动化。

VSTS 分布式系统设计器是 DSI 的具体实现者,它以面向服务的体系为基础,通过 SDM

(System Definition Model)支持设计阶段和部署阶段的集成。SDM 是一种描述分布式系统的基础元模型,它采用统一的通用描述方法描述系统的各个层次。并且,SDM 的通用描述方法使这些层次能够协同工作,以便于在每一层中工作时对涉及所有层的要求和策略进行定义、配置、记录和验证。因此,SDM 不仅允许分布式系统设计器描述各层的设计,还允许它同时表达各层的约束和策略,以便于跨越分布式系统的所有层。

VSTS 分布式系统设计器包括应用程序连接设计器、系统设计器、逻辑数据中心设计器和部署设计器。通过 VSTS 进行体系结构设计一般包括 3 个相对独立的阶段,即可部署应用程序逻辑结构及其关系的设计、目标部署环境的设计和具体部署的设计。可部署应用程序逻辑结构及其关系的设计用于设计待建立的分布式应用系统的基本逻辑结构(在 VSTS 中抽象为分布式系统),由应用程序连接设计器和系统设计器实现。目标部署环境的设计用于设计待建立的分布式应用系统的基本部署结构(在 VSTS 中抽象为逻辑数据中心),由逻辑数据中心设计器实现。具体部署的设计通过部署设计器实现,主要实现分布式系统和逻辑数据中心两者的耦合,最终完成待建立的分布式应用系统的完整设计。

3. 对软件体系结构设计的进一步认识

随着计算机应用的不断发展,软件系统的规模越来越大,人们对于软件系统的设计策略也逐渐从归纳式思维策略向演绎式思维策略转变。也就是说,首先关注软件系统的整个体系结构及其整体特性需求,然后才是各个局部的具体实现细节。并且,软件体系结构的设计建立在软件模型的发展基础之上。即因为面向松散耦合、独立于具体技术平台的服务模型的诞生,软件体系结构设计的基础才得以建立,各种具体的技术细节才可以作为基本体系结构模型的参数。

关于软件体系结构的描述,尽管形式化描述可以作为理论分析的基础,然而受限于形式化方法本身固有的缺陷以及其发展的水平,难以将其运用于整个软件体系结构的主导描述,而是将其作为关键部分的描述。考虑到描述方法本身的扩展性需求,基于 XML 的描述手段有着其独特的优点。

对于软件体系结构的设计,水平型设计和垂直型设计位于两个不同的应用抽象层面,与面向对象方法的基本使用和设计模式的使用有着极为相似的思维特征。即垂直型设计蕴含了面向体系结构的某些特有思维抽象和经验的归纳与抽象。并且,垂直型设计支持在体系结构层次的可执行验证,建立以体系结构为核心的软件开发方法。

可以更为深入地看到,软件体系结构设计方法的成熟标志着软件产业发展的真正成熟,促使软件业产生了从以工程为主到以设计为主的质的飞跃,较为完整地建立了软件业从设计、分析到实施的全过程。另外,正是软件体系结构设计思想和方法的发展,特别是其带来的思维策略转变,对人类的思维能力提出更高的要求,要求创新思维。由于思维受限于环境,环境由文化孕育,因此东方的柔性文化对于有着明显的逻辑文化痕迹的软件体系结构的设计有着固有的制约。

2.5　体系结构描述语言

2.5.1　ADL 简介

体系结构描述语言(Architecture Description Language,ADL)的一个非正式的定义是:它是一种用于描述软件与系统结构的计算机语言。该定义关注的是 ADL 的使用意图,而缺乏必要的规范定义。目前,相关研究领域对 ADL 仍有争议。争议主要集中在 ADL 是什么? ADL 应该从系统的哪些角度建模? 随着 ADL 家族的发展壮大,学术争论也愈来愈烈,对其定义达成共识也就愈发困难了。

ADL 是一种用于描述的语言,它可以在指定的抽象层次上描述软件体系结构。它同样拥有形式化的语法、语义以及严格定义的表述符号,或者是简单易懂的直观抽象表达。前者可以向设计者提供强有力的分析工具、模式识别器、转化器、编译器、代码整合工具、运行时支持工具等;后者可以借助图形符号提供可视化的、易于理解的对系统的相关分析。大多数 ADL 依靠形式化方法支持对系统描述的分析与验证,也有一些 ADL 仅仅关注结构化的语法、语义,并且结合其他 ADL 完成形式化描述和分析。后一种语言被认为是交互语言。

不同的研究机构提出了用于体系结构建模的一些 ADL。值得注意的是,一些 ADL 是为了某些特殊领域提出的,而另外一些 ADL 则被设计为通用结构建模语言。一般来说,ADL 设计者希望通过 ADL 来表达对软件体系结构的理解和特定的设计理念。ADL 关注抽象层次上的整体结构而不是任意代码模块的实现细节。那么,在 ADL 中会使用什么元素来进行体系结构描述呢? 作为一种经典理论,Shaw 和 Garland 定义了他们的 ADL 元素,包括构件、操作、模式、闭包和规格说明。

(1) 构件(Components):指抽象级别上组成系统的计算模块。一个模块可以是物理上的具体软件元素或者是编译单元。一个模块可以是一个功能逻辑独立的软件包,甚至是软件体系结构的更抽象的概念。

(2) 操作(Operations):指构件之间的交互机制。操作被认为是将接构元素连接成为更高级构件的功能。

(3) 模式(Patterns):指结构元素依照特殊方式进行的组合。模式是元素的可重用组合。一个设计模式(或体系结构模式)是一个针对特定问题的设计模板。模式会在实际的设计中被实例化。模板将体现元素选择与元素交互的限制。

(4) 闭包(Closure):闭包是用于实现分层描述的概念。

(5) 规格说明(Specification):规格说明包括功能、性能、容错能力等。

事实上,不同的学者对于 ADL 元素提出了不同的观点,但是大家仍然可以发现一些 ADL 所拥有的元素的共性。

首先,ADL 应该通过使用一些基本元素——构件、连接器和配置来支持运行时系统拓扑信息分析。正如前面提到的构件是独立功能单元或者是计算单元。一个构件可能只是一个小的程序或者是整个应用。构件作为体系结构的构建块,通过接口与外部环境进行交互。连接器是用于建立构件间交互的构建块,同时对参与交互的模块指定交互规则。作为建模的主要实体,构件也拥有结构。构件的接口声明参与特定交互的参与者。配置声明构件与连接器的拓扑信息。配置同样为验证提供相关信息,总而言之,配置可进行设计时与运行时描述,便于架构师进行分析与验证,这也是 ADL 特有的贡献。此外,一些 ADL 甚至可以支持系统动态描述,动态意味着系统结构可以在运行时发生变化,例如在运行时添加构件、在运行时移除构件、在运行时重配置等。值得注意的是,构件、连接器与配置并不是 ADL 的必要元素,而相应的概念,如计算、交互、整合却是通用的。

其次,作为相关扩展机制,ADL 可能支持分层描述与风格定义。分层描述允许设计者在不同的抽象层次上对特定系统进行相应的描述。设计者可以通过描述子系统来降低描述的复杂性,这也意味着分层描述提供了更多的灵活性。配置仅仅说明了一个系统的结构,它的能力是有限的。架构师可能更加关注一组系统以及它们的抽象共性。风格描述通常是关于系统拓扑信息的约束,它能够帮助架构师在更高的抽象层次上进行建模与分析。

最后,ADL可以借助形式化方法来描述系统行为,进行系统验证。

2.5.2　几种典型 ADL 的比较

在软件体系结构研究领域中使用着各种不同的 ADL,在对 ADL 进行简要介绍时曾提及不同的 ADL 的设计意图是不同的。下面将对一些典型的 ADL 从设计意图方面进行简单的比较。

1. WRIGHT

WRIGHT 语言旨在精确地描述系统结构与抽象行为、描述体系结构风格以及验证系统的一致性、完整性等。根据 WRIGHT 语言作者的观点,一种体系结构描述语言应该至少提供以下两项内容:

(1) 无二义性的精确语义,并能够进行不一致性的检测。

(2) 一套支持系统属性推理的机制,还有一个目标是满足架构师自身的词汇表达需求。

WRIGHT 专注于抽象表达以及为架构师提供结构化表达系统信息的方法。

2. C2

C2 的特色在于支持构件重置与图形化用户接口(GUI)重用。如今用户接口占据了软件的很大一部分,并且重用度相当有限。C2 着眼于构件的重用尤其是系统的进化——系统在运行时的动态改变。因此,C2 的设计目标基于如下考虑:构件可能用不同的编程语言实现,构件可能在同一时刻运行在分布、异构的并且没有共享地址空间的环境中,运行时的结构可能发生变化,可能发生多用户交互,可能使用多种工具集,可能涉及多种媒体类型等。

3. Darwin

Darwin 是一种陈述性语言,它为一类系统提供通用的说明符号,这类系统由使用不同交互机制的不同构件组成。它着眼于描述分布式软件系统。近来关于分布式系统维护的相关研究表明,采用分布式构造可以降低构件的复杂度。但是,这一优势还不足以抵消由分布式结构带来的缺点以及结构复杂度的增加。Darwin 的设计出发点正是要解决这样的问题。此外,Darwin 同样支持动态结构说明。

4. ACME

ACME 是一种交互式 ADL,它旨在为开发工具与环境提供交互格式。其设计的关键就在于综合各种独立开发的 ADL 工具,为交换结构信息提供媒介格式。除了交互这一基本目标之外,设计 ACME 还考虑了以下目标:

◇ 为实现结构分析与可视化提供表达模式。

◇ 为开发新的特定领域的 ADL 提供基础。

◇ 为体系结构信息表达提供标准。

◇ 这种语言必须便于读/写表达。

5. xADL

在过去的 10 年中,无数 ADL 伴随着各种研究活动相继诞生。这就导致了软件体系结构表达符号的过剩,而每种 ADL 都有各自在系统表达上的重点。同时,可重用性与可扩展性也非常有限。使用现有的符号表达来达成一种新的设计目的无异于重新开发一门新的 ADL,而 xADL 为架构师提供了更好的扩展性,它将用于快速地构造新的 ADL。

6. π-ADL

π-ADL 是一种用于解决动态与移动体系结构说明的 ADL。动态体系结构意味着软件结构可以在运行时改变。移动体系结构则意味着构件能在系统运行过程中发生逻辑性的转移。π-ADL 是一种形式化、理论基础扎实的语言,它的理论基础是高阶类型的 π 演算。大多数 ADL 着重从结构化的角度描述软件体系结构,而 π-ADL 还关注体系结构行为。

7. KDL

KDL 是一种基于本体论的电子商务知识表达语言,可以将它看作为了针对特定领域而设计开发的 ADL。随着电子商务的繁荣发展,其模式显示出自动、智能与移动等趋势。传统的基于 HTML 的电子商务平台缺乏语义信息,难以达到电子商务的新要求。KDL 提供了一种简单有效的途径来进行精确定义与信息交互。此外,该方法基于 RDF(S)与本体论概念。

2.5.3 描述体系结构行为

架构师通过一定的方法来描述系统体系结构行为。如果系统说明仅仅包含类型化的构件与连接器的连接关系,而没有体系结构行为的描述,那么这样的系统说明是不足以描述一个系统或者设计者的设计意图的。系统说明必须精确地描述计算功能与交互行为,即系统行为。

形式化方法较非形式化方法而言,在描述体系结构行为上具有更大的优势,利于计算机表达与计算,形式化而精确的定义使得形式化方法在这一领域更加突出。在多种形式化方法中,进程代数代表了一些与列相关的方法,这些方法最初用于对并行系统进行建模。进程代数提供了相关工具来描述一组独立 Agent 或者进程间的交互、通信与同步。其杰出贡献是提供了关于进程的形式化计算与变换方法,同时也为系统行为的验证打下了基础。

进程代数家族包含了 CCS、CSP、ACP 和一些新成员,如 π 演算、Ambient 演算等。下面主要介绍 CCS、CSP 和 π 演算。

1. CCS

通信系统演算(Calculus of Communicating Systems,CCS)是由 Robin Milner 设计的用于并行系统建模的一种进程代数。CCS 是进程代数领域中的开拓性研究,许多著名的进程代数(如 CSP、π 演算)都是在 CCS 的基础上发展而来的。

CCS 的基本元素是事件与进程。一般情况下,大写字母指代进程,小写字母指代事件。CCS 的事件由 $\Delta = \{a,b,c,\cdots\}$ 与 $\overline{\Delta} = \{\overline{a},\overline{b},\overline{c},\cdots\}$ 两类标记集合组成。Δ 为输入事件集合,$\overline{\Delta}$ 为输出事件集合;Δ 与 $\overline{\Delta}$ 集合需要满足条件 $\overline{\Delta} = \{\overline{x} \mid x \in \Delta\}$。$a$ 与 $\overline{a}$ 是一对对等事件,不同进程的交互仅仅依靠一对对等事件。

如果 P 是一个进程,而 x 是进程 P 发生的第一个事件,在 x 执行后,进程 P 的行为与进程 Q 一致,那么进程 P 可以被表示为 $x.Q$。这里,$x \in \overline{\Delta} \cup \Delta$,符号"."是一个顺序操作符。例如:

$$P_1 = a.b.\text{NIL(终止进程)}$$
$$P_2 = c.d.P_2\text{(递归进程)}$$

NIL 进程是一个特殊的进程,它不调用任何事件。NIL 可以被认为是一个进程的终结符号。在上述例子中,P_1 顺序调用了事件 a 与事件 b,然后终止了;P_2 则是一个递归进程,它会一直连续地调用事件 c 与事件 d,永远不会主动终止。在 CCS 中,复杂的问题可以用一些进程的组合表示。

2. CSP

CSP(Communicating Sequential Processes)是 WRIGHT 语言的体系结构行为描述的语义基础。也就是说,WRIGHT 利用 CSP 来完成体系结构行为描述与验证。简单地说,CSP 提供了与状态机模型不同的行为描述模型。它不像状态机方法那样用记录一系列状态转移的图形来描述一个机器,行为被描述为进程的代数模型,其中复杂的行为会被拆分,由更简单的行为来表示。

3. π演算

π 演算同样是进程代数中的一员,它由 Robin Milner、Joachim Parrow 与 David Walker 在 CCS 的工作基础上开发而来。π 演算旨在描述并行计算,尤其是那些配置会在计算过程中发生改变的并行计算。

2.6 小结

软件模型是软件体系结构赖以建立的基础。本章首先介绍了软件模型以及软件模型对软件体系结构的作用,然后介绍了软件模型的发展历程,接着对软件模型进行解析并从更深的角度认识软件模型,最后对体系结构描述语言进行了简要介绍。

2.7 思考题

1. 什么是软件模型?
2. 软件模型对软件体系结构的作用是什么?
3. 常见的软件模型有哪些?
4. 什么是软件模型的非形式化描述和形式化描述?
5. 软件体系结构设计方法中的水平型设计和垂直型设计各有什么特点?
6. 什么是 ADL?
7. 典型的 ADL 有哪几种?

第3章 软件体系结构建模和UML

构建一个软件系统最困难的部分是确定构建什么。其他部分的工作不会像这部分工作一样,在出错之后会如此严重地影响随后实现的系统,并且在以后修补会如此的困难。

——Fred Brooks

软件体系架构是一系列相关的抽象模式,用于指导大型软件系统各个方面的设计。软件体系架构描述的对象是直接构成系统的抽象组件,各个组件之间的连接则明确和相对细致地描述组件之间的通信。软件体系结构研究的主要内容涉及软件体系结构的描述、软件体系结构的风格、软件体系结构的形式化方法等。软件体系结构的研究完全独立于软件工程的研究,成为计算机科学的一个新的研究方向和独立的学科分支。UML 是一种通用的标准建模语言,可以对任何具有静态结构和动态行为的系统进行建模。

本章共分两大部分,在第一部分中,3.1 节介绍软件体系结构建模概述,3.2 节介绍基于软件体系结构的开发。在第二部分中,3.3 节介绍 UML 概述,3.4 节介绍面向对象方法,3.5 节介绍 UML 2.0 中的结构建模,3.6 节介绍 UML 2.0 中的行为建模。

3.1 软件体系结构建模概述

研究软件体系结构的首要问题是如何表示软件体系结构,即如何对软件体系结构建模。

根据建模的侧重点不同,可以将软件体系结构的模型分为 5 种,即结构模型、框架模型、动态模型、过程模型和功能模型。在这 5 种模型中最常用的是结构模型和动态模型。

1. 结构模型

结构模型是一种最直观、最普遍的建模方法。这种方法,以体系结构的构件、连接件和其他概念来刻画结构,并力图通过结构来反映系统的重要语义内容,包括系统的配置、约束、隐含的假设条件、风格、性质。研究结构模型的核心是体系结构描述语言。

2. 框架模型

框架模型与结构模型类似,但它不侧重于描述结构的细节,而更侧重于描述整体的结构。框架模型主要以一些特殊的问题为目标建立只针对和适应该问题的结构。

3. 动态模型

动态模型是对结构或框架模型的补充,其研究系统的“大颗粒”的行为性质。例如,描述系统的重新配置或演化。动态可能指系统总体结构的配置、建立或拆除通信通道或计算的过程。这类系统常是激励型的。

4. 过程模型

过程模型研究构造系统的步骤和过程,因而结构是遵循某些过程脚本的结果。

5．功能模型

功能模型认为,体系结构是由一组功能构件按层次组成下层向上层提供服务,它可以看作是一种特殊的框架模型。这5种模型各有所长,也许将5种模型有机地统一在一起形成一个完整的模型来刻画软件体系结构更合适。例如,Kruchten在1995年提出了"4+1"视图模型。"4+1"视图模型从5个不同的视图,包括逻辑视图、过程视图、物理视图、开发视图和场景视图来描述软件体系结构(具体内容参见4.2)。每一个视图只关心系统的一个侧面,5个视图结合在一起才能够反映系统的软件体系结构的全部内容。

3.2　基于软件体系结构的开发

良好的体系结构,可以为软件开发和维护带来好处,主要体现在以下方面:

(1)经过40多年的软件开发实践,今天很少有待开发的软件系统和以前的系统没有任何相似之处,识别相似系统的通用结构模式,有助于理解系统之间的高层联系,使得新系统可以作为以前系统的变种来构造。

(2)合适的体系结构是软件系统成功的关键,而不合适的体系结构往往导致灾难性的后果。

(3)对软件体系结构的准确理解,可以使开发人员在不同的设计方案中做出理性的选择。

(4)体系结构对于分析和描述复杂系统的高层属性,通常是十分必要的。

(5)各种体系结构风格的提炼、描述和普遍采用,可以丰富设计人员的"词汇",便于在系统设计中互相交流。

(6)目前,相当大的维护工作量花费在程序理解方面,如果在软件开发文档中清楚地记录了系统的体系结构,不仅可以显著地节省理解软件的工作量,而且便于在软件维护全过程中保持系统的总体结构和特性不变。

由此可见,体系结构在整个软件生命周期中扮演着重要的角色。

体系结构的软件开发过程包括几个主要活动:

(1)通过对特定领域应用软件进行分析,提炼其中的稳定需求和易变需求,建立可复用的领域模型。根据用户需求和领域模型,产生应用系统的需求规格说明。

(2)在领域模型的基础上提炼面向特定领域的软件体系结构。高层设计的任务是根据需求规格说明进行体系结构设计,通过复用体系结构库中存放的面向特定领域的体系结构,或创造适合该应用环境的体系结构,并加以提炼入库,以备将来复用。在体系结构的框架指导下,把系统功能分解到相应的构件和连接件。构件和连接件往往不是简单的模块或对象,它们甚至可能包含复杂的结构,因此,可能需要多层次的系结构设计,直至构件和连接件可以被设计模式或单个的对象处理为止。

(3)低层设计主要解决具体构件和连接件的设计问题,通过复用设计件库中存放的设计模式、对象和其他类型的可复用设计件,或根据情况设计新的构件,并提炼入库。低层设计的结果可以直接编程实现。

体系结构从宏观上描述系统的总体结构,设计模式和对象从微观上解决实际的设计问题,分别对应于高层设计和低层设计阶段的分析需求规格说明书,获取系统的功能性需求和非功能性需求,需要确定系统的边界,识别出所有的参与者和用例,功能性需求和非功能性需求使用用例和场景进行描述。并且,需要将具有相同或相似的属性和方法的一类对象抽象为一个类,比较各个类的属性和方法,确定不同类之间的关系。根据类之间的关系生成类图,将密切相关的类划分为一组,形成构件,然后根据构件端口,确定构件之间的关联关系,根据功能性需求和非功能性需求确定系统应该采用的体系结构风格。在体系结构设计方案中,若存在相同或相似的解决方案将直接进行复用,或经过简单的修改之后再复用,如果没有,则需要进行重新设计。体系结构设计师、系统分析人员和客户以及相关的技术实现人员对体系结构设计结果进行评审,确定所提出的解决方案是否能够满足用户的要求,是否能够提高资源的复用效率。

3.3 UML 概述

3.3.1 UML 的发展历程

公认的面向对象建模语言出现于 20 世纪 70 年代中期,从 1989 年到 1994 年,其数量从不到 10 种增加到了 50 多种。在众多的建模语言中,语言的创造者努力推崇自己的产品,并在实践中不断完善。但是 OO 方法(Object-Oriented Method,面向对象方法)的用户并不了解不同建模语言的优/缺点及相互之间的差异,因而很难根据应用特点选择合适的建模语言,于是爆发了一场方法大战。在 20 世纪 90 年代中期,一批新方法出现了,其中最引人注目的是 Booch 1993、OOSE(Object-Oriented Software Engineering)和 OMT-2(Object Modeling Techaology)等。

Grady Booch 是面向对象方法最早的倡导者之一,他提出了面向对象软件工程的概念。1991 年,他将以前面向 Ada 的工作扩展到整个面向对象设计领域。James Rumbaugh 等人提出了面向对象的建模技术方法,采用了面向对象的概念,并引入各种独立于语言的表示符号。这种方法,用对象模型、动态模型、功能模型和用例模型共同完成对整个系统的建模,所定义的概念和符号可用于软件开发的分析、设计和实现的全过程,软件开发人员不必在开发过程的不同阶段进行概念和符号的转换。

Jacobson 于 1994 年提出了 OOSE 方法,其最大的特点是面向用例(Use Case),并在用例的描述中引入了外部角色的概念。OOSE 比较适合支持商业工程和需求分析。Coad/Yourdon 方法,即著名的 OOA/OOD(Object-Oriented Analysis Object-Oriented-Design),它是最早的面向对象的分析和设计方法之一。该方法简单、易学,适合面向对象技术的初学者使用,但由于该方法在处理能力方面有限,目前已很少使用。

1994 年 10 月,Grady Booch 和 Jim Rumbaugh 开始致力于这一工作。他们首先将 Booch 93 和 OMT-2 统一起来,并于 1995 年 10 月发布了第一个公开版本,称为统一方法 UM 0.8 (Unitied Method)。1995 年秋,OOSE 的创始人 Ivar Jacobson 加入到这一工作。经过 Booch、Rumbaugh 和 Jacobson 的共同努力,于 1996 年 6 月和 10 月分别发布了两个新的版本,即 UML 0.9 和 UML 0.91,并将 UM 重新命名为 UML(Unified Modeling Language)。1996 年,一些机构将 UML 作为其商业策略已日趋明显。UML 的开发者得到了来自公众的正面反应,并倡议成立了 UML 成员协会,以完善、加强、促进 UML 的定义工作。这一机构对 UML 1.0 及 UML 1.1 的定义和发布起到了重要的促进作用,2001 年,推出了 UML 2.0 新的业界标准。

UML 是一种定义良好、易于表达、功能强大且普遍适用的建模语言,它融入了软件工程领域的新思想、新方法和新技术。它的作用域，不仅支持面向对象的分析与设计，而且支持从需求分析开始的软件开发的全过程。

3.3.2　UML 的特点和用途

标准建模语言 UML 的主要特点可以归结为下面几点。

（1）统一标准：UML 统一了 Booch、OMT 和 OOSE 等方法中的基本概念，已成为 OMG 的正式标准，提供了标准的面向对象的模型元素的定义和表示。

（2）面向对象的特性：UML 还吸取了面向对象技术领域中其他流派的长处，其中也包括非面向对象方法的影响。UML 符号表示，考虑了各种方法的图形表示，删掉了大量易引起混乱的、多余的和极少使用的符号，并添加了一些新符号。因此，在 UML 中汇入了面向对象领域中很多人的思想。这些思想，并不是 UML 的开发者们发明的，而是开发者们依据最优秀的 OO 方法和丰富的计算机科学实践经验综合提炼而成的。

（3）UML 在演变过程中提出了一些新的概念：在 UML 标准中新加了模板（Stereotypes）、职责（Responsibilities）、扩展机制（Extensibility Mechanisms）、线程（Threads）、过程（Processes）、分布式（Distribution）、并发（Concurrency）、模式（Patterns）、合作（Collaborations）、活动图（Activity Diagram）等新概念，并清晰地区分类型（Type）、类（Class）、实例（Instance）、细化（Refinement）、接口（Interfaces）和组件（Components）等概念。

（4）立于过程：UML 作为建模语言，不依赖特定的程序设计，独立于开发过程。

（5）UML 对系统的逻辑模型和实现模型都能清晰的表示，可以用于复杂软件系统的建模。

因此可以认为，UML 是一种先进、实用的标准建模语言，但其中的某些概念尚待实践来验证，UML 也必然存在一个进化过程。

3.3.3　UML 2.0 的建模机制

UML 2.0 的新特性如下。

（1）语言定义的精确度提高：这是支持自动化高标准需要的结果。自动化意味着模型将消除不明确和不精密，可以保证计算机程序能转换并熟练地操纵模型。

（2）改良的语言组织：该特性由模块化组成，模块化的优点在于它不仅使语言更加容易地被新用户所采用，而且促进了工具之间的相互作用。

（3）重点改进大规模的软件系统模型性：一些流行的应用软件表现出将现有的独立应用程序集中到更加复杂的系统中去。

（4）对特定领域改进的支持：使用 UML 的实践经验，证明了其所为的扩展机制的价值。这些机制使基础语言更加简洁，更加准确、精练。

（5）全面的合并，合理化、清晰化各种不同的模型概念：该特性导致一种单一化、更加统一化的语言产生，使 UML 2.0 的图形符号也进行了一些调整。

3.4　面向对象方法

从事软件开发的工程师们常常有这样的体会：在软件开发过程中，使用者会不断地提出各种更改要求，即使在软件投入使用后，也常常需要对其做出修改，在用结构化开发的程序中，这种修改往往是很难的,而且会因为计划或考虑不周,不仅旧错误没有得到彻底修改,还引入了新的错误;另外,在过去的程序开发中,代码的重用率很低,使得程序员的编程效率并不高,为提高软件系统的稳定性、可修改性和可重用性,人们在实践中逐渐创造出软件工程的一种新途径——面向对象方法学。目前,面向对象开发方法的研究已日趋成熟,在国际上已有不少面向对象产品出现。面向对象开发方法有 Coad 方法、Booch 方法和 OMT 方法等。UML 不仅统一了 Booch 方法、OMT 方法、OOSE 方法的表示方法,而且对其做了进一步的发展,最终统一为大众接受的标准建模语言。UML 是一种定义良好、易于表达、功能强大且普遍适用的建模语言,它融入了软件工程领域的新思想、新方法和新技术。

面向对象方法是当今主流的软件开发方法,其基础在于将客观世界中的应用问题看成是由实体及其相互关系组成的,将与某一应用问题有关的实体抽象为问题空间的对象。面向对象开发以系统化的方法学进行指导,其中包含了各种概念、技术和过程。面向对象方法学的出发点和基本原则是尽可能模拟人类习惯的思维方式,使开发软件的方法与过程尽可能接近人类认识世界、解决问题的方法与过程。由于客观世界的问题都是由客观世界中的实体及实体相互间的关系构成的,因此我们把客观世界中的实体抽象为对象(Object)。持面向对象观点的程序员认为计算机程序的结构应该与所要解决的问题保持一致,而不是与某种分析或开发方法保持一致。所以,“面向对象”是一种认识客观世界的世界观,是从结构组织角度模拟客观世界的一种方法。人们在认识和了解客观现实世界时,通常运用一些构造法则。

◇ 区分对象及其属性:例如区分具体的一辆汽车和它的重量、最大速度。

◇ 区分整体对象及其组成部分:例如区分台式计算机的组成(主机、显示器等)。

◇ 不同对象类的形成以及区分:例如所有类型的计算机(大、中、小型计算机、服务器、工作站和普通微型计算机等)。

可以看出,面向对象所带来的好处是程序的稳定性与可修改性(由于把客观世界分解成一个一个的对象,并且把数据和操作都封装在对象的内部)、可复用性(通过面向对象技术,我们不仅可以复用代码,而且可以复用需求分析、设计、用户界面等)。

3.4.1　面向对象方法中的基本概念

1. 对象

对象(Object)指的是一个独立的、异步的、并发的实体,它能“知道一些事情”(即存储数据),“做一些工作”(即封装服务),并“与其他对象协同工作”(通过交换消息),从而完成系统的所有功能。因为所要解决的问题具有特殊性,所以对象是不固定的。对象是现实世界中的个体或事物的抽象表示,是其属性和相关操作的封装。属性表示对象的性质,属性值规定了对象所有可能的状态。对象的操作是指该对象可以展现的外部服务。对象是事物的本质,是指不会随周围环境改变而变化的相对固定的最小的集合。对象实现了数据和操作的结合,使数据和操作封装于对象的统一体中。

例如,在计算机屏幕上画多边形,每个多边形是一个用有序顶点的集所定义的对象。这些顶点的次序决定了它们的连接方式,顶点集定义了一个多边形对象的状态,包括它的形状和它在屏幕上的位置,在多边形上的操作包括 draw(屏幕显示)、move(移动)、contains(检查某点是否在多边形内)。

2. 类

类(Class)的定义包括一组数据属性和在数据上的一组合法的操作。在一个类中,每个对象都是类的实例(Instance),类的对象具有相同的方法集,有相同或相似性质的对象的抽象就是类。因此,对象的抽象是类,类的具体化就是对象,也可以说,类的实例是对象。类具有属性,它是对象的状态的抽象,用数据结构来描述类的属性。类具有操作,它是对象的行为的抽象,用操作名和实现该操作的方法来描述。

3. 继承性

广义地说,继承(Inheritance)是指能够直接获得已有的性质和特性,而不必重复定义它们。在面向对象的软件技术中,继承是子类自动地共享基类中定义的数据和方法的机制。一个类直接继承其父类的全部描述(数据和操作)。继承具有传递性,继承性使得相似的对象可以共享程序代码和数据结构,从而大大减少了程序中的冗余信息,使得对软件的修改变得比过去容易多了。继承性使得用户在开发新的应用系统时不必完全从零开始,可以继承原有的相似系统的功能或者从类库中选取需要的类,再派生出新的类以实现所需要的功能,所以,继承的机制主要是支持程序的重用和保持接口的一致性。父类是高层次的类,表达共性,子类是低层次的类,表达个性。子类通过继承机制获得父类的属性和操作。例如,电视机、电话、计算机等都是电子产品,它们具有电子产品的公共特性,当定义电视机类 Video、电话类 Telephone和计算机类 Computer 时,为避免它们公共特性的重复编码,可将这些电子产品的公共特性部分定义为电子产品类,将 Video、Telephone 和 Computer 定义为它的子类。子类继承了父类的所有属性和操作,而且子类还可以扩充定义自己的属性和操作,如电子产品类具有型号、价格、颜色等属性,Computer 则继承了这些属性,并扩充自己的属性,包括显示类型、内存大小等属性。又如汽车是轿车、吉普车及卡车的父类,轿车、吉普车及卡车是汽车的子类。父类和子类是相对的,父类之上可有另一个父类,而成为其子类。

4. 多态性

在面向对象的软件技术中,多态性(Polymorphism)是指子类对象可以像父类对象那样使用,同样的消息既可以发送给父类对象也可以发送给子类对象。也就是说,在类等级的不同层次中可以共享(公用)一个行为(方法)的名字,然而不同层次中的每个类却各自按自己的需要来实现这个行为。当对象接收到发送给它的消息时,根据该对象所属的类动态选用在该类中定义的实现算法。

5. 重载

在面向对象软件技术中有两种重载(Overloading),其中,函数重载是指在同一作用域内的若干个参数特征不同的函数可以使用相同的函数名字;运算符重载是指同一个运算符可以施加于不同类型的操作数上面。当然,当参数特征不同或被操作数的类型不同时,实现函数的算法或运算符的语义是不同的。重载进一步提高了面向对象系统的灵活性和可读性。

6. 消息

在面向对象领域,两个对象的交互是通过消息(Message)的发送和接收来完成的。消息分为简单消息、同步消息和异步消息3种类型。

(1) 简单消息:只是表示控制如何从一个对象发送给另一个对象,并不包含控制的细节。

(2) 同步消息:同步意味着阻塞和等待,如果对象 A 给对象 B 发送一个消息,对象 A 会等待对象 B 执行完这个消息,接着再进行自身的工作。

(3) 异步消息:异步意味着非阻塞,如果对象 A 给对象 B 发送一个消息,对象 A 不必等待对象 B 执行完这个消息,就可以接着进行自身的工作。

消息传递是对象与其外界时间相互关联的唯一途径。对象之间进行通信的结构称为消息。在对象的操作中，当一个消息发送给某个对象时，消息包含接收对象去执行某种操作的信息。发送一条消息至少要包括说明接收消息的对象名、发送给该对象的消息名（即对象名、方法名）。

7．聚集

在客观世界中有若干类，聚集（Aggregation）表示类之间的关系是整体与部分的关系。通常有两种主要的结构关系，即一般-具体结构关系、整体-部分结构关系。

（1）一般-具体结构：称为分类结构，也可以说是"或"关系，或者是 is-a 关系。

（2）整体-部分结构：称为组装结构，它们之间的关系是一种"与"关系，或者是 has-a 关系。

面向对象开发方法的核心是利用面向对象的概念和方法对软件进行需求分析和设计，建立面向对象的软件分析和设计模型。

3.4.2　面向对象方法的优势

相对于传统的结构化方法和面向数据的方法，面向对象方法拥有以下优势。

1．支持软件的重用性

重用性是指同一事物不经过修改或稍加修改就可以多次重复使用的性质。软件重用是软件工程追求的目标之一。在面向对象方法被广泛应用以前，基于结构化方法的软件复用几乎没有取得有意义的进展。在面向对象方法中情形发生了变化，在源代码级复用方面，面向对象方法通过继承和接口等机制，使得复用者不需要直接修改被复用的类；在设计级复用方面，迅速发展的设计模式技术在软件业大显身手，现在全球范围内实施的软件项目大多离不开面向对象的重用技术的支持，例如 Java 库、J2EE 框架、.NET 的 Framework 4.0 框架。

2．提高软件的可维护性和安全性

面向对象方法通过对属性和操作的封装实现了软件工程倡导的信息隐藏的原则。在面向对象的软件设计中，每个类拥有完成其操作所必需的数据，这些数据通过访问权限控制关键字 private 隐藏于类的内部，或者通过 protected 关键字隐藏于类及子类的内部，外界对类的内部数据的访问或修改只能通过该类对外公开的接口函数来实现，这样安全性就有了保障。相对于传统的结构化方法，面向对象方法更容易造就高质量的软件结构。

为了发挥面向对象开发方法所具备的优势，必须采用面向对象的思维方式来设计面向对象软件，避免采用结构化思维方式和工具来开发面向对象软件。UML 就是为此目标出现的，UML 通过提供多种视图模型，使开发人员能够采用面向对象方法对软件进行全面的分析和设计，从而提高软件开发的效率和质量。

3.5　UML 2.0 中的结构建模

结构图用于显示建模系统的静态结构，关注系统的元件，而无须考虑时间。在系统内，静态结构通过显示类型和它们的实例进行传播。除了显示系统类型和它们的实例之外，结构图至少显示了这些元素间的一些关系，如果有可能，甚至会显示它们的内部结构。

贯穿整个软件生命周期，结构图对于各团队成员都是有用的。一般而言，这些图支持设计验证，以及个体与团队间的设计交流。举例来说，业务分析师可以使用类或对象图为当前的资产和资源建模。例如分类账、产品或地理层次。架构设计师可以使用组件和部署图来测试/确认他们的设计是否充分。开发者可以使用类图来设计并为系统的代码(或即将成为代码的)类写文档。UML 2.0 中的结构建模包括类图、包图、对象图、构件图、组合结构图、部署图。

3.5.1 类图

类图是 UML 中最基本也是最重要的一种视图,它用来刻画软件中类等元素的静态结构和关系。在大多数 UML 模型中,这些类型包括类、接口、数据类型、组件。

1. 类

类(Class)是来描述具有相同特征、约束和语义的一类对象,这些对象具有共同的属性和操作。类图中的一个类可以简单地只给出类名,也可以具体列出该类拥有的成员变量和方法,甚至可以更详细地描述可见性、方法参数、变量类型等信息。类的 UML 表示是一个长方形被垂直地分为 3 个区域。顶部区域显示类的名字,中间区域列出类的属性,底部区域列出类的操作。当在一个类图上画一个类元素时,用户必须要有顶端的区域,下面的两个区域是可选择的(当图描述仅仅用于显示分类器间关系的高层细节时,下面的两个区域是不必要的)。图 3-1 中显示了一个航线班机如何作为 UML 类建模。正如我们所见到的其名字是 Flight,我们可以在中间区域看到 Flight 类的 3 个属性,即 flightNumber、departureTime 和 flightDuration。在底部区域中我们可以看到 Flight 类有两个操作,即 delayFlight 和 getArrivalTime。

首先看矩形,它代表一个类。该类图分为 3 个层,第一层显示类的名称,如果是抽象类要用斜体显示。第二层是类的特性,通常是字段和属性。第三层是类的操作,通常是方法和行为。

它们从上到下分为 3 个部分,分别是类名、属性和操作。

类名是必须有的,类如果有属性,则每一个属性都必须有一个名字,另外还可以有其他的描述信息,如可见性、数据类型、默认值等。类如果有操作,则每一个操作也都有一个名字,其他可选信息包括可见性、参数的名字、参数类型、参数默认值和操作的返回值的类型等。

2. 抽象类

抽象类(Abstract Class)是指一个类只提供操作名,而不对其进行实现。对这些操作的实现可以由其子类进行,并且不同的子类可以对同一操作具有不同的实现。抽象类和类的符号区别在于抽象类的名称用斜体字符表示。图 3-2 所示为 BankAccount 类的类图。

Flight
-fightNumber : int
-departureTime : long
-flightDuration : long
+delayFight(in number: int) : int
+getArrivalTime() : long

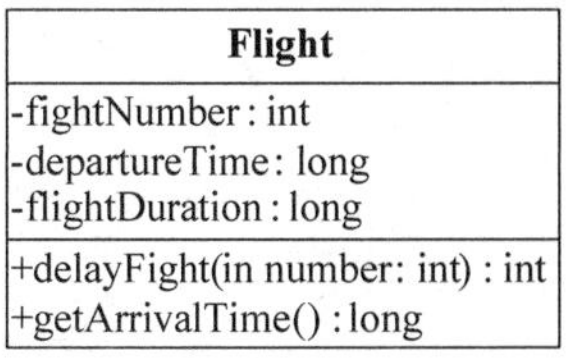

图 3-1　Flight 类的类图

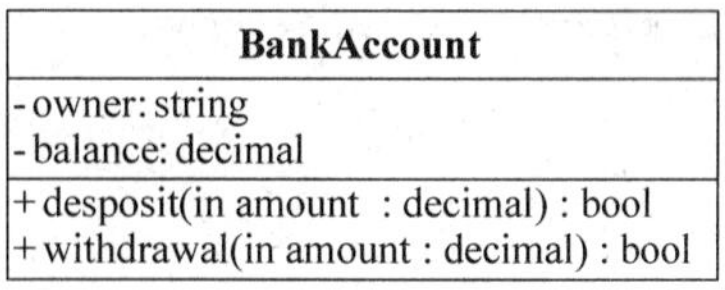

BankAccount
- owner: string
- balance: decimal
+desposit(in amount : decimal) : bool
+withdrawal(in amount : decimal) : bool

图 3-2　BankAccount 类的类图

3. 接口

"飞翔"矩形框表示一个接口图,它与类图的区别主要是顶端有接口(Interface)的显示,第一行是接口名称,第二行是接口方法。接口还有另一种表示方法,俗称棒棒糖表示法,就是唐老鸭类实现了"讲人话"的接口,如图 3-3 所示。

```
interface Ifly
{
  void Fly();
}
interface Ilanguage
{
  void Speak();
}
```

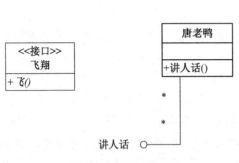

图 3-3　接口的描述

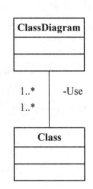

图 3-4　关联关系的描述

4．关联关系

关联关系(Association)描述了类结构之间的关系,具有方向、名字、角色和多重性等信息,如图 3-4 所示。当关联是双向的时,可以用无向连线表示。一般的关联关系语义较弱,也有两种语义较强,分别是聚合与组合。

5．依赖关系

两个类之间存在依赖关系(Dependency),表明一个类使用或需要知道另一个类中包含的信息。依赖关系有多种表现形式,例如绑定(bind)、友元(friend)等。模板类 Stack<T>定义了与栈相关的操作;IntStack 将参数 T 与实际类型 int 绑定,使得所有操作都针对 int 类型的数据。依赖关系使用虚线箭头表示("动物"、"氧气"与"水"之间)。动物有几大特征,例如有新陈代谢,能繁殖。而动物要有生命,需要有氧气、水以及食物等。也就是说,动物的生存依赖于氧气和水。它们之间是依赖关系,用虚线箭头来表示,如图 3-5 所示。

```
abstract class Animal
{
  public bolism(Oxygen oxygen,Water water)
  {
  }
}
```

6．聚合关系

聚合关系(Aggregation)表明两个类的实例之间存在一种拥有或属于关系,可以看作一种较弱的整体-部分关系。在一个聚合关系中,子类实例可以比父类存在更长的时间。为了表现一个聚合关系,试画一条从父类到部分类的实线,并在父类的关联末端画一个未填充菱形。对于"大雁"和"雁群"这两个类,大雁是群居动物,每只大雁都属于一个雁群,一个雁群可以有多只大雁,所以它们之间满足聚合(Aggregation)关系。聚合表示一种弱的"拥有"关系,体现的是 A 对象可以包含 B 对象,但 B 对象不是 A 对象的一部分。聚合关系用空心的菱形＋实线箭头表示,如图 3-6 所示。

```
class WideGooseAggregate
{
    private WideGoose[ ] arrayWideGoose;
    //在雁群 WideGooseAggregate 类中,有大雁数组对象 arrayWideGoose
}
```

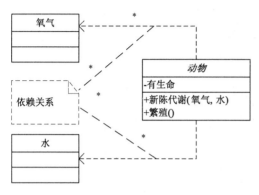

图 3-5　依赖关系的描述

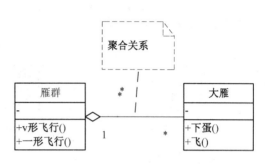

图 3-6　聚合关系的描述

7. 合成关系

合成(Composition)是一种强的"拥有"关系,体现了严格的部分和整体的关系,部分和整体的生命周期一样。合成关系用实心的菱形＋实线箭头来表示。另外,合成关系的连线两端还有一个数字"1"和数字"2",它们被称为基数,表明这一端的类可以有几个实例。对于"鸟"和"翅膀"这两个类,鸟和翅膀类似整体和部分的关系,并且翅膀和鸟的生命周期是相同的,在这里"鸟"类和其"翅膀"类就是合成关系,如图 3-7 所示。很显然,一个鸟应该有两个翅膀。如果一个类可能有无数个实例,则用 n来表示。关联关系、聚合关系也是可以有基数的。

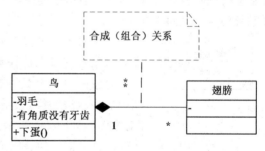

图 3-7　合成关系的描述

```
class Bird {
    private Wing wing;
    public Bird()
    {
        wing = new Wing();
        //在鸟 Bird 类中,初始化时,实例化翅膀 Wing 它们之间同时生成
    }
}
```

聚合和组合的区别在于:聚合关系是 has-a 关系,组合关系是 contains-a 关系;聚合关系表示整体与部分的关系比较弱,而组合关系表示的比较强;聚合关系中代表部分事物的对象与代表聚合事物的对象的生命周期无关,删除了聚合对象不一定删除了代表部分事物的对象,

而在组合关系中一旦删除了组合对象,同时也就删除了代表部分事物的对象。

8. 泛化关系

泛化关系(Generalization)在面向对象中一般称为继承关系,存在于父类与子类、父接口与子接口之间,如图 3-8 所示。

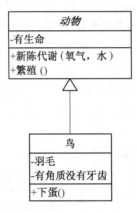

图 3-8　泛化关系的描述

3.5.2　对象图

对象是类的实例,对象图可以看作类图的实例,对象之间的连接(Link)是类之间关联关系的实例。对象图和类图的不同在于,对象图显示类的多个对象实例而不是真实的类。对象图显示某时刻对象和对象之间的关系,是类图的变化,由于对象存在生命周期,因此对象图只能在系统的某一时间段存在。

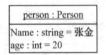

图 3-9　对象的表示

一个对象图可以看成一个类图的实例(Example),对象图表示的是类的对象实例而不是真实的类。

对象图中并无新的表示法(除了对象名下要加下划线以外),与类图中的表示法一样,读者可以认为,只有对象而无类的类图就是一个“对象图”,如图 3-9 所示。

在对象图中,对象名可以有以下 3 种表示形式:

(1) 对象名:类名

(2) :类名

(3) 对象名

实际上,对象图几乎很少被用到,其使用远没有类图广泛。

3.5.3　构件图

构件图用于静态建模,是表示构件类型的组织以及各种构件之间依赖关系的图。构件图通过对构件间依赖关系的描述来估计修改系统构件可能给系统带来的影响。由于基于构件的软件开发日益普及和应用,UML 对构件图进行了较大的改进。构件的根本特征在于它的封装性和可复用性,其内部结构被隐藏起来,只能通过接口向外部提供服务或请求外部的服务。

构件(Component)是系统中遵从一组接口且提供其实现的物理的、可替换的部分。构件能够完成独立功能,它是软件系统的组成部分。在功能划分的软件系统中,软件被分成一个个模块。随着面向对象技术的引用,软件系统被分成若干个子系统、构件。每个构件能够实现一定的功能,为其他构件提供使用接口,方便软件的复用。

在此绘制地铁售票信息系统的投币构件图进行说明,如图 3-10 所示。

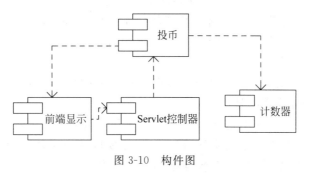

图 3-10　构件图

3.5.4　部署图

部署图(Component Diagram)描述的是系统运行时的结构,展示了硬件的配置及其软件如何部署到网络结构中。一个系统模型只有一个部署图,部署图通常用来帮助用户理解分布式系统。部署图用于静态建模,是表示运行时过程结点结构、描述软件与硬件是如何映射的、描述构件实例及其对象结构的图,如图 3-11 所示。

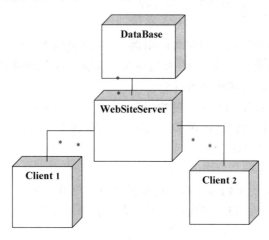

图 3-11　部署图

3.6　UML 2.0 中的行为建模

行为建模被称为动态建模,它主要用来刻画系统中的动态行为、过程和步骤。UML 行为建模中提供的视图可以从不同侧面来描述软件系统的动态过程,例如,业务或算法过程与步骤、多个对象为完成一个场景所进行的交互、消息传递的过程、一个对象在生命周期中根据接收到的不同事件进行响应的过程等。

3.6.1 用例图

1. 用例图的定义

用例图是被称为参与者的外部用户所能观察到的系统功能的模型图。用例图列出了系统中的用例和系统外的参与者,并显示哪个参与者参与了哪个用例的执行(或称为发起了哪个用例)。用例图多用于静态建模阶段(主要是业务建模和需求建模)。

2. 参与者

参与者(Actor)指在系统外部与系统直接交互的人或事物(如另一个计算机系统或一些可运行的进程)。我们需要注意的是:

◇ 参与者是角色(Role)而不是具体的人,它代表了参与者在与系统"打交道"的过程中所扮演的角色。所以在系统的实际运作中,一个实际用户可能对应系统的多个参与者。不同的用户也可以只对应一个参与者,从而代表同一个参与者的不同实例。

◇ 参与者作为外部用户(而不是内部)与系统发生交互作用,是它的主要特征。

3. 用例

用例(Use Case)是系统外部可见的一个系统功能单元。系统的功能由系统单元所提供,并通过一系列系统单元与一个或多个参与者之间交换的消息所表达。

1)参与者与用例之间的关系

关联表示参与者与用例之间的交互、通信途径。关联有时候也用带箭头的实线来表示,这样的表示能够显式地表明发起用例的是参与者。

2)用例之间的关系

(1)包含:箭头指向的用例为被包含的用例,称为包含用例;箭头出发的用例为基用例。包含用例是必选的,如果缺少包含用例,基用例就不完整;包含用例必须被执行,不需要满足某种条件,其执行并不会改变基用例的行为。

(2)扩展:箭头指向的用例为被扩展的用例,称为扩展用例;箭头出发的用例为基用例。扩展用例是可选的,如果缺少扩展用例,不会影响基用例的完整性,扩展用例在一定条件下才会执行,并且其执行会改变基用例的行为。

3)参与者之间的关系

泛化关系指发出箭头的事物 is-a 箭头指向的事物。泛化关系是一般和特殊的关系,发出箭头的一方代表特殊的一方,箭头指向的一方代表一般的一方,特殊一方继承了一般方的特性并增加了新的特性。

4. 实例

1)参与者之间的泛化关系

考虑如图 3-12 所示的关系:

在参与者之间不存在泛化关系的情况下,各个参与者参与用例的情况分别是:经理参与用例管理人事和批准预算;安全主管参与用例批准安全证书;保安参与用例监视周边。由于安全主管与经理、安全主管与保安之间存在泛化关系,意味着安全主管可以担任经理和保安的角色,即能够参与经理和保安参与的用例。这样,安全主管就可以参与全部 4 个用例。但经理和保安不能担任安全主管的角色,也就不能参与用例批准安全证书。

2)用例之间的扩展和包含关系

用例的上下文是:短途旅行,但汽车的油不足以应付全部路程。那么为汽车加油的动作在旅行的每个场景(事件流)中都会出现,不加油就不能完成旅行。吃饭则可以由司机决定是否进行,不吃饭不会影响旅行的完成,如图3-13所示。

参与者:经理、安全主管、保安
用例:管理人事、批准预算、批准安全证书、监视周边

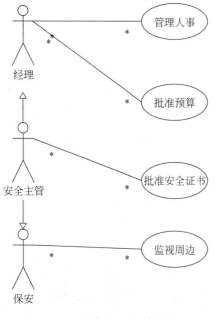

图 3-12　用例图

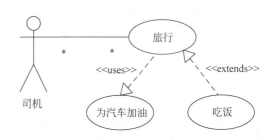

图 3-13　扩展功能的用例图

3.6.2　顺序图

顺序图描述对象之间的动态交互关系,着重表现对象间消息传递的时间顺序。顺序图有两个坐标轴,其纵坐标轴表示时间,横坐标轴表示不同的对象。顺序图中的对象用一个矩形框表示,框内标有对象名(对象名的表示格式与对象图中相同)。从表示对象的矩形框向下的垂直虚线是对象的"生命线",用于表示在某段时间内该对象是存在的。

对象间的通信用对象生命线之间的水平消息线来表示,消息箭头的形状表明消息的类型(同步、异步或简单)。当收到消息时,接收对象立即开始执行活动,即对象被激活了。激活用对象生命线上的细长矩形框表示。消息通常用消息名和参数表来表示。消息还可以带有条件表达式,用于表示分支或决定是否发送消息。如果用条件表达式表示分支,则会有若干个互斥的箭头,也就是说,在某一时刻仅可以发送分支中的一个消息。一个顺序图显示了一系列对象和这些对象之间发送和接收的消息。

图书管理系统中图书入库的顺序图如图3-14所示。对于顺序图,往往在文字表述上会出现"当……时……"、"首先"、"然后"、"接着"、"……发出……消息","……响应……消息"等词汇。例如图3-14所示的顺序图可用文字表达为:当管理人员把新书入库时,首先要登录(输入用户名和口令),经系统的"注册表单"验证,若正确无误,则可继续下一步交互,否则拒绝该管理人员进入系统。若登录正确,管理人员可发出查询请求消息,系统的"图书入库表单"对象响应请求。若管理人员发出增加或删除库存图书的请求,"库存图书"对象将响应该消息,找出数据库中的相关数据并执行相应的操作。此后,管理人员应按下提交键确认请求,"图书入库

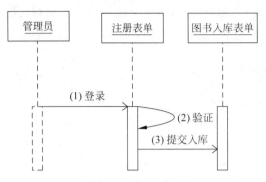

图 3-14   图书入库的顺序图

表单"接口对象应该响应该请求,并发出存储消息,再由"库存图书"对象响应存储消息,进行数据库存储操作。如果管理人员结束图书入库,发出退出系统的请求,则系统的"注册表单"接口对象响应请求,关闭系统。

3.6.3   通信图

UML 2.0 的通信图是由 UML 1.x 中的协作图发展而来的。与顺序图不同,通信图主要关注参与交互的对象通过连接组成的结构。通信图的对象没有生命线,其消息以及方向都附属于对象间的连接,并通过编号表示消息的顺序。Actor 发送 Print 消息给 Computer,Computer 发送 Print 消息给 PrintServer,如果打印机空闲,PrintServer 发送 Print 消息给 Printer,如图 3-15 所示。顺序图着重描述对象之间消息交换的时间顺序,通信图主要强调接收和发送消息的对象之间的结构组织。它们从不同角度表达了系统中的交互,它们之间是可以相互转换的。

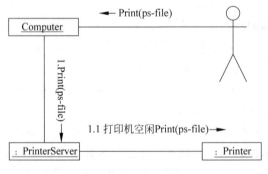

图 3-15   通信图

3.6.4   交互概览图

交互概览图通过类似于活动图方式,描述交互之间的流程,给出交互控制流的概览。在交互概览图中,结点不像活动图中那样是动作,而是一个交互图或是对交互图的引用。交互概览图有以下两种形式:

(1) 以活动图为主线,对活动图中某些重要的活动结点进行细化,即用一些小的顺序图对重要的活动结点进行细化,描述活动结点内的对象之间的交互。

(2) 以顺序图为主线,用活动图细化顺序图中的某些重要对象,即用活动图描述重要对象的活动细节。

3.6.5 时序图

时序图(Sequence Diagram)是显示对象之间交互的图,这些对象是按时间顺序排列的,如图 3-16 所示。顺序图中显示的是参与交互的对象及其对象之间消息交互的顺序。时序图中包括的建模元素主要有对象(Actor)、生命线(Lifeline)、控制焦点(Focus of Control)、消息(Message),等等。时序图最常应用到实时或嵌入式系统的开发中,但它并不局限于此。被建模的系统类型对交互的准确时间进行建模都是非常必要的。在时序图中,每个消息都有与其有关联的信息,准确描述了何时发送消息,消息的接收对象会花多长时间收到该消息,以及消息的接收对象需要多少时间处于某个特定状态。

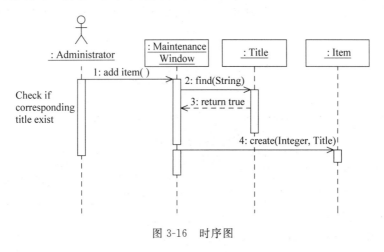

图 3-16 时序图

3.6.6 状态图

状态图使用有穷状态变迁图的方式刻画系统或元素的离散行为,可以用来描述一个类的实例、子系统甚至整个系统在其生命周期中所处状态如何随着外部激励而发生变化。

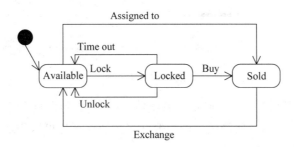

图 3-17 状态图

图 3-17 中包含 4 种状态,即初始状态、Available 状态、Locked 状态、Sold 状态。状态之间的转移如下。

(1) 初始状态转换到 Available 状态。

(2) 票被预订(Lock):Available 转换到 Locked 状态。

(3) 预定后付款(Buy):Locked 转换到 Sold 状态。

(4) 预定解除(Unlock)：Locked 转换到 Available 状态。

(5) 预定过期(Time out)：Locked 转换到 Available 状态。

(6) 直接购买(Assigned to)：Available 转换到 Sold 状态。

(7) 换其他票(Exchange)：该票重有效，Sold 转换到 Available 状态。

3.6.7　活动图

活动图是 UML 用于对系统的动态行为建模的另一种常用工具，它描述活动的顺序，展现从一个活动到另一个活动的控制流。活动图在本质上是一种流程图。活动图着重表现从一个活动到另一个活动的控制流，是内部处理驱动的流程，如图 3-18 所示。活动图主要用于：业务建模时，用于详述业务用例，描述一项业务的执行过程；设计时，描述操作的流程。UML 的活动图中包含的图形元素有动作状态、活动状态、动作流、分支与合并、分叉与汇合、泳道和对象流等。

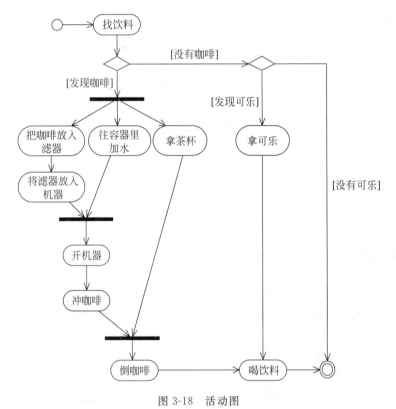

图 3-18　活动图

活动图与流程图的区别：活动图描述系统使用的活动、判定点和分支，看起来和流程图没什么两样，并且传统的流程图所能表示的内容在多数情况下也可以用活动图表示，但两者是有区别的，不能将两个概念混淆。

3.7　小结

本章详细介绍了软件体系结构和统一建模语言 UML 及其开发过程。软件体系结构模型用于对系统的用例、类、对象、接口、构件以及相互间的协作进行描述。面向对象系统的开发过程以体系结构为中心,以用例为驱动,是一个反复、渐增的过程。UML 作为一种快速进行系统分析和设计的技术支持,适用于以面向对象技术来描述的系统及其整个系统开发的不同阶段。最后,本章对 UML 2.0 主要从结构建模和行为建模两个方面进行阐述,介绍了类图、对象图、构件图、部署图、用例图、顺序图、通信图、时序图、交互概览图、状态图以及活动图。

3.8　思考题

1. 在整个开发过程中,UML 主要起到什么作用?
2. 如何利用模式解决在面向对象系统分析与设计中遇到的问题?
3. UML 中都包含哪些图? 简述这些图的作用。
4. 简述用例之间的关系。
5. 简述协作图和序列图的区别。
6. 神舟六号是神州系列飞船的一种,它由轨道舱、返回舱、推进舱和逃逸救生塔组成。航天员使用返回舱来驾驭飞船,轨道舱是航天员工作和休息的场所。在紧急情况下,航天员使用逃逸救生塔逃离。飞船的两侧有多个太阳能电池翼,它为飞船提供电能。根据以上描述画出能正确表示它们之间关系的 UML 图。
7. 某个网上银行的用户登录过程如下：用户先填写用户名和口令,要求登录。如果用户名和密码正确,则要求输入一个验证码。此时,该用户的手机上将收到一个短信,包含一个验证码,用户将此码填入下一个页面,再提交服务器。如果验证码正确,则能正常登录,并且验证码只能有效一次,用一个时序图描述这个过程。

第4章 软件设计过程

有两种生成一个软件设计方案的途径。一个是把它做得如此简单,以至于明显不会有漏洞存在。另一个是把它做得如此复杂,以至于不会有明显的漏洞存在。

——C. A. R. Hoare

在任何工程化产品或系统的开发阶段中,设计是第一步。

设计可以定义为"为了能够足够详细地定义一种设备、一个处理或一个系统,以便保证其物理实现,而应用各种技术和原则的过程"。设计者的目标是生成一个随后要构造的实体的一种模型或表示。开发模型的过程综合了基于构造类似实体的经验的直觉和判断、一系列指导模型演化路径的原则和直观推断、一系列判断质量的标准以及导出最终设计表示的迭代过程。像其他学科中的设计方法一样,软件设计随着新的方法、更好的分析和更广泛的理解的引入而不断地变化着。与机械或电子设计不同的是,软件设计在它的演化过程中处于一种相对早期的阶段。我们对软件设计(相对于"编程"或"代码书写")给予正式考虑仅仅才30年,因此,软件设计方法学缺少那些更经典的工程设计学科所具有的深度、灵活性和定量性。但是,软件设计的方法是存在的,设计质量的标准是能够获得的,设计符号体系也是能够应用的。

本章共分5个部分介绍,4.1节介绍软件设计基础,4.2节介绍软件体系结构设计,4.3节介绍高可信软件设计,4.4节介绍软件设计规格说明,4.5节介绍软件设计评审。

4.1 软件设计基础

软件设计主要针对需求分析过程得到的软件需求规格说明,综合考虑各种制约因素,探求切实可行的软件解决方案并最终给出方案的逻辑表示,包括文档、模型等。

软件设计的基本概念是过去数十年里陆续提出的,软件设计者根据这组概念进行设计决策。尽管对于每一种概念的感兴趣程度在几十年中一直变化着,但它们都经历了时间的考验,每一种概念都为设计者提供了应用软件更加复杂的设计方法的基础。它们可以帮助软件工程师回答下述问题:

◇ 能使用什么标准将软件划分为单个构件?

◇ 如何将功能或数据结构与软件的概念性表示分离开?

◇ 是否存在定义软件设计的技术质量的统一标准?

软件工程师的智慧的体现,开始于对程序工作和程序正确性之间的区别的识别。基本的软件设计概念为"使程序正确"提供了必要的框架。

1. 软件设计的一般过程

软件设计是一个迭代的过程。这里的迭代有两层含义:

第一层含义是针对给定的需求模型,通过多次从抽象到具体的设计过程,得到足够精细的设计模型以供软件实现之用,见图4-1中的第一层迭代。

第二层含义是软件需求经常发生变化或者不完整,在需求模型发生变化并完成更新后,第一层含义的设计过程再随之展开,直至获得最终的目标软件产品,见图4-1中的第二层迭代。

由于现代软件需求经常变化,因此,该过程是迭代式软件开发中典型的设计过程。

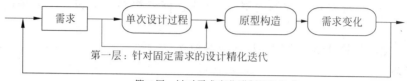

图4-1 软件设计的迭代

从工程管理的角度,可以将软件设计分为概要设计和详细设计。但对于面向对象设计方法来说,其设计过程从概念模型逐步精化到实现模型,并且不断地进行迭代,设计过程已经很难用概念设计和详细设计来进行明确的区分。此外,在设计过程中还包括对设计进行计划评审等活动。综上所述,这里给出一个软件设计的一般过程框架,如图4-2所示。

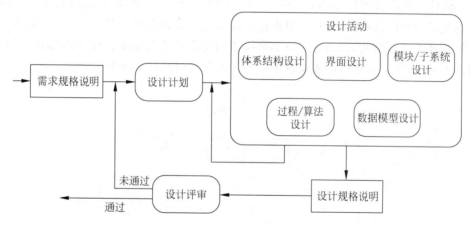

图4-2 软件设计的一般过程框架

2.软件设计的主要活动

在设计过程中,对设计活动进行计划应该最早进行,然后按照计划实施体系结构设计、界面设计、模块/子系统设计、过程/算法设计、数据模型设计等活动。

1)软件设计计划

软件设计计划的任务是明确设计过程的输入制品并使其处于就绪状态,定义设计过程的目标、输出制品及其验收准则,确定覆盖设计过程中各个阶段的全局性设计策略,分配设计过程中相关人员的职责,针对设计过程中的活动制定工作计划。

2)体系结构设计

软件体系结构设计的目标是建立软件系统的体系结构,有时也称"顶层架构"。

这种架构既要明确定义软件各子系统、关键构件、关键类的职责划分及协作关系,同时也要描绘它们在物理运行环境下的部署模型。其中,软件结构的有关概念如图4-3所示。

此外,顶层架构还必须针对软件系统全局性、基础性的技术问题给出技术解决方案,这种方案往往构成目标软件系统的体系结构的技术基础设施。

在软件体系结构设计中,需要注意以下规则:

(1) 改进软件结构,提高模块的独立性。

(2) 模块规模应该适中。

(3) 深度、宽度、扇出和扇入都应适当,如图 4-3 所示。

◇ 深度:表示软件结构中控制的层数,它往往能够粗略地标识一个系统的大小和复杂程度。

◇ 宽度:宽度是软件结构在同一层次上的模块总数的最大值。一般来说,宽度越大,系统越复杂。

◇ 扇出:扇出指一个模块直接调用的模块的数目。经验表明,一个设计的好的典型系统的平均扇出通常是 3 个或 4 个,太多或太少都不好。

◇ 扇入:扇入指一个模块被其他多少个模块直接调用,扇入越大越好。

(4) 模块的作用域应该在控制域之内。

(5) 力争降低模块接口的复杂程度。

(6) 设计单入口、单出口的模块。

(7) 模块功能应该可以预测,如果一个模块可以当作一个黑盒子,也就是说,只要输入相同的数据就能产生同样的输出,这个模块的功能就是可以预测的。带有内部"存储器"的模块的功能可能是不可预测的,因为它的输出取决于内部存储器的状态。由于内部存储器对于上级模块是不可见的,所以这样的模块既不易于理解又难以测试和维护。

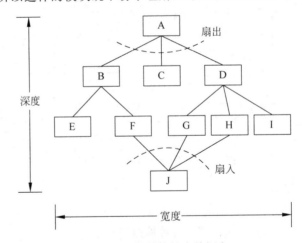

图 4-3　软件结构的有关概念

3) 界面设计

用户界面设计的目标是为用户使用目标软件系统以实现其所有业务需求而提供友好的人机交互界面。用户界面设计在工作流程上分为结构设计、交互设计、视觉设计 3 个部分(具体内容参见第 8 章)。

(1) 结构设计(Structure Design):结构设计也称概念设计(Conceptual Design),它是界面设计的"骨架"。通过对用户研究和任务分析,制定出产品的整体架构。基于纸质的低保真原型(Paper Prototype)可提供用户测试并进行完善。在结构设计中,目录体系的逻辑分类和语词定义是用户易于理解和操作的重要前提。如西门子手机的设置闹钟的词条是"重要记事",让用户很难找到。

（2）交互设计（Interactive Design）：交互设计的目的是使产品能够让用户简单使用。任何产品功能的实现都是通过人和计算机的交互来完成的。因此,人的因素应作为设计的核心被体现出来。

（3）视觉设计（Visual Design）：在结构设计的基础上,参照目标群体的心理模型和任务达成进行视觉设计,包括色彩、字体、页面等。视觉设计要达到使用户愉悦使用的目的。

良好的用户界面一般都符合下列用户界面规范。

（1）易用性原则：按钮名称应该易懂,用词准确,没有模棱两可的字眼,要与同一界面上的其他按钮易于区分,如能望文知义最好。理想的情况是,用户不用查阅帮助就能知道该界面的功能并能进行相关的正确操作。

（2）规范性原则：界面遵循规范化的程度越高,则易用性相应的就越好。

（3）帮助设施原则：系统应该提供详尽,可靠的帮助文档,从而在用户使用产品产生疑问时可以自己寻求解决方法。

（4）合理性原则：界面的布局应当符合逻辑,与工作流程相吻合。

（5）美观与协调性原则：界面应该大小适合美学观点,感觉协调、舒适,能在有效的范围内吸引用户的注意力。

（6）容错性考虑原则：在界面上通过各种方式来控制出错几率,从而大大减少系统因用户人为错误引起的破坏。开发者应当尽量周全地考虑到各种可能发生的问题,使出错的可能降至最小。如应用出现保护性错误而退出系统,这种错误最容易使用户对软件失去信心。因为这意味着用户要中断思路,并费时费力地重新登录,而且已进行的操作也会因没有存盘而全部丢失。

4）模块/子系统设计

软件体系结构设计定义了软件的组成结构,包括子系统和模块等元素。子系统和模块之间没有清楚的界限,一般从以下两个方面进行区分：

（1）一个子系统独立构成系统,不依赖其他子系统提供的服务。子系统由模块组成,要定义与其他子系统之间的接口。

（2）一个模块通常是一个能提供一个或多个服务的系统部件。它能利用其他模块提供的服务,一般不被看成一个独立的系统。

由于模块和子系统都是软件组成部分,它们一般都有层次结构,相互之间存在接口,其设计方法也有很多类似的方面,因此我们统一称为模块设计。

模块设计的目标是确定模块的具体接口定义,并设计模块的内部结构,即设置包含于其中的（更小粒度的）模块、构件和设计类,明确它们之间的协作关系,确保它们能够协同实现高层模块接口规定的所有功能和行为。在进行模块设计时,要尽量保持模块的功能独立性,遵循"高内聚、低耦合"的设计思想。此外,还要力求将模块的影响限制在模块的控制范围内,使得软件的日后修改和维护工作更加简单。

5）过程/算法设计

过程/算法设计的任务就是对模块内部的工作和执行过程进行描述,给出有关处理的精确说明,例如事件的顺序、确切的决策位置、循环操作以及数据的组成等。

软件结构与软件过程相互关联,软件结构中任何模块的所有从属模块必将被引用出现在该模块的过程说明中。因此,软件过程对应的结构设计亦构成一个层次结构。

6）数据模型设计

我们把数据结构设计、数据库设计，甚至数据文件设计等统一称为数据模型设计。

在数据模型设计中有一个重要的概念，即持久数据操作，它包括写入、查询、更新和删除 4 种基本操作以及由它们复合而成的业务数据操作。

在很多软件系统中，数据是核心，因此，对数据元素的格式、结构、访存、表示等机制进行良好的建模和优化，是提高软件设计质量和系统性能的基础，对软件系统的应用具有重要的意义。

4.2　软件体系结构设计

软件设计一般首先设计软件体系结构，然后再逐步精化进行更加详细的设计，直到设计可以被实现的程度。

软件体系结构的设计方法是指通过一系列的设计活动，获得满足系统功能性需求，并且符合一定非功能性需求约束的软件体系结构模型。目前存在多种体系结构设计方法，它们的侧重点有所不同。在实际应用过程中，这些体系结构设计方法并不是绝对互斥的，根据需要，有可能综合运用不同体系结构设计方法的思想得到最终所需的设计结果。

1．多视图建模

体系结构设计中的一个难点是：一个规模系统的体系结构通常非常复杂，不同的相关人员关注体系结构的不同方面，如何处理这种复杂性？多重视图模型的提出就是为了解决这个问题，其中最著名的是"4＋1"视图模型，如图 4-4 所示。

（1）逻辑视图：也称概念视图，主要是支持系统功能需求的抽象描述，即系统最终将提供给用户什么样的服务，逻辑视图描述了系统的功能需求及其之间的相互关系。

（2）开发视图：也称模块视图，主要侧重于描述系统的组织，该视图与逻辑视图密切相关，都描述了系统的静态结构。

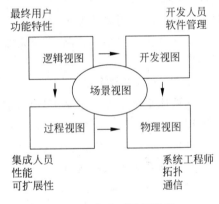

图 4-4　"4＋1"视图模型

（3）过程视图：主要侧重于描述系统的动态行为，即系统运行时所表现出来的相关特性，着重解决系统的可靠性、吞吐量、并发性、分布性和容错性。

（4）物理视图：描述如何把系统软件元素映射到硬件上，通常要考虑系统的性能、规模和容错等问题，展示了软件在生命周期的不同阶段中所需要的物理环境、硬件配置和分布状况。

（5）场景视图：场景是用户需求和系统功能实例的抽象，设计者通过分析如何满足每个场景所要求的约束来分析软件的体系结构。

逻辑视图定义了系统的目标，开发视图和过程视图提供了详细的系统设计实现方案，物理视图解决了系统的拓扑结构、安装和通信问题，场景视图反映了完成上述任务的组织结构。

2．基于评估与转换的设计方法

基于评估与转换的设计方法类似于传统软件设计的原型方法，该方法倡导首先满足功能需求，然后通过迭代的评估和转换满足非功能性需求。该方法的设计思想如图 4-5 所示。

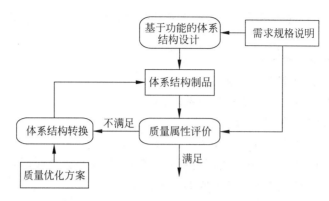

图 4-5　基于评估与转换的设计方法

其中,对体系结构进行转换可以通过下列 3 种方式:

(1) 使用合适的体系结构风格和模式或者设计模式来改进体系结构设计。

(2) 把非功性能需求转化为功能性解决方案,该功能性方案可以与问题域无关,但可以满足质量属性的要求。

(3) 采用"分而治之"的方式,可以把系统级的质量需求分配到子系统或模块中,或者把质量需求分解为多个与功能相关的质量需求,分解后的质量需求能够比较容易地得到满足。

3. 模式驱动的设计方法

模式的使用在许多工程领域中是普遍的,对公共设计形式的确定和对共享的理解是成熟工程领域的特点之一。

一个模式提供了有效的语义环境,例如关注点、期望的演化路径、计算范型和与其他相似系统之间的关系。本节所提到的模式驱动主要指如何以复用体系结构风格为基础设计软件体系结构。模式驱动软件体系结构设计的大致流程如图 4-6 所示。

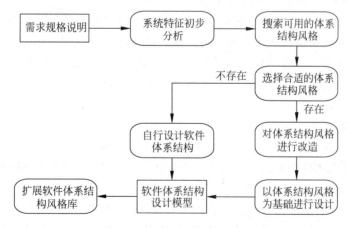

图 4-6　模式驱动的设计流程

不同系统的设计方案存在着许多共性问题,把这些共性部分抽取出来,就形成了具有代表性的和可广泛接受的体系结构风格。基于模式的体系结构设计方法使用丰富的风格知识库,指导体系结构的设计,有助于分析冲突的需求和不同设计的折中。常用的软件体系结构风格如下(具体内容参见本书第 5 章)。

　◇ 数据流风格:批处理和管道/过滤器。

- ◇ 调用/返回风格：主程序/子程序、层次结构和客户机/服务器。
- ◇ 面向对象风格。
- ◇ 独立部件风格：进程通信和事件驱动。
- ◇ 虚拟机风格：解释器和基于规则的系统。
- ◇ 数据共享风格：数据库系统和黑板系统。

4．领域特定的软件体系结构设计

领域特定的软件体系结构（Domain Specific Software Architecture，DSSA）是领域工程的核心部分，领域工程分析应用领域的共同特征和可变特征，对刻画这些特征的对象和操作进行选择和抽象，形成领域模型，并进一步生成 DSSA。

领域特定的软件体系结构借鉴领域中已经成熟的软件体系结构，实现解决方案在某个领域内的复用。虽然这些系统实例的细节会有所不同，但共同的体系结构在开发新系统时是能够复用的。

DSSA 与体系结构风格的区别在于：

（1）DSSA 与软件体系结构风格是从不同角度出发研究问题的两种结果，前者从问题域出发，而后者从解决域出发。

（2）DSSA 只在某个特定领域中进行经验知识的提取、总结与组织，但可以同时使用多种软件体系结构风格；而一种软件体系结构风格所呈现的公共结构和设计方法可以扩展到多个应用领域。

（3）DSSA 的体系结构表示和工具一般只适用于一个较小的范围，在其他领域中是不适用并难以复用的。

"特定应用领域"可以涵盖从航空电子设备到银行，从多媒体视频游戏到计算机 X 射线轴向分层造影扫描机（CAT Scanner）中的软件。领域分析的目标是直接明了的，即发现或创建那些可广泛应用的类，使得它们可以被复用。

领域分析可以被视为软件过程的一个全程活动，其含义是指领域分析是一个进行中的软件工程活动，它不和任何的软件项目相联系。在某些方面，领域分析的角色类似于制造环境中的工具制造者，工具制造者的工作是设计和制造可用于很多相似工作（但不一定是相同的工作）的工具。领域分析员的工作是设计和建造可复用构件，它们可以用于很多相似的（但不一定是相同的）应用开发工作。

5．软件产品线方法

软件产品线（Software Product Line，SPL）是指一组可管理的、具有公共特性的软件应用系统的集合。在利用软件产品线方法构建一个应用系统时，主要的工作是组装和繁衍，而不是创造，其重要的活动是集成而不是编程。

软件产品线的主要组成部分包括核心资源和软件产品集合两个部分。

核心资源是领域工程所获得成果的集合，是软件产品线中应用系统构造的前提基础，也有组织将核心资源称为集成开发平台。核心资源包含了软件产品线中所有系统共享的产品线体系结构，以及新设计开发的或者通过对现有系统再工程得到的、需要在整个产品线中进行系统化重用的构件。此外，与产品线体系结构相关的实时性能模型、体系结构评估结果，以及与软件构件相关的测试计划、测试实例、设计文档、需求说明书、领域模型、领域范围定义都属于核心资源。

软件产品线的基本活动包括核心资源开发、利用核心资源的产品开发以及在这两部分中

所需要的技术协调和组织管理,如图 4-7 所示。

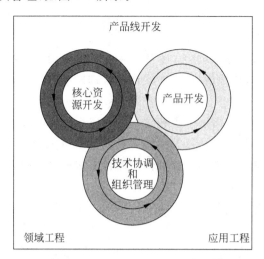

图 4-7　软件产品线过程模型

核心资源开发被称为领域工程,利用核心资源的软件产品开发也被称为应用工程。

软件产品线总是针对某一特定领域而创建的,创建之后,要为该领域的应用开发服务。在核心资源开发和软件产品开发之间存在着反馈循环,核心资源促进了应用系统的快速创建,核心资源随着新应用系统的开发而不断地被更新。通过跟踪核心资源的使用情况,其结果将被反馈到核心资源的开发活动中,以创建更多有利于复用的基础设施。

核心资源开发和软件产品开发都需要人力、物力和财力的投入,因此需要持久的、强有力的和卓有远见的组织管理。管理必须促进企业文化的交流,将新产品的开发放到可用资源环境下进行考虑。

核心资源开发、软件产品开发和技术协调、组织管理三大活动不断迭代循环,促进产品线的基础设施不断完善。迭代是软件产品线活动所固有的特性,循环存在于核心开发中,循环存在于软件产品开发中,同时,循环也存在于两者的技术协调和组织管理中。

在一个软件产品线中,新产品形成的步骤如下:

(1)从公共资产库中选取合适的构件。

(2)使用预定义的变化机制进行裁剪,如参数化、继承等。

(3)必要时增加新的构件。

(4)在整个产品线范围内共同的体系结构指导下进行构件组装,形成系统。

6. 其他软件体系结构设计方法

1)基于目标图推理的体系结构设计方法

该方法的目标是使模式的推理结构显式化,并且服从于系统的分析。该方法使用目标图,表达模式在各种需求上的应用效果。该方法的主要任务是把需求表示为设计目标,功能性需求和非功能性需求皆被表示为要示到的目标,特别是,非功能性需求被表示为"软"目标。这里的"软"目标,意味着它们通常没有清晰的评价标准。通常用目标图说明目标之间的关系,目标之间,特别是非功能目标之间,不是独立的,它们的关系要在目标图中显式地表示出来。然后说明已知的解决方案如何达到目标,一方面,可实施的"软"目标把设计目标转化为解决方案;另一方面,它们仍被看作目标,因为仍然有不同的途径实现它们。识别目标和解决方案中不希望的相关性,模式的副作用也能在图中使用相关连接显式地声明,并且说明替代解决方案如何从其他方面作用于目标,每个建议的解决方案可以通过达到的非功能"软"目标进行分析。

2) 基于属性的体系结构设计方法

该方法是对通常体系结构风格描述的一种扩充,用于获取结构化分析(Structured Analysis,SA)层次上的结构和分析技巧,显式地把推理框架(定性或定量)与体系结构风格关联起来。

此外,一些常用的软件开发方法中也包含了软件体系结构的设计,例如面向数据流的软件开发方法、面向对象的软件开发方法以及面向方面的软件开发方法等。对于这些软件开发方法,在后面的章节中会分别进行面向对象软件的设计方法和面向数据流的设计方法的介绍。

4.3 高可信软件设计

4.3.1 可信软件的特点

计算机系统的缺陷,有很大一部分是由于软件的问题引发的。纵观软件应用的发展历史,国际上由于软件可信性问题所导致的重大灾难、事故和严重损失屡见不鲜,软件的可信性问题已经成为一个相当普遍的问题。例如,2007 年 10 月,由于北京奥运会门票系统的实际访问量远远超过其设计容量,使得该系统一经启用即陷入瘫痪;2005 年 11 月 1 日,日本东京证券交易所因为软件系统升级出现故障导致早间股市"停摆";2003 年 8 月 14 日,因为软件问题导致美国和加拿大出现当时历史上最大的停电事故;等等。

所谓"可信软件",是指软件系统的运行行为及其结果总是符合人们的预期,且在受到干扰(包括操作错误、环境影响、外部攻击等)时仍能提供连续的服务。软件系统的可信性质是指该系统需要满足的关键性质,当软件一旦违背这些关键性质会造成不可容忍的损失时,称这些关键性质为高可信性质。软件可信性质有以下几种。

(1) 可靠性(Reliability):在规定的环境下、规定的时间内软件无失效运行的能力。

(2) 可靠安全性(Safety):软件运行不引起危险、灾难的能力。

(3) 保密安全性(Security):软件系统对数据和信息提供保密性、完整性、可用性、真实性保障的能力。

(4) 生存性(Survivability):软件在受到攻击或出现失效时连续提供服务并在规定时间内恢复所有服务的能力。

(5) 容错性(Fault Tolerance):软件在故障(硬件、环境异常)出现时保证提供服务的能力。

(6) 实时性(Real Time):软件在指定的时间内完成反应或提交输出的能力。

4.3.2 容错设计

完全防止软件失效在实践中是不可能的,任何试图消除软件失效的方法都会导致很高的成本,并且不能保证失效不会发生。为了保证高可信系统即使在极端条件下也能按其规格说明执行,对硬件和软件同时采用容错计算非常重要。为了达到硬件容错,需要对所有关键硬件部件进行备份,为了保护软件免受软件故障的影响,软件逻辑和数据也必须被备份。

软件容错设计是使软件能发现失效危险并从临失效状态恢复的软件设计技术,共有两种主要的软件容错设计方法,即恢复块(Recovery Blocks)和 N-版本(N-version)编程。

1. 恢复块

恢复块技术首先认为程序是由若干个可以独立定义的块来构成,每个块都可以用一个根据同一需求说明设计的不同版本的备用块来替换,每个版本的模块和接收测试及恢复结构一起构成一个恢复块结构。其基本工作方式是,运行模块 1,然后进行接收测试,如果通过测试,便将输出结果给后续程序块;否则,调用模块 2……直到调用模块 N,如果在 N 个模块用完后仍未通过测试,便进行出错处理。该方法如图 4-8 所示。

2. N-版本编程

N-版本编程由 N 个实现相同功能的不同程序和一个管理程序组成,其结果经相互比较(表决)后输出,这种比较或表决可以采用多数决定、一致决定等方式。N 个版本的程序产生的结果送至管理程序中的比较向量,由管理程序的比较状态指示器发出表决指令,然后决定输出运算结果还是输出报警。该方法如图 4-9 所示。

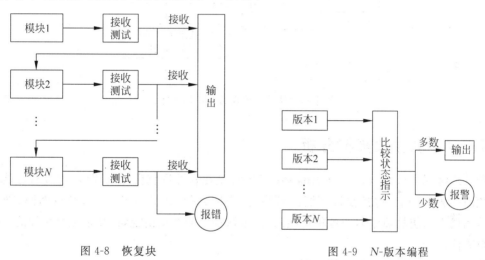

图 4-8　恢复块　　　　　　　　　　图 4-9　N-版本编程

恢复块和 N-版本编程都是基于设计多样性的概念。当不同的开发者采用不同方法实现相同的需求时,一个合理的假设是不同版本的软件不太可能包含相同的缺陷,因此,也就不会产生相同的失效。设计多样性可以通过以下几种方式达到:

(1) 使用不同的设计方法来实现需求。

(2) 使用不同的程序设计语言来完成。

(3) 使用不同的开发工具,且在不同的开发环境中完成。

(4) 明确要求在实现某些关键过程时使用不同的算法。

4.3.3　软件失效模式和影响分析

软件失效模式和影响分析(Failure Model and Effects Analysis,FMEA)主要是在软件开发阶段的早期,通过识别软件失效模式,研究分析各种失效模式产生的原因及其造成的后果,寻找消除和减少其有害后果的方法,以尽早发现潜在的问题,并采取相应的措施,从而提高软件的可靠性和安全性(如图 4-10 所示)。其中,涉及的几个相关概念和含义如下。

◇ 软件失效(Software Failure):软件失效泛指程序在运行中丧失了全部或部分功能、出现偏离预期的正常状态的事件。

◇ 软件失效模式(Software Failure Mode)：软件失效模式是指软件失效的不同类型,通常用于描述软件失效发生的方式以及对设备运行可能产生的影响。

◇ 软件失效的影响(Software Failure Effect)：软件失效的影响是指软件失效模式对软件系统的运行、功能或状态等造成的后果。

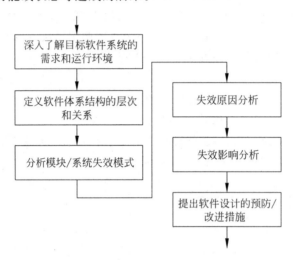

图 4-10　软件系统级的 FMEA 过程

4.3.4　软件故障树分析

软件故障树分析(Fault Tree Analysis,FTA)是在软件系统设计过程中,通过对可能造成系统故障的各种因素(包括硬件、软件、环境、人为因素等)进行分析,画出逻辑框图(即故障树),从而确定系统故障原因的各种可能组合,采取相应的纠正措施,提高系统可靠性的一种设计分析方法。

软件故障树分析的一般步骤如下：

(1) 选择顶事件,即根据工程实际需要选择合理的顶事件。

(2) 建立故障树。

(3) 故障树的定性分析。

• 故障树的简化。

• 求最小割集。

(4) 故障树的定量分析。

• 求顶事件的发生概率。

• 重要度分析。

(5) 确定设计上的薄弱环节(找出问题所在)。

(6) 采取措施,提高产品的可靠性和安全性。

构建故障树是故障树分析中最为关键的一步。建树工作要求建树者对于系统及其组成部分有充分的了解,应由设计人员、使用维修人员、可靠性/安全性工程技术人员共同研究完成。建树是一个多次反复、逐步深入完善的过程。常用的建树方法为演绎法,即从顶事件开始,由上而下,逐级进行分析：

（1）分析顶事件发生的直接原因，将顶事件作为逻辑门的输出事件，将所有引起顶事件发生的直接原因作为输入事件，根据它们之间的逻辑关系用适当的逻辑门连接起来。

（2）对每一个中间事件用同样的方法逐级向下分析，直到所有的输入事件都不需要继续分析为止（此时故障机理或概率分布都是已知的）。

故障树的一般构建过程如下：

◇ 广泛地收集并分析有关技术资料。

◇ 选择顶事件。

◇ 生成故障树。

◇ 简化故障树。

4.3.5　形式化方法

形式化方法是在计算系统的开发中进行严格推理的理论、技术和工具，主要包括形式规约技术（Formal Specification）和形式验证技术（Formal Verification）。

形式规约技术使用具有严格数学定义语法和语义的语言刻画软件系统及其性质，可以尽早发现需求和设计中的错误、歧义、不一致和不完全。

形式验证技术是在形式化规约的基础上建立软件系统及其性质的关系，即分析系统是否具有所期望性质的过程，主要分为模型检验（Model Checking）和定理证明（Theorem Proving）两类技术。

（1）模型检验技术：该技术是通过搜索待验证软件系统模型的有穷状态空间来检验系统的行为是否具备预期性质的一种有穷状态系统自动验证技术。

（2）定理证明技术：该技术将软件系统和性质都用逻辑方法来规约，基于公理和推理规则组成的形式系统，以如同数学中定理证明的方法来证明软件系统是否具备所期望的关键性质。

由于形式化方法能以一种严格的方式保证软件的可信性，在国际上，形式化方法已成为软件开发中重要的可信软件技术之一。

4.3.6　净室方法

传统的软件工程建模、形式化方法、程序验证（正确性证明），以及统计软件质量保证（Software Quality Assurance，SQA）的集成使用已经组合成一种可以导致极高质量软件的技术。净室软件工程（Cleanroom Software Engineering）是一种在软件开发过程中强调在软件中建立正确性的需要的方法代替传统的分析、设计、编码、测试和调试周期，净室方法建议一种不同的观点。

在净室软件工程后面的哲学是，通过在第一次正确地书写代码增量并在测试前验证它们的正确性来避免对成本很高的错误消除过程的依赖。它的过程模型是在代码增量聚积到系统的过程的同时进行代码增量的统计质量验证。

净室方法在很多方面将软件工程提升到另一个层次。像前面讨论的形式化方法技术一样，净室过程强调在规约和设计上的严格性，以及使用基于数学的正确性证明来对结果设计模型的每个元素进行形式化验证。作为对形式化方法中采用的方法的扩展，净室方法还强调统计质量控制技术，包括基于客户对软件的预期的使用的测试。

当现实世界中的软件失败时,则充满了立即的和长期的危险。这些危险可能和人的安全、经济损失或业务和社会基础设施的有效运作相关。净室软件工程是一个过程模型,它在可能产生严重的危险前消除错误。

净室代表了将软件开发过程置于统计质量控制之下,并结合良好定义的持续过程改善策略的第一次实际的尝试。为了达到这个目标,设计了一个独特的净室生命周期,它着重于为了正确地进行软件设计的基于数学的软件工程,以及为了软件可靠性认证的基于统计的软件。

净室软件工程的要点如下:

◇ 它显式地使用统计质量控制。

◇ 它使用基于数学的正确性证明来验证设计规约。

◇ 它很强地依赖于统计性用法测试来揭示高影响的错误。

4.4　软件设计规格说明

软件设计过程中的各个活动的结果最终应该文档化,形成正式的软件设计规格说明,作为软件设计的输出。形成的软件设计规格说明将被评审,并作为后续软件实现活动的依据。软件设计规格说明并没有统一的格式,例如 IEEE 标准、ISO 标准以及我国的国家标准、各行业标准所建议的格式都不尽相同。使用不同的软件设计方法所得到的设计模型也会有很大区别,导致设计规格说明的结构会有明显的不同。对于一个项目或一个开发机构来说,应该根据机构自身、目标系统、开发方法的特点制定合适的软件设计规格说明的结构和格式要求。当定义的软件设计规格说明模板生效后,设计人员必须遵循该模板。

4.5　软件设计评审

设计评审的目标是确保设计规格说明书能够实现所有的软件需求,及早发现设计中的缺陷和错误,并确保设计模型已经精化到合格的软件实现工程师能够构造出符合软件设计者期望的目标软件系统。设计评审活动的输入是软件设计规格说明书。设计评审中需要重点关注的内容如下:

◇ 设计模型是否能够充分地、无遗漏地支持所有软件需求的实现。

◇ 设计模型是否已经精化到合理的程度,可以确保合格的软件实现工程师能够构造出符合软件设计者期望的目标软件系统。

◇ 设计模型的质量属性,即设计模型是否已经经过充分的优化,以确保依照设计模型构造出来的目标软件产品能够表现出良好的软件质量属性。

为了使设计评审达到预期效果,下面给出设计评审的一些建议性原则:

◇ 对产品进行评审,而不是开发人员。

◇ 要有针对性,不要漫无目的。

◇ 进行有限的争辩。

◇ 阐明问题所在,但不要试图去解决问题。

◇ 要求事先准备,如果评审人没有准备好,则取消会议并重新安排时间。

◇ 为被评审的产品开发一个检查表。

◇ 确定软件元素是否遵循其规格说明或标准,记录任何不一致的地方。

◇ 列出发现的问题、给出的建议和解决该问题的负责人。

◇ 坚持记录并进行文档化。

设计评审活动的输出制品是通过评审的软件设计规格说明书,它是整个软件设计阶段的最终输出,将成为软件实现和测试活动的主要依据。

4.6　小结

软件设计是软件开发过程的一个核心环节,设计质量在很大程度上决定了最终软件产品的质量。因此,本章首先对软件设计的基本概念进行介绍,包括抽象和逐步求精、模块化和信息隐藏、高内聚和低耦合等,然后对设计过程、设计质量、软件体系结构设计、高可信软件设计进行了介绍,使读者对软件设计有一个全面的了解。最后,介绍了软件设计规格说明和软件设计评审。软件设计过程中的各个活动的结果最终应该形成正式的软件设计规格说明,作为软件设计的输出。软件设计规格说明必须要进行评审,只有通过评审后才能成为后续软件实现活动的正式依据。

4.7　思考题

1. 简述抽象与逐步求精的含义。
2. 简述模块化与信息隐藏的关系。
3. 为什么软件要追求高内聚、低耦合?
4. 软件设计过程中包含哪些活动?
5. 试总结本章列举的软件体系结构设计方法的特点。

第5章 软件体系结构风格

今日的大多数软件很像埃及金字塔，由千百万砖头堆砌起来，层层相切，没有整体的结构，是由畜力和成千上万奴隶的力量建立起来的。

——Alan Kay

多年来，人们在开发某些类型软件的过程中积累起来的组织规则和结构，形成了软件体系结构风格。软件体系结构风格是总结人们的设计经验而形成结构较为巩固、组织较为统一的形式，它是一种适合于多种场合的相似结构的抽象。即软件体系结构风格并不是某一种特定系统的结构，而是一个结构的类型。

本章共分9个部分对软件体系结构风格进行介绍，5.1节对软件体系结构风格进行简要概述，5.2节集中介绍了基本的软件体系结构风格，5.3节介绍了两个案例，5.4节至5.9节分别对客户/服务器风格、三层C/S结构风格、浏览器/服务器风格、正交软件体系结构风格和异构结构风格等进行了介绍。

5.1 软件体系结构风格概述

软件体系结构设计的一个核心问题是能否使用重复的体系结构模式，即能否达到体系结构级的软件重用。也就是说，能否在不同的软件系统中使用同一种体系结构。

基于该目的，相关研究者们开始研究和实践软件体系结构的风格和类型问题。

软件体系结构风格是描述某一特定应用领域中系统组织方式的惯用模式。体系结构风格定义一个系统家族，即一个体系结构定义一个词汇表和一组约束。词汇表中包含了一些构件和连接件类型，而这组约束指出系统是如何将这些构件和连接件组合起来的。体系结构风格反映了领域中众多系统所共有的结构和语义特征，并指导如何将各个模块和子系统有效地组织成一个完整的系统。按这种方式理解，软件体系结构风格定义了用于描述系统的术语表和一组指导构建系统的规则。

对软件体系结构风格的研究和实践促进了对设计的重用，一些经过实践证实的解决方案也可以可靠地用于解决新的问题。体系结构风格的不变部分使不同的系统可以共享同一个实现代码。只要系统使用正常的、规范的方法来组织，就可以使其他设计者很容易地理解系统的体系结构。例如，如果某人把系统描述为客户/服务器模式，则不必给出设计细节，我们立刻就会明白系统是如何组织和工作的。

软件体系结构风格为大粒度的软件重用提供了可能。并且，对于应用体系结构风格来说，由于视点不同，系统设计师有很大的选择余地。如果要为系统选择或设计某一个体系结构风格,必须根据特定项目的具体特点进行分析比较后再确定,体系结构风格的使用几乎完全是特定的。

在讨论体系风格时,我们要回答这样一些问题:

◇ 设计词汇表是什么?
◇ 构件和连接件的类型是什么?
◇ 可允许的结构模式是什么?
◇ 基本的计算模型是什么?
◇ 风格的基本不变性是什么?
◇ 其使用的常见例子是什么?
◇ 使用此风格的优/缺点是什么?
◇ 其常见的特例是什么?

这些问题的回答包括了体系结构风格的最关键的四要素内容,即提供一个词汇表、定义一套配置规则、定义一套语义解释原则和定义对基于这种风格的系统所进行的分析。

5.2　软件体系结构基本风格解析

5.2.1　管道-过滤器

管道-过滤器风格最早出现在 UNIX 中,至今已经有超过 20 年的历史了。它适用于对有序数据进行一系列已经定义的相互计算的应用程序。在管道-过滤器模式下,每个功能模块都有一组输入和输出。功能模块从输入集合读入数据流,并在输出集合产生输出数据流,即功能模块对输入数据流进行增量计算得到输出数据流。在管道-过滤器模式下,功能模块称为过滤器(Filter);功能模块间的连接可以看作输入、输出数据流之间的通路,所以称为管道(Pipe)。一个管道-过滤器模式的示意图如图 5-1 所示。

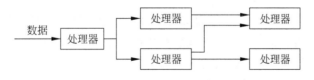

图 5-1　管道-过滤器风格的体系结构

1. 适应的设计问题

如果要建立一个必须处理或转换输入数据流的系统,用单个组件实现会过于臃肿,需求不容易变动,所以可能要通过替换或重新排列处理步骤为灵活性作规划。处理步骤的内部连接必须考虑以下因素:

◇ 未来系统的升级通过替换处理步骤或重组步骤就可以做到。
◇ 不同的语境中小的处理步骤要比组件更易于重用。
◇ 不相连的处理步骤不共享信息。
◇ 存在不同的输入数据源,例如网络连接或通过硬件传感器提供读数。
◇ 可以用多种方式给出或存放最终结果。
◇ 明确存放中间结果。

◇ 可能有并行和异步处理的要求。

2. 解决方案

管道-过滤器体系结构模式把系统任务分成几个连贯的处理步骤。这些步骤,通过系统的数据流连接,一个步骤的输出是下一个步骤的输入。每个处理步骤由一个过滤器组件实现。过滤器消耗和转发增长的数据,在产生任何输出之前消耗它的所有输入,以达到低延迟并能够真正地并行处理。系统的输入,由诸如文本文件等数据源提供。输出流入数据汇点,如文件、终端。数据源、过滤器和数据汇点由管道顺序连接起来,实现相连处理步骤间的数据流动。通过管道联合的过滤器序列称为处理流水线。

从整个系统的输入和输出关系来看,各个过滤器对其输入进行局部的独立处理变换,就可以产生部分计算结果。

过滤器按激活方式可以分为被动式过滤器和主动式过滤器,被动过滤器是通过函数或过程调用激发的,主动过滤器是作为独立的线程任务激发工作的。

过滤器是独立运行的部件,不受其他过滤器运行的影响。非临近的过滤器之间不共享任何状态,自身也是无状态的。每次加工后,过滤器都会回到初始等待状态。其独立性还表现在它对其上/下游连接的过滤器的"无知",只需关心输入的到来和形式、加工处理的逻辑、产生的输出形式。整个结果的正确性不依赖于各个过滤器运行的先后次序。

这种风格具有以下特征:

(1) 在管道-过滤器风格中,构件即过滤器(Filter),对输入流进行处理、转换,处理后的结果在输出端流出。而且,这种计算常常是递进的,所以可能在所有的输入接收完之前就开始输出,可以并行地使用过滤器。

(2) 连接件位于过滤器之间,起到信息流的导管作用,即管道(Pipe)。

(3) 每个构件都有输入/输出集合,构件在输入处读取数据流,在输出处生成数据流。

(4) 过滤器必须是独立的实体,它们不了解信息流从哪个过滤器流出,也不需要知道信息将流入哪个过滤器。它们可以指定输入的格式,可以确保输出的结果,但是它们可能不知道在管道之后将会是什么样子,过滤器之间也不共享状态。

管道-过滤器模式的特性之一是过滤器的相对独立性,即过滤器独立完成自身功能,相互之间无须进行状态交互。此外,各过滤器无须知道输入管道和输出管道所连接的过滤器的存在,仅仅需要对输入管道的输入数据流进行限制,并保证输出管道的输出数据流有合适的内容,但它们并不知道连接在其输入、输出管道上的其他过滤器的实现细节。并且,整个管道过滤网络的最终输出和网络中各个过滤器执行操作的顺序无关。

采用管道-过滤器模式建立的系统主要有以下几个优点。

(1) 由于每个构件的行为不受其他构件影响,因此整个系统的行为比较易于理解。设计者可以将系统抽象成一个"黑匣子",其输入是系统中第一个过滤器的输入管道,输出是系统中最后一个过滤器的输出管道,而其内部各功能模块的具体实现对用户完全透明。

(2) 支持功能模块的复用:任意两个过滤器只要在相互的输入、输出管道格式上达成一致,就可以连接在一起。如图5-2所示,过滤器A和过滤器B只要对管道C中传输的数据格式达成一致就可以实现互连,其中,过滤器A并不关心过滤器B如何处理管道C的内容,而过滤器B也不知道管道C的内容究竟是如何产生的,即在管-道过滤器模式中,过滤器之间仅需要很少的信息交换就可以完成互连。

(3) 具有较强的可维护性和可扩展性:可维护性体现在系统过滤器部件的更新或升级

上。由于技术改进等原因,过滤器 A 的实现发生了改变,采用新技术开发的过滤器 D 具有和 A 完全相同的输入、输出管道接口,这时可以直接将 A 替换为 D,而无须对系统中的其他过滤器或管道进行任何修改。

可扩展性体现在系统功能的扩充上,如图 5-3 所示。由于业务流程的变化,系统必须增加新的功能模块,实现新功能的过滤器 X 通过和系统原有过滤器 A 互连成为系统的一部分。这时系统的其余部分没有任何变化,整个系统的功能得到了增强。

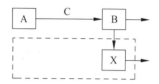

图 5-2 管道-过滤器支持功能模块的复用 图 5-3 管道-过滤器的可扩展性

(4) 支持特殊的分析:如吞吐量计算和死锁检测等。利用管道-过滤器模式图,可以很容易地得到系统的资源使用与请求状态图,然后,根据操作系统原理等相关理论中的死锁检测方法就可以分析出系统目前所处的状态,以及是否存在死锁可能和如何消除死锁等问题。

(5) 支持并发执行:基于管道-过滤器模式的系统存在很多并行的过滤器,这样的系统在实际运行时,可以将存在并发可能的多个过滤器看作多个并发的任务并行执行,从而大大提高了系统的整体效率,加快了处理速度。当然,在调度并行任务的时候,必须有相应的并行算法作基础;否则,可能导致系统功能的混乱。

任何事物都是一个矛盾的统一体,有利就必然有弊,管道-过滤器模式当然也不例外。它的不足主要体现在以下几个方面。

(1) 往往会导致系统处理过程的成批操作:虽然系统中的过滤器对数据采取增量处理的方式,但过滤器的模块独立性很强,相互之间的耦合关系很弱,这样设计者必须要求每一个过滤器完成输入到输出的完整转换。此外,由于过滤器的传输特性,管道-过滤器模式通常不适合交互性很强的应用。尤其是当系统需要逐步显示数据流变化的过程时,问题就会变得更加难以解决,因为增量显示和过滤器的输出数据差距太大,几乎无法显示系统数据流细微的变化过程。

(2) 在处理两个独立但又相关的数据流时可能会遇到困难,例如,多过滤器并发执行时数据流之间的同步问题等。

(3) 在需要对数据传输进行特定的处理时,会导致对于每个过滤器的解析输入和格式化输出要做更多的工作,从而带来系统复杂性的上升。根据实际设计的要求,设计者也需要对数据传输进行特定的处理(如为了防止数据泄漏而采取加密等手段),导致过滤器必须对输入、输出管道中的数据流进行解析或反解析,增加了过滤器具体实现的复杂性。

(4) 并行处理获得的效率往往是一种假象。这里有几个原因:

◇ 过滤器之间传输数据的代价,比起单个过滤器负担的计算的代价相对要高。对于使用网络连接的小的过滤器组件或流水线尤其如此。

◇ 一些过滤器在产生输出之前会消耗所有输入,或者是任务所要求的(如存储),或者是过滤器代码写得很差。

◇ 线程和进程之间的关联转换,在单处理器计算机上通常是一个成本很高的操作。

◇ 过滤器的同步化可能要经常终止或启动过滤器,尤其当管道仅有一个小缓冲区时。

5.2.2　数据抽象和面向对象风格

抽象数据类型概念对软件系统有着重要的作用,目前,软件界已普遍转向使用面向对象系统。这种风格建立在数据抽象和面向对象的基础上,数据的表示方法和它们的相应操作封装在一个抽象数据类型或对象中。这种风格的构件是对象,或者说是抽象数据类型的实例。对象是一种被称为管理者的构件,因为它负责保持资源的完整性。对象是通过函数和过程的调用来交互的。

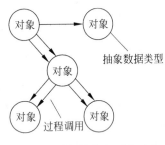

图 5-4　数据抽象和面向对象
风格的体系结构

图 5-4 所示为数据抽象和面向对象风格的体系结构示意图。

面向对象系统有许多优点,并早已为人所知,例如:

(1) 因为对象对其他对象隐藏它的表示,所以可以改变一个对象的表示,而不影响其他的对象。

(2) 设计者可以将一些数据存取操作的问题分解成一些交互的代理程序的集合。

但是,面向对象系统也存在着某些问题,例如:

(1) 为了使一个对象和另一个对象通过过程调用等进行交互,必须知道对象的标识,只要一个对象的标识改变了,就必须修改所有其他明确调用它的对象。

(2) 必须修改所有显式调用它的其他对象,并消除由此带来的一些副作用。例如,如果 A 使用了对象 B,C 也使用了对象 B,那么 C 对 B 的使用所造成的对 A 的影响可能是预想不到的。

5.2.3　基于事件的隐式调用风格

基于事件的隐式调用风格的思想是构件不直接调用一个过程,而是触发或广播一个或多个事件。系统的其他构件中的过程在一个或多个事件中注册,当一个事件被触发,系统自动调用在这个事件中注册的所有过程,这样,一个事件的触发就导致了另一模块中的过程的调用。

从体系结构上说,这种风格的构件是一些模块,这些模块既可以是一些过程,又可以是一些事件的集合。过程可以用通用的方式调用,也可以在系统事件中注册一些过程,当发生这些事件时,过程被调用。

基于事件的隐式调用风格的主要特点是事件的触发者并不知道哪些构件会被这些事件影响。这样不能假定构件的处理顺序,甚至不知道哪些过程会被调用,因此,许多隐式调用的系统也包含显式调用作为构件交互的补充形式。

支持基于事件的隐式调用的应用系统很多。例如,在编程环境中用于集成各种工具,在数据库管理系统中确保数据的一致性约束,在用户界面系统中管理数据,以及在编辑器中支持语法检查。在某系统中,编辑器和变量监视器可以登记相应 Debugger 的断点事件。当 Debugger 在断点处停下时,它声明该事件,由系统自动调用处理程序,如编辑程序可以卷屏到断点,变量监视器刷新变量数值。而 Debugger 本身只声明事件,并不关心哪些过程会启动,也不关心这些过程做什么处理。

隐式调用系统的优点主要有以下两点。

（1）为软件重用提供了强大的支持：当需要将一个构件加入现存系统时，只需将它注册到系统的事件中。

（2）为改进系统带来了方便：当用一个构件代替另一个构件时，不会影响到其他构件的接口。

隐式调用系统的缺点主要有以下几个方面。

（1）构件放弃了对系统计算的控制：当一个构件触发一个事件时，不能确定其他构件是否会响应它。而且即使它知道事件注册了哪些构件的过程，也不能保证这些过程被调用的顺序。

（2）数据交换的问题：有时数据可被一个事件传递，但在另一些情况下，基于事件的系统必须依靠一个共享的仓库进行交互。在这些情况下，全局性能和资源管理便成了问题。

（3）既然过程的语义必须依赖于被触发事件的上下文约束，关于正确性的推理就存在问题。

5.2.4　分层系统风格

诺贝尔奖获得者赫伯特·西蒙（Herbert Alexander Simon）曾论述到，"要构造一门关于复杂系统的比较正规的理论，有一条路就是求助于层级理论……我们可以期望，一个复杂系统必然是从简单系统进化而来的，在这个世界中，复杂系统是层级结构的"。对于软件这种复杂的人工产品，发现层级和运用层级是分析和构建它的基本原则。所谓分层式体系结构，是按层次组织软件的一种软件体系结构。其中，每一层软件建立在低一层的软件层上。位于同一层的软件系统或子系统具有同等的通用性，在下一层的软件比在上一层的软件通用性更强。一个层次可视为同等通用档次的一组（子）系统。因此，在分层的体系结构中，最高层是应用层，可包含许多应用系统。次高层是构件层，可包含多个可复用构件库系统，可用于建立应用系统。应用系统建立在构件层之上，而此构件层中的许多构件库系统又是建立在更低层次的构件库系统之上的。

分层风格适用于可以按照层次结构来组织不同类别的相关服务的应用程序。

一个分层风格的系统按照层次结构组织，每一层向它的上层提供服务，同时又是它的下层客户，如图 5-5 所示。在某些系统中，除了邻接的层以外，一个内部层次对于其他外部层次是隐藏的，对体系结构的约束包括把系统内的交互限制在邻接层次之间。交互只在相邻的层间发生，并且，这些交互按照一定的协议进行。连接件可以用层次间的交互协议来定义，每个独立层都要防止较高层直接访问较低层。每一层次是由不同的部件构成的实体集合，层内的部件可以交互。相邻层的部件可直接从上向下调用，还可以设计统一的层调用接口对层进行保护，如图 5-5 所示。

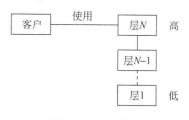

图 5-5　分层模型

下面给出使用层次设计的软件结构特性。并不是每个软件都会出现下列所有情况，在简单的层次结构中仅能看到第 1 种和第 2 种情况。

情况 1：用户对层 N 产生需求，但层 N 不能独立完成这个请求，所以它调用层 $N-1$ 的相应操作服务。在处理过程中又进一步向层 $N-2$ 发出请求，以此类推，最终达到层 1。如果需要，请求的回应将从层 1 逐层上传，最后到达层 N。这种自上而下调用的特点是层 J 常把层

$J+1$ 发出的请求转换成对 $J-1$ 的多个请求。这是由于层 J 比层 $J-1$ 处于更高的抽象层上，它把高层请求映射成低层的更基础的操作。

情况 2：这是从层 1 开始的自底向上的操作链过程。例如，输入设备驱动器检测到输入时的动作过程。驱动器把输入转制成内部的格式并报告给层 2，由层 2 启动解释……如此进行下去。通过这种方式数据穿过各层一直到达最高层。

自顶向下的信息和控制通常被描述成"请求"，自底向上的方式通常被描述成"通知"。

正如在情况 1 中提到的，自顶向下的请求常被分解成低层的几个请求。相应地，向上的多个通知常被合并成一条向上层的通知。当然，这两种情况都可以维持 1 对 1 关系。

情况 3：这是请求仅仅通过相邻的部分层的情况。例如，如果层 $N-1$ 能够满足要求，顶层的请求仅到达层 $N-1$ 就足够了，不需要再向下层分解和传递。该情况的一个例子是层 $N-1$ 为一个缓存器，而且来自层 N 的请求不必被发送到层 1 就可以得到完成的服务。这些缓存器维持着状态信息。

情况 4：这是与情况 3 类似的情况，层 1 检测到一个事件，但并没有一直传到顶层而是仅仅向上传到部分层就停止了。例如，在通信协议中，过去的某个时刻对数据提出请求的用户，提出对同一数据重新发送的请求。与此同时，上层的服务器已经完成了对数据的请求应答，而应答与重新发送的请求交织在一起。在这种情况下，服务器注意到这些情况，截获重新发送的请求，而不需要采取进一步的动作。

情况 5：这是具有两个 N 层结构的相互通信的堆栈。这种情形以通信协议中的"协议堆栈"而出名。一边堆栈的层 N 描述了一个请求，被一直传递到层 1，接着又被传递到另一边堆栈的层 1，并且自下而上穿过堆栈的各层到达顶层。处理过后的响应过程采取了相反的路径，最终回到发送请求堆栈的顶层。

分层风格的体系结构的优点如下：

(1) 由于对层次的邻接层数目进行了限制，所以系统易于改进和扩展。

(2) 每一层的软件都易于重用，并可为某一层次提供多种可互换的具体实现。如果一个独立层体现了一个良好定义的抽象且有良好定义和文档化的接口，那么该层就可在多个语境中被重用。虽然已存在的层可以重用，但是开发人员往往宁愿重写这个功能，因为他们认为现有层不能准确地符合他们的要求，而且分层会导致性能降低。这是一个误区，一项经验研究指出：已存在层的黑盒重用会显著地减少开发工作量且会减少缺陷数。

(3) 分层系统所支持的设计体现了不断增加的抽象层次，这样，一个复杂问题的求解就被分解为一系列递增的步骤。

(4) 标准化支持。清晰定义和接受共同的抽象层能促进标准化任务和接口的开发，同一接口的不同实现可以替换使用，这样可以让用户使用不同层的不同售主的产品。一个众所周知的标准化接口的例子是 POSIX 编程接口。

(5) 局部依赖性。层之间的标准化接口往往会限制被改动层的改动代码的影响。硬件、操作系统、窗口系统、特殊数据格式等，它们的变动往往只影响一层，不用改变其他层就可以适应被改变层，这支持了系统的可移植性。对可测试性的支持也很好，因为用户可以测试系统中独立于其他组件的特殊层。

(6) 可替换性。独立层实现，不需要太费劲就可以被语义上等价的实现所替换。如果层之间的连接在代码中是硬连线的，则可以用新层的实现的名称来更新。例如，一个新的硬件 I/O 设备，通过安装正确的驱动程序就可以投入使用，驱动程序可以插入或替换旧的。高层不受替换的影响,例如以太网的一种传输媒介能用令牌环替换,在这种情况中,高层不需要改动它的接口,并可以和以前一样继续向低层请求服务。但是如果想在两个接口和服务不完全匹配的层之间切换,则必须在这两层之上建立一个隔离层:

分层风格的体系结构的缺点如下:

(1) 如何界定层次间的划分是一个较为复杂的问题。

(2) 更改行为的重叠。层的行为在改变时会出现一个严重问题。例如,假设在网络化应用底部替换一个 10Mbps 的以太网层并把 IP 放在 155Mbps ATM 的顶部。由于 I/O 存储性能的极限,局部终端系统不能足够快地处理进来的数据包以跟上 ATM 的高数据速率。但是带宽密集型应用(如医疗图像或视频会议)能从全速 ATM 中获益。并行发送多个数据流是避免上述低层极限的高层解决方案。

类似地,IP 路由器能在 Internet 中发送包,并能通过多 CPU 系统分层运行于高速 ATM 网络的顶部,以实现 IP 包的并行处理。

总之,高层往往不受低层改动的影响。这就允许系统通过去掉低层或代之以更快的解决方案(如硬件)等透明性调整。如果不得不在许多层上做相当数量的重复工作以合并外观上的局部变动,那么分层便成为一个缺点。

(3) 降低效率。说起来,一个分层体系结构的效率往往要低于整体结构或一个"对象的海洋"。如果上层中的高层服务在很大程度上依赖于最低层,则所有的相关数据必须通过一些中间层转换,而且可以转换若干次。同样,由低层产生的所有结果或错误信息也传送到最高层。例如,通信协议通过添加消息头和尾,从高层传输消息。

(4) 不必要的工作。如果低层执行的某些服务执行了多余或重复的工作,而这些工作并非高层真正需要的,那么这对性能的影响是负面的。例如,通信协议堆栈中的多路分解就是这种现象的一个例子,几个高层需求导致相同输入位序列被读多次,因为每一个高层需求对位的不同子集感兴趣。另一个例子是文件传输中的错误纠正。通用目的的低层传输系统最先写,并提供很高的可靠度,但它可能更经济,甚至是强制性地把可靠性建立在较高层中,例如通过使用校验位。

(5) 难以认可层的正确粒度。层数太少的分层体系结构不能完全发挥这种模式在可重用性、可更改性和可移植性上的潜力。相反,层过多会引入不必要的复杂性和层间分离的冗余,以及变元和返回值传输的开销。层粒度的确定和层任务的分配是困难的,但对体系结构的质量是很关键的。如果潜在客户范围内的应用适应所定义的层,则可以仅使用一个标准体系结构。

在实现体系结构的技术能力方面,分层模式对抽象、信息隐藏、关注点分离、模块化、耦台和内聚、充分性、完整性和原始性的实现有益。在非功能性属性方面,有益于易修改性、互操作性、可测试性和可重用性。

5.2.5　仓库风格和黑板风格

仓库风格的体系结构由两个构件组成:一个中央数据结构,它表示当前状态;一个独立构件的集合,它对中央数据结构进行操作。对于系统中数据和状态的控制方法有两种:一种传统的方法是由输入事务选择进行何种处理,并把执行结果作为当前状态存储到中央数据结构中,这时,仓库是一个传统的数据库体系结构;另一种方法是由中央数据结构的当前状态决定进行何种处理,这时,仓库是一个黑板体系结构,即黑板体系结构是仓库体系结构的特殊化。

1. 适应的设计问题

黑板系统通常应用在需要对数据做出复杂解释的信号处理中,这类系统包括语音和模式识别领域等。在其他具有松散耦合关系数据的共享访问的系统中也有应用,这些系统是那些尚不存在确定解决方法的,从原始数据向高层结构转换的应用问题。例如,图、表、视觉、图像识别、语言识别、预警等应用领域都属于这类问题。这类问题的特点是,当把整个问题分解成子问题时,各个子问题涵盖了不同的领域知识与解决方法。每个子问题的解决需要不同的问题表达方式和求解模型,在多数情况下找不到确定的求解策略。这与把问题分解成多个求解部分的功能分解形成对照。

在上面的某些问题中,还需要考虑不确定性和近似推理知识。这种问题的每个求解步骤都可能产生多个可能的解,因而往往需要考虑寻求最佳或可接受的解。

2. 解决方案

黑板体系结构实现的基本出发点是已经存在一个对公共数据结构进行协同操作的独立程序集合。每个这样的程序专门解决一个子问题,但需要协同工作共同完成整个问题的求解。这些专门程序是相互独立的,它们之间不存在互相调用,也不存在可事先确定的操作顺序。相反,操作顺序是由问题求解的进行状态决定的。

因此,黑板结构存在一个中心控制部件,就是所谓的“黑板”。这是一个数据驱动或状态驱动的控制机制,它保存着系统的输入、问题求解各个阶段的中间结果和反映整体问题求解进程的状态。这些是由系统的输入和各个求解程序“写”入的,因此被称为“黑板”。

系统在运行中,每当有新输入、新结果和新状态写入黑板时,中心控制部件就对黑板上的信息进行评价,并据此协调各专门程序进行工作。它们试探性地调用各个可能的求解算法,并根据试探导出的启发信息控制后续的处理。

在问题求解过程中,黑板上保存了所有的部分解,它们代表了问题求解的不同阶段,形成了问题可能的解空间,并以不同的抽象层次表达出来。其中,最底层的表达就是系统的原始输入,最终的问题解在抽象的最高层次。

黑板模式类似于这样一种情形,即让专家们坐在真实黑板前并一起工作来解决一个问题。每个专家独立评估解法的当前状态,并可在任何时间到黑板上添加、更改或删除信息。人们往往要决定接下来谁去访问黑板,在黑板模式中,如果可用的组件超过一个,则仲裁者(Moderator)组件决定程序执行的顺序。

黑板/仓库风格的体系结构的示意图如图 5-6 所示。

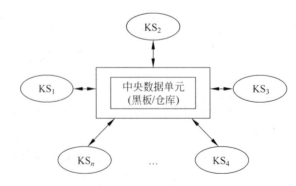

图 5-6　黑板/仓库风格的体系结构

从图 5-6 中不难看出,一个标准的黑板型仓库模式系统通常包括 3 个组成部分。

(1) 知识源:基于仓库模式的系统完全是依靠仓库状态的变化来驱动的,那么仓库的建立,也就是知识的来源是系统设计时首先需要解决的问题。在图 5-6 中,KS 表示知识源,即仓库中信息的来源。它们彼此之间在逻辑上和物理上都是独立的,只与产生它们的应用程序有关。多个数据源之间通过中央数据单元协调进行交互,对外部而言是透明的。

(2) 中央数据单元:中央数据单元是整个系统的核心部件,它对系统需要解决的问题预先进行了分析和定义,总结出系统运行过程中将要出现的多种状态并制定了这些状态下系统的相应对策。所以,中央数据单元中的数据不是单纯的数据信息,它们代表了某种系统的状态,属于状态数据。这些数据由数据源提供,在中央数据单元中依据一定的数据结构形式组织在一起,并随着数据源信息的改变而变化,从而实现系统的功能。

(3) 控制单元:控制单元的驱动,完全是由仓库的状态变化承担的。知识源将系统需要处理的信息源源不断地输入仓库中,导致仓库的状态信息发生变化;当状态信息的变化符合系统预先定义好的某些控制策略时,相应的控制操作就得到了触发,也就实现了系统的功能控制。从图 5-6 中无法看到控制单元的明显表示,因为控制单元在基于仓库模式的系统中并不一定是独立的单元,它可以位于知识源和仓库中,或者作为一个独立部分单独存在,没有绝对的定式,需要设计者根据系统的实际情况做出选择。

黑板风格的体系结构与传统体系结构有显著的区别,它追求的是可能随时间变化的目标,各个代理需要不同资源、关心不同问题,但用一种相互协作的方式使用与维护共享数据结构。

黑板风格的体系结构的优点如下:

(1) 便于多客户共享大量数据。他们不用关心数据是何时出现的、谁提供的,以及怎样提供的。

(2) 既便于添加新的作为知识源代理的应用程序,也便于扩展共享的黑板数据结构。

(3) 可重用的知识源。知识源是某类任务的独立专家,黑板体系结构有助于使它们可重用。重用的先决条件是知识源和所基于的黑板系统理解相同的协议和数据,或者在这方面相当接近而不排斥协议或数据的自适应程序。

(4) 支持容错性和健壮性。在黑板体系结构中,所有的结果都只是假设,只有那些被数据和其他假设强烈支持的结果才能生存,这包含了对噪声数据和不确定结论的容忍。

黑板风格的体系结构的缺点如下:

(1) 不同的知识源代理对于共享数据结构要达成一致,而且,这造成了对黑板数据结构进行修改较为困难。

(2) 需要一定的同步锁机制保证数据结构的完整性和一致性,增加了系统复杂度。

(3) 测试困难。由于黑板系统的计算没有依据一个确定的算法,所以其结果常常不可再现。此外,错误假设也是求解过程的一部分。

(4) 不能保证有好的求解方案。一个黑板系统往往只能正确地解决所给任务的某一部分,难以建立一个好的控制策略。控制策略不能以一种直接方式设计,而需要一种试验的方法。

(5) 低效。黑板系统在拒绝错误假设时要承担多余的计算开销。但是,如果没有确定的算法存在,那么与根本不存在的系统相比,低效总比没有强。

(6) 开发成本高。绝大多数黑板系统要花几年时间来进化,我们把这归于病态结构问题。

5.2.6　模型-视图-控制器风格

1. MVC 模式

模型-视图-控制器（Model-View-Controller，MVC）结构由 Trygve Reenskaug 提出，首先被应用在 Smalltalk-80 环境中，它是许多交互和界面系统的构成基础。MVC 结构是为需要为同样的数据提供多个视图的应用程序而设计的，它很好地实现了数据层与表示层的分离。作为一种开发模型，MVC 通常用于分布式应用系统的设计和分析中，以及用于确定系统各部分间的组织关系。对于界面设计可变性的需求，MVC 把交互系统的组成分解成模型、视图、控制器 3 种部件。

MVC 首先被应用在 Smalltalk-80 环境中，是许多交互和界面系统的构成基础，Microsoft 的 MFC 基础类也遵循了 MVC 的思想。

模型部件是软件所处理问题逻辑在独立于外在显示内容和形式情况下的内在抽象，封装了问题的核心数据、逻辑和功能的计算关系，它独立于具体的界面表达和 I/O 操作。

视图部件把表示模型数据及逻辑关系和状态的信息及特定形式展示给用户，它从模型获得显示信息，对于相同的信息可以有多个不同的显示形式或视图。

控制部件用于处理用户与软件的交互操作，其职责是控制所提供模型中任何变化的传播，确保用户界面与模型间的对应联系。它接收用户的输入，将输入反馈给模型，进而实现对模型的计算控制，是使模型和视图协调工作的部件。通常，一个视图具有一个控制器。

模型、视图与控制器的分离，使得一个模型可以具有多个显示视图。如果用户通过某个视图的控制器改变了模型的数据，所有其他依赖于这些数据的视图都应反映这些变化。因此，无论何时发生了何种数据变化，控制器都会将变化通知给所有的视图，使显示更新，这实际上是一种模型的变化-传播机制。

2. MVC 中的模型、视图和控制类

MVC 中的模型、视图和控制类如图 5-7 所示。

模型类
数据结构关系
变化-传播注册关系
内部数据和逻辑计算
向视图和控制器通知数据变化

（a）

视图类
显示形式
显示模式控制
从模型获得数据视图
更新操作

（b）

控制类
状态
事件控制
控制视图更新

（c）

图 5-7　MVC 中的模型、视图和控制类

1）模型类

模型包含了应用问题的核心数据、逻辑关系和计算功能。它封装了解决应用问题所需的数据，提供了完成问题处理的操作过程。控制器依用 I/O 的需要调用这些操作过程，模型还为视图获取显示数据提供了访问其数据的操作。这种变化-传播机制，体现在各个相互依赖部件之间的注册关系上。模型数据和状态的变化会激发这种变化-传播机制，它是模型、视图和控制器之间联系的"纽带"。

2）视图类

视图通过显示信息的形式把信息转达给用户，不同视图通过不同的显示来表达模型的数据和状态信息。每个视图有一个更新操作，它可被变化-传播机制所激活。当调用更新操作时，视图获得来自模型的数据值，并用它们来更新显示。在初始化时，通过与变化-传播机制的注

册关系建立起所有视图与模型间的关联。视图与控制器之间保持着一对一的关系,每个视图创建一个相应的控制器。视图提供给控制器处理显示的操作。因此,控制器可以获得主动激发界面更新的能力。

3)控制类

控制器通过时间触发的方式接受用户的输入,控制器如何获得事件依赖于界面的运行平台。控制器通过事件处理过程对输入事件进行处理,并为每个输入事件提供相应的操作服务,把事件转化成对模型或相关视图的激发操作。

如果控制器的行为依赖于模型的状态,则控制器应该在变化-传播机制中进行注册并提供一个更新操作,这样,可以由模型的变化来改变控制器的行为,如禁止某些操作。

3. MVC 的实现

实现基于 MVC 的应用需要完成以下工作,如图 5-8 所示。

1)分析应用问题,对系统进行分离

分析应用问题,分离出系统的内核功能、对功能的控制输入以及系统的输出行为三大部分。设计模型部件使其封装内核数据和计算功能,提供访问显示数据的操作,提供控制内部行为的操作以及其他必要的操作接口。以上形成模型类的数据构成和计算关系,该部分的构成与具体的应用问题紧密相关。

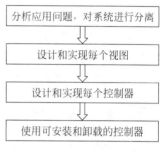

图 5-8 MVC 的实现

2)设计和实现每个视图

设计每个视图的显示形式,从模型中获取数据,并将它们显示在屏幕上。

3)设计和实现每个控制器

对于每个视图,指定对用户操作的响应时间和行为。在模型状态的影响下,控制器使用特定的方法接收和解释这些事件。控制器的初始化建立起与模型和视图的联系,并且启动事件处理机制。事件处理机制的具体实现方法依赖于界面的工作平台。

4)使用可安装和卸载的控制器

控制器的可安装性和可卸载性带来了更高的自由度,并且帮助用户形成高度灵活性的应用。控制器与视图的分离,支持了视图与不同控制器结合的灵活性,以实现不同的操作模式。例如,对普通用户、专业用户或不使用控制器建立的只读视图,这种分离还为在应用中集成新的 I/O 设备提供了途径。

5.2.7 解释器风格

解释器风格通常被用于建立一种虚拟机以弥合程序的语义与作为计算引擎的硬件的间隙。由于解释器实际上创建了一个由软件虚拟出来的机器,所以这种风格又常常被称为虚拟机风格(程序设计语言的编译器,例如 Java、Smalltalk 等;基于规则的系统,例如专家系统领域的 Prolog 等;脚本语言,例如 AWK、Perl 等)。

解释器风格的系统通常包括一个作为执行引擎的状态机和 3 个存储器,即系统由 4 个构件组成(如图 5-9 所示):正在被解释的程序、执行引擎、被解释的程序的当前状态、执行引擎的当前状态。连接件包括过程调用和直接存储器访问。

解释器风格适用于这样的应用程序:应用程序并不能直接运行在最合适的计算机上,或者不能直接以最适合的语言执行。

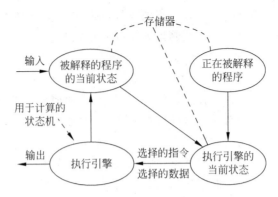

图 5-9　解释器风格的体系结构

解释器风格的优点如下：

（1）有助于应用程序的可移植性与程序设计语言的跨平台能力。

（2）可以对未实现的硬件进行仿真。

解释器风格的缺点是额外的间接层次带来了系统性能的下降。

5.2.8　C2 风格

C2 体系结构风格可以概括为通过连接件绑定在一起的、按照一组规则运作的并行构件网络。C2 风格中的系统组织规划如下：

◇ 该系统中的构件与连接件都有一个顶部和一个底部。

◇ 构件的顶部应连接到某连接件的底部，构件的底部应连接到某连接件的顶部，而构件与构件之间的直接连接是不允许的。

◇ 一个连接件可以和任意数目的其他构件和连接件连接。

◇ 当两个连接件进行直接连接时，必须由其中一个的底部到另一个的顶部。

图 5-10 所示为 C2 风格体系结构的示意图，图中构件与连接件之间的连接体现了 C2 风格中构件系统的规划。

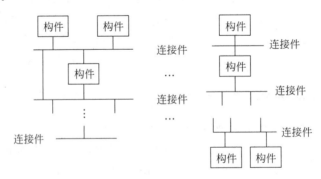

图 5-10　C2 风格的体系结构

C2 风格是最常用的一种软件体系结构风格。从 C2 风格的组织规则和结构图可以看出该风格具有以下特点：

（1）系统中的构件可实现应用需求，并能将任意复杂度的功能封装在一起。

（2）所有构件之间的通信是通过以连接件为中介的异步消息交换机制来实现的。

（3）构件相对独立，构件之间的依赖性较少，系统中不存在某些构件将在同一地址空间内执行，或某些构件共享特定控制线程之类的相关性假设。

5.3　案例分析

本书通过两个案例阐明怎样使用体系结构原则来增强我们对软件系统的理解。其中，第一个案例体现了对同一个问题使用不同的体系结构解决方案带来的不同好处，第二个案例总结了为工业产品族开发特定领域的体系结构风格的经验。

5.3.1　案例1：上下文关键字

Parnas 在 1972 年的论文中提出下述问题：KWIC（Key Word in Context）检索系统接受有序的行集合；每一行是单词的有序集合；每一个单词又是字母的有序集合。通过重复地删除行中的第一个单词并把它插入到行尾，每一行可以被"循环地移动"。KWIC 检索系统以字母表的顺序输出一个所有行循环移动的列表。

Parnas 通过这个问题对系统模块化的不同策略进行对比。他描述了两种解决方案：一种是基于功能的分解，可以共享访问数据表示；另一种是基于隐藏设计决策的分解。这个问题一提出就得到了人们的关注，并广泛地作为软件工程的教学案例。

虽然 KWIC 可以作为一个相对小的系统被设计实现，但它不仅仅是一个简单的教学案例。在实践中，它的实例被计算机科学家们广泛地使用。例如，UNIX 帮助页"改变序列"的索引基本上就是这样一个系统。

从软件体系结构的观点来看，这个问题非常吸引人，因为我们可以通过它来阐明软件设计变更的影响。Parnas 指出不同的问题分解策略适应设计变更的能力有很大的不同，他认为的变更有以下几种。

（1）处理算法的变更：例如，输入设备可以每读入一行执行一次行移动，也可以读完所有行再执行行移动，或者在需要以字母表的顺序排列行集合时才执行行移动。

（2）数据表示的变更：例如，行、单词和字母可以用各种各样的方式储存。类似地，循环移动情况也可以被显式地或者隐式地储存（使用索引和偏移量）。

Garlan、Kaiser、Notkin 也通过 KWIC 的问题来阐述基于隐式调用的模块化策略。为了做到这一点，他们扩展了 Parnas 的分析并考虑以下几个方面。

（1）系统功能的扩充：例如，修改系统使其能够排除以某些干扰单词（如 a、an 等）开头的循环移动，把系统变成交互式的，允许用户从初始列表中（或者从循环移动的列表中）删除某些行。

（2）性能：空间和时间。

（3）重用：作为可重用的实体，表示构件重用的程度。

下面简略论述针对 KWIC 系统的 4 种体系结构设计方案，这 4 种方案是所有方案（包括实现）中最基础的，且前两个方案是在 Parnas 最初的论文中提出的。在 Garlan、Kaiser、Notkin 提出的解决方案中使用了隐式调用风格，并且描述了解决方案的变化。第 4 种解决方案使用管道模式，它的灵感来自 UNIX 检索程序。

在介绍完每种解决方案及其优/缺点后，我们将通过一张表从 5 个方面比较不同的体系结构分解策略。

1．解决方案1：使用共享数据的主程序/子程序

第一种解决方案根据4个基本功能将问题分解为输入、移动、按字母表排序、输出。所有计算构件作为子程序协同工作，并且由一个主程序顺序地调用这些子程序。构件通过共享存储区（核心存储区）交换数据。因为协同工作的子程序能够保证共享数据的顺序访问，因此使得计算构件与共享数据之间基于一个不受约束的读/写协议的通信成为可能，如图5-11所示。

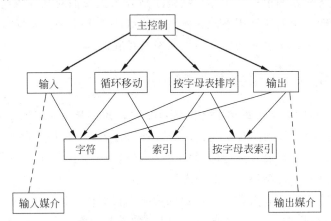

图5-11　KWIC：共享数据解决方案

这种方案具有很高的数据访问效率，因为计算共享同一个存储区。另一个显而易见的好处是，不同的计算功能被划分到不同的模块中。

然而，正如Parnas所说，这种方案在处理变更的能力上有许多严重的缺陷，特别是数据存储格式的变化会影响到所有模块，并且整体处理算法的变更与系统功能扩充的问题也很难调和。最后，这种分解方案并不支持重用。

2．解决方案2：抽象数据类型

第二种解决方案将系统分解成5个模块。然而，在这种情况下数据不再直接地被计算构件共享。取而代之的是，每个模块提供一个接口，该接口允许其他构件通过调用接口中的过程来访问数据（如图5-12所示，每个构件提供了一个过程集合，这些过程，决定了系统中其他构件访问该构件的形式）。

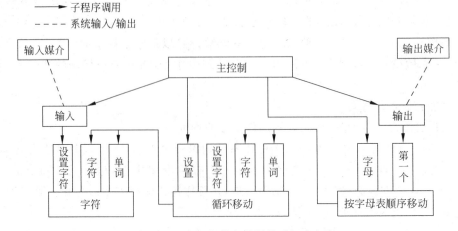

图5-12　KWIC：抽象数据类型解决方案

这种解决方案与第一种方案一样将系统在逻辑上分成几个处理模块。然而,当设计变更时,这种方案比第一种具有一些优势,特别是在一个独立的模块中算法和数据表示的改变不会影响其他模块。另外,这种方案为重用提供了更好的支持,因为模块几乎不需要考虑与其交互的其他模块的情况。

另一方面,正如 Garlan、Kaiser、Notkin 所述,这种解决方案并不能很好地适合于功能扩展的情况。主要的问题是,在向系统中加入一个新的功能时,实现者要么平衡其简明性和完整性而修改现存模块,要么添加新的模块而导致性能下降。

3. 解决方案 3:隐式调用

第三种方案采用基于共享数据的构件集成的方式,和第一种方案有些相似(如图 5-13 所示),这里主要有两个不同。首先,数据访问接口更加抽象,这种方案可以抽象地访问数据(例如作为表或集合),而不需要知道数据的存储格式。其次,当数据被修改时,计算被隐式地调用,因而交互是基于“动态数据”模型的。例如,向行存储区添加一个新行的动作会激发一个事件,这个事件被发送到移动模块。移动模块,然后进行循环移动(在一个独立的、抽象的共享数据存储区中),又会引起字母表排序程序被隐式地调用,字母表排序程序再对行进行排序。

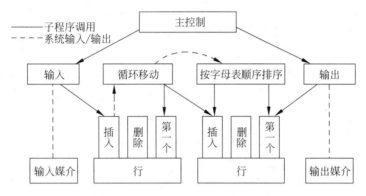

图 5-13　KWIC:隐式调用解决方案

这种解决方案很容易支持系统功能的扩展,通过注册,添加的模块很容易和系统整合,当发生数据交换事件时,这些添加的模块就会被调用。因为数据被抽象地访问,所以这种解决方案将计算和数据表示分开。由于被隐式调用的模块仅仅依赖于某些外部的触发事件,所以这种方案也支持重用。

这种解决方案的缺点是难以控制隐式调用模块的处理顺序。另外,由于隐式调用是数据驱动的,这种分解策略实现起来会比之前讨论的方案占用更大的空间。

4. 解决方案 4:管道-过滤器

第四种解决方案采用管道的方式,在这种情况下有 4 个过滤器,即输入、移动、按字母表排序、输出。每一个过滤器处理完数据,并把它发送到下一个过滤器。控制是分布式的,只要有数据通过,过滤器就会进行处理。过滤器之间的数据共享严格地局限于管道中传输的数据(如图 5-14 所示)。

这种方案有几个好的特性:首先,它能够维持处理的自然流动;其次,它支持重用,因为每个过滤器可以独立处理(只要上游过滤器产生的数据格式是过滤器所期望的格式),通过在处理序列中的合适位置插入过滤器,新的功能很容易加入到系统中;最后,既然每个过滤器与其他过滤器在逻辑上是独立的,那么每个过滤器也很容易替换或修改。

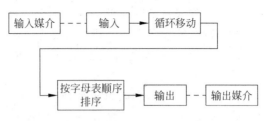

图 5-14　KWIC：管道-过滤器方案

另外,这种解决方案也有一些缺点:首先,不可能通过修改使其支持交互,例如删除一行可能需要一些持久性共享存储区,但是这样就违反了这种方案的基本原则;其次,这种方案的空间使用效率非常低,因为每个过滤器必须复制所有的数据到它的输出端口。

5. 各种方案的比较

我们通过制表对这些方案进行比较,在表中列出各种解决方案处理设计考虑因素的能力。对于更详细的比较,我们还必须考虑一些与这个系统相关的因素,如用于批处理还是交互式、更新频繁还是查询频繁等。

表 5-1 提供了对于设计考虑因素的分析近似值,这些近似值基于之前对于这些体系结构风格的讨论。正如 Parnas 指出的:共享数据方案对整体处理算法、数据表示的变更以及重用的支持非常弱。另外,由于对数据的直接共享,它获得了相对好的性能。此外,它也相对比较容易加入新的处理构件(同样通过访问共享数据)。抽象数据类型方案在保证性能的情况下允许数据表示变更并且支持重用。但是,由于构件的交互依赖于模块本身,所以改变整体处理算法或者加入新的功能可能要对现有系统做很大的修改。

表 5-1　KWIC：各种方案的比较

	共享数据	抽象数据类型	隐式调用	管道-过滤器
算法变更	−	−	+	+
数据表示变更	−	+	−	+
功能变更	+	−	+	+
性能	+	+	−	−
重用	+	+	−	+

隐式调用方案,对于添加新功能的支持非常好。然而,由于共享数据自身的一些问题,该方案对于数据表示和重用的支持非常弱。另外,它可能引起额外的执行开销。管道-过滤器方案允许在文本处理流中放置新的过滤器,因此支持处理算法的改变、功能的变化和重用。另外,数据表示的选择过分地依赖于管道中传输的数据类型的假定,而且由于需要数据转换,对管道中的数据进行编码和解码也会造成额外的开销。

5.3.2　案例 2：仪器软件

第二个案例描述了 Tektronix 公司的一个软件体系结构的工业发展。这项工程历时三年,是由 Tektronix 公司的几个产品部门和计算机研究实验室合作展开的。

这项工程的目的是为示波器开发一种可重用的系统体系结构。示波器是一个仪器系统,能对电信号取样,并且在屏幕上显示电信号的图像(即踪迹)。示波器通常对信号进行测量,并将它们显示在屏幕上。尽管示波器曾经是一个简单的模拟设备,几乎不需要软件,但是现代示波器主要依靠数字技术并且使用非常复杂的软件。现代示波器能够完成大量的测量,提供兆字节的内存,支持工作站网络和其他仪器的接口,并能提供完善的用户界面,包括带有菜单的触摸屏、内置的帮助工具和彩色显示,能提供这么复杂的功能并不令人奇怪。

像很多公司越来越依赖软件对他们产品的支持一样,Tektronix 公司也面临了一系列问题。首先,几乎没有在不同示波器上可重用的软件组织结构。确实,不同的示波器由不同的产品部门生产,每个部门都有自己的开发约定、软件组织结构、编程语言和开发工具。另外,甚至在一个产品部门内,每一个新的示波器通常也不得不重新设计来适应硬件性能的变化和用户界面的新需求,而硬件和界面需求变化的速度越来越快也加剧了这种情况。此外,开发"特殊的市场"的需要意味着必须为特殊的用户量身定做多种用途的仪器,例如病人监护或汽车诊断。

其次,性能问题越来越严重,因为软件在仪器中不能被快速地配置。这些问题的出现是由于根据用户的任务需要,示波器需要在不同的模式下配置。以前的示波器只需要简单地载入处理新模式的软件就能重新配置,随着软件的规模越来越大,导致了在用户的请求和仪器重新配置之间出现延迟。

这项工程的目标是为示波器开发一种解决上述问题的体系结构框架。工程的结果产生了一个特定领域的软件体系结构,这种体系结构将是下一代 Tektronix 示波器的基础。之后,这个框架被扩展与修改来适应更广泛的系统种类,同时也是为了适应仪器软件的特殊需要。接下来,我们将简述这种软件体系结构发展的各个阶段。

1. 面向对象模型

开发一个可重用体系结构的最初尝试是开发一种面向对象的软件模型,这个模型阐明了在示波器中使用的对象类型,例如波形、信号、测量值、触发模型等(如图 5-15 所示)。虽然这是一个有益的实践,但是由于没有产生出期望的结果而失败了。尽管很多对象类型被确定,但是没有一个整体模型解释怎样结合这些对象类型,这会导致功能划分的混乱。例如,量度是否应该与被测量的或者被外部表示的数据类型相关联? 用户界面应该和哪些对象交互?

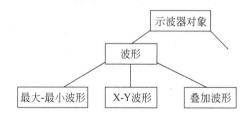

图 5-15　示波器:面向对象模型

2. 分层模型

第二阶段尝试解决这些问题,这一阶段提出了示波器的一个分层模型(如图 5-16 所示)。在该模型中,核心层提供信号处理功能,当信号进入示波器时使用这些功能过滤信号。这些功能通常通过硬件实现。第二层提供波形采集功能,在这层中信号被数字化,并且被内部保存用于以后的处理。第三层提供波形处理功能,包括测量、波形叠加、傅里叶转换等。第四层提供显示功能,即负责将数字化的波形与测量值直观地表示出来。最外层是用户界面,这一层负责与用户进行交互,并决定在屏幕上显示哪些数据。

因为这种分层模型将示波器的功能分成一些明确定义的组,所以它具有显而易见的吸引力。遗憾的是对于应用领域,这种模型是错误的,主要问题是层次间强加的抽象边界和各功能

图 5-16 示波器分层模型

间交互的需要是相互冲突的。例如,这种模型提出所有用户与示波器交互必须通过显示层。但是,在实践中,真正的示波器用户需要直接与各层"打交道",例如在信号处理层中设置衰减,在采集层中选择采集模式和参数,或者在波形处理层中制作导出波形。

3. 管道过-滤器模型

第三种尝试产生了一个模型,在这个模型中,示波器功能被看成是数据的增量转换器。信号转换器用来检测外部信号,采集转换器用来从这些信号中导出数字化波形,显示转换器再将这些波形转换成可显示的数据,如图 5-17 所示。

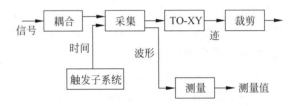

图 5-17 一个管道-过滤器模型

这种体系结构模型和分层模型相比,有很大的改进,因为它没有在功能划分中将各个功能孤立起来。例如,信号数据可以直接流入显示过滤器,而不会被其他过滤器干扰。另外,从工程师的角度看,模型将信号处理作为数据流问题是比较合适的,模型也允许在系统设计中将硬件与软件构件灵活混合或替换。

这种模型的主要问题是没有清晰地说明用户怎样与其交互。如果用户仅仅是站在屏幕前等待结果,那么这种模型的分解策略甚至比分层系统还糟糕。

4. 改进后的管道-过滤器模型

第四种解决方案解决了用户输入问题,即为每个过滤器添加一个控制界面,这个界面允许外部实体为过滤器设置操作参数。例如,采集过滤器具有某些参数用来确定采样频率和波幅。这些输入可以作为示波器的配置参数,我们可以将这些过滤器想象成一个具有"控制面板"的界面,通过它我们可以控制在输入/输出界面上将要执行哪些功能。在形式上,过滤器可以被模拟成函数,它的配置参数决定了过滤器将执行什么数据转换。图 5-18 显示了这个体系结构。

控制界面的引入解决了很大一部分用户界面的问题。首先,它提供了一系列设置,这些设置决定了示波器的哪些方面可以被用户动态地修改,它同时也解释了用户怎样通过不断地调整软件来改变示波器的功能。其次,控制界面将示波器的信号处理功能和实际的用户界面分离,信号处理软件不需要考虑用户实际设置控制参数的方式。相反,实际的用户界面仅仅通过控制参数来控制信号处理功能。这样,设计者可以在不影响用户界面实现的情况下更改信号

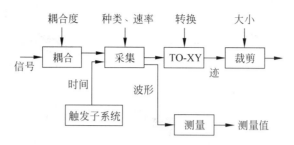

图 5-18 示波器：改造后的管道-过滤器模型

处理软件和硬件的实现(假设控制界面不变)。

5. 专用化模型

改造后的管道-过滤器模型有了很大的改进,但是它同样还存在一些问题。最显著的问题是管道-过滤器计算模式的性能非常差,特别是波形数据占用了很大的内存容量,过滤器每次处理波形时都复制波形数据是不切实际的。另外,不同的过滤器以完全不同的速度运行,由于其他过滤器仍然在处理数据,所以不会降低单个过滤器的处理速度。

为了解决这些问题,需要将模型进一步专用化。我们引进多种"颜色"管道,而不只是使用一种管道。一些管道允许某些过滤器在处理数据时不必复制数据,另一些管道允许慢速过滤器在数据没有处理完时忽略新来的数据。这些附加的管道增加了风格词汇表,并且可以根据产品的性能定制管道-过滤器的计算模式。

5.4 C/S 风格

客户/服务器(Client/Server,C/S)计算技术在信息产业中占有重要的地位,网络计算经历了从基于宿主机的计算模型到客户/服务器计算模型的演变。

在集中式计算技术时代广泛使用的是大型机/小型机计算模型,它是通过一台物理上与宿主机相连接的非智能终端来实现宿主机上的应用程序。在多用户环境中,宿主机应用程序既负责与用户的交互,又负责对数据的管理,宿主机上的应用程序一般也分为与用户交互的前端和管理数据的后端,即数据库管理系统。集中式的系统使用户能共享贵重的硬件设备,如磁盘机、打印机和调制解调器等。但随着用户的增多,对宿主机能力的要求提高,而且开发者必须为每个新的应用重新设计同样的数据管理构件。

20 世纪 80 年代以后,集中式结构逐渐被以 PC 为主的微机网络所取代:个人计算机和工作站的采用,永远改变了协作计算模型,从而导致了分散的个人计算模型的产生。一方面,大型机系统有一些固有的缺陷,如缺乏灵活性,无法适应信息量急剧增长的需求,并为整个企业提供全面的解决方案等;另一方面,由于微处理器的日新月异,其强大的处理能力和低廉的价格使微机网络迅速发展,此时的系统已不仅仅是简单的个人系统,而是形成了计算机界的向下规模化。其主要的优点是用户可以选择适合自己需要的工作站、操作系统和应用程序。

C/S 体系结构是基于资源不对等,且为实现共享提出的,是 20 世纪 90 年代成熟起来的技术。C/S 体系结构定义了工作站如何与服务器相连,以实现将数据和应用分布到多个处理机上。C/S 体系结构有 3 个主要组成部分,即数据库服务器、客户应用程序和网络,如图 5-19 所示。

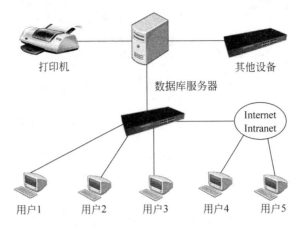

图 5-19 C/S 体系结构示意图

服务器负责有效地管理系统的资源,其任务集中于以下几个方面:

◇ 数据库安全性的要求。

◇ 数据库访问并发性的控制。

◇ 数据库前端的客户应用程序的全局数据完整性规则。

◇ 数据库的备份与恢复。

客户端应用程序的主要任务如下:

◇ 提供用户与数据库交互的界面。

◇ 向数据库服务器提交用户请求并接收来自数据库服务器的信息。

◇ 利用客户端应用程序对存在于客户端的数据执行应用逻辑要求。

网络通信软件的主要作用是完成数据库服务器和客户端应用程序之间的数据传输。

在一个 C/S 体系结构的软件系统中,客户端应用程序针对一个小的、特定的数据集进行操作,如对一个表的行来进行操作,而不是像文件服务器那样针对整个文件进行操作,如对某一条记录进行封锁,而不是对整个文件进行封锁,因此保证了系统的并发性,并使网络上传输的数据量减到最少,从而改善了系统的性能。

C/S 体系结构的优点主要在于系统的客户端应用程序和服务器构件分别运行在不同的计算机上,系统中的每台服务器都可以适合各构件的要求,这对于硬件与软件的变化显示出极大的适应性和灵活性,而且易于对系统进行扩充和缩小。在 C/S 体系结构中,系统中的功能件充分隔离,客户端应用程序的开发集中于数据的显示和分析,而数据库服务器的开发则集中于数据的管理,不必在每一个新的应用程序中都对一个 DBMS 进行编码。将大的应用处理任务分布到许多通过网络连接的低成本计算机上,可以节约大量费用。

C/S 体系结构具有强大的数据操作和事务处理能力,模型思想简单,易于人们理解和接受,但随着企业规模的日益扩大,软件的复杂程度不断提高,C/S 体系结构逐渐暴露了以下缺点:

(1) 开发成本较高。C/S 体系结构对客户端软/硬件配置要求较高,尤其是软件的不断升级,对硬件要求不断提高,增加了整个系统的成本,且客户端变得越来越臃肿。

(2) 客户端程序设计复杂。采用 C/S 体系结构进行软件开发,将大部分工作量放在客户端的程序设计上,客户端显得十分庞大。

(3) 信息内容和形式单一。因为传统应用一般为事务处理,界面基本遵循数据库的字段解释,在开发之初就已确定,而且不能随时截取办公信息与档案等外部信息,用户获得的只是单纯的字符和数字,既枯燥又死板。

（4）用户界面风格不一,使用繁杂,不利于推广使用。

（5）软件移植困难。采用不同开发工具或平台开发的软件,一般互不兼容,不能或很难移植到其他平台上运行。

（6）软件维护与升级困难。如果采用C/S体系结构的软件要升级,开发人员必须到现场为客户端升级,每个客户端上的软件都需要维护。另外,对软件的一个小小的改动（例如只改动一个变量）,每一个客户端都必须更新。

（7）新技术不能轻易应用。因为一个软件平台及开发工具一旦选定,不可能轻易更改。

5.5　三层 C/S 结构风格

C/S体系结构具有强大的数据操作和事务处理能力,模型思想简单,易于人们理解和接受,但随着企业规模的日益扩大,软件的复杂程度不断提高,传统的二层C/S结构存在以下几个局限:

（1）二层C/S结构是单一服务器且以局域网为中心,所以难以扩展至大型企业广域网或Internet。

（2）软、硬件的组合及集成能力有限。

（3）客户机的负荷太重,难以管理大量的客户机,系统的性能容易变差。

（4）数据安全性不好,因为客户端程序可以直接访问数据库服务器,所以在客户端计算机上的其他程序也可想办法访问数据库服务器,从而使数据库的安全性受到威胁。

正是因为二层C/S体系结构有这么多缺点,所以三层C/S体系结构应运而生,其结构如图5-20所示。

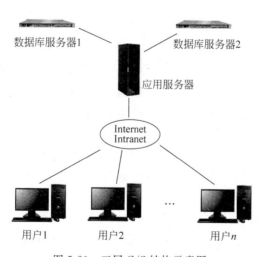

数据库服务器1　数据库服务器2
应用服务器
Internet
Intranet
用户1　用户2　…　用户n

图 5-20　三层 C/S 结构示意图

与二层C/S结构相比,在三层C/S体系结构中增加了一个应用服务器,可以将整个应用逻辑驻留在应用服务器上,而只有表示层存在于客户机上,这种结构被称为“瘦客户机”。三层C/S体系结构将应用功能分成表示层、功能层和数据层3个部分,如图5-21所示。

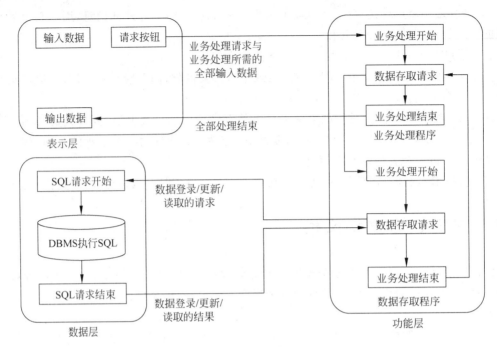

图 5-21   三层 C/S 结构的一般处理流程

1. 表示层

表示层是应用的用户接口部分，它担负着用户与应用之间的对话功能，用于检查用户从键盘等输入的数据，显示应用输出的数据。为了使用户能直观地进行操作，一般要使用图形用户界面（Graphic User Interface，GUI），其操作简单、易学易用。在变更用户界面时，只需改写显示控制和数据检查程序，而不影响其他两层。检查的内容也只限于数据的形式和取值的范围，不包括有关业务本身的处理逻辑。

2. 功能层

功能层相当于应用的本体，用于将具体的业务处理逻辑编入程序。例如，在制作订购合同时要计算合同金额，按照定好的格式配置数据、打印订购合同，而处理所需的数据则要从表示层或数据层取得。表示层与功能层之间的数据交互要尽可能简洁。例如，用户检索数据时，要设法将有关检索要求的信息一次性地传送给功能层，而由功能层处理过的检索结果数据也一次性地传送给表示层。

通常，在功能层中包含确认用户对应用与数据库存取权限的功能以及记录系统处理日志的功能。功能层的程序大多是用可视化编程工具开发的，也有使用 COBOL 和 C 语言开发的。

3. 数据层

数据层就是数据库管理系统，负责管理对数据库数据的读/写。数据库管理系统必须能迅速执行大量数据的更新和检索。现在的主流数据库管理系统是关系型数据库管理系统（Relational Database Managemen System，RDBMS），因此，从功能层传送到数据层的要求大多使用 SQL 语言。

三层 C/S 的解决方案是对这三层进行明确的分割，并在逻辑上使其独立。原来的数据层作为数据库管理系统已经独立出来，所以关键是要将表示层与功能层分离成各自独立的程序，并且还要使这两层间的接口简洁明了。

一般情况是只将表示层配置在客户机中,如图 5-22 所示。如果像图 5-23 中(c)所示的那样连功能层也放在客户机中,则与二层 C/S 体系结构相比,其程序的可维护性要好得多,但是其他问题并未得到解决。由于客户机的负荷太重,其业务处理所需的数据要从服务器传给客户机,所以系统的性能容易变差。

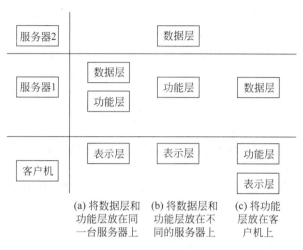

图 5-22 三层 C/S 物理结构的比较

如果将功能层和数据层分别放在不同的服务器中,如图 5-23(b)所示,则服务器和服务器之间也要进行数据传送。但是,由于在这种形态中三层是分别放在各自不同的硬件系统上的,因此灵活性很高,能够适应客户机数目的增加和处理负荷的变动。例如,在追加新业务处理时,可以相应地增加装载功能层的服务器。因此,系统规模越大,这种形态的优势就越显著。

在三层 C/S 体系结构中,中间件是最重要的构件。所谓中间件,它是一个用 API 定义的软件层,是具有强大通信能力与良好可扩展性的分布式软件管理框架。它的功能是在客户机和服务器或者服务器和服务器之间传送数据,实现客户机群和服务器群之间的通信。其工作流程是,在客户机中的应用程序需要驻留网络上某个服务器的数据或服务时,搜索此数据的 C/S 应用程序需访问中间件系统,该系统将查找数据源或服务,并在发送应用程序请求后重新打包响应,将其传送回应用程序。

5.5.1 三层 C/S 结构的优点

根据三层 C/S 的概念及使用实例可以看出,与传统的二层结构相比,三层 C/S 结构具有以下优点:

(1) 允许合理地划分三层结构的功能,使之在逻辑上保持相对独立性,从而使整个系统的逻辑结构更为清晰,能提高系统与软件的可维护性和可扩展性。

(2) 允许更灵活、有效地选用相应的平台与硬件系统,使之在处理负荷能力上与处理特性上分别适应于结构清晰的三层,并且这些平台与各个组成部分可以具有良好的可升级性与开放性。例如,最初用一台 UNIX 工作站作为服务器,将数据层和功能层都配置在这台服务器上。随着业务的发展,用户数和数据量逐渐增加,这时就可以将 UNIX 工作站作为功能层的专用服务器,另外追加一台专用于数据层的服务器。若业务进一步扩大,用户数进一步增加,则可以继续增加功能层的服务器数目用于分割数据库。清晰、合理地分割三层结构并使其独立,可以使系统构成的变更非常简单。因此,被分成三层的应用,基本上不需要修正。

（3）在三层 C/S 结构中,应用的各层可以并行开发,各层也可以选择各自最适合的开发语言,使之能并行地而且高效率地进行开发,达到较高的性能价格比,对每一层的处理逻辑的开发和维护也会更容易一些。

（4）允许充分利用功能层有效地隔离开表示层与数据层,未授权的用户难以绕过功能层而利用数据库工具或黑客手段去非法地访问数据层,这就为严格的安全管理奠定了坚实的基础;整个系统的管理层次也更加合理和可控制。

值得注意的是,若二层 C/S 结构各层间的通信效率不高,则即使分配给各层的硬件能力很强,其作为整体来说也达不到所要求的性能。此外,设计人员在设计时必须慎重考虑三层间的通信方法、通信频度及数据量,这和提高各层的独立性一样是三层 C/S 结构的关键问题。

5.5.2　案例:某石油管理局劳动管理信息系统

本节以某石油管理局劳动管理信息系统的设计与开发为例,介绍三层 C/S 结构的应用。

1. 系统背景介绍

该石油管理局是国有特大型企业,其劳动管理信息系统（Management Information System,MIS）具有较强的特点,具体如下:

（1）信息量大。需存储并维护全油田近二十万名职工的基本信息和其他各种管理信息。

（2）单位多、分布广。系统涵盖七十多个单位,分布范围为八万多平方公里。

（3）用户类型多、数量大。劳动管理工作涉及管理局（一级）、厂矿（二级）、基层大队（三级）三级层次,各层次的业务职责不同,各层次领导对系统的查询功能的要求和权限也不同,系统用户总数达七百多个。

（4）网络环境不断发展。七十多个二级单位中有四十多个接入广域网,其他二级单位只有局域网,绝大部分三级单位只有单机,需要陆续接入广域网,而已建成的广域网仅有骨干线路,速率为 100Mbps,大部分外围线路速率只有 64Kbps～2Mbps。

项目要求系统应具备较强的适应能力和演化能力,不论单机还是网络环境均能运行,并保证数据的一致性,且能随着网络环境的改善与管理水平的提高平稳地从单机方式向网络方式、从集中式数据库向分布式数据库方式、从独立的应用程序方式向适应 Intranet 环境的方式演化。

2. 系统分析与设计

三层 C/S 体系结构运用事务分离的原则将 MIS 应用分为表示层、功能层、数据层 3 个层次,每一层次都有自己的特点,如表示层是图形化的、事件驱动的,功能层是过程化的,数据层则是结构化与非过程化的。传统的结构化分析与设计技术难以统一表达这 3 个层次,面向对象的分析与设计技术则可以将这 3 个层次统一利用对象的概念进行表达。当前有很多面向对象的分析和设计方法,这里采用 Coad 和 Yourdon 的 OOA（Object Oriented Analysis）与 OOD（Object Oriented Design）技术进行三层结构的分析与设计。

在 MIS 的三层结构中,中间的功能层是关键。运行 MIS 应用程序最基本的任务就是执行数千条定义业务如何运转的业务逻辑。一个业务处理过程就是一组业务处理规则的集合。中间层反映的是应用域模型,它是 MIS 系统的核心内容。

Coad 和 Yourdon 的 OOA 便于用户理解与掌握 MIS 应用域的业务运行框架,也就是应用域建模,OOA 模型描述应用域中的对象,以及对象间各种各样的结构关系和通信关系。

OOA 模型有两个用途。首先,每个软件系统都建立在特定的现实世界中,OOA 模型就是用来形式化该现实世界的"视网"。它建立起各种对象,分别表示软件系统主要的组织结构以及现实世界强加给软件系统的各种规则与约束条件。其次,给定一组对象,OOA 模型规定了它们如何协同才能完成软件系统所指定的工作。这种协同在模型中是以表明对象之间通信方式的组消息连接来表示的。

OOA 模型划分为 5 个层次可视图,分别如下。

（1）对象-类层:表示待开发系统的基本构造块。对象都是现实世界中应用域概念的抽象,这一层是整个 OOA 模型的基础,在劳动管理信息系统中存在 100 多个类。

（2）属性层:对象所存储(或容纳)的数据称为对象的属性。类的实例之间互相约束,它们必须遵从应用域的某些限制条件或业务规则,这些约束称为实例连接。对象的属性和实例连接共同组成了 OOA 模型的属性层。属性层中的业务规则是 MIS 中最易变化的部分。

（3）服务层:对象的服务加上对象实例之间的消息通信共同组成了 OOA 模型的服务层。服务层中的服务包含了业务执行过程中的一部分业务处理逻辑,这也是 MIS 中容易改变的部分。

（4）结构层:结构层负责捕捉特定应用域的结构关系。分类结构表示类属成员的构成,反映通用性和特殊性。组装结构表示聚合,反映整体和组成部分。

（5）主题层:主题层用于将对象归类到各个主题中,以简化 OOA 模型。为了简化劳动管理信息系统,将整个系统按业务职能划分为 13 个主题,分别为职工基本信息管理、工资管理、劳动组织计划管理、劳动定员定额管理、劳动合同管理、劳动统计管理、职工等级鉴定管理、劳动保险管理、劳动力市场管理、劳动政策查询管理、领导查询系统、系统维护管理和系统安全控制。

在 OOD 方法中,OOD 体系结构以 OOA 模型为设计模型的雏形。OOD 将 OOA 的模型作为 OOD 的问题论域部分(PDC),并增加其他 3 个部分,即人机交互部分(HIC)、任务管理部分(TMC)和数据管理部分(DMC)。各部分与 PDC 一样被划分为 5 个层次,但是针对系统的不同方面。OOD 的任务是将 OOA 所建立的应用模型计算机化,OOD 所增加的 3 个部分是为应用模型添加计算机的特征。

（1）问题论域部分:以 OOA 模型为基础,包含那些执行基本应用功能的对象,可逐步细化,使其最终能解决实现限制、特性要求、性能缺陷等方面的问题。PDC 封装了应用服务器功能层的业务逻辑。

（2）人机交互部分:指定了用于系统的某个特定实现的界面技术,在系统行为和用户界面的实现技术之间架起了一座"桥梁"。HIC 封装了客户层的界面表达逻辑。

（3）任务管理部分:把有关特定平台的处理机制底层系统的其他部分隐藏了起来。在该项目中,利用 TMC 实现分布式数据库的一致性管理。在三层 C/S 结构中,TMC 是应用服务器的一个组成部分。

（4）数据管理部分:定义了与所有数据库技术接口的对象,DMC 同样是三层结构中应用服务器的一部分。由于 DMC 封装了数据库访问逻辑,使应用独立于特定厂商的数据库产品,因此便于系统的移植和分发。

OOD 的 4 个部分与三层结构的对应关系如图 5-23 所示。

3. 系统的实现与配置

三层 C/S 体系结构提供了良好的结构扩展能力。三层结构在本质上是一种开发分布式应用程序的框架,在系统实现时可采用支持分布式应用的构件技术实现。

当前,已有 3 种分布式构件标准,即 Microsoft 的 DCOM、OMG 的 CORBA 和 Sun 的 EJB,这 3 种构件标准各有特点。考虑到在该项目应用环境的客户端和应用服务器均采用 Windows XP 和 Windows Server,这里采用在这些平台上具有较高效率的支持 DCOM 的 ActiveX 方式实现客户端和应用服务器的程序。

ActiveX 可将程序逻辑封装起来,并划分到进程内、本地或远程进程外执行。为了将应用程序划分到不同的构件里面,这里引入“服务模型”的概念。服务模型提供了一种逻辑性(非物理性)的方式,如图 5-24 所示。

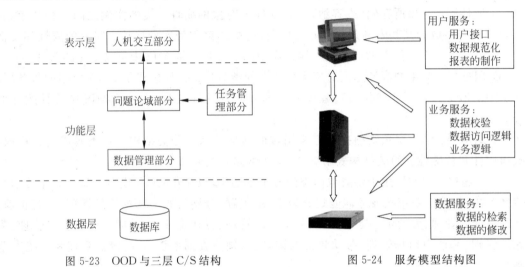

图 5-23   OOD 与三层 C/S 结构   图 5-24   服务模型结构图

“服务模型”是对所创建的构件进行分组的一种逻辑方式,这种模型与语言无关。服务模型基于这样一个概念:每个构件都是一系列服务的集合,这些服务由构件提供给其他对象。

在创建应用方案的时候共有 3 种类型的服务可以选用,即用户服务、业务服务和数据服务,每种服务类型都对应于三层 C/S 体系结构中的某一层。在服务模型中,为实现构件间的相互通信,必须遵守以下两条基本的规则:

(1) 一个构件能向当前层及构件层上下的任何一个层的其他构件发出服务请示。

(2) 不能跳层发出服务请求,即用户服务层内的构件不能直接与数据服务层内的构件通信,反之亦然。

在该劳动管理信息系统的实现中,将 PDC 的 13 个子系统以及 TMC 和 DMC 分别用单独的构件实现,这样系统可根据各单位的实际情况进行组合,实现系统的灵活配置,而且这些构件还可以作为一个部件用于构造新的、更大的 MIS。

根据各种用户阶段对系统的不同需求以及系统未来的演化可能,这里拟定了几种不同的应用配置方案,即单机配置方案、单服务器配置方案、业务服务器配置方案和事务服务器配置方案。

1) 单机配置方案

该方案对于未能接入广域网的二级单位和三级单位单机用户,将三层结构的所有构件连同数据库系统均安装在同一台计算机上,与中心数据库的数据交换采用拨号上网或交换磁介质的方式完成,当它接入广域网时,可根据业务量情况采用单服务器配置方案或业务服务器配置方案。

2）单服务器配置方案

该方案对于已建有局域网的二级单位,当建立了本地数据库且其系统负载不大时,可将业务服务构件与数据服务构件配置在同一台物理服务器中,而将应用客户(表示层)构件在各用户的计算机内安装。

3）业务服务器配置方案

该方案是三层结构的理想配置方案。对于工作负荷大的单位,将业务服务构件和数据服务构件分别配置于独立的物理服务器内可以改善性能。该方案也适用于暂时不建立自己的数据库,而使用局劳资处的中心数据库的单位,此时只需建立一台业务服务器。当该单位建立自己的数据库时,只需把业务服务器的数据库访问接口改动一下,对其他方面无须做任何改变。

4）事务服务器配置方案

当系统采用 Intranet 方式提供服务时,将应用客户由构件方式改为 Web 页面方式,应用客户与业务服务构件之间的联系由 Web 服务器与事务服务器之间的连接提供。事务服务器对业务服务构件进行统一管理和调度,业务服务构件和数据服务构件不必做任何修改,这样既可以保证以前的投资不受损失,又可以保证业务运行的稳定性。向 Intranet 方式的转移是渐进的,两种运行方式将长期共存,如图 5-25 所示。

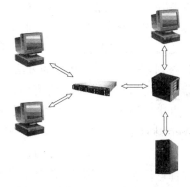

图 5-25　向 Intranet 方式的转移

在上述各种方案中,除单机配置方案外,其他方案均能对系统的维护和安全管理提供极大的方便。任何应用程序的更新只需在对应的服务器上更新有关的构件即可,安全性则由在服务器上对操作应用构件的用户进行相应的授权来保障,由于任何用户不直接拥有对数据库的访问权限,其操作必须通过系统提供的构件进行,这样就保证了系统的数据不被滥用,具有很高的安全性。同时,三层 C/S 体系结构具有很强的可扩展性,用户可以根据需要选择不同的配置方案,并且在应用扩展时方便地转化为另一种配置。

5.6　B/S 风格

B/S 软件体系结构即 Browser/Server(浏览器/服务器)结构,它是随着 Internet 技术的兴起,对 C/S 体系结构进行改进后的一种结构。在 B/S 体系结构下,用户界面完全通过 WWW 浏览器实现,部分事务逻辑在前端实现,但是主要事务逻辑在服务器端实现。它利用浏览器技术,结合浏览器的多种脚本语言并通过浏览器实现了原来需要复杂的专用软件才能实现的强大功能,它是一种全新的软件体系结构。B/S 软件体系结构图如图 5-26 所示。

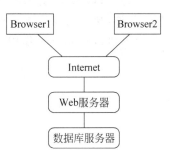

图 5-26　浏览器/服务器
体系结构图

如果要实现一个完整的 Browser/Server 应用系统,需要由 Browser、Web Server、DB Server 3 个部分组成。

B/S 模式的第一层客户机的主体是浏览器,如 Netscape Navigator 或微软公司的 IE 等,它是 B/S 结构中用户与整个系统交互的界面,用于向服务器发送特定的数据或请求,以及接收从服务器发送来的数据。浏览器将 HTML 代码转化成图文并茂的网页,网页还具备一定的交互功能,允许用户在网页提供的申请表上输入信息提交给后台,并提出处理请求。这个后台就是第二层的 Web 服务器。

第二层 Web 服务器是实现 B/S 结构的关键。Web 服务器的引入使得通过浏览器来访问数据库服务器成为可能,从而免去了开发与维护客户端界面的大量工作。分散在各地的用户,只要安装了浏览器软件,就可以访问数据库服务器。Web 服务器作为一种应用服务器,可以将原来分布于客户端或服务器端的应用集中在一起,使系统的结构更加清晰和精细,有利于系统的扩展。Web 服务器作为客户端和服务器端的中介,起到沟通与协调的作用。

Web 服务器的作用是接受浏览器的页面请求,找到正确的页面并将其回传给浏览器。随着 Internet 的发展以及用户对 Web 要求的提高,Web 服务器的含义覆盖的范围也有很大的扩展。它需要接受浏览器的页面请求,对其中的非 Web 页面制作语言的部分解释执行,承担着浏览器与数据库的接口作用。不同的系统平台提供的 Web 服务器是不同的,但是基本功能没有差别,只是其实现功能的方法不一样。浏览器通过 URL 发送给 Web 服务器请求信息,服务器通过返回超文本标记语言(HTML)进行页面响应,页面可以是已经格式化并存储在 Web 站点中的静态页面,也可能是服务器动态创建以响应用户所提供信息的页面,或者是列出在 Web 站点上可用的文件和文件夹的页面。

第三层数据库服务器的任务类似于 C/S 模式,负责协调不同 Web 服务器发出的请求来管理数据库。在该层中存储了系统中所有需要发布的数据信息,因此,为了保证 Web 站点的高速和高效,一般需要把数据库服务器放在硬件配置较好的计算机上,它可以和 Web 服务器在同一台计算机上,也可以位于两台,甚至多台计算机上。

B/S 软件体系结构的优点表现为以下几个方面:

首先,它简化了客户端,无须像 C/S 模式那样在不同的客户机上安装不同的客户端应用程序,而只需安装通用的浏览器软件,就可以享受到无限丰富的永远在不断变化和发展着的信息服务。这样不仅可以节省客户机的硬盘空间与内存,而且使客户端的安装和升级过程更加简便,原则上取消了所有在客户机一侧的维护工作。

其次,B/S 体系结构模式特别适用于网上信息的发布。

最后,B/S 体系结构通过 Internet 技术统一访问不同种类的数据库,提供了异种机器、异种网络、异种应用服务之间的统一服务的最现实的开放性基础。

B/S 软件体系结构也存在着问题。一方面,企业是一个有结构、有管理、有确定任务的有序实体,而 Internet 面向的却是一个无序的集合。B/S 必须适应并迎合长期使用 C/S 模式的有序需求方式。另一方面,企业中已经积累了或多或少的各种基于非 Internet 技术的应用,如何恰当地与这些应用连接,是 B/S 模式中的一项极其重要的任务。此外,缺乏对动态页面的支持能力,没有集成有效的数据库处理功能,系统的扩展能力差,安全性难以控制以及集成工具不足等,都让我们在使用 B/S 体系结构模式时慎重。

5.7　C/S 与 B/S 混合结构风格

B/S 与 C/S 混合软件体系结构是一种典型的异构体系结构。

B/S 体系结构主要利用不断成熟的 WWW 浏览器技术,结合浏览器的多种脚本语言,用通用浏览器就实现了原来需要复杂的专用软件才能实现的强大功能,并节约了开发成本,是一种全新的软件体系结构。基于 B/S 体系结构的软件、系统安装、修改和维护全在服务器端解决。用户在使用该种结构的系统时,仅仅需要一个浏览器就可以运行全部的模块,真正达到了"零客户端"的功能,很容易在运行时自动升级。B/S 体系结构还提供了异种机、异种网、异种应用服务的联机、联网以及统一服务的最现实的开放性基础。

但是,与 C/S 体系结构相比,B/S 体系结构也有许多不足之处,例如:

◇ B/S 体系结构缺乏对动态页面的支持能力,没有集成有效的数据库处理功能。

◇ B/S 体系结构的系统扩展能力差,安全性难以控制。

◇ 采用 B/S 体系结构的应用系统,在数据查询等响应速度上要远远低于 C/S 体系结构。

◇ B/S 体系结构的数据提交一般以页面为单位,数据的动态交互性不强,不利于在线事务处理(OLTP)的应用。

从上面的对比分析我们可以看出,C/S 体系结构并非一无是处,而 B/S 体系结构也并非十全十美。由于 C/S 体系结构,技术成熟,原来的很多软件系统都是建立在该体系结构基础上的,因此,B/S 体系结构要想在软件开发中起主导作用,要走的路还很长,因此,C/S 体系结构与 B/S 体系结构还将长期共存。

C/S 与 B/S 混合软件体系结构的优点是外部用户不直接访问数据库服务器,从而能保证企业数据库的相对安全。另外,企业内部用户的交互性较强,数据查询和修改的响应速度较快。

C/S 与 B/S 混合软件体系结构的缺点是,企业外部用户修改和维护数据时速度较慢,较烦琐,数据的动态交互性不强。

5.8 正交软件体系结构风格

5.8.1 正交软件体系结构的概念

正交(Orthogonal)软件体系结构由组织层和线索的构件构成。其中,层是由一组具有相同抽象级别的构件构成的;线索是子系统的特例,它由完成不同层次功能的构件组成(通过相互调用来关联),每一条线索完成整个系统中相对独立的一部分功能。每一条线索的实现与其他线索的实现无关或关联很少,在同一层中构件之间是不存在相互调用的。

如果线索是相互独立的,即不同线索中的构件之间没有相互调用,那么这个结构就是完全正交的。从以上定义可以看出,正交软件体系结构是一种以垂直线索构件族为基础的层次化结构,其基本思想是把应用系统的结构按功能的正交相关性垂直分割为若干个线索(子系统)。线索又分为几个层次,每个线索由多个具有不同层次功能与不同抽象级别的构件构成,各线索的相同层次的构件具有相同的抽象级别。因此,可以归纳正交软件体系结构的主要特征如下:

(1) 正交软件体系结构由完成不同功能的 $n(n>1)$ 个线索(子系统)组成。

(2) 系统具有 $m(m>1)$ 个不同抽象级别的层。

(3) 线索之间是相互独立的(正交的)。

(4) 系统有一个公共驱动层(一般为最高层)和公共数据结构(一般为最低层)。

对于大型的和复杂的软件系统,其子线索(一级子线索)还可以划分为更低一级的子线索(二级子线索),从而形成多级正交结构。正交软件体系结构的框架如图 5-27 所示。

图 5-29 所示为一个三级线索、五层结构的正交软件体系结构框架图,在该图中,A、B、D、

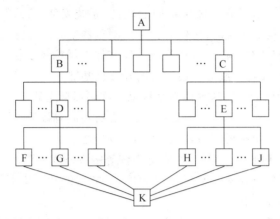

图 5-27　正交软件体系结构框架图

F、K 组成了一条线索，A、C、E、J、K 也组成了一条线索。因为 B、C 处于同一层次中，所以不允许进行互相调用；因为 H、J 处于同一层次中，也不允许进行互相调用。一般来讲，第五层是一个物理数据库连接构件或设备构件，供整个系统公用。

在软件演化过程中，系统需求会不断发生变化。在正交软件体系结构中，因为线索的正交性，每一个需求变动仅影响某一条线索，而不会涉及其他线索。这样，就把软件需求的变动局部化了，产生的影响也被限制在一定范围内，因此实现容易。

5.8.2　正交软件体系结构的优点

正交软件体系结构具有以下优点：

（1）结构清晰，易于理解。正交软件体系结构的形式便于用户理解，由于线索功能相互独立，不进行互相调用，所以结构简单、清晰，构件在结构图中的位置已经说明它所实现的是哪一级抽象，担负的是什么功能。

（2）易修改，可维护性强。由于线索之间是相互独立的，因此对一个线索的修改不会影响其他线索。因此，当软件需求发生变化时，可以将新需求分解为独立的子需求，然后以线索和其中的构件为主要对象分别对各个子需求进行处理，这样软件修改就很容易实现了。如果要增加或减少系统功能，只需相应的增/删线索构件族即可，不影响整个正交体系结构，因此能方便地实现结构调整。

（3）可移植性强，重用粒度大。因为正交结构可以被一个领域内的所有应用程序所共享，这些软件有着相同或类似的层次和线索，可以实现体系结构级的重用。

5.8.3　正交软件体系结构的实例

本节以某省电力局的一个管理信息系统为例，讨论正交软件体系结构的应用。

1. 设计思想

在设计初期，考虑到未来可能进行的机构改革，在系统投入运行后，单位各部门的功能有可能发生以下变化：

（1）某些部门的功能可能改变或取消，或转入另外的部门，或其工作内容发生变更。

（2）有的部门可能被撤销，其功能被整个并入其他部门或分解并入数个部门。

（3）某些部门的功能可能需要扩充。

为适应将来用户需求可能发生的变化,尽量降低维护成本,提高可用性和重用性,这里使用了多级正交软件体系结构的设计思想。在本系统中,考虑到其系统较大和实际应用的需要,将线索分为两级,即主线索和子线索。总体结构包含数个主线索(第一级),每个主线索又包含数个子线索(第二级),因此,一个主线索也可以看成一个小的正交结构。这样为大型软件结构功能的划分提供了便利,使得既能对功能进行分类,又能在每一类中对功能进行细分,使功能划分既有序又合理,能控制在一定粒度以内,合理的粒度又能为线索和层次中构件的实现打下良好的基础。

而完全正交结构不能很好地适用于本应用,因此放宽了对结构正交的严格性,允许在线索间有适当的相互调用,因为各功能或多或少会有相互重叠的地方,因此会发生共享某些构件的情况。同时还放宽了对结构分层的限制,允许某些线索(少数)的层次与其他线索(多数)不同。这些均是用户反复权衡理想情况时的优点和实现代价后总结出的原则,这样既易于实现,又能充分利用正交结构的优点。

2. 结构设计

按照上述思想,首先将整个系统设计为两级正交结构,第一级划分为 38 个主线索(子系统),系统总体结构如图 5-28 所示,每个主线索又可划分为数个子线索(≥2)。

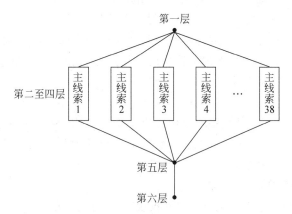

图 5-28 系统总体正交体系结构设计

为了简单起见,在此仅对其中的一个主线索进行说明,其他主线索的子线索划分也采用大致相同的策略。该主线索所实现的功能属于多种经营管理处的范围,该处有生产经营科、安全监察科、财务科、劳务科,包括 11 个管理功能(如人员管理、产品质量监督、安全监察、生产经营、劳资统计等),即 11 个子线索,该主线索的正交体系结构如图 5-29 所示。

在图 5-29 中,主控窗口层、数据模型与数据库接口、物理数据库层分别对应图 5-28 中的第一层、第五层和第六层。从图 5-28 和图 5-29 可以看出,整个 MIS 的结构包括以下 6 个层次。

(1)第一层实现主控窗口,由主控窗口对象控制引发所有线索的运行。

(2)第二层实现菜单接口,支持用户选择不同的处理功能。

(3)第三层涵盖了所有的功能对话框,这也是与功能的真正接口。

(4)第四层是真正的功能定义,在这一层定义的构件有数据输入构件(包括插入、删除、更新)、报表处理构件、快速查询构件、图形分析构件、报表打印构件等。

(5)第五层和第六层是数据服务的实现,第五层包括了特定的数据模型和数据库接口,第六层就是数据库本身。

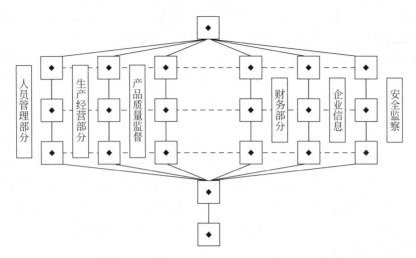

图 5-29　多种经营主线索的正交结构图

3. 程序编制

在软件结构设计方案确定之后,就可以开始正式的开发工作了,由于采用正交结构的思想,可以分数个小组并行开发,为每个小组分配一条或数条线索,再专门让一个小组来设计通用共享构件。由于构件是通用的,因此不必与其他小组频繁联系,加上各条线索之间的相互调用少,所以各小组不会互相牵制,再加上构件的重用,大大提高了编程效率,给设计带来极大的灵活性,缩短了开发周期,降低了工作量。

4. 演化控制

软件开发完成并运行一年后,用户单位提出了新的要求,要对原设计方案进行修改,按照前面提出的设计思想和方法,首先将提出的新功能要求映射到原设计结构上,在这里仍以"多种经营管理主线索"为例,总结出以下变动。

1) 报表和报表处理功能的变动

例如财务管理子线索有以下变动:财务报表有增/删(直接在数据库中添加和删除表),某些报表需要增加一些汇兑处理和计算功能(对它的功能定义层做上修改标记),其他一些子功能(子线索)也需增加自动上报功能。另外,所有的子线索都需要增加浏览器功能,以便对数据进行网上浏览。

2) 子线索的变动,增加养老统筹子线索

对初始结构的变动如图 5-30 所示。其中,①、②所指不变,③表示在功能定义层新添加的一个构件,其中包含网上浏览功能和自动上报(E-mail 发送)功能,④表示新增加养老统筹子线索。新添加的构件用空心菱形表示,要修改构件在其上套一个矩形做标记,其他未做标记的则表示可直接重用的构件,确定演化的结构图之后,按照自顶向下、由左至右的原则,更新演化工作得以有条不紊地进行。

现对多种经营主线索的正交结构演化情况进行统计:原结构包含子线索 11 条,构件 36 个;新结构包含子线索 12 条,构件 41 个,其中重用构件 24 个,修改 11 个,新增 6 个;新增子线索 1 条。由于涉及添加公用共享构件,所以没有完全重用某条子线索的情况,但是大部分只需在功能对话框层做少量修改即可。

经分析,构件重用率为 58.6%,修改率为 26.8%,增加率为 14.6%。表 5-2 是对工作量(每天 8 小时,单位为人/天)的统计分析。

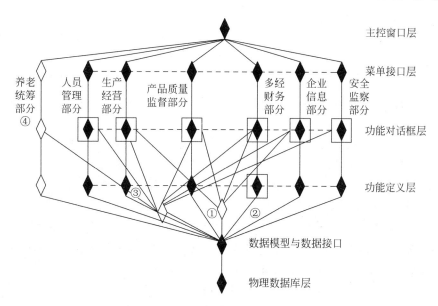

图 5-30 多种经营主线索的结构变动情况图

38 个主线索的修改与开发工作量比例均未超过 13%，比传统方法的工作量减少 20% 左右，如表 5-2 所示。可见多级正交结构对于降低软件演化更新的开销是行之有效的，而且非常适合大型软件开发，特别是在 MIS 领域。由于其结构在一定应用领域内均有许多共同点，因此有一定的通用性。

表 5-2　工作量比较表

主线索	修改前的开发工作量	修改工作量	修改与开发工作量之比
1	60	4	6.67%
2	120	4	3.33%
3	90	6	6.67%
4	60	4	6.67%
5	60	2	3.33%
6	60	3	5.00%
⋮	⋮	⋮	⋮
37	60	2	3.33%
38	30	3	10%

5.9　异构结构风格

5.9.1　使用异构结构的原因

前面介绍和讨论了一些所谓的"纯"体系结构，随着软件系统规模的扩大，系统越来越复杂，所有的系统不可能都在单一的、标准的结构上进行设计，这是因为以下几个方面的原因：

（1）从根本上来说，不同的结构有不同的处理能力的强项和弱点，一个系统的体系结构应该根据实际需要进行选择,以解决实际问题。

（2）关于软件包、框架、通信以及其他一些体系结构上的问题,目前存在多种标准,即使在某段时间内某一种标准占统治地位,但变动最终是绝对的。

（3）在实际工作中,开发人员总会遇到一些遗留下来的代码,它们仍然有用,但是与新系统有着某种程度上的不协调。然而在许多场合,将技术与经济综合进行考虑时,总是决定不再重写它们。

（4）即使在某一单位中规定了共享共同的软件包或相互关系的一些标准,仍会存在解释或表示习惯上的不同。在 UNIX 中就可以发现这类问题,即使规定用单一的标准（ASCII）来保证过滤器之间的通信,但因为不同人对关于在 ASCII 流中信息如何表示的假设不同,不同的过滤器之间仍可能不协调。

大多数应用程序只使用 10% 的代码实现系统的公开功能,剩下的 90% 的代码完成系统的管理功能,例如输入和输出、用户界面、文本编辑、基本图表、标准对话框、通信、数据确认和旁听跟踪、特定领域（如数学或统计库）的基本定义等。

如果能从标准的构件构造系统的 90% 的代码是很理想的,但即使能找到一组符合要求的构件,也很有可能发现它们不会很融合地组织在一起。通常问题出在各构件做了数据表示、系统组织、通信协议细节或某些明确的决定（如谁将拥有主控制线程）等不同的假设。可以举个简单的例子,UNIX 中的排序操作,过滤器和系统调用都是标准配置中的部分,虽然都是排序,但它们之间不可互换。

5.9.2　异构体系结构的实例

本部分将通过案例讨论 C/S 与 B/S 混合软件体系结构。从之前的讨论我们可以看出,传统的 C/S 体系结构并非一无是处,而新兴的 B/S 体系结构也并非十全十美。由于 C/S 体系结构技术成熟,原来的很多软件系统都是建立在 C/S 体系结构基础上的,因此 B/S 体系结构要想在软件开发中起主导作用,要走的路还很长。C/S 体系结构与 B/S 体系结构还将长期共存,其结合方式主要有两种。下面分别讨论 C/S 与 B/S 混合软件体系结构的两种模型。

1. "内外有别"模型

在 C/S 与 B/S 混合软件体系结构的"内外有别"模型中,企业内部用户通过局域网直接访问数据库服务器,软件系统采用 C/S 体系结构;企业外部用户通过 Internet 访问 Web 服务器,再通过 Web 服务器访问数据库服务器,软件系统采用 B/S 体系结构。"内外有别"模型的结构如图 5-31 所示。

"内外有别"模型的优点是,外部用户不直接访问数据库服务器,能保证企业数据库的相对安全;企业内部用户的交互性较强,数据查询和修改的响应速度较快。"内外有别"模型的缺点是,企业外部用户修改和维护数据时速度较慢、较烦琐,数据的动态交互性不强。

2. "查改有别"模型

在 C/S 与 B/S 混合软件体系结构的"查改有别"模型中,不管用户通过什么方式（局域网或 Internet）连接到系统,凡是需执行维护和修改数据操作的,就使用 C/S 体系结构;如果只是执行一般的查询和浏览操作,则使用 B/S 体系结构。"查改有别"模型的结构如图 5-32 所示。

"查改有别"模型体现了 B/S 体系结构和 C/S 体系结构的共同优点。但因为外部用户能够直接通过 Internet 连接到数据库服务器,企业数据容易暴露给外部用户,给数据安全造成了

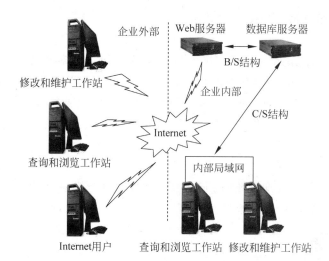

图 5-31　"内外有别"模型

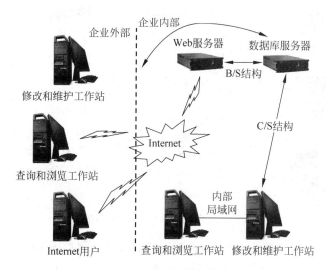

图 5-32　"查改有别"模型

一定的威胁。

3．几点说明

这里有几点说明：

（1）因为本部分只讨论软件体系结构问题，所以在模型图中省略了有关网络安全的设备，如防火墙等，这些安全设备和措施是保证数据安全的重要手段。

（2）在这两个模型中，只注明（外部用户）通过 Internet 连接到服务器，并没有解释具体的连接方式，这种连接方式取决于系统建设的成本和企业规模等因素。例如，某集团公司的子公司要访问总公司的数据库服务器，既可以使用拨号方式，也可以使用 DDN 方式等。

（3）本部分对内部与外部的区分是指是否直接通过内部局域网连接到数据库服务器进行软件规定的操作，而不是指软件用户所在的物理位置。例如，某个用户在企业内部办公室里，其计算机也通过局域网连接到了数据库服务器，但当他使用软件时，是通过拨号的方式连接到 Web 服务器或数据库服务器，则该用户属于外部用户。

4．实例：变电综合信息管理系统

1）系统背景

当前，我国电力系统正在进行精简机构的改革，变电站也在朝着无人、少人和以点带面的方向发展（如一个有人值班 220kV 变电站带若干个无人值班 220kV 和 110kV 变电站），"减人增效"是必然的趋势，要很好地达到这个目的，使用一套完善的变电综合信息管理系统。为此，针对电力系统变电运行管理工作的需要，结合变电站的运行工作经验，开发了一套完整的变电综合信息管理系统。

2）体系结构设计

在设计变电综合信息管理系统时，充分考虑到变电站分布管理的需要，采用 C/S 与 B/S 混合软件体系结构的"内外有别"模型，如图 5-33 所示。

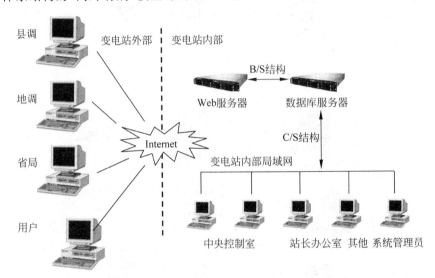

图 5-33　TSMIS 系统软件体系结构

在变电综合信息管理系统中，变电站内部用户通过局域网直接访问数据库服务器，外部用户（包括县调、地调和省局的用户及普通 Internet 用户）通过 Internet 访问 Web 服务器，再通过 Web 服务器访问数据库服务器。外部用户只需一台接入 Internet 的计算机，就可以通过 Internet 查询运行生产管理情况，无须做太大的投资和复杂的设置。这样也方便所属电业局及时了解各变电站的运行生产情况，并对各变电站的运行生产进行宏观调控。此设计能很好地满足用户的需求，符合可持续发展的原则，使系统有较好的开放性和易扩展性。

3）系统实现

变电综合信息管理系统包括变电运行所需的运行记录、图形开票、安全生产管理、生产技术管理、行政管理、总体信息管理、技术台账管理以及班组建设、学习培训、系统维护等各个业务层次模块。在实际使用时，用户可以根据实际情况的需要选择模块进行自由组合，以达到充分利用变电站资源和充分发挥系统作用的目的。

系统的实现采用 Visual C++、Visual Basic 和 Java 等语言和开发平台进行混合编程。服务器操作系统使用 Windows 2003 Advanced Server，后台数据库采用 SQL Server 2003。系统的实现充分考虑到我国变电站电压等级的分布，可以适用于大、中、小电压等级的变电站。

5.9.3 异构组合匹配问题

软件工程师有许多技术来处理结构上的不匹配,最简单的描述这些技术的例子是只有两个构件的情况。这两个构件可以是对等构件、一对相互独立的应用程序、一个库和一个调用者、客户机和服务器等,其基本形式如图 5-34 所示。

A ? ——————— ? B

图 5-34 构件协调问题

A 和 B 不能协调工作的原因可能是它们事先做了对数据表示、通信、包装、同步、语法、控制等方面的假设,这些方面统称为形式(Form)。下面给出若干种解决 A 与 B 之间不匹配问题的方法,这里假设 A 和 B 是对称的,它们可以互换。

(1)将形式 A 改变成 B 的形式。为了与另一构件协调,彻底重写其中之一的代码是可能的,但是很昂贵的。

(2)公布 A 的形式的抽象化信息。例如,应用程序编程接口公布了控制一个构件的过程调用,开放接口时通常提供某种附加的抽象信息,可以使用凸出部(Projections)或视图(Views)来提供数据库,特别是联合数据库的抽象。

(3)在数据传输过程中从 A 的形式转变到 B 的形式。例如,某些分布式系统在数据传输中进行从 big-endian 到 little-endian 的转变。

(4)通过协商,达成一个统一的形式。例如,调制解调器通常协商以发现最快的通信协议。

(5)使 B 支持多种形式。例如 Macintosh 的 fat binaries 可以在 680X0 或 PowerPC 处理器上执行,可移动的 UNIX 代码可以在多种处理器上运转。

(6)为 B 提供进口/出口转换器。它们有两种重要的形式,其一是独立的应用程序提供表示转换服务,如通常使用的图像格式转换程序(可以在至少 50 种格式之间、10 种平台上进行转换)。其二是某些系统协调扩充或外部 additions,它们可以完成内、外数据格式之间的相互转换。

(7)引入中间形式。第一,外部相互交换表示,有时通过界面描述语言(Interface Description Language,IDL)支持,能够提供一个中介层,这在多个形式互不相同的构件结合在一起的时候特别有用。第二,标准的发布形式,如 RTF、MIF、Post Script,或 Adobe Acrobat 提供另一种可以选择的方式,一种广泛流通的安全的表示法。第三,活跃的调解者(Active Media)可以被插入系统,作为中介。

(8)在 A 上添加一个适配器(Adapter)或包装器。最终的包装器可能是一种处理器模拟另一种处理器的代码。软件包装器可以在形式上掩盖不同,如 Mosaic 和其他 Web 浏览器隐藏了所显示的文件的表示一样。

(9)保持 A 和 B 的版本并行一致。虽然较微妙,但保持 A 和 B 自己的形式,并完成两种形式的所有改变是有可能的。

以上这些技术各有优点和缺点,它们在初始化、时间和空间效率、灵活性和绝对的处理能力上差别很大。

5.10　小结

软件体系结构是软件工程领域中的一个重要的研究方向,是大型软件开发中的关键技术。经过多年的发展,软件体系结构也超出了传统的对于软件设计阶段的支持,逐渐扩展到整个软件生命周期。本章综述了体系结构的基本风格、三层 C/S 结构风格、浏览器/服务器、C/S 与 B/S 混合结构风格、正交软件风格、基于层次消息总线的体系风格与异构结构风格的概念与优劣,并对现有若干种体系结构风格进行归纳、比较与总结,描述了其主要发展方向以及应用的主要意义。

5.11　思考题

1. 选择一个熟悉的大型软件系统,分析其体系结构中用到的风格,以及表现出的特点(为什么要采用这种风格? 采用这种风格带来哪些优势? 具有哪些不足?)。

2. 选择 4 种风格,设计简单的体系结构,并实现简单的原型系统。

3. 不同的体系结构风格具有各自的特点、优劣和用途,试对管道-过滤器风格,分层系统、C2 风格和基于消息总线的风格进行分析比较。

第 6 章 面向对象的软件设计方法

我认为对象就像是生物学里的细胞,或者网络中的一台计算机,只能够通过消息来通信。

——Alan Kay,Smalltalk 的发明人,面向对象之父

面向对象方法(Object Oriented Method)是一种在把面向对象的思想应用于软件开发过程中指导开发活动的系统方法,简称 OO(Object Oriented)方法,它是建立在"对象"概念基础上的方法。对象是由数据和允许的操作组成的封装体,与客观实体有直接对应关系,一个对象类定义了具有相似性质的一组对象,而继承性是对具有层次关系的类的属性和操作进行共享的一种方式。所谓面向对象,就是基于对象概念,以对象为中心,以类和继承为构造机制,来认识、理解、刻画客观世界和设计、构建相应的软件系统。

本章共分 3 个部分介绍,6.1 节介绍面向对象方法概述,6.2 节介绍面向对象的分析和设计,6.3 节以一个案例介绍了基于 UML 的分析与设计过程。

6.1 面向对象方法概述

面向对象方法起源于面向对象的编程语言。自 20 世纪 80 年代中期到 90 年代,OO 的研究重点已经从面向对象编程语言转移到设计方法学方面,并陆续提出了一些面向对象的开发方法和设计技术。其中,具有代表性的工作有 B. Henderson Sellers 和 J. M. Edwards 提出的面向对象软件生命周期的"喷泉"模型及面向对象系统开发的七点框架方法;G. Booch 提出的面向对象开发方法学;P. Coad 和 E. Yourdon 提出的面向对象分析(OOA)和面向对象设计(OOD);J. Rumbaugh 等人提出的 OMT(Object Modeling Technology)方法;Jacobson 提出的 OOSE(Object-Oriented Software Engineering)方法,等等。值得一提的是统一建模语言(UML),该方法结合了 Booch、Rumbaugh 和 Jacobson 方法的优点,统一了符号体系,并从其他的方法和工程实践中吸收了许多经过实际检验的概念和技术。这些方法的提出,标志着面向对象方法逐步发展成为一类完整的方法学和系统化的技术体系。有关抽象数据类型的基础研究为面向对象开发方法提供了初步的理论,面向对象方法作为一种独具优越性的新方法引起计算机界广泛的关注和高度的重视。

面向对象方法支持 3 种基本的活动,即识别对象和类,描述对象和类之间的关系,以及通过描述每个类的功能定义对象的行为。

为了发现对象和类,开发人员要在系统需求和系统分析的文档中查找名词和名词短语,包括可感知的事物(汽车、压力、传感器);角色(司机、教师、客户);事件(着陆、中断、请求);互相作用(借贷、开会、交叉);人员;场所;组织;设备和地点。通过浏览使用系统的脚本发现

重要的对象和其责任,是面向对象分析和设计过程初期重要的技术。

当重要的对象被发现后,通过一组互相关联的模型详细表示类之间的关系和对象的行为,这些模型从 4 个不同的侧面表示了软件的体系结构,即静态逻辑、动态逻辑、静态物理和动态物理。

静态逻辑模型描述实例化(类成员关系)、关联、聚集(整体/部分)和一般化(继承)等关系,这被称为对象模型。一般化关系表示属性和方法的继承关系。定义对象模型的图形符号体系通常是从用于数据建模的实体关系图导出的。对设计十分重要的约束,如基数(一对一、一对多、多对多),也在对象模型中表示。

动态逻辑模型描述对象之间的互相作用。互相作用通过一组协同的对象、对象之间消息的有序序列、参与对象的可见性定义的途径来定义系统运行时的行为。Booch 方法中的对象交互作用图被用来描述重要的互相作用,显示参与的对象和对象之间按时间序列的消息。可见性图用来描述互相作用中对象的可见性,对象的可见性定义了一个对象如何处于向它发送消息的方法的作用域之中。例如,它可以是方法的参数、局部变量、新的对象或当前执行方法的对象的部分。

静态物理模型通过模块描述代码布局,动态物理模型描述软件的进程和线程体系结构。

综上所述,面向对象方法用于系统开发有以下优点:

(1) 强调从现实世界中客观存在的事物(对象)出发来认识问题域和构造系统,使系统能更准确地反映问题域。

(2) 运用人类日常的思维方法和原则(体现于 OO 方法的抽象、分类、继承、封装、消息等基本原则)进行系统开发,有利于发挥人类的思维能力,有效地控制系统复杂性。

(3) 对象的概念贯穿于开发全过程,使各个开发阶段的系统成分具有良好的对应关系,显著提高了系统的开发效率与质量,并大大降低了系统维护的难度。

(4) 对象概念的一致性,使参与系统开发的各类人员在开发的各阶段具有共同语言,有效地改善了人员之间的交流和协作。

(5) 对象的相对稳定性和对易变因素隔离,增强了系统对环境的适应能力。

(6) 对象、类之间的继承关系和对象的相对独立性,对软件复用提供了强有力的支持。

6.2　面向对象的分析与设计

6.2.1　面向对象的系统开发过程概述

面向对象的思想已经涉及软件开发的各个阶段,如面向对象分析(OOA)、面向对象设计(OOD)、面向对象编程(OOP)。面向对象的系统开发生命周期由分析阶段、设计阶段、实现阶段组成,每个阶段都可以相互反馈,整个过程是一种迭代、渐增的开发过程。

首先要进行面向对象分析(Object Oriented Analysis,OOA),其任务是了解问题域所涉及的对象、对象间的关系和作用(即操作),针对不同的问题性质选择不同的抽象层次,然后构造问题的对象模型,使该模型能精确地反映所要解决的"实质问题"。

其次就是面向对象设计(Object Oriented Design,OOD),即设计软件的对象模型。根据所应用的面向对象软件开发环境的功能强弱不等,在对问题的对象模型的分析基础上,可能要对它进行一定的改造,但应以改变原问题域的对象模型最少为原则。然后在软件系统内设计各个对象、对象间的关系(如层次关系、继承关系等)、对象间的通信方式(如消息模式)等,总之是设计各个对象的职责。

最后是面向对象编程(Object Oriented Programming,OOP),即软件功能的编码实现,主要工作包括每个对象的内部功能的实现;确定对象的哪些处理能力在哪些类中进行描述;确定并实现系统的界面、输出的形式及其他控制机理等,需要实现 OOD 阶段规定的各个对象所应完成的任务。

尽管 OOA 和 OOD 的定义有明显区别,但是在实际的软件开发过程中两者的界限是模糊的。许多分析结果可以直接映射成设计结果,而在设计过程中又往往会加深和补充对系统需求的理解,从而进一步完善分析结果。因此,分析和设计活动是一个多次反复迭代的过程。

面向对象方法在概念和表示方法上的一致性,保证了在各项开发活动之间的平滑(无缝)过渡,领域专家和开发人员能够比较容易地跟踪整个系统的开发过程,这是面向对象方法与传统方法比较起来所具有的一大优势。

6.2.2 面向对象分析

OOA 的基本任务是运用 OO 方法,对问题域和系统责任进行分析和理解,对其中的事物和它们之间的关系产生正确的认识,找出描述问题域及系统责任所需的类及对象,定义这些类和对象的属性和服务,以及它们之间所形成的结构、静态联系和动态联系,最终产生一个满足用户需求,并能直接反映问题域和系统责任的 OOA 模型及其详细说明。其中:

◇ 问题域是指被开发的系统的应用领域,即现实世界中由这个系统进行处理的业务范围。

◇ 系统责任即所开发的系统应该具备的职能。

OOA 过程包括以下主要活动:

(1) 发现对象,定义它们的类。

(2) 识别对象的内部特征,包括定义属性、定义服务。

(3) 识别对象的外部关系,包括建立一般/特殊结构,建立整体/部分结构,建立实例连接,建立消息连接。

(4) 划分主题,建立主题图。

(5) 发现活动者,定义 Use Case,建立顺序图。

(6) 建立详细说明。

以上活动没有特定的次序要求,可以交互进行。其中,(1)、(2)、(3)活动的总目标是建立 OOA 基本模型——类图;(4)、(5)两个活动建立 OOA 的补充模型,在有些情况下可以省略。

6.2.3 面向对象设计

面向对象设计就是在 OOA 的基础上运用面向对象方法进行系统设计,主要解决与现实有关的问题,目标是产生一个符合现实条件的 OOD 模型。与现实条件有关的因素有图形用户系统、硬件、操作系统、网络、数据管理系统和编程语言等。由于 OOD 以 OOA 模型为基础,且 OOA 与 OOD 采用一致的表示方法,这使得从 OOA 到 OOD 不存在转换,只需做必要的修改和调整,或补充某些细节,并增加几个与现实关联的独立部分即可。因此,OOA 与 OOD 之间不存在分析与设计的"鸿沟",二者能紧密衔接,大大降低了从 OOA 到 OOD 的难度、工作量

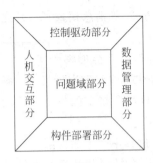

图 6-1　OOD 模型

和出错频率。OOA 主要针对问题域,识别有关的对象以及它们之间的关系,产生一个映射问题域,满足用户需求,独立于实现的 OOA 模型。OOD 主要解决与实现有关的问题,基于 OOA 模型,针对具体的软、硬件条件(如机器、网络、OS、GUI、DBMS 等)产生一个可实现的 OOD 模型。OOD 模型如图 6-1 所示。

从该图中可以看到,OOD 模型的 5 个部分如下:

◇ 问题域部分的设计;

◇ 人机交互部分的设计;

◇ 控制驱动部分的设计;

◇ 数据管理部分的设计;

◇ 构件部署部分的设计。

其中,前面 4 项的进行不强调次序,每个部分均采用与 OOA 一致的概念、表示法及活动,但具有自己独特的策略。对于构件部署部分的设计要在其前面 4 个部分完成后进行。

1. 问题域部分的设计

使用面向对象方法开发软件时,在分析与设计之间并没有明确的分界线,对于问题域子系统来说,情况更是如此。但是,分析与设计毕竟是性质不同的两种开发工作,分析工作可以而且应该与具体实现无关,设计工作则在很大程度上受具体实现环境的约束。在开始进行设计工作之前,设计者应该了解本项目预计要使用的编程语言、可用的软构件库以及程序员的编程经验。

通过面向对象分析所得出的问题域精确模型,为设计问题域子系统奠定了良好的基础,建立了完整的框架。只要有可能,就应该保持面向对象分析所建立的问题域结构。通常,面向对象设计仅需从实现角度对问题域模型做一些补充或修改,主要是增添、合并或分解类与对象、属性及服务,调整继承关系,等等。当问题域子系统过于复杂、庞大时,应该把它进一步分解成若干个小的子系统。

使用面向对象方法开发软件,能够保持问题域组织框架的稳定性,从而便于追踪分析、设计和编程。在设计与实现过程中所做的细节修改(例如,增加具体类,增加属性或服务),并不影响开发结果的稳定性,因为系统的总体框架是基于问题域的。对于需求可能随时间变化的系统来说,稳定性是至关重要的。稳定性也是能够在类似系统中重用分析、设计和编程结果的关键因素。为了更好地支持系统在其生命周期中的扩充,也同样需要稳定性。

下面介绍在面向对象设计过程中,可能对面向对象分析所得出的问题域模型做的补充或修改。

1) 调整需求

通常有两种情况会导致修改通过面向对象分析所确定的系统需求:一是用户需求或外部环境发生了变化;二是分析员对问题域理解不透彻或缺乏领域专家帮助,致使面向对象分析模型不能完整、准确地反映用户的真实需求。无论出现上述哪种情况,通常只需简单地修改面向对象分析结果,然后再把这些修改反映到问题域子系统。

2) 重用已有的类

代码重用从设计阶段开始,在研究面向对象分析结果时就应该寻找使用已有类的方法。若因为没有合适的类可以重用而确实需要创建新的类,则在设计这些新类的协议时,必须考虑它们在将来的可重用性。如果有可能重用已有的类,则重用已有类的典型过程如下:

◇ 选择有可能被重用的已有类,标出这些候选类中对本问题无用的属性和服务,尽量重用能使无用的属性和服务降到最低程度的类。

◇ 在被重用的已有类和问题域类之间添加泛化关系(即从被重用的已有类派生出问题域类)。

◇ 标出问题域类中从已有类继承来的属性和服务,现在已经无须在问题域类内定义它们了。

◇ 修改与问题域类相关的关联,必要时改为与被重用的已有类相关的关联。

3) 把问题域类组合在一起

在面向对象设计过程中,设计者往往通过引入一个根类而把问题域类组合在一起。事实上,这是在没有更先进的组合机制可用时才采用的一种组合方法。此外,这样的根类还可以用来建立协议。

4) 增添一般化类,以建立协议

在设计过程中大家常常发现,一些具体类需要有一个公共的协议,也就是说,它们都需要定义一组类似的服务。在这种情况下可以引入一个附加类(例如根类),以便建立这个协议(即命名公共服务集合,这些服务在具体类中详细定义)。

5) 调整继承层次

如果面向对象分析模型中包含了多重继承关系,然而所使用的程序设计语言却并不提供多重继承机制,则必须修改面向对象分析的结果。即使使用支持多重继承的语言,有时也会出于实现考虑而对面向对象分析结果做一些调整。下面分两种情况讨论:

(1) 使用多重继承机制时,应该避免出现属性及服务的命名冲突。

下面通过例子说明避免命名冲突的方法。图 6-2 是一种多重继承模式的例子,这种模式可以称为窄菱形模式,使用这种模式时出现属性及服务命名冲突的可能性比较大。图 6-3 是另一种多重继承模式的例子,称为阔菱形模式。在使用这种模式时,属性及服务的命名发生冲突的可能性比较小,但是它需要用更多的类才能表示同一个设计。

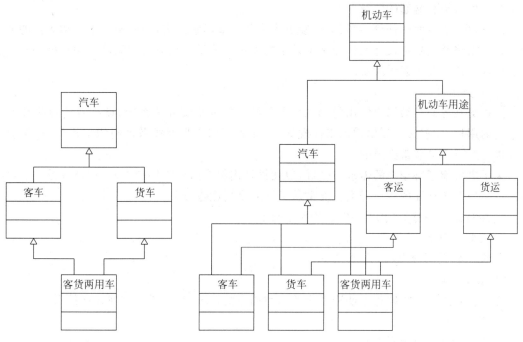

图 6-2 窄菱形模式　　　　　　　　图 6-3 阔菱形模式

（2）使用单继承机制。

如果准备使用仅提供单继承机制的语言实现系统，则必须把面向对象分析模型中的多重继承结构转换成单继承结构。常见的做法是把多重继承结构简化成单一的单继承层次结构，如图 6-4 所示。显然，多重继承结构中的某些继承关系经简化后将不再存在，这表明需要在各个具体类中重复定义某些属性和服务。

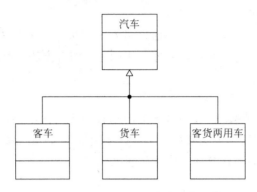

图 6-4 把多重继承简化为单一层次的单继承

2. 人机交互部分的设计

在面向对象分析过程中，已经对用户界面需求做了初步分析，在面向对象设计过程中应该对系统的人机交互子系统进行详细设计，以确定人机交互的细节，其中包括指定窗口和报表的形式、设计命令层次等操作。

人机交互部分的设计结果将对用户的情绪和工作效率产生重要影响。人机界面设计得好，会使系统对用户产生吸引力，用户在使用系统的过程中会感到兴奋，从而激发用户的创造力，提高工作效率；相反，人机界面设计得不好，用户在使用过程中就会感到不方便、不习惯，甚至会产生厌烦和恼怒的情绪。

由于对人机界面的评价，在很大程度上由人的主观因素决定，因此使用由原型支持的系统化的设计策略是成功地设计人机交互子系统的关键。这里仅从面向对象设计的角度补充讲述一下设计人机交互子系统的策略。

1）分类用户

人机交互界面是给用户使用的，显然，为了设计好人机交互子系统，设计者应该认真研究使用它的用户，应该深入到用户的工作现场，仔细观察用户是怎样做他们的工作的，这对设计好人机交互界面是非常必要的。

为了更好地了解用户的需求与爱好，以便设计出符合用户需要的界面，设计者首先应该把将来可能与系统交互的用户分类。通常从下列几个角度进行分类：

◇ 按技能水平分类（新手、初级、中级、高级）。

◇ 按职务分类（总经理、经理、职员）。

◇ 按所属集团分类（职员、顾客）。

2）描述用户

设计者应该仔细了解将来使用系统的每类用户的情况，把获得的下列各项信息记录下来：

◇ 用户类型。

◇ 使用系统要达到的目的。

◇ 特征（年龄、性别、受教育程度、限制因素等）。

◇ 关键的成功因素(需求、爱好、习惯等)。

◇ 技能水平。

◇ 完成本职工作的脚本。

3) 设计命令层次

设计命令层次的工作通常包含以下几项内容:

(1) 研究现有的人机交互的含义和准则。

现在,Windows 已经成了微机上图形用户界面事实上的工业标准。所有 Windows 应用程序的基本外观及给用户的感受都是相同的,Windows 程序通常还遵守广大用户习以为常的许多约定。

在设计图形用户界面时,应该保持与普通 Windows 应用程序界面相一致,并遵守广大用户习惯的约定,这样才会被用户接受和喜爱。

(2) 确定初始的命令层次。

所谓命令层次,实质上是用过程抽象机制组织起来的、可供选用的服务的表示形式。在设计命令层次时,通常先从对服务过程的抽象着手,然后再进一步修改它们,以适合具体应用环境的需要。

(3) 精化命令层次。

为进一步修改完善初始的命令层次,设计者应该考虑下列一些因素。

◇ 次序:仔细选择每个服务的名字,并在命令层的每一部分把服务排好次序。排序时或者把最常用的服务放在最前面,或者按照用户习惯的工作步骤排序。

◇ 整体-部分关系:寻找在这些服务中存在的整体-部分模式,这样做有助于在命令层中分组组织服务。

◇ 宽度和深度:由于人的短期记忆能力有限,命令层次的宽度和深度都不应该过大。

◇ 操作步骤:应该用尽量少的单击、拖动和击键组合来表达命令,而且应该为高级用户提供简捷的操作方法。

4) 设计人机交互类

人机交互类与所使用的操作系统及编程语言密切相关。例如,在 Windows 环境下运行的 C♯语言提供了.NET 类库,在设计人机交互类时,往往仅需从.NET 类库中选出一些适用的类,然后从这些类派生出符合自己需要的类就可以了。

3. 控制驱动部分的设计

虽然从概念上说,不同对象可以并发地工作,但是在实际系统中,许多对象之间往往存在相互依赖关系。此外,在实际使用的硬件中,可能仅有一个处理器支持多个对象。因此,设计工作的一项重要内容就是确定哪些是必须同时动作的对象,哪些是相互排斥的对象,然后进一步设计控制驱动子系统。

1) 分析并发性

通过面向对象分析建立起来的动态模型是分析并发性的主要依据。如果两个对象彼此之间不存在交互,或者它们同时接受事件,则这两个对象在本质上是并发的。通过检查各个对象的状态图及它们之间交换的事件,能够把若干个非并发的对象归并到一条控制线中。所谓控制线,它是一条遍及状态图集合的路径,在这条路径上每次只有一个对象是活动的。在计算机系统中用任务实现控制线,一般认为任务是进程(Process)的别名,有时也把它称为控制流。通常把多个任务(或控制流)的并发执行称为多任务。

对于某些应用系统来说,通过划分控制流可以简化系统的设计及编码工作。不同的控制流标识了必须同时发生的不同行为。这种并发行为既可以在不同的处理器上实现,也可以在单个处理器上利用多任务操作系统仿真实现(通常采用时间分片策略仿真多处理器环境)。

2)设计控制驱动子系统

为了描述问题域固有的并发行为,表达实现所需的设计决策,需要在 OOD 部分对控制驱动部分进行建模。控制流驱动部分用于定义和表示并发系统中的每个控制流。其中,用主动对象表示每个控制流(进程、线程),所有的主动类构成控制流驱动部分。通常用包括主动类的类图捕捉控制流的静态结构,用包括主动对象的顺序图或通信图捕捉控制流的动态行为。

既然每个控制流都以一个表示进程或线程的主动对象为根,这意味着控制流的创建与撤销的时机分别如下:

◇ 创建一个主动对象,就启动了相关的控制流,从此按照程序的操作逻辑就开始了层层调用,形成了一个控制流。

◇ 撤销主动对象,就终止了相关的控制流,即在主动对象被撤销后,它所代表的线程或进程就终止了。

常见的控制流有事件驱动型控制流、时钟驱动型控制流、优先控制流、关键控制流和协调控制流等。设计控制驱动子系统包括确定各类控制流,并把控制流分配给适当的硬件或软件去执行。

(1)确定事件驱动型控制流。

某些控制流是由事件驱动的,这类控制流可能主要完成通信工作。例如,与设备、屏幕窗口、其他控制流、子系统、另一个处理器或其他系统通信。事件通常是表明某些数据到达的信号。

在系统运行时,这类控制流的工作过程如下:控制流处于睡眠状态(不消耗处理器时间),等待来自数据线或其他数据源的中断;一旦接收到中断就唤醒了该控制流,接收数据并把数据放入内存缓冲区或其他目的地,通知需要知道这件事的对象,然后该控制流又回到睡眠状态。

(2)确定时钟驱动型控制流。

某些控制流每隔一定的时间间隔就被触发以执行某些处理。例如,某些设备需要周期性地获得数据;某些人机接口、子系统、控制流、处理器或其他系统也可能需要周期性地通信。在这些场合往往需要使用时钟驱动型控制流。

时钟驱动型控制流的工作过程如下:控制流设置了唤醒时间后进入睡眠状态;控制流睡眠(不消耗处理器时间)等待来自系统的中断;一旦接收到这种中断控制流就被唤醒并做它的工作,通知有关的对象,然后该控制流又回到睡眠状态。

(3)确定优先控制流。

根据任务的紧急程度设置控制流,即分为高优先级控制流和低优先级控制流。

◇ 高优先级控制流:某些服务具有很高的优先级,为了在严格限定的时间内完成这种服务,可能需要把这类服务分离成独立的高优先级控制流。

◇ 低优先级控制流:与高优先级控制流相反,有些服务是低优先级的,属于低优先级处理(通常指背景处理),在设计时可能要用额外的控制流把这样的处理分离出来。

(4)确定关键控制流。

关键控制流是有关系统成功或失败的关键处理,这类处理通常都有严格的可靠性要求。

在设计过程中可能用额外的控制流把这样的关键处理分离出来,以满足高可靠性处理的要求。对高可靠性处理应该精心设计和编码,并且应该严格测试。

（5）确定协调控制流。

当系统中存在 3 个以上的控制流时,应该增加一个控制流,用它作为协调控制流。

引入协调控制流会增加系统的总开销,但是引入协调控制流有助于把不同控制流之间的协调控制封装起来,使用状态转换矩阵可以比较方便地描述该控制流的行为。这类控制流应该仅做协调工作,不要让它再承担其他服务工作。

（6）尽量减少控制流数。

设计者必须仔细分析和选择每个确实需要的控制流,应该使系统中包含的控制流数尽量少。

设计多任务系统的主要问题是,设计者常常为了自己处理时的方便而轻率地定义过多的任务（或控制流）。这样做不仅加大了设计工作的技术复杂度,并使系统变得不易理解,从而加大了系统维护的难度。

（7）确定资源需求。

使用多处理器或固件,主要是为了满足高性能的需求。设计者必须通过计算系统载荷（即每秒处理的业务数及处理一个业务所花费的时间）来估算所需要的 CPU（或其他固件）的处理能力。

设计者应该综合考虑各种因素,以决定哪些子系统用硬件实现,哪些子系统用软件实现。下述两个因素可能是使用硬件实现某些子系统的主要原因:

（1）现有的硬件完全能满足某些方面的需求。例如,买一块浮点运算卡比用软件实现浮点运算要容易得多。

（2）专用硬件比通用的 CPU 性能更高。例如,目前在信号处理系统中广泛使用固件实现快速傅里叶变换。

设计者在决定到底采用软件还是硬件的时候,必须综合权衡一致性、成本、性能等多种因素,还要考虑未来的可扩充性和可修改性。

4．数据管理部分的设计

数据管理子系统是系统存储或检索对象的基本设施,它建立在某种数据存储管理系统之上,并且隔离了数据存储管理模式（文件管理系统、关系数据库管理系统或面向对象数据库管理系统）的影响。

1）选择数据存储管理模式

不同的数据存储管理模式有不同的特点,适用范围也不相同,设计者应该根据应用系统的特点选择适用的模式。

（1）文件管理系统。

文件管理系统是操作系统的一个组成部分,使用它长期保存数据具有成本低和简单等特点,但是,文件操作的级别低,为提供适当的抽象级别必须编写额外的代码。此外,不同操作系统的文件管理系统往往有明显的差异。

（2）关系数据库管理系统。

关系数据库管理系统的理论基础是关系代数,它不仅理论基础坚实,而且具有下列主要优点:

① 提供了各种最基本的数据管理功能（例如,中断恢复、多用户共享、多应用共享、完整

性、事务支持等)。

② 为多种应用提供了一致的接口。

③ 标准化的语言(大多数商品化关系数据库管理系统都使用 SQL 语言)。

但是,为了做到通用与一致,关系数据库管理系统通常相当复杂,且有下列具体缺点,以至于限制了这种系统的普遍使用:

① 运行开销大。即使只完成简单的事务(例如,只修改表中的一行),也需要较长的时间。

② 不能满足高级应用的需求。关系数据库管理系统是为商务应用服务的,商务应用中的数据量虽大但数据结构却比较简单。事实上,关系数据库管理系统很难用在数据类型丰富或操作不标准的应用中。

③ 与程序设计语言的连接不自然。SQL 语言支持面向集合的操作,是一种非过程性语言;然而大多数程序设计语言本质上却是过程性的,每次只能处理一个记录。

(3) 面向对象数据库管理系统

面向对象数据库管理系统是一种新技术,主要有两种设计途径,即扩展的关系数据库管理系统途径和扩展的面向对象程序设计语言途径。

① 扩展的关系数据库管理系统途径是在关系数据库的基础上,增加了抽象数据类型和继承机制;此外,还增加了创建及管理类和对象的通用服务。

② 扩展的面向对象程序设计语言途径扩充了面向对象程序设计语言的语法和功能,增加了在数据库中存储和管理对象的机制。开发人员可以用统一的面向对象观点进行设计,不再需要区分存储数据结构和程序数据结构(即生命周期短暂的数据)。

目前,大多数"对象"数据管理模式都采用"复制对象"的方法,即先保留对象值,然后在需要时创建该对象的一个副本。扩展的面向对象程序设计语言则扩充了这种机制,它支持"永久对象"方法,准确地存储对象(包括对象的内部标识在内),而不是仅仅存储对象值。使用这种方法,当从存储器中检索出一个对象的时候,它完全等同于原先存在的那个对象。"永久对象"方法为在多用户环境下从对象服务器中共享对象奠定了基础。

2) 设计数据管理子系统

设计数据管理子系统既需要设计数据格式又需要设计相应的服务。

(1) 设计数据格式。

设计数据格式的方法与所使用的数据存储管理模式密切相关,下面分别介绍适用于每种数据存储管理模式的设计方法。

① 文件系统。

◇ 定义第一范式表:列出每个类的属性表,把属性表规范成第一范式,从而得到第一范式表的定义。

◇ 为每个第一范式表定义一个文件。

◇ 测量性能和需要的存储容量。

◇ 修改原设计的第一范式,以满足性能和存储需求。

◇ 必要时把泛化结构的属性压缩在单个文件中,以减少文件数量。

◇ 必要时把某些属性组合在一起,并用某种编码值表示这些属性,而不再分别使用独立的域表示每个属性。这样做可以减少所需要的存储空间,但是增加了处理时间。

② 关系数据库管理系统。

◇ 定义第三范式表:列出每个类的属性表,把属性表规范成第三范式,从而得出第三范式

  表的定义。

  ♦ 为每个第三范式表定义一个数据库表。

  ♦ 测量性能和需要的存储容量。

  ♦ 修改之前设计的第三范式,以满足性能和存储需求。

  ③ 面向对象数据库管理系统。

  ♦ 扩展的关系数据库管理系统途径:使用与关系数据库管理系统相同的方法。

  ♦ 扩展的面向对象程序设计语言途径:不需要规范化属性的步骤,因为数据库管理系统本身具有把对象值映射成存储值的功能。

  (2) 设计相应的服务。

  如果某个类的对象需要存储起来,则在这个类中增加一个属性和服务,用于完成存储对象自身的工作。应该把为此目的增加的属性和服务作为"隐含"的属性和服务,即无须在面向对象设计模型的属性和服务层中显式地表示它们,仅需在关于类与对象的文档中描述它们。

  这样设计之后,对象将知道怎样存储自己,用于"存储自己"的属性和服务,在问题域子系统和数据管理子系统之间构成一座必要的"桥梁"。利用多重继承机制,可以在某个适当的基类中定义这样的属性和服务,如果某个类的对象需要长期存储,该类就从基类中继承这样的属性和服务。

  下面介绍使用不同数据存储管理模式时的设计要点。

  ① 文件管理系统。

  被存储的对象需要知道打开哪个(些)文件,怎样把文件定位到正确的记录上,怎样检索出旧值(如果有),以及怎样用现有值更新它们。

  此外,还应该定义一个 ObjectServer(对象服务器)类,并创建它的实例。该类提供下列服务:

  ♦ 通知对象保存自身;

  ♦ 检索已存储的对象(查找、读值、创建并初始化对象),以便把这些对象提供给其他子系统使用。

  ♦ 为提高性能应该批量处理访问文件的要求。

  ② 关系数据库管理系统。

  被存储的对象应该知道访问哪些数据库表,怎样访问所需要的行,怎样检索出旧值(如果有),以及怎样用现有值更新它们。

  此外,还应该定义一个 ObjectServer 类,并声明它的对象。该类提供下列服务:

  ♦ 通知对象保存自身;

  ♦ 检索已存储的对象(查找、读值、创建并初始化对象),以便由其他子系统使用这些对象。

  ③ 面向对象数据库管理系统。

  扩展的关系数据库管理系统途径:与使用关系数据库管理系统时方法相同。

  扩展的面向对象程序设计语言途径:无须增加服务,这种数据库管理系统已经给每个对象提供了"存储自己"的行为,只需给需要长期保存的对象加个标记,然后由面向对象数据库管理系统负责存储和恢复这类对象。

5. 构件部署部分的设计

构件部署设计用来设计软件开发过程中形成的软件制品,软件运行平台中的物理结点和通信方式以及软件制品到相应硬件结点的部署或映射。一般需要考虑以下几点:

- ⬦ 最终开发完成的软件包括哪些制品形式;
- ⬦ 软件运行环境存在哪些类型的物理结点;
- ⬦ 不同结点之间的连接和通信形式是什么;
- ⬦ 软件制品应该如何在物理结点上进行部署,即清楚它们的部署映射关系。

6.3 面向对象的分析与设计过程案例:图书管理系统

统一建模语言(UML)适用于以面向对象技术来描述任何类型的系统,而且适用于系统开发的不同阶段,包括从需求规格描述直至系统完成后的测试和维护。需要注意的是,UML 是一种建模语言而不是方法,这是因为 UML 中没有过程的概念,而过程正是方法的一个重要组成部分。UML 本身独立于过程,这意味着用户在使用 UML 进行建模时可以选用任何适合的过程。然而,使用 UML 建模仍然有着大致统一的过程框架,该框架包含了 UML 建模过程中的共同要素,同时又为用户选用与其开发的工程相适合的建模技术提供了很大的自由度。一般情况下,运用面向对象方法来具体开发一个系统,其分析和设计过程包括以下几个方面的内容:识别系统目标与边界;识别用例,建立用例图;识别对象,建立类图;设计用例的详细逻辑,建立顺序图和协作图;精化和完善模型。

基于 UML 的分析与设计主要包括以下几个基本步骤。

(1) 用例分析与设计:标识用例并生成系统用例图,编写基本用例叙述。

(2) 静态建模:建立各层次类图,表示系统中的概念、属性、关联以及操作。

(3) 系统设计:描述整个系统的总体结构,使得所设计的软件能够满足客户定义的需求,并实现支持客户需求的技术基础设施。

(4) 对象设计:对类的属性和操作的实现细节进行设计和优化。

(5) 部署模型设计:对软件最终的元素结构以及运行的具体环境进行描述。

在实际工作中,系统开发人员可以同时进行几个不同的步骤。在进行不同步骤的时候,由于在后续步骤中获得了新认识,在前面步骤中所做的工作不断被修改,这反映了系统开发的迭代性。

6.3.1 用例分析与设计

在此以某图书管理系统为例,说明 UML 设计的具体过程。

首先要进行需求分析,这是一个决定系统能否符合用户需求的关键阶段,该阶段的好坏直接影响到设计的进度以及质量。需求分析主要是定义用例,对该系统的主要功能进行描述,从而确定系统的功能需求。在这部分主要应用的是用例图,用例图要详尽地表示系统的各种关系。在该案例中,图书管理系统的需求简述如下:

在图书管理系统中,管理员要为每个读者建立借阅账户,并给读者发不同类别的借阅卡(借阅卡可提供卡号、读者姓名),账户内存储读者的个人信息和借阅记录信息。持有借阅卡的读者可以通过管理员(作为读者的代理人与系统交互)借阅、归还图书,不同类别的读者可借阅图书的范围、数量和期限不同,可通过互联网或图书馆内的查询终端查询图书信息和个人借阅情况,以及续借图书(系统审核符合续借条件)。

在借阅图书时,先输入读者的借阅卡号,系统验证借阅卡的有效性和读者是否可继续借阅图书,如果无效则提示其原因,如果有效则显示读者的基本信息(包括照片),供管理员人工核对。然后输入要借阅的书号,系统查阅图书信息数据库,显示图书的基本信息,供管理员人工核对。最后提交借阅请求,若被系统接受则存储借阅记录,并修改可借阅图书的数量。归还图书时,输入读者的借阅卡号和图书号(或丢失标记号),系统验证是否有此借阅记录以及是否超期借阅,若无则提示,若有则显示读者和图书的基本信息供管理员人工审核。如果有超期借阅或丢失情况,先转入过期罚款或图书丢失处理。然后提交还书请求,系统接受后删除借阅记录,登记并修改可借阅图书的数量。

图书管理员定期或不定期地对图书信息进行入库、修改、删除等图书信息管理以及注销(不外借),包括图书类别和出版社管理。

1. 确定用例

在采用用例模型描述系统需求时,首先需要开发人员从业务需求描述出发获取参与者(Actor)和场景,对场景进行汇总、分类、抽象,形成用例。

场景是从单个参与者的角度观察目标软件系统的功能和外部行为,这种功能通过系统与用户之间的交互来表示。

场景是用例的实例,而用例是某类场景的共同抽象。

1)获取场景

◇ 目标软件系统有哪些参与者?

◇ 参与者希望系统执行的任务有哪些?

◇ 参与者希望获得哪些信息? 这些信息由谁生成? 由谁修改?

◇ 参与者需要通知系统哪些事件? 系统响应这些事件时会表现出哪些外部行为?

◇ 系统将通知参与者哪些事件?

2)定义用例

在场景确定之后,通过对场景的汇总、分类归并、抽象即可形成用例。

需要特别注意的是,参与者并只限于人员,其他与目标软件发生交互的外部实体或系统也是参与者;用例应该是对参与者可见的系统需求或功能,否则不能作为用例。

(1)确定参与者。

通过对系统需求陈述的分析,可以确定系统有两个参与者,即管理员和读者,简要描述如下。

① 管理员:管理员按系统授权维护和使用系统的不同功能,可以创建、修改、删除读者信息和图书信息(即读者管理和图书管理),借阅、归还图书以及罚款等(即借阅管理)。

② 读者:读者可以通过互联网或图书馆查询终端查询图书信息和个人借阅信息,还可以在符合续借的条件下自己办理续借图书。

(2)确定用例。

在确定执行者之后,结合图书管理的领域知识进一步分析系统的需求,可以确定系统的以下用例。

① 借阅管理:包含借书、还书(可扩展过期和丢失罚款)、续借、借阅情况查询。

② 读者管理:包含读者信息和读者类别管理。

③ 图书管理：包含图书信息管理、图书类别管理、出版社管理、图书注销和图书信息查询。

下面是借阅情况查询、读者信息管理、读者类别管理、图书类别管理、出版社信息管理和图书信息查询等用例的简要描述。

① 借阅情况查询：读者通过互联网或图书查询终端登录系统后，查阅个人的所有借阅记录。

② 读者信息管理：管理员登录后，对读者详细信息进行增、删、改等维护管理。

③ 读者类别管理：管理员登录后，对读者类别进行增、删、改等维护管理。

④ 图书类别管理：管理员登录后，对图书类别进行增、删、改等维护管理。

⑤ 出版社信息管理：管理员登录后，对出版社的详细信息进行增、删、改等维护管理。

⑥ 图书信息查询：读者或管理员通过互联网或图书查询终端登录后，查询所需的图书信息。

2．生成用例图

生成用例图是一个逐步精化的过程，首先可以建立初步的用例图，包括前面发现的参与者和用例；然后对用例图进行细化，定义用例之间的"包含"、"扩展"、"继承"等关系，并可能需要定义新的用例，以能够更准确地使用用例图描述系统需求。

图书管理系统用例图如图 6-5 所示。

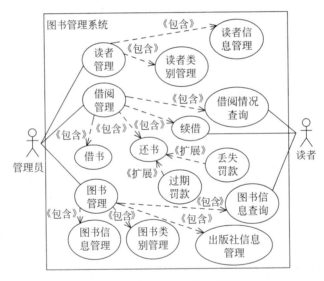

图 6-5　图书管理系统用例图

3．用例描述

对用例的完整描述包括用例名称、参与者、前置条件、一个主事件流、零到多个辅事件流、后置条件。

主事件流表示正常情况下参与者与系统之间的信息交互及动作序列，辅事件流则表示特殊情况或异常情况下的信息交互及动作序列。

在此以借书和还书为例，其用例描述如下：

1）借书

用例名称：借书

参与者：管理员

前置条件：一个合法的管理员已经登录到这个系统

事件流：

    A. 输入读者编号；

    提示超期未还的借阅记录；

    B.输入图书编号；

      If 选择"确定" then

        If 读者状态无效或该改书"已"注销 或 已借书数＞＝可借书数 then

          给出相应提示；

        Else

          添加一条借书记录；

          "图书信息表"中"现有库存量"－1；

          "读者信息表"中"已借书数量"＋1；

          提示执行情况；

        Endif

        清空读者、图书编号等输入数据；

      Endif

      If 选择"重新输入"then

        清空读者、图书编号等输入数据；

      Endif

      If 选择"退出"then

        返回上一级界面；

      Endif

      返回 A.等待输入下一条；

后置条件：如果是有效借书,在系统中保存借阅记录,并修改图书库存量和读者借书数量。

2）还书

用例名称：还书

参与者：管理员

前置条件：一个合法的管理员已经登录到这个系统

事件流：

  A. 输入读者编号；

  提示超期未还的借阅记录；

  If 有超期 then

    提示,调用"计算超期罚款金额"；

  Endif

  If 丢失 then

    选择该书借阅记录；

    调用"计算丢失罚款金额"＋调用"计算超期罚款金额"；

  Endif

  If 选择"确定" 还书 then　　//要先交罚款后才能还

    B. 输入图书编号；

    If 读者状态无效 或 该图书标号不在借书记录中 then

      提示该读者借书证无效或该图书不是该读者借阅的；

    Else

      添加一条还书记录；

　　　　　　删除该借书记录；
　　　　　　"图书信息表"中"现有库存量"＋1；
　　　　　　"读者信息表"中"已借书数量"－1；
　　　　　　提示执行情况；
　　　　Endif
　　　　清空读者、图书编号等输入数据；
　　　Endif
　　If 选择"重新输入"then
　　　　清空读者、图书编号等输入数据；
　　Endif
　　If 选择"退出"then
　　　　返回上一级界面；
　　Endif
　　返回 A.等待输入下一条；
后置条件：如果是有效还书，在系统中删除借阅记录，并修改图书库存量和读者借书数量。

　　用例既可以像上面这样描述，也可以采用 UML 活动图，以使表示更为精确、直观。这里不再给出相应的活动图，感兴趣的读者可以自己使用活动图对上述描述进行建模。

6.3.2　静态建模

　　在此通过寻找系统需求陈述中的名词，结合图书管理的领域知识，首先给出候选的对象类，经过筛选、审查，可确定"图书管理系统"的类有读者、图书、借阅记录、图书注销记录、读者类别、图书类别、出版社等。然后，经过标识责任、标识协作者和复审，定义类的属性、操作和类之间的关系。

　　这里仅以"读者"类为例列出该类的属性和操作，对于其他类的属性读者可以自行分析和设计，操作与"读者"类的类似。

"读者"类
◆私有属性
　读者编号(借书证号码和用户名与此同)：文本
　读者姓名：文本
　读者类别编号：文本
　读者性别：文本
　出生日期：时间/日期
　读者状态：文本
　办证日期：时间/日期
　已借图书数量：数值
　证件名称：文本
　证件号码：文本
　读者单位：文本
　联系地址：文本
　联系电话：文本
　E-mail：文本
　用户密码：文本
　办证操作员：文本
　备注：文本

◆公共操作
　　永久写入读者信息
　　永久读取读者信息
　　新增读者
　　删除读者
　　修改读者信息
　　获取读者信息
　　查找读者信息
　　返回借阅数量

最后得到"图书管理系统"类之间的关系,如图 6-6 所示。

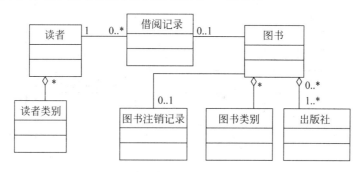

图 6-6　图书管理系统类图

6.3.3　系统设计

不难想象,一个大型的软件系统,其具体的用例必然会众多而复杂,为了进一步简化分析,依据具体用例之间的关系对用例进行分类。经过分类之后,它们系统化为多个更小的子系统。在 UML 中,采用包图的语言机制来实现这种子系统的描述。图 6-7,即用包图描述本节所述的图书管理系统的基本功能。

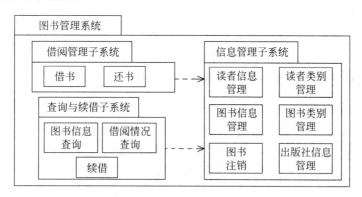

图 6-7　图书管理系统包图

接下来,需要对各个子系统中的具体用例的实现进行更深层次的刻画,即考虑软件的具体实现。一个系统用例对外部用户而言是系统为其提供的一项"服务",为了实现这个"服务",需要系统内部众多对象之间相互合作来共同完成。如何精确地刻画这些"幕后"的软件行为呢?顺序图便是 UML 描述软件行为图的一种,它可以对对象之间消息传递的先后动态交互过程进行精确描述。

例如,"借书"功能的消息交互顺序如图 6-8 所示。

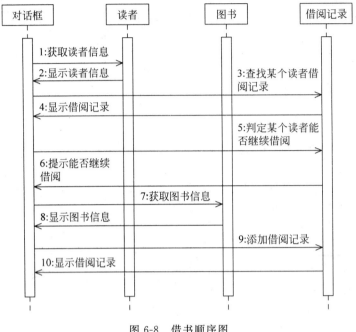

图 6-8 借书顺序图

6.3.4 对象设计

对象设计主要有以下两个任务:

(1) 对类的属性和操作的实现细节进行设计。如上面"读者"类的属性"联系电话"有多个时,决定用一个链表或数组来存放,也可能需要增加属性和操作,如"读者"类中增加属性"相片",操作增加"打印与发送过期通知书",然后设计每一个操作的算法。

(2) 分别从人机交互、数据管理、任务管理和问题域方面考虑,以实现的角度添加一些类,或优化类的结构。如从数据管理方面,需要添加一个"永久数据"类作为需要永久保存数据类的父类,承担读/写数据库的责任;从人机交互方面,需要添加一个"对话框"类(其父类是"窗口"类)来实现人机交互的功能,则图 6-6 可改进为图 6-9。

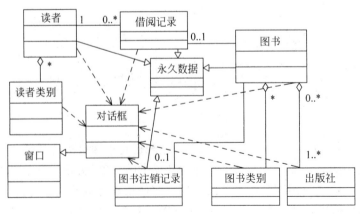

图 6-9 图书管理系统设计后的类图

必要时,可针对系统的某一类对象画出表示该对象在系统中的状态变化过程,如"图书"对象的状态变化如图 6-10 所示。

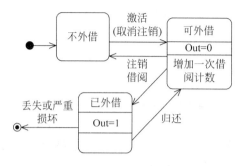

图 6-10　图书对象状态图

6.3.5　部署模型设计

"图书管理系统"的物理结点分布如图 6-11 所示。

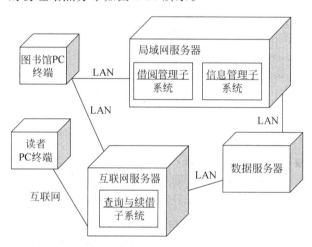

图 6-11　图书管理系统部署图

6.4　小结

本章首先介绍了面向对象方法的相关知识,对于面向对象方法支持的 3 种基本活动进行了说明,即识别对象和类,描述对象和类之间的关系,以及通过描述每个类的功能定义对象的行为。然后说明了面向对象的分析与设计过程,用面向对象方法设计软件,原则上也是先进行总体设计(即系统设计),再进行详细设计(对象),当然,它们之间的界限非常模糊,事实上是一个多次反复迭代的过程。本章分别讲述了问题域子系统、人机交互子系统、控制驱动子系统、数据管理子系统以及构件部署的设计方法。在实际开发中,基于 UML 的面向对象的分析与设计得到了大量的应用,因此,最后一部分以一个"图书管理系统"为例介绍了其基于 UML 的软件分析与设计过程。尽管遵循一定的思维方式,但面向对象的软件分析和设计方法并没有固定的方式,而 UML 提供一种建模语言,并没有规定使用各种视图对软件进行分析和设计的过程,对于在本章中未涉及的 UML 视图也很重要。因此,本章描述的过程与方法可以看作是一种指导,在实践应用时,应该根据目标软件的特点、开发机构的背景、开发人员的习惯等因素进一步灵活定制,寻找最合适的分析与设计过程。

6.5 思考题

1. 简述面向对象方法支持的 3 种基本活动。

2. 简述面向对象的系统开发生命周期。

3. 试用面向对象方法设计以下软件问题,并提交最终的设计模型和文档。

对于银行 ATM 自动柜员机,ATM 系统能够为顾客提供以下基本服务(它们统一称为交易)。

◇ 取款服务:顾客可以用银行卡从对应的账户中支取现金,现金必须是 100 元的整数倍,且每次取款不能超过 5000 元。

◇ 存款服务:顾客可以把现金存入与银行卡对应的账户中。

◇ 转账服务:顾客可以把一个银行卡对应的账户中的款项转到另一个银行账户中。

◇ 查询服务:顾客能够查询一个银行卡对应的账户中的余额。

该 ATM 系统包括以下组成部分:

◇ 读卡器;

◇ 交互的控制台;

◇ 存款的插槽;

◇ 打印机;

◇ 启动和关闭 ATM 系统的开关键盘;

◇ ATM 系统与银行服务通过特定的网络连接进行通信。

ATM 系统在提供以上服务的过程中,必须满足以下要求:

◇ 一个顾客可以在最终确认前放弃一项交易。

◇ ATM 在执行交易过程中将与银行系统进行通信,对是否允许交易进行验证。

◇ ATM 为每次成功的交易提供一个打印回执。

◇ ATM 需要维护一个内部日志,对每次的交易进行记录。

第7章 面向数据流的软件设计方法

计算机科学领域的所有问题都可以通过其他方式间接解决。

——David Wheeler

结构化开发方法是现有软件开发方法中最成熟、应用最广泛的方法,结构化开发方法由结构化分析方法、结构化设计方法及结构化程序设计方法构成。结构化分析方法是在 20 世纪 70 年代由 Edward Yourdon、Constaintine 及 Tom DeMarc 等人提出和发展的,并得到广泛的应用。

面向数据流的分析方法和面向数据结构的分析方法都是结构化分析方法家族中的一员,其中,面向数据流的分析方法是最具代表性的结构化分析方法。本章主要介绍面向数据流的软件设计方法,共分为 6 个部分,7.1 节介绍数据流图与数据字典,7.2 节介绍实体-关系图,7.3 节介绍状态迁移图,7.4 节是教材购销系统的案例分析,7.5 节是面向数据流的需求分析方法,7.6 节是面向数据流的设计方法。

7.1 数据流图与数据字典

一个基于计算机的信息处理系统由数据和对数据的处理构成,为了描绘数据在系统中的流动和被处理情况以及表达分析员对新系统的设想,使用数据流图和数据字典共同定义新系统的逻辑模型。

7.1.1 数据流图

数据流图(Data Flow Diagram,DFD)是一种建模技术,能以图形的方式刻画数据流从输入到输出的变换过程。数据流图通过描述对数据流进行变换的功能来建立系统的功能模型。如图 7-1 所示,数据流图提供了 4 种基本建模元素。

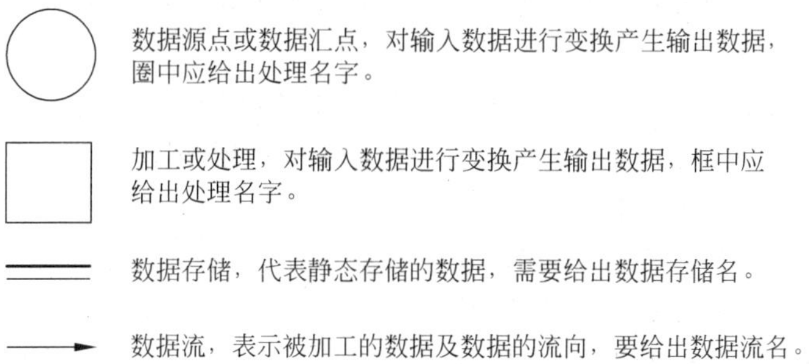

数据源点或数据汇点,对输入数据进行变换产生输出数据,圈中应给出处理名字。

加工或处理,对输入数据进行变换产生输出数据,框中应给出处理名字。

数据存储,代表静态存储的数据,需要给出数据存储名。

数据流,表示被加工的数据及数据的流向,要给出数据流名。

图 7-1 数据流图的基本建模元素

数据源点表示系统中要处理数据的来源,数据汇点表示系统的处理结果要送到的地方。数据源点和汇点均不是系统中的部分,只是系统环境中与系统有数据交互关系的实体部分,因此称为外部实体。在实际中,外部实体可能对应人、部门、其他软件系统、硬件设备等。

数据流表示动态的数据,沿着箭头的方向流动,由一组固定的数据项组成。数据流可以表示在加工之间传送的数据,也可以表示数据存储和加工之间传送的数据,还可以是从数据源点流向处理或从处理流向数据汇点的数据。数据流需要用名词或名词短语命名。

数据存储表示静态的数据,即保存到数据库文件或其他文件中的数据。数据存储可以引出箭头,也可以引入箭头,分别表示对数据存储的读取和写入。在数据流图中,从数据存储引出或指向数据存储的箭头上不需要标数据流名,默认与数据存储同名。

加工是对数据的处理或变换。一个加工至少有一个输入流和一个输出流,表示加工对输入流所做的变动。每个加工也要有名字,通常是动词短语,用于简明地描述完成什么加工。

在数据流图中,还可以使用一些辅助的图形。如图 7-2 所示,这些图形刻画流向一个处理的多个数据流或从一个处理流出的多个数据流之间的关系。

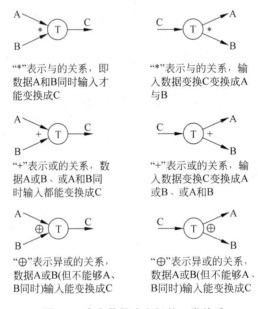

图 7-2　多个数据流之间的三类关系

"自顶向下,逐步求精"和"分解与抽象"是面向数据流方法建模的基本思想。利用数据流图建立功能模型的过程也是分层次、由抽象到具体一步一步进行的。如图 7-3 所示,顶层数据流图抽象地描述了整个系统,底层具体地刻画出了系统的每一个细节,而中间层是从抽象到具体的逐层过渡。

在多层数据流图中,顶层流图也称为 0 层数据流图,用 DFD/L0 表示。对顶层流图进行功能分解得到第 1 层数据流图——DFD/L1。对第 1 层数据流图中的功能分解进一步得到第 2 层流图——DFD/L2,依此类推。

顶层数据流图仅包含一个加工,它代表被开发系统,其输入流是该系统的输入数据,输出流是系统所输出数据;底层流图是指其加工不需再做分解的数据流图,它处在最底层;中间层流图则表示对其上层父图的细化,它的每一个加工都可能继续细化,形成子图。

在数据流图中,需按层给加工框编号,编号表明该加工所处层次及上下层的亲子关系。规

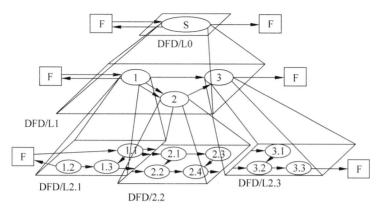

图 7-3　分层数据流图

定任何一个数据流子图必须与它上一层的一个加工对应,两者的输入数据流和输出数据流必须保持一致。如第 1 层数据流图中的加工 2 有两个输入和一个输出,它对应的子图 DFD/L2.2 也同样有两个外部输入和一个输出。

在画分层数据流图时,首先遇到的问题就是应该如何分解。用户不能够一下子把一个加工分解成它的所有基本加工,在一张图中画出过多的加工是令人难以理解的,但是,如果每次只将一个加工分解成两个或 3 个加工,又可能需要分解过多的层次,也会影响系统的可理解性。一个加工每次分解成多少个子加工才合适呢? 根据经验最多不要超过 7 个。统计结果证明,人们能有效地同时处理 7 个或 7 个以下的问题,但当问题多于 7 个时,处理效果就会下降。当然,也不能机械地应用该分解经验,关键是要使数据流图易于理解。

下面给出画数据流图的一般步骤:

(1) 首先,找出数据源点和汇点,它们是外部实体,由它们确定系统与外界的接口。

(2) 找出外部实体的输出数据流与输入数据流,画出顶层数据流图。

(3) 从顶层加工出发,逐步细化,画出所需的子图,分析系统的主要处理功能,把每一个处理功能作为一个加工,并且确定它们之间的数据流入和流出关系,画出第一层数据流图。

(4) 对当前层流图中的每个加工进行细化,画出所需的子图,直到加工不需要再分解为止。

特别需要注意的是,数据流图不是传统的流程图或框图,数据流也不是控制流。数据流图是从数据的角度来描述一个系统,而框图则是从对数据进行加工的工作人员的角度来描述系统。数据流图中的箭头是数据流,而框图中的箭头则是控制流,控制流表达的是程序执行的次序。

下面介绍一个实例——运动会管理系统。

组织一个大型运动会的工作过程如下:首先决定日期、地点、规模、设立哪些比赛项目、报名期限等,并做出一些规定,如每人最多可参加多少项目,每个项目每队最多可有多少人参加等。在报名结束后,要给每个运动员编号,统计每个项目有多少运动员以及有哪些运动员参加,并根据每个项目的参加人数等具体情况排出比赛日程表。在运动会进行过程中,要按各项比赛的成绩及时公布单项名次并累计团体总分。比赛全部结束后,要公布团体名次。

所以,组织一个大型运动会有大量的数据处理工作。在此准备建立一个计算机化的运动会管理系统,作为第一步,我们必须仔细分析运动会的组织工作,明确计算机系统应该具有什么功能,为此画出运动会管理系统的一套分层数据流图,如图 7-4 所示。

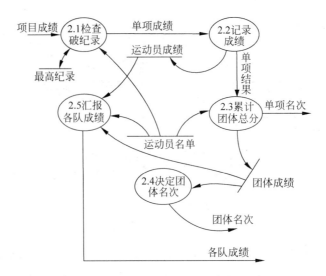

图 7-4　运动会管理系统分层数据流图

这套数据流图简要地分为三层。顶层图描绘了系统的外貌：系统从收发员那里接受"报名单"，将"运动员号码单"、"各队成绩"输出给收发员；系统将"项目参加者"输出给裁判长，裁判长将"比赛项目"、"项目成绩"送交给系统；系统还向公布台输出"单项名次"和"团体名次"。

第一层说明系统分成"登记报名单"和"统计成绩"两部分，并画出了每一部分的输入、输出以及要存取的文件，如图 7-5 所示。

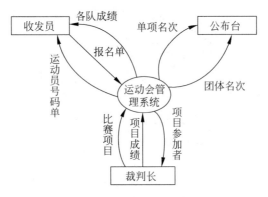

图 7-5　分层数据流图的第一层

图 7-6 说明"登记报名单"这一部分可分成 4 个加工，图 7-7 说明"统计成绩"可分成 5 个加工，这两张图也描绘了各个加工之间的联系。

由于图 7-6 中的加工已足够简单，图 7-7 中的加工也已足够简单，所以图 7-6 和图 7-7 就可以作为底层不再分解下去。

由于每张子图的输入/输出都与父图中相应加工的输入/输出一致，所以这套分层图是平衡的。

这套数据流图描述了运动会管理系统的"分解"，至于图中出现的数据流"报名单"、"运动员号码单"，文件"运动员名单"、"团体成绩"和加工"记录成绩"、"汇报各队成绩"……各是什么含义，还有待于数据词典和加工说明来做出解释。

这样，在一套数据流图中会不可避免地存在一些错误或者缺陷，下面介绍如何对它们的正

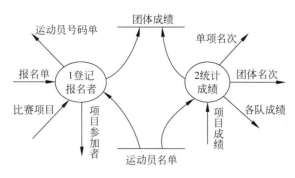

图 7-6　分层数据流图中的"登记报名单"部分

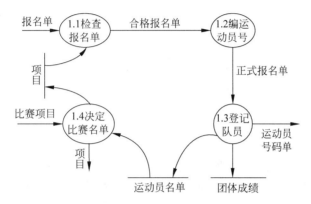

图 7-7　分层数据流图中的"统计成绩"部分

确性进行检查并做出改进。

人们对一个大型系统的理解不可能一开始就是十全十美的,总要经过逐步去粗取精、去伪存真的过程。在刚开始分析一个系统时,尽管我们对问题的理解有不正确、不确切之处,但还是应该把我们的理解用数据流图画出来,然后对它们进行逐步修改以获得较正确、完美的图纸。

该部分讨论如何检查数据流图的正确性和提高它的易理解性。

1．检查数据流图的正确性

分析员通常可从以下几个角度来检查数据流图的正确性:①数据守恒;②文件的使用;③父图和子图的平衡,下面分别讨论之。

1）数据守恒

数据不守恒的情况有两种,一种是某个加工用于产生输出的数据并没有输入给这个加工,这时可以肯定有某些数据流遗漏了。

在图 7-8 中,"决定比赛名单"这个加工根据"项目"和"运动员名单"产生"项目参加者",如果"运动员名单"和"项目参加者"的组成如下:

$$运动员名单 = 队名 + 姓名 + 项目$$
$$项目参加者 = 项目 + 姓名 + 运动员号$$

我们可以发现,这个加工要输出"运动员号"这个数据,但是并没有接收到它,所以一定有数据流遗漏了。

另一种情况是,一个加工的某些输入并没有从这个加工输出,这并不一定是错误,但值得与用户再研究一下：为什么要将这些数据输入给这个加工，而加工却不使用它？如果确实是不必要的，就可将多余的数据流去掉以简化加工之间的联系。

在图 7-9 中，加工"开发票"根据"订货单"和"价目"文件开出"发票"，如果这些数据的组成如下：

$$订货单＝单位名＋货名＋货号＋数量$$
$$价目＝货名＋单价$$
$$发票＝单位名＋货名＋数量＋单价＋总计$$

我们可以发现这个加工并不使用"货号"这个数据，经过和用户商量，如果确实是不必要的，就可以将它删掉。

图 7-8　加工图 1　　　　　　　　　图 7-9　加工图 2

2）文件的使用

图 7-10 中的父图与子图有一个明显的错误：只有流向文件 DELTA 的数据流，没有从该文件流出的数据流，即只有写文件的加工没有读文件的加工，这说明一定有某些加工被遗漏了。

在画数据流图时，大家应该注意加工与文件间数据流的方向。一个加工要读文件，则数据流的箭头是指向加工的，加工要写文件，则箭头是指向文件的。如果加工要修改文件（尽管修改文件一般要先读文件，但其本质还是写），箭头也应指向文件而不是双向的。只有当加工除了修改文件之外，为了其他目的，还要读该文件时，才画双向箭头。如果不遵循这一规则，图 7-10 中的错误就不易被发现。

3）父图和子图的平衡

父图和子图的数据流没有保持平衡是一种常见的错误，不平衡的分层图是无法使人理解的，因此设计者应该特别注意，尤其是在对子图做了某些修改（如添加或删除了某些数据流）之后，必须再次检查和修改它的父图以保持平衡。

2．提高数据流图的易理解性

数据流图应该简明、易懂，这将有利于后面的设计、编写等工作，也有利于以后对系统说明书进行维护。

提高数据流图的易理解性可从以下几方面进行：简化加工间的联系；注意分解的均匀；适当地命名，下面分别讨论之。

1）简化加工间的联系

分析的基本手段是"分解"，分解的目的是控制复杂性，所以分解不能随心所欲地进行，随意的分解有可能会使问题复杂化。合理的分解是将一个问题分成相对独立的几个部分，这样每一部分就可单独地理解，一个复杂的问题就被几个较简单的问题代替了。

在数据流图中，加工间的数据流越少，各个加工就越相对独立，所以我们应尽量减少加工间输入/输出数据流的数目。

在图 7-11 中，加工 2 与其他加工的联系相当复杂，输入/输出数据流达 9 个之多，所以很难独立理解。一般来说，这样的分解是不合适的，我们应该考虑重新分解，在下一小节将具体讨论如何简化这张图。

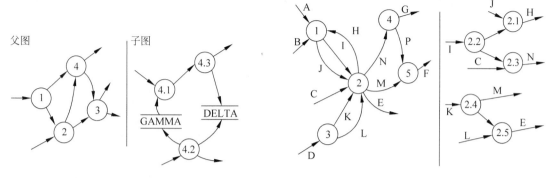

图 7-10　父图与子图 1　　　　　　图 7-11　父图与子图 2

2）注意分解的均匀

理想的分解是将一个问题分解成大小均匀的几个部分，当然，这是不容易做到的，但是我们应该避免特别不均匀的分解。如果在一张图中，某些加工已是基本加工，而另一些加工却还可以进一步分解三、四层，这张图则是不易被理解的，因为其中某些部分描述的是细节，而另一些部分描述的却是较高层的抽象。如果遇到这种情况，我们也应考虑重新分解。

3）适当地命名

数据流图中各成分的命名与图纸的"易理解性"直接相关，所以应该注意适当地命名。

先看下面几个加工的名字："计算总工作量"、"开发票"、"存储和打印提货单"、"处理订货单"、"处理输入"、"做杂事"。

前两个名字的意义很明确，所以容易理解。第 3 个也不错，但看来可将它分解成两个加工。后面几个名字就很不好，不易理解："处理"是个很空洞的动词，它没有告诉我们这个加工究竟做什么；"处理输入"则具有双重的缺点，不仅动词空洞，它的宾语也不具体；"做杂事"就更差了，相当于没有给加工命名。

理想的加工名由一个具体的动词和一个具体的宾语组成，在底层尤其应该用这样的方式命名。同样，对数据流和文件也应适当地命名，尽量避免产生错觉，以减少设计、编程等阶段的错误。如果难以为某个成分取合适的名字，这往往是分解不当的迹象，此时可以考虑重新分解。

3．重新分解

在许多情况下，我们需要对数据流图做重新分解。例如，在画第 N 层时意识到在第 $N-1$ 层或第 $N-2$ 层所犯的错误，此时就需要对第 $N-1$ 层、第 $N-2$ 层做重新分解。

下面叙述"重新分解"的一种机械的做法：

（1）把需要重新分解的某张图的所有子图连接成一张。

（2）把图分成几部分，使各部分之间的联系最少。也就是说，某个加工属于这一部分还是那一部分决定于这一点——使各部分之间的联系最少。

（3）重新建立父图，即把第二步所得的每一部分画成一个圆，而各部分之间的联系就是加工间的界面了。

（4）重新建立各张子图，只需把第二步所得的图按各部分的边界剪开即可。

（5）为所有加工重新命名和编号。

图 7-11 所示的父图经重新分解后得到图 7-12，它比原来的图简明易懂了。图 7-11 中的子图是由不相连的两个部分组成的，这一现象说明将它们的父加工分成两部分更合适。

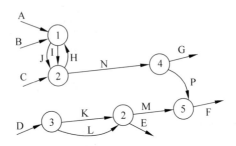

图 7-12　父图与子图 2 的重新分解图

7.1.2　数据字典

分层数据流图只是表达了系统的"分解"，为了完整地描述这个系统，还需借助数据字典（Data Dictionary）和"小说明"对图中的每个数据与加工给出解释。

对数据流图中包含的所有元素的定义的集合构成了数据字典，它有 4 类条目，即数据流、数据项、数据存储及基本加工。在定义数据流或数据存储时，使用表 7-1 给出的符号，将这些条目按照一定的规则组织起来，构成数据字典。

表 7-1　在数据字典定义中使用的符号

符　　号	含　　义	实例及说明
＝	被定义为	
＋	与	$X=a+b$ 表示 X 由 a 和 b 组成
[…｜…]	或	$X=[a|b]$ 表示 X 由 a 或 b 组成
{…}	重复	$X=\{a\}$ 表示 X 由 0 个或多个 a 组成
m {…} n	重复	$2\{a\}6$ 表示重复 2～6 次 a
(…)	可选	$X=(a)$ 表示 a 可在 X 中出现，也可不出现
"…"	基本数据元素	$X=$"a"表示 X 是取值为字符 a 的数据元素
··	连接符	$X=1\cdot\cdot 8$ 表示 X 可取 1 到 8 中的任意一个值

1. 数据流条目

数据流条目给出了 DFD 中数据流的定义，通常对数据流的简单描述为列出该数据流的各组成数据项。

例如，数据流"乘客名单"由若干"乘客姓名"、"单位名"和"等级"组成，则数据字典中的"乘客名单"条目是乘客名单＝{乘客姓名＋单位名＋等级}。

又如，报名单＝姓名＋单位名＋年龄＋性别＋课程名。

当然，也可以对数据流进行较详细的描述，如下例。

例子：在某查询系统中，有一个名为"查询"的数据流，目前"查询"有 3 种类型，即"顾客状况查询"、"存货查询"和"发票存根查询"，预计至 1990 年年底还将增加 3～4 种其他类型的查询。系统每天约需处理 2000 次查询，每天上午 9：00—10：00 是查询的高峰，此时约有 1000

次查询。上述信息都是"用户要求"的一部分,在分析阶段应该认真收集,并记录在词典的有关条目中,所以"查询"条目描述如下。

数据流名:查询
简　述:系统处理的一个命令
别　名:无
组　成:[顾客状况查询 | 存货查询 | 发票存根查询]
数据量:2000 次/天
峰　值:每天上午 9:00—10:00 有 1000 次
注　释:至 1990 年年底还将增加 3～4 种查询

2. 数据存储条目

数据存储条目给出某个数据存储的定义,数据存储的定义通常是列出数据存储记录的组成数据流,还可指出数据存储的组织方式。

例如,某销售系统的订单如下:

订单 = 订单编号＋顾客名称＋产品名称＋订货数量＋交货日期

3. 数据项条目

数据项条目给出某个数据单项的定义,通常是该数据项的值类型、允许位等。

例如,账号＝00000～99999;存款期＝【1|3|5】(单位:年)

4. 加工条目

加工条目就是"加工小说明"。由于加工是 DFD 图的重要组成部分,一般会使用输入处理输出(Input Process Output,IPO)表单独进行说明(IPO 表将在设计部分介绍)。

使用 IPO 表定义数据加工描述起来更方便,并且使得数据字典的内容更单纯,形式更统一。因此,本书今后讲到的数据字典主要包括对数据流、数据项和数据存储 3 类条目的定义。

数据字典是对数据流图中所包含的各种元素定义的集合,是对 DFD 图的补充,有助于改进分析人员和用户之间的通信。

7.2 实体-关系图

在数据密集型系统中,数据量大并且数据间的关系复杂,因此,对数据的分析和建模很有必要。在结构化分析方法中,使用实体-关系图(Entity-Relationship Diagram,ERD)建立数据建模。这种技术,采用应用领域的概念来创建数据对象和数据对象间关系的图解表示。

实体-关系图的建模元素有 3 种,即数据对象(实体)、描述数据对象的属性和数据对象间存在的各种关系。

(1)实体是人、事物、地方,甚至是收集的数据。举例来说,如果为企业考虑信息系统,实体包括的内容就不只是客户,而是客户的地址和订单。实体用矩形表示,并贴上名词标签。

(2)属性定义了数据对象的特征,可用来为数据对象的实例命名,描述这个实例。为了唯一地标识数据对象的某一个实例,定义数据对象中的一个属性或几个属性为关键码(key)。在 ER 图中,属性用椭圆或圆角矩形表示。

例如,在订单数据对象中,用订单号做关键码,它可以唯一地标识一个订单数据对象中的实例。

(3)关系指的是实体间的相互作用。在上面的例子中,客户提交订单,所以"提交"这个词描述客户实例和订单或订单之间的关系。关系可以用菱形表示,或者更简单地,由连接实体的线表示。在任一例子中,动词都用来标记关系。

在具体实例中,实体间的关系有 3 种,即一对一（1∶1）；一对多（1∶m）、多对多（n∶m）。实体是可选的,例如,销售人员可能没有客户或有一个或多个客户。实体也可能是强制的,例如,在一个订单中至少要有一件列出的产品。

在 ER 图中表示关联数量的符号如图 7-13 所示,用"〇"表示所关联的实例是可选的,"|"表示关系必须出现 1 次,用"＜"表示多次出现。

图 7-13　ER 图中表示实体关联数量的符号

考虑某教学管理系统的教师、学生和课程的 ER 图。一个老师可以教授零门、一门或多门课程,每位学生需要学习几门课程,每门课程只能由一位教师授课,涉及的对象（实体型）有学生、教师和课程,所建立的 ER 图如图 7-14 所示。

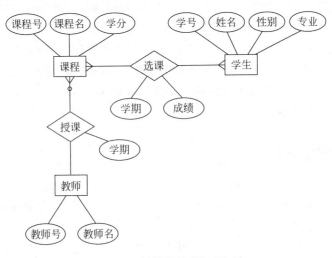

图 7-14　教学管理系统 ER 图

7.3　状态迁移图

在需求分析中用行为模型来描绘系统响应外部事件的过程。状态迁移图（State Transition Diagram, STD）也称为状态转换图,通过描绘系统的状态及引起系统状态转换的事件来表示系统的行为。此外,状态图还指出了作为特定事件的结果将执行哪些动作（例如处理数据）。因此,状态图提供了行为建模机制。

状态转换图中的建模元素分为两类。

1．状态

状态是任何可以被观察到的系统行为模式，一个状态代表系统的一种行为模式。在状态转换图中用圆形框或椭圆框表示状态，通常在框内标上状态名。状态规定了系统对事件的响应方式，系统对事件的响应，既可以是做一个（或一系列）动作，也可以是仅仅改变。

对于系统本身的状态，通常在表示状态的框中用关键字 do（后接冒号）标明进入该状态时系统的行为（即所做的动作）。

状态转换图中的状态又可以分为初态（初始状态）、终态（结束状态）和中间状态。

在一个状态转换图中，初态仅有一个，而终态可以有任意多个（包括 0 个）。图 7-15 所示为这三类状态的表示符号。

活动表的语法格式为事件名（参数表）/动作表达式。其中，事件名是任意事件的名称，例如 entry 事件，表示进入状态应做的动作；exit 事件，表示退出该状态的动作；do 事件，表示在该状态下的动作。参数表是可选的，动作表达式表示具体应做的动作。

2．事件

事件是在某个特定时刻发生的事情，它是对引起系统从一个状态转换到另一个状态的外界事件的抽象。例如，当某个特定的时间段已经过去，发生鼠标移动或单击等操作时都可以是事件。简言之，事件就是引起系统状态发生变换的控制信息。

在状态图中，从一个状态到另一个状态的转换用箭头线表示，箭头表明转换方向，箭头线上标有事件名。箭头线上也可以没有事件，这时的状态转换是自动触发。

事件的语法格式如下：

事件说明[守卫条件]/动作表达式

其中，事件说明包括事件名和可选的参数表。当无守卫条件时，事件发生能引起箭头所示的状态转换；当有守卫条件时，仅当方括号内所列出的条件为真时，事件的发生才引起箭头所示的状态转换。

图 7-16 所示为一个用户登录管理子系统的状态转换图。

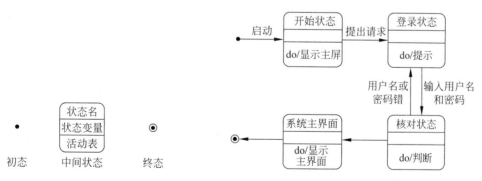

图 7-15　三类状态的图形表示　　　　图 7-16　用户登录管理子系统状态转换图

在开始状态时，系统显示主屏。用户提出使用该管理系统的请求后，进入登录界面显示状态，提示用户输入用户名和密码。用户输入后，进入核对状态。若用户名或密码不正确，则返回登录状态；若正确，则进入系统主界面。需要指出的是，在需求分析阶段并不一定要建立系统的行为模型。如果系统是以响应外部事件为主的控制系统，则行为模型是系统需求分析的重点；如果系统的主要工作是对数据进行处理，则无须考虑行为模型。

7.4 案例分析：教材购销系统

数据流图和数据字典是结构化分析的重要部分，能刻画系统的功能模型。下面通过一个教材购销系统来介绍数据流图与数据字典的建立。

由于在需求分析部分已经做了需求获取工作，假定教材购销系统在需求获取阶段得到的信息如下：

学校教材管理主要由教材计划定制、采购、发放、记账、结算等一系列工作组成，该工作由教材料负责完成。教材购销系统是教材料内部的一个系统，实现教材的销售和采购。本系统只负责集体售书，即以班级为单位售书。售书时，要根据学生内部建立的学生用书表审核学生此次购书的有效性。

系统在向学生售书时主要输入班级代号、购书数量、购书书名信息，然后打印领书单和发票返回给学生领取书籍。在查询数据库时主要输入需要查询的相关信息，包括图书编号、书名、出版社信息等。对缺货的图书要登记缺书，并发缺书单给书库采购人员，一旦新书入库，即发进书通知。

此外，系统还需要与学校的财务科发生数据交换，售书时形成的财务信息直接和财务科交换，方便结算。即向学生集体售书时不需要直接收取现金，待教材科结算时向财务科提交数据，由财务科从学生的预支书费里扣除，从而保证教材财务信息的完整。

7.4.1 数据流图的建立

按照数据流图的建立步骤，首先建立顶层数据流图，经过初步分析得到以下结论：

(1) 系统中的外部实体有学生代表和教材料工作人员。

(2) 学生输入系统的数据流是购书单，系统输给学生的数据流是发票和领书单。

(3) 系统输给教材料工作人员的数据流是缺书单，工作人员输入的数据流是进书通知。

根据以上分析，得出了如图 7-17 所示的系统顶层数据流图。

图 7-17 教材购销系统的顶层数据流图

接下来根据系统的主要功能构建系统的第 1 层数据流图，分析结果如下：

(1) 本系统可进一步细化为两个子系统——销售子系统和采购子系统。

(2) 外部实体学生代表应与销售子系统联系，教材工作人员应与采购子系统联系。

(3) 销售子系统需要对缺书进行登记，采购子系统需要根据缺书登记来确定所采购的图书。因此，缺书信息流要由销售传给采购。由于销售和采购在处理时间上非同步，缺书信息流要用数据存储表示。

(4) 销售子系统需要读/写图书库存信息，采购子系统也要读/写图书库存信息，并且库存信息要在销售和采购子系统间保持一致性。

(5) 当所缺图书入库时，采购子系统要将进书信息通知给销售子系统。

根据上述分析,可以得到如图 7-18 所示的第 1 层数据流图。

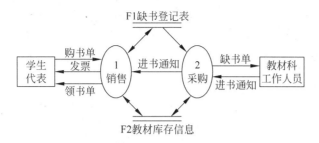

图 7-18 教材购销系统的第 1 层数据流图

在图 7-18 中,指向缺书登记表和教材库存信息的双向箭头代表对相应库存信息的读和写,实际上是两个箭头线的组合。

接着需要将系统的主要功能进一步分解,建立第 2 层数据流图,分析如下:

1. 销售子系统的分解

销售子系统的工作过程为:由学生代表提交购书单,经教材科人员审核是有效购书单后,开发票、登记并给学生代表领书单,学生代表即可去书库领书。若是脱销教材,则登记缺书;若有新书到达,则产生补售书单并通知学生领书。

图 7-19 所示为销售子系统的细化流图,销售子系统被分为 6 个处理,编号从 1.1 到 1.6,图中的虚线框代表整个采购子系统。

在数据流图中,为了增加清晰程度,有时代表同一个外部实体或数据存储的符号会多次出现。为了避免引起误解,如果代表同一个事物的符号出现 n 次,则在这个符号的某个角上画 $(n-1)$ 条短线做标记。

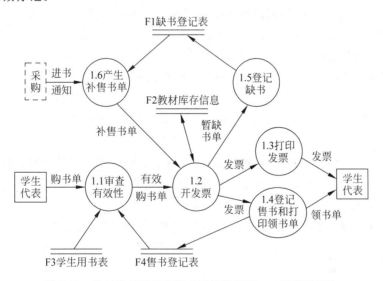

图 7-19 教材购销系统的第 2 层数据流图——销售子系统

2. 采购子系统的分解

采购系统的主要工作过程为:对缺书信息进行汇总,产生待购教材信息,再将待购教材按出版社分类,生成缺书单给书库采购人员。一旦新书入库后,即发进书通知并修改教材库存和待购量。

图 7-20 所示为采购子系统的细化流图,采购子系统被进一步分为 3 个处理,编号从 2.1 到 2.3。由于系统较小,数据流图通常只建立 3 层。因此,图 7-19 和图 7-20 给出的销售子系统数据流图和采购子系统数据流图组合起来就是系统的最底层数据流图。

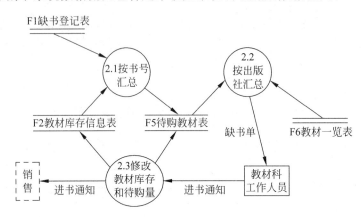

图 7-20　教材购销系统的第 2 层数据流图——采购子系统

7.4.2　数据字典的建立

数据流图描述了系统的"分解",即描述了系统由哪几部分组成,各部分之间有什么联系等,但是并没有说明系统中的各个成分是什么含义,因此仅仅一套数据流图并不能构成系统说明书,只有为图中出现的每一个成分都给出定义后,才是较完整地描述了一个系统。

数据流图中所有名字的定义构成了一本词典。和人们日常使用的词典一样,SA 方法所用的词典也是这样一个工具,当我们不知道某个名字的含义时,借助于它就可以查出这个名字的含义。词典中的所有条目应该按一定的次序排列起来,这样才能供人们方便地查阅。

数据流图与词典是密切联系的,两者结合在一起构成了"需求说明书",单独一套数据流图或单独一本词典都是没有任何意义的。数据流图中出现的每一个数据流名、每一个文件名和每一个加工名在词典中都应有一个条目给出这个名字的定义。此外,在定义数据流、文件和加工时,又要引用到它们的组成部分,所以每一个组成部分在词典中也应有一个条目给出它们的定义。

词典中可以有 4 种类型的条目,即数据流、文件、数据项(指不再分解的数据单位)、加工。

数据流、文件和数据项等数据型条目构成了数据词典,加工类条目就是"加工说明"。

1. 数据流条目

数据流条目给出了某个数据流的定义,通常是列出该数据流的各组成数据项。例如,数据流"报名单"由"姓名"、"单位名"、"年龄"、"性别"和"课程名"等数据项组成,词典中的"报名单"条目就可以写成以下格式:

报名单 = 姓名 + 单位名 + 年龄 + 性别 + 课程名

有些数据流的组成很复杂,一下子列出它的所有数据项可能不易让人理解,此时同样可采用"由顶向下逐步分解"的方式来说明。例如在某学校管理系统中有个名为"课程"的数据流,它由"课程名"、"教员"、"教材"和"课程表"组成,而"课程表"又由"星期几"、"第几节"和"教室"组成,则在词典中可以建立"课程"及"课程表"两个条目,它们分别如下:

课程 = 课程名 + 教员 + 教材 + 课程表
课程表 = {星期几 + 第几节 + 教室}

这样,只要依次查阅这两个条目,就可以确切地理解"课程"这个名字的含义。

在给出数据流的定义时,需要使用一些简单的符号。

+：表示"与"。

[|]：表示"或",即选择括号中的某一项。

{ }：表示"重复",即括号中的项要重复若干次,重复次数的上、下限也可在括号边上标出。

( )：表示"可选",即括号中的项可能没有。

分析员可根据自己的习惯,选择使用类似的符号。

下面给出一些数据流条目的例子。

A. 数据流"取款单"由"账号"、"户名"、"金额"和"日期"等数据项组成,则词典中的"取款单"条目如下：

取款单 = 账号 + 户名 + 金额 + 日期

B. 数据流"乘客名单"由若干行"乘客姓名"、"单位名"和"等级"组成,则词典中的"乘客名单"条目如下：

乘客名单 = {乘客姓名 + 单位名 + 等级}

C. 数据流"发票"由1~5个"发票行"组成,而每个"发票行"又由"货名"、"数量"、"单位"和"总价"组成,则词典中的"发票"条目如下：

发票 = {货名 + 数量 + 单价 + 总价}

当然,也可分别建立"发票"和"发票行"两个条目：

发票 = {发票行}
发票行 = 货名 + 数量 + 单价 + 总价

2. 文件条目

文件条目(数据库表)给出某个文件的定义,同数据流一样,文件的定义通常是列出其记录的组成数据项。此外,文件条目还可指出文件的组织方式,如"按账号递增次序排列"等。下面是一个例子：

定期账目 = 账号码 + 户名 + 地址 + 款项 + 存期
组织：按账号递增顺序排列

3. 数据项条目

数据项条目给出某个数据单项的定义,通常是该数据项的值类型、允许值等。例如"账号"这个数据项的值可以是00000至99999之间的任意整数,则词典条目"账号"可写成：

账号 = 00000~99999

又如,数据项"存期"可取1、3、6、12等几个值,则词典条目"存期"可写成：

存期 = [1|3|6|12]

有了这样的词典,我们只要依次查阅"定期账目"、"账号"、"存期"等条目,就可以了解文件

"定期账目"的精确含义了。

有些数据项本身的名字已足以说明其含义,如词典条目"学生"中:

学生 = 姓名 + 年龄 + 性别 + 班级

这里"姓名"、"年龄"、"性别"等数据项的含义是不言而喻的,所以就不再解释了,这些名字是"自定义"的,自定义的词在词典中就不必再给出条目了。

词典条目的具体格式往往因系统而异,它也同用户习惯使用的表达方式有关。

下面将为某教材购销系统提供必要的数据字典,以方便系统的查阅、理解和最终实现。在数据字典中需要定义数据流图中出现的数据流、数据存储和数据项三类条目,之后将分别针对教材购销系统数据流图的各个项目进行定义。

4. 数据流描述

数据流图中的数据流包括购书单、领书单、缺书单、发票、进书通知等,具体定义如下:

数据流名称:购书单
组成:班号+书籍名称+书籍编号+书籍出版社+购书单位+单价+数量
组织:
备注:

数据流名称:领书单
组成:班号+书号+单价+数量+总价+书名+书籍出版社+出版时间+书籍信息
组织:
备注:

数据流名称:缺书单
组成:书号+书名+出版社+数量+出版时间+书籍信息+单价
组织:
备注:

数据流名称:进书通知
组成:书籍名称+书籍编号+书籍出版社数量+出版时间+单价+总价+书籍信息
组织:
备注:

数据流名称:图书
组成:书号+书名+出版社+出版时间+图书信息(面向 21 世纪教材、国家优秀教材、国家指定教材)
组织:
备注:

数据流名称:发票
组成:学号+姓名+{书号+单价+数量+总价}+书费合计
组织:
备注:

需要注意的是,尽管该系统中领书是以班级为单位进行的,但发票部分是以学生个体为单位开出的。

5. 数据存储描述

数据流图中的数据存储包括缺书登记表、教材库存信息表、学生用书表、售书登记表、待购教材表和教材一览表等，它们的定义如下：

数据存储名称：缺书登记表
组成：书号＋书名＋出版社＋缺书数量＋出版时间＋书籍信息
组织：
备注：

数据存储名称：教材库存信息表
组成：书号＋书名＋出版社＋数量＋出版时间＋书籍信息＋是否特殊用途（教学用、零售）
组织：
备注：

数据存储名称：学生用书表
组成：系编号＋班级编号＋年级＋书号＋书名＋数量＋书籍信息
组织：按系、年级、班级、书号、书名等排列
备注：

数据存储名称：售书登记表
组成：学号＋姓名＋班级＋所购书号＋书名＋单价数量＋总价
组织：
备注：学号、班级、姓名可为空

数据存储名称：待购教材表
组成：书号＋书名＋出版社＋出版时间＋单价＋数量＋总价＋书籍信息
组织：
备注：

数据存储名称：教材一览表
组成：书名＋书号＋出版社＋出版时间＋书籍信息
组织：
备注：

数据存储名称：班级信息表
组成：班级＋班级人数＋专业＋班级所交书费
组织：
备注：

数据存储名称：学生基本信息表
组成：学号＋姓名＋班级＋预交书费剩余
组织：
备注：

数据存储班级信息表和学生基本信息表在开发票以及和财务系统联系时使用，在本数据流图中它们并没有直接出现。

6. 数据项描述

数据项是用来定义数据流和数据存储的最基本的数据元素，它们的定义如下：

数据元素名称：数量
取值：正整数，00000～99999
备注：

数据元素名称：书名
取值：字符（满足计算机取值要求）
备注：

数据元素名称：书号
取值：数值（书籍特殊编号）
备注：

数据元素名称：班号
取值：班级编号
备注：

数据元素名称：院系
取值：院系编号
备注：

数据元素名称：学号
取值：入学年份＋院系代号＋班级代号＋排序
备注：

数据元素名称：书费合计
取值：000.00～999.99
备注：

7.5　面向数据流的需求分析方法

在软件工程中，所谓"用户要求"（或称"需求"）是指软件系统必须满足的所有性质和限制。用户要求通常包括功能要求、性能要求、可靠性要求、安全保密要求以及开发费用、开发周期、可使用的资源等方面的限制，其中，功能要求是最基本的用户要求，它又包括数据要求和加工要求两个方面。

用户和软件人员在充分地理解了用户要求之后，要将共同的理解明确地写成一份文档——需求说明书。所以，需求说明书就是"用户要求"的明确表达。

需求说明书主要有以下3个作用：

（1）作为用户和软件人员之间的合同，为双方相互了解提供基础。

（2）反映问题的结构，可以作为软件人员进行设计和编写的基础。

（3）作为验收的依据，即作为选取测试用例和进行形式验证的依据。

这3种作用对需求说明书提出了不同的、有些矛盾的要求：作为设计的基础和验收的依据，需求说明书应该是精确而无二义的，这样才不致被人误解。需求说明书越精确，则以后出现错误、混淆、反复的可能性就越少。例如"本系统应能令人满意地处理所有的输入信息"是一种含糊不清的描述，在验收时无法检查这一要求是否满足。又如"响应时间足够快"也是不明确的，而"响应时间小于3s"则是精确的描述，在测试时可以检查系统"满足"还是"不满足"这个要求。

用户能看懂需求说明书，并能发现和指出其中的错误是保证软件系统质量的关键，所以需求说明书必须简明、易懂，尽量不包含计算机技术上的概念和术语，使用户和软件人员双方都能接受它。

由于用户往往不是一个人，而是企业组织中各个部门的几个工作人员，他们可能提出相互冲突的要求,在分析阶段必须协调和解决这些冲突,最后在需求说明书中表达的应该是一致的、无矛盾的用户要求。

由于用户的要求经常会发生变化,需求说明书也需要做相应的修改,所以需求说明书的表达方式必须是易于修改、维护的。

总之,需求说明书应该既完整、一致、精确、无二义,又要简明、易懂并易于维护,显然,要达到这样的目标并不容易。

过去,软件人员往往不写需求说明书,或者是在完成程序之后,作为善后工作补写需求说明书,对于大型软件系统来说,这种做法是不科学的。我们应该认识到,需求说明书是软件生命周期中的一份至关重要的文档,在分析阶段必须及时地建立并保证其质量。需求说明书实际上是为软件系统描绘一个逻辑模型,因此,在开发早期就为尚未"诞生"的软件系统建立一个可见的模型,将是确保产品质量的有力措施,并可保证开发工作的顺利进行。

大型系统的需求说明书往往有一二百页,一些超大型系统的需求说明书则可能超过一千页,当然,其中不可避免地含有各种错误。开发人员应该清楚地认识到:错误发现得越早,纠正错误付出的代价越小。所以,需求说明书在编写完成后,应该组织用户和一些专家反复对其做检验和审查,争取尽早发现错误并及时纠正。在分析阶段纠正需求说明书上的一个错误可能只要花半个小时,而迟至后期纠正则可能要花上千倍的代价。在这里,大家想一下"先苦后甜"的座右铭相信是有益的。

分析阶段是用户和软件人员双方讨论协商的阶段,由于双方缺乏共同语言,所以需要有中间人来主持工作,分析员就是双方之间的中间人。一个分析员应具有以下能力:

(1) 熟悉计算机技术。

(2) 了解用户业务领域的相关知识。

(3) 能在用户和软件人员之间借助数据处理的概念进行交流。

过去,计算机的应用领域还是比较简单的,相比之下,训练软件人员去理解用户的业务比使用户掌握软件技术要容易一些。由于这一历史原因,目前分析员通常由软件人员一方资历较高的人担任。计算机将会应用于技术上比较复杂的领域,而计算机知识将越来越普及,那时分析员由用户方面熟悉计算机技术的人来担任将会更合适。

分析阶段由分析员主持,用户一方应派代表积极参加,他们应包括企业负责人、企业中各部门的负责人以及具体工作人员 3 个层次的代表,因为企业负责人了解总的策略以及今后的发展,部门负责人了解各部门的业务情况,而具体工作人员则熟悉具体的操作,他们所提供的情况在分析阶段都应该认真收集和考虑。用户一方的责任是从他们的业务角度出发对系统提出要求,一般来说,他们不应干预系统怎么样实现的问题。

分析员的责任是做用户的顾问和翻译,但他们不应该代替用户对系统提出要求。

在分析员的主持下,用户和软件人员经过充分交流,最后对系统具体应该"做什么"达成协议,这个协议实际上就是需求说明书。

分析阶段是保证软件质量的第一步,它的任务是复杂的,如何分析用户要求,需求说明书用什么形式表示等都需要有一定的技术来指导。由于分析阶段是同用户进行讨论,因此这个阶段的方法、模型、语言和工具都必须考虑到用户的特点。在众多的分析技术中,面向数据流的方法是一种易于理解的方法,下面介绍这一典型的分析方法。

面向数据流的方法是一个简单实用、使用很广的方法,适用于分析大型的数据处理系统,特别是企业管理方面的系统。这个方法通常与系统设计衔接起来使用。

7.5.1　自顶向下逐层分解

在软件工程技术中,控制复杂性的两个基本手段是"分解"和"抽象"。对于一个复杂的问题,由于人的理解力、记忆力均有限,所以不可能涉及问题的所有方面以及全部的细节。为了将复杂性降低到人可以掌握的程度,可以把大问题分割成若干个小问题,然后分别解决,这就是"分解"。分解也可以分层进行,即先考虑问题最本质的属性,暂把细节略去,以后再逐层添加细节,直至涉及最详细的内容,这就是"抽象"。同许多典型的分析方法一样,数据流方法也是采用了这两个基本手段。

对于一个复杂的系统,如何理解和表达它的功能呢? 面向数据流的方法使用了"由顶向下逐层分解"的方式。图 7-21 中的系统 X 很复杂,为了理解它,可以将它分解成 1、2、3、4 几个子系统;如果子系统 1 和 2 仍然很复杂,可以将它们再分解成 1.1、1.2 等子系统,如此继续下去,直到子系统足够简单,能够清楚地被理解和表达为止。对系统做了合理的逐层分解后,我们就以可分别理解系统的每一个细部(图中的 1.1、1.2、1.3 等),并为每个细部写一下说明(称为"加工说明")。

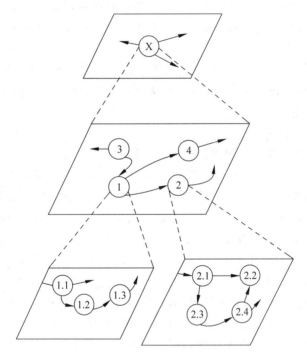

图 7-21　"自顶向下逐层分解"方法示意图

再将所有这些"加工说明"组织起来,就获得了整个系统的系统说明书。

逐层分解体现了分解和抽象的原则,它使人们不至于一下子陷入细节,而是有控制地、逐步地了解更多的细节,这是有助于理解问题的。

图 7-21 中的顶层抽象地描述了整个系统,底层具体地画出了系统的每一个细部,而中间层则是从抽象到具体的逐步过渡。

按照这样的方式,无论系统多么复杂,分析工作都可以有计划、有步骤、有条不紊地进行,系统规模再大,分析工作的复杂程度都不会随之增大,只是多分解几层而已,所以这种方法有效地控制了复杂性。

7.5.2 描述方式

面向数据流的方法采用了介于形式语言和自然语言之间的描述方式。它虽然不如形式语言精确,但是简明、易懂,所表达的意义也比较明确。

用这种方法获得的需求说明书由以下几部分组成:

◇ 一套分层的数据流图。

◇ 一本数据词典。

◇ 一组加工说明。

◇ 补充材料。

在这套文档中,"数据流图"描述系统的分解,即描述系统由哪些部分组成、各部分之间有什么联系等;"数据词典"描述系统中的第一个数据;"加工说明"则详细描述系统中的每一个加工。上述资料加上视系统而定的各种补充材料就可以明确、完整地描述一个系统的功能。

在描述方式上的特点是尽量采用图形表示,因为图形比较形象、直观、易于理解,一张图的表达效果可能比几千字的叙述还要好。

7.5.3 步骤

目前,大多数计算机系统都是用来代替一个当前已经存在的人工数据处理系统,对于这类系统的分析过程可分 4 个步骤进行:

(1) 理解当前的现实环境,获得当前人工系统的具体模型。

(2) 从当前系统的具体模型抽象出当前系统的逻辑模型。

(3) 分析目标系统与当前系统逻辑上的差别,建立目标系统的逻辑模型。

(4) 为目标系统的逻辑模型做补充。

7.6 面向数据流的设计方法

面向数据流的设计方法的目标是给出设计软件结构的一个系统化的途径。

在软件工程的需求分析阶段,信息流是一个关键的考虑因素,通常用数据流图描绘信息在系统中加工和流动的情况。面向数据流的设计方法定义了一些不同的"映射",利用这些映射可以把数据流图变换成软件结构。因为任何软件系统都可以用数据流图表示,所以面向数据流的设计方法在理论上可以设计任何软件的结构。大家通常所说的结构化设计方法(简称 SD 方法),也就是基于数据流的设计方法。

7.6.1 信息流的类型

面向数据流的设计方法把信息流映射成软件结构,信息流的类型决定了映射的方法。信息流有下列两种类型。

1. 变换流

参看图 7-22,信息沿输入通路进入系统,同时由外部形式变换成内部形式,进入系统的信息通过变换中心,经加工处理以后再沿着输出通路变换成外部形式离开软件系统。当数据流图具有这些特征时,这种信息流就称为变换流。

2.事务流

基本系统模型意味着变换流,因此原则上所有的信息流都可以归结为这一类。但是,当数据流图具有和图 7-23 类似的形状时,这种数据流是"以事务为中心的",也就是说,数据沿输入通路到达一个处理 T,这个处理根据输入数据的类型在若干个动作序列中选出一个来执行。这类数据流应该划为一类特殊的数据流,称为事务流。图 7-23 中的处理 T 称为事务中心,它完成下列任务:

◇ 接收输入数据(输入数据又称为事务);
◇ 分析每个事务以确定它的类型;
◇ 根据事务类型选取一条活动通路。

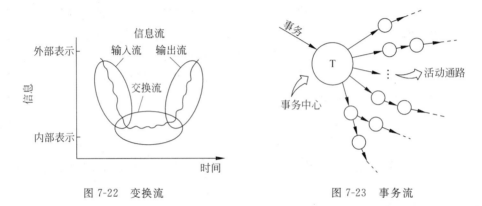

图 7-22　变换流　　　　　　　　图 7-23　事务流

3.设计过程

图 7-24 说明了使用面向数据流方法逐步设计的过程。

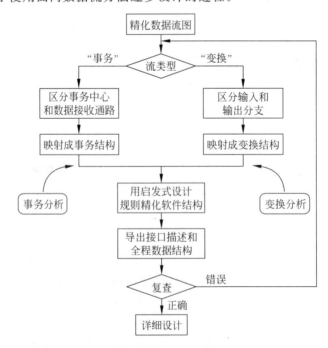

图 7-24　面向数据流方法的设计过程

应该注意,任何设计过程都不是机械的、一成不变的,设计首先需要人的判断力和创造精神,这往往会凌驾于方法的规则之上。

7.6.2　变换分析

变换分析是一系列设计步骤的总称,经过这些步骤把具有变换流特点的数据流图按预先确定的模式映射成软件结构。下面通过一个例子说明变换分析的方法。

1. 例子

目前,我们已经进入"智能"产品时代。在这类产品中把软件做在只读存储器中,成为设备的一部分,从而使设备具有某些"智能"。因此,这类产品的设计都包含软件开发的任务。作为面向数据流的设计方法中变换分析的例子,考虑汽车数字仪表板的设计,假设仪表板将完成下述功能:

(1) 通过模数转换实现传感器和微处理机接口。

(2) 在发光二极管面板上显示数据。

(3) 指示每小时英里数(mph),行驶的里程,每加仑油行驶的英里数(mpg)等。

(4) 指示加速或减速。

(5) 超速警告:如果车速超过55英里/小时,则发出超速警告铃声。

在软件需求分析阶段应该对上述每条要求以及系统的其他特点进行全面的分析评价,建立起必要的文档资料,特别是数据流图。

2. 设计步骤

第1步:复查基本系统模型。

复查的目的是确保系统的输入数据和输出数据符合实际。

第2步:复查并精化数据流图。

在该步应该对需求分析阶段得出的数据流图认真复查,并且在必要时进行精化,不仅要确保数据流图给出了目标系统的正确的逻辑模型,而且应该使数据流图中的每个处理都代表一个规模适中、相对独立的子功能。

假设,在需求分析阶段产生的数字仪表板系统的数据流图如图7-25所示。

这个数据流图对于软件结构设计的"第一次分割"而言已经足够详细了,因此,不需要精化就可以进行下一个设计步骤。

第3步:确定数据流图具有变换特性还是事务特性。

一般来说,一个系统中的所有信息流都可以认为是变换流,但是当遇到有明显事务特性的信息流时,建议采用事务分析方法进行设计。在这一步中,设计人员应该根据数据流图中占优势的属性,确定数据流的全局特性。此外,还应该把具有和全局特性不同特点的局部区域孤立出来,以后可以按照这些子数据流的特点精化根据全局特性得出的软件结构。

从图7-25可以看出,数据沿着两条输入通路进入系统,然后沿着5条通路离开,没有明显的事务中心。因此,可以认为这个信息流具有变换流的总特征。

第4步:确定输入流和输出流的边界,从而孤立出变换中心。

输入流和输出流的边界和对它们的解释有关,也就是说,不同设计人员可能会在流内选取稍微不同的点作为边界的位置。当然,在确定边界时应该仔细认真,但是把边界沿着数据流通

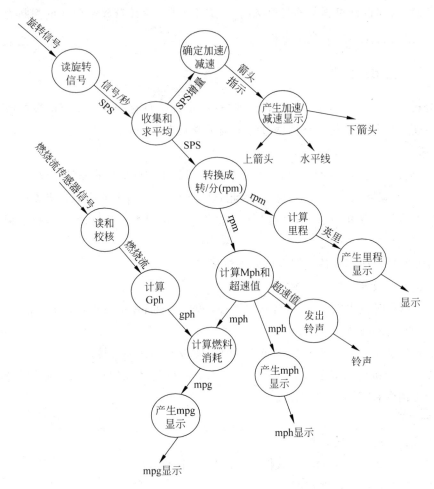

图 7-25　数字仪表板系统的数据流图

路移动一个处理框的距离,通常对最后的软件结构只有很小的影响。

对于汽车数字仪表板的例子,设计人员确定的流的边界如图 7-26 所示。

第 5 步:完成"第一级分解"。

软件结构代表对控制的自顶向下的分配,所谓分解就是分配控制的过程。

对于变换流的情况,数据流图被映射成一个特殊的软件结构,这个结构控制输入、变换和输出等信息处理过程。图 7-27 说明了第一级分解的方法,位于软件结构最顶层的控制模块 Cm 协调下述从属控制功能:

(1) 输入信息处理控制模块 Ca,协调对所有输入数据的接收。

(2) 变换中心控制模块 Ct,管理对内部形式数据的所有操作。

(3) 输出信息处理控制模块 Ce,协调输出信息的产生过程。

虽然图 7-27 示意了一个三叉的控制结构,但是,对于一个大型系统中的复杂数据流可以用两个或多个模块完成上述一个模块的控制功能,应该在能够完成控制功能并且保持好的耦合性和内聚性的前提下,尽量使第一级控制中的模块数目取最小值。

对于数字仪表板的例子,第一级分解得出的结构如图 7-28 所示。每个控制模块的名字表明了被它控制的那些模块的功能。

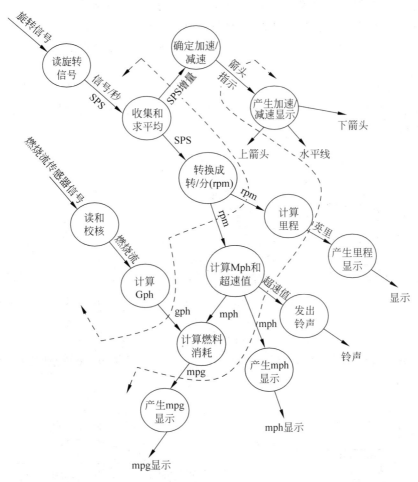

图 7-26　具有边界的数据流图

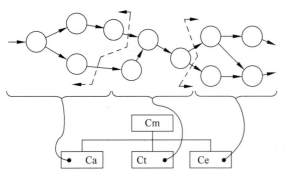

图 7-27　第一级分解的方法

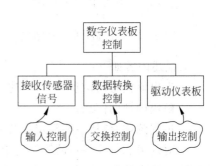

图 7-28　数字仪表板系统的第一级分解

第 6 步：完成"第二级分解"。

所谓第二级分解，就是把数据流图中的每个处理映射成软件结构中的一个适当模块。完成第二级分解的方法是，从变换中心的边界开始沿着输入通路向外移动，把输入通路中的每个处理映射成软件结构中 Ca 控制下的一个低层模块；然后沿着输出通路向外移动，把输出通路中的每个处理映射成直接或间接受模块 Ce 控制的一个低层模块；最后把变换中心内的每个处理映射成受 Ct 控制的一个模块。图 7-29 所示为进行第二级分解的普遍途径。

虽然图 7-29 描绘了在数据流图中的处理和软件结构中的模块之间的一对一映射关系,但是,不同的映射经常出现,用户应该根据实际情况以及"好"设计的标准进行实际的第二级分解。

对于数字仪表板系统的例子,第二级分解的结果分别用图 7-30～图 7-32 描绘。这 3 张图表示对软件结构的初步设计结果,虽然图中每个模块的名字表明了它的基本功能,但仍然应该为每个模块写一个简要说明。

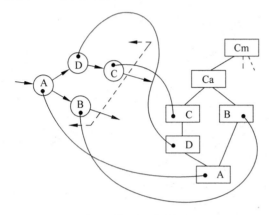

图 7-29　第二级分解的方法

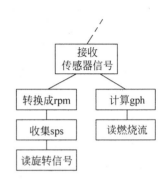

图 7-30　未经精化的输入结构

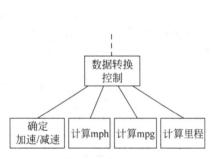

图 7-31　未经精化的变换结构

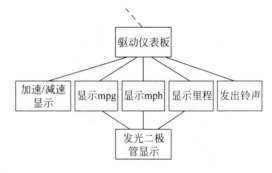

图 7-32　未经精化的输出结构

其描述内容如下:

◇ 进出该模块的信息(接口描述);

◇ 模块内部的信息;

◇ 过程陈述,包括主要判定点及任务等;

◇ 对约束和特殊特点的简短讨论。

这些描述是初始的设计规格说明,在这个设计时期进行精化和补充是经常发生的。

第 7 步:使用设计度量和启发式规则对第一次分割得到的软件结构进一步精化。

第一次分割得到的软件结构,可以根据模块独立原理进行精化。为了产生合理的分解,得到尽可能高的内聚、尽可能松散的耦合,最重要的是,为了得到一个易于实现、易于测试和易于维护的软件结构,应该对初步分割得到的模块进行再分解或合并。

具体到数字仪表板的例子,对于从前面的设计步骤得到的软件结构还可以做许多修改。下面是某些可能的修改:

◇ 输入结构中的模块"转换成 rpm"和"收集 sps"可以合并。

◇ 模块"确定加速/减速"可以放在模块"计算 mph"下面,以减少耦合。

◇ 模块"加速/减速显示"可以相应地放在模块"显示 mph"的下面。

经过上述修改后的软件结构如图 7-33 所示。

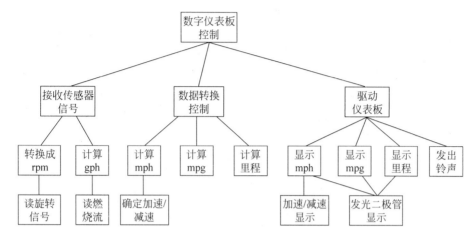

图 7-33　精化后的数字仪表板系统的软件结构

上述 7 个设计步骤的目的是开发出软件的整体表示。也就是说,一旦确定了软件结构就可以把它作为一个整体来复查,从而能够评价和精化软件结构。在这个时期进行修改只需要很少的附加工作,但是能够对软件的质量特别是软件的可维护性产生深远的影响。

7.6.3　事务分析

虽然在任何情况下都可以使用变换分析方法设计软件结构,但是在数据流具有明显的事务特点时,也就是有一个明显的"发射中心"(事务中心)时,还是采用事务分析方法为宜。

事务分析的设计步骤和变换分析的设计步骤大部分相同或类似,主要差别仅在于由数据流图到软件结构的映射方法不同。

由事务流映射成的软件结构包括一个接收分支和一个发送分支。映射出接收分支结构的方法和变换分析映射出输入结构的方法很相似,即从事务中心的边界开始,把沿着接收流通路的处理映射成模块。发送分支的结构包含一个调度模块,它控制下层的所有活动模块,然后把数据流图中的每个活动流通路映射成与它的流特征相对应的结构。图 7-34 说明了上述映射过程。

对于一个大系统,常常把变换分析和事务分析应用到同一个数据流图的不同部分,由此得到的子结构形成"构件",可以利用它们构造完整的软件结构。

一般来说,如果数据流不具有显著的事务特点,最好使用变换分析;反之,如果具有明显的事务中心,则应该采用事务分析技术。但是,机械地遵循变换分析或事务分析的映射规则,很可能会得到一些不必要的控制模块,如果它们确实用处不大,那么可以而且应该把它们合并。反之,如果一个控制模块功能过于复杂,则应该分解为两个或多个控制模块,或者增加中间层次的控制模块。

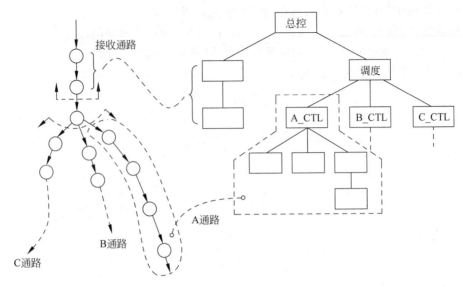

图 7-34　事务分析的映射方法

7.6.4　启发式设计策略

变换分析和事务分析的最后一个步骤都是运用启发式策略对程序结构雏形进行优化,以提高软件设计的整体质量。启发式设计策略是人们在长期的大量软件开发过程中积累、总结的经验,最常用的策略有下面几条:

(1) 改造程序结构,降低耦合度,提高内聚度。得到程序结构雏形以后,应从增强模块独立性的角度对模块进行分解或合并,力求降低耦合度,提高内聚度。例如,若在几个模块中发现了共有的子功能,一般应将此子功能独立出来作为一个模块,以提高各模块的内聚度。合并模块通常是为了减少控制信息的传递以及对全程数据的引用,同时降低接口的复杂性。

(2) 改造程序结构,减少扇出,在增加程序深度的前提下追求高扇入。图 7-35 给出了应避免和应追求的两种典型的程序结构。通过观察大量软件实例后发现,设计良好的软件结构通常顶层扇出较高,中层扇出较低,底层又高扇入到公共的实用模块中。

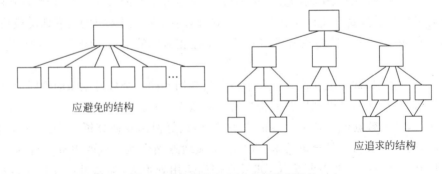

图 7-35　应避免与应追求的程序结构

(3) 改造程序结构,使任一模块的作用域在其控制域之内。模块作用域指受该模块内部判定影响的所有模块,模块控制域为其所有下层模块。图 7-36 显示了根据这一原则改造前后的两个程序结构。

（4）改造程序结构，降低界面的复杂性和冗余程度，提高协调性。界面复杂是引起软件错误的一个基本因素。界面上传递的数据应尽可能简单并与模块的功能相协调，界面不协调（即在同一个参数表内或以其他某种方式传递不甚相关的一堆数据）本身就是模块低内聚的表现。

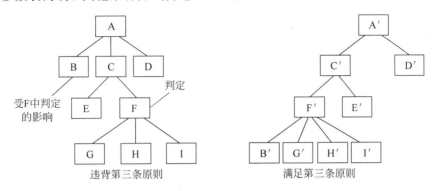

图 7-36　作用域与控制域

（5）模块功能应该可预言，避免对模块施加过多限制。模块功能可预言是指，若视模块为"黑匣子"，输入恒定，则输出恒定。此外，如果设计时对模块中局部数据的体积、控制流程的选择及外部接口方式等诸因素限制过多，则以后为去掉这些限制要增加维护开销。

（6）改造程序结构，追求单入口、单出口的模块。

（7）为满足设计或可移植性的要求，把某些软件用包（Package）的形式封装起来。

软件设计常常附带一些特殊限制，例如，要求程序采用覆盖技术。此时，根据模块的重要程度、被访问的频率及两次引用的间隔等因素对模块进行分组。此外，程序中那些供选择的或"单调"（one-shot）的模块应单独存在，以便高效地加载。

无论是采用变换分析法还是事务分析法，在获得程序结构后，必须开发一系列辅助文档作为软件总体设计的组成部分。其主要工作如下：

◇ 陈述每个模块的处理过程；
◇ 描述每个模块的界面；
◇ 根据数据字典定义数据结构；
◇ 综述设计中的所有限制和约束；
◇ 对概要设计进行复审；
◇ 对设计进行优化。

7.6.5　设计优化

在考虑设计优化问题时，设计人员应该记住，"一个不能工作的最佳设计价值是值得怀疑的"。软件设计人员应该致力于开发能够满足所有功能和性能要求，而且按照设计原理和启发式设计规则衡量是值得接受的软件。

另外，应该在设计的早期阶段尽量对软件结构进行精化，可以导出不同的软件结构，然后对它们进行评价和比较，力求得到"最好"的结果。这种优化的可能是把软件结构设计和过程设计分开的真正优点之一。

注意，结构简单通常既表示设计风格优雅，又表明效率高。设计优化应该力求做到在有效的模块化的前提下使用最少量的模块，以及在能够满足信息要求的前提下使用最简单的数据结构。

对于时间是决定性因素的应用场合,可能有必要在详细设计阶段,也可能在编写程序的过程中进行优化。软件开发人员应该认识到,程序中相对比较少的部分(典型的,10%～20%),通常占用全部处理时间的大部分(50%～80%)。例如,用下述方法对时间起决定性作用的软件进行优化是合理的:

(1) 在不考虑时间因素的前提下开发并精化软件结构。

(2) 在详细设计阶段选出最耗费时间的那些模块,仔细地设计它们的处理过程(算法),以求提高效率。

(3) 使用高级程序设计语言编写程序。

(4) 在软件中孤立出那些大量占用处理机资源的模块。

(5) 必要时重新设计或用依赖于机器的语言重写上述大量占用资源的模块的代码,以提高效率。

上述优化方法遵守了一句格言:"先使它能工作,然后再使它快起来"。

7.7　小结

本章主要介绍了面向数据流的软件需求分析与设计的概念和特点、软件分析的目的和设计原则,以及软件分析与设计的任务及步骤。在软件分析描述工具中主要概述了数据流图(DFD)、数据字典及实体关系图、状态迁移图,并通过实际案例对数据流图与字典的构建与应用进行了详细阐述。在需求分析方法中介绍了"自顶向下逐一分解"的分析描述方式与步骤。

在设计方法中对"变换分析"与"事务分析"两个重要部分进行了详细描述,并通过案例引入的方式展现启发式设计策略与后续优化。

7.8　思考题

1. 结构化分析需要从哪几个方面建立系统的模型? 对于任意一个系统来说,结构化分析提供的每个模型都是必需的吗? 如果不是请给出选择建立各种模型的依据。

2. 结构化分析中的各种建模技术有何特点? 为什么能刻画系统的某个方面? 让你改进这些技术,你觉得应该如何改进?

3. 下面是某大学图书管理系统的问题描述:

图书采购员根据各系的要求(书名或期刊名,作者或期刊出版社)购买图书,并以入库单的形式交库房管理员。库房管理员按购买日期负责登记库存账目,并将图书和期刊摆放在不同的位置,以便借阅和阅读。

负责借书的员工根据借/还书的要求(书名或期刊名,作者或期刊出版杜)负责借/还图书处理。当没有要借的图书时,通知借阅人;当借书人将图书丢失时,以图书丢失单的形式报告借书员,由借书员负责修改账目,并通知库房管理员。图书管理负责人每月末查看图书和期刊存量(包括数量和金额)。

请给出该系统的数据流图,并给出相应的数据字典。

4. 一个图书管理系统中有书目、书籍、读者、图书管理员等数据对象,根据你对这些数据对象的理解给出 ER 图。

5. 一个人带着一头狼、一头羊和一棵青菜,处于河的左岸。有一条小船,每次只能携带人和其余的三者之一。人和他的伴随品都希望渡到河的右岸,每摆渡一次,人仅能带其中之一。然而,如果人留下狼和羊不论在左岸还是在右岸,狼肯定会吃掉羊。类似地,如果单独留下羊和青菜,羊也肯定会吃掉青菜。如何才能既渡过河而羊和青菜又不被吃掉呢? 请用状态-迁移图来描绘这一过程。

第8章 用户界面分析与设计

设计是一个发现问题而不是发现解决方案的过程。

——Leslie Chicoine

用户界面是用户和计算机系统进行信息交互的区域,是评价一个软件系统的重要标志,它在软件设计中有着非常重要的地位。本章通过界面设计的人性因素、界面设计的主要途径,界面设计的评估等6个方面对用户界面设计这一主题进行讨论。

8.1 人性因素

认真确定用户集合是人机界面设计的基础,每个人的身体能力、所处环境、个性差异等不同是设计人机界面的难点。认识到这些不同并对其进行测量,才能设计出符合该用户集合和任务集合特点的人机界面。

人机界面设计必须符合使用该系统的用户多样性的特点。人的多样性包括身体能力的多样性、工作环境的多样性、认知能力的多样性、个性的多样性和文化的多样性。

人的身体各有特征,如年龄、性别、身高、体重等,所有这些特征在设计时必须予以考虑。例如,每个人对光亮的敏感不同,显示器的生产厂商在显示器中设置了光亮对比调节功能以适应不同用户的需求。

用户在使用软件时所处的环境不同,而工作环境对于用户的使用也有着很大的影响。不适合的环境会增加系统的出错概率,降低用户的工作效率。因此,在进行界面设计时要考虑用户集合的工作环境并做出相应的调整。

用户的认知能力差异很大。对于界面设计者来说,对用户的认知能力的理解非常重要。不同的界面都假定用户能依靠自己的认知能力理解计算机的反馈和功能,并进行工作。设计界面必须考虑到不同用户的认知能力,控制系统的复杂度和学习开销。

个性差异体现在很多方面,例如,男性和女性个性差异就是一种基本的个性差异。在开发时需要考虑到用户的个性特点。对于女性用户需要一些色彩柔和、有较多对话交互的界面,而对于男性用户更重要的是动作交互界面。在这方面并没有统一的标准和测量方法,但越来越多的实践表明,对于不同个性的用户调查其使用习惯进行设计是必要的。

文化差异体现在民族、语言等用户文化背景的差异,不同地区的设计者对于其他地区的文化缺少了解。为了解决文化差异,需要将软件系统国际化和本地化,界面也必须支持国际化和本地化设计。

在界面设计中,对于每个用户和任务来说,精确的测量可以对设计者、使用者、管理者进行更好的指导。

主要的可测量的人性因素如下。

（1）用户时间：在系统面向的使用者集合中，选择一些具有代表性的典型用户，统计其使用系统完成一系列特定任务所需要的时间。

（2）基准时间：统计系统正确完成基准任务需要的时间。

（3）基准出错率：在系统面向的使用者集合中，选择一些具有代表性的典型用户，统计其在完成基准任务时所犯的错误情况。

（4）任务出错率：在系统面向的使用者集合中，选择一些具有代表性的典型用户，统计其使用系统完成一系列特定任务时所犯的错误情况。

（5）学习能力：在系统面向的使用者集合中，选择一些具有代表性的典型用户，统计其学习使用系统的时间。

（6）记忆能力：在系统面向的使用者集合中，选择一些具有代表性的典型用户，统计其在使用系统后的记忆保持时间。

（7）主观看法：在系统面向的使用者集合中，选择一些具有代表性的典型用户，统计其使用系统后的主观满意情况。

以上几种可测量的人性因素并不是每种都能保持最佳的，在设计时，设计人员必须根据实际情况进行取舍。如果要维持比较低的出错率，那么系统的效率可能就要变差；如果要保证系统的效率，那么用户的学习时间就要增加，记忆时间就会减少。这样，在进行界面设计时，就要针对系统的用户集合和任务集合对设计目标进行论证。

8.2　设计良好界面的主要途径

设计良好界面包括分析用户类型、运用黄金规则等内容。

8.2.1　分析用户类型

8.1节介绍了用户的多样性，因为用户具有多样性，在进行人机界面设计时必须分析用户类型。对于多数人机界面设计工作，了解用户是第一原则，所有的设计都必须从了解预想的用户开始，需要了解的内容包括用户集合的身体能力、认知能力、个性和文化背景。由于使用系统的往往不止一个用户集合，所以必须了解系统所有用户集合的相关信息。对于专业的系统，例如金融系统、数学系统，还需了解用户的专业水平、外语水平等。对于每一个用户集合，如果有大量的特征可以提取，必须有选择性地提取对于该系统的界面设计有帮助的信息。例如对于一个自动取款机终端界面，必须考虑用户的消费习惯、用户的语言习惯、用户的身高和视力，等等。

还有一些分类方法将用户分成偶然型、生疏型、熟练型和专家型用户。偶然型用户是第一次使用系统的或者是极少使用系统的用户。这样的用户对系统完全没有记忆，每次使用都要经历一次重新学习的过程。对于这类用户，人机界面的功能必须简单，所有的操作必须能预防错误，并能及时给予用户提示和反馈信息。生疏型用户是对系统有一些了解，但是很少使用的用户。这样的用户对系统功能理解，但是对如何操作没有记忆。对于这样的用户，界面设计必须给予简单的提示，并且设计一套符合常规的操作序列帮助这类用户进行工作。熟练型用户经常使用系统的某些功能,如果为这些用户设计人机界面,可以为其经常使用的功能设置快捷方式或定义宏操作,从而提高用户的使用效率。专家型用户通晓系统的各个方面和各种操作,但这类用户需要系统高效率的工作,为这样的用户设计人机界面,必须保证能够高效、及时地反馈结果信息。

为其中的某一用户类型设计人机界面工作量较小,但有很多情况必须同时面对几个不同的用户类型,此时可以使用分类递进的策略。例如,为偶然型用户提供最少的功能和最差的性能,但是为其提供最好的健壮性;为专家级用户提供更多的功能、更好的性能,此时界面的操作出错率会增加。

8.2.2　运用黄金规则

人机界面设计的基本定律又被称为黄金规则,它是从实践中总结出来的一些设计规则。

(1) 努力做到一致性:这条规则是最经常被违反的,同时也最容易被修改和避免。在类似的操作环境中必须有一致性的操作序列;在提示、菜单和帮助中必须使用相同的术语;颜色、布局、大小写、字体等应当自始至终保持一致。相同情况,如密码没有重输,删除命令没有确认提示,应是容易理解的而且要限制其数量。

(2) 允许熟练用户使用快捷键:随着使用次数的增加,用户自己也希望减少交互的次数,提高交互的速度。缩略语、特殊按键、隐含的命令和宏对于这些用户来说是必需的。另外,响应时间短,显示速度快,也能吸引这些用户。

(3) 价值的反馈:对每个用户操作都应有对应的系统反馈信息。对于常用的或较次要的操作,反馈信息可以很简短,而对于不常用但重要的操作,反馈信息应丰富一些。

(4) 设计说明对话框以生成结束信息:应当把操作序列分成几组,包括开始、中间和结束3个阶段。一组操作结束后应有反馈信息,这可以使操作者产生完成任务的满足感和轻松感,而且可以让用户放弃临时的计划和想法,并告诉用户,系统已经准备好接受下一组操作。

(5) 提供预防错误和简单的错误处理手段:设计出的系统要尽可能不让用户犯严重的错误,可采取某些措施,如使用菜单选择风格而不是用表格填充风格,不允许在数字输入字段中存在字母。如果用户犯了错误,系统应能检测到错误,并给出简单、积极具体的批示,以便用户恢复正常。例如,用户无须重新输入整条命令,只要修改部分错误就可以了,错误的操作会改变系统状态,或者系统应给出提示来恢复正常状态。

(6) 允许轻松的反向操作:操作应尽可能地允许反向。这个特点可以减轻用户的焦虑感,由于用户知道错误可以被撤销,就会大胆尝试不熟悉的选项。反向操作的单元可以是单独地操作单个数据输入任务或完整地一组操作,如输入名字和地址。

(7) 支持内部控制点:有经验的操作者非常希望能控制系统,并希望系统对他们的操作进行反馈。如果用户碰到奇怪的系统行为,进行冗长的数据输入,很难或无法得到所需的信息,或者无法进行所需的操作,就会使他们感到焦虑和不满。

(8) 较少短时记忆:由于人凭借短时记忆进行信息处理存在局限性,所以要求显示简单、多页显示统一和窗口移动频率低,并且要保证分配足够的时间用于学习代码、记忆方法操作序列。另外,还应该提供一个地方,可以对命令语法形式、缩略语、代码以及其他信息进行适当的在线访问。

8.3　用户界面分析

软件工程的一个关键原则是在试图设计某个问题的解决方案之前,最好能够很好地理解这个问题。对于用户界面设计,理解这个问题意味着需要理解以下几项:

(1) 通过界面与系统交互的用户。

(2) 用户为了完成工作必须进行的任务。

(3) 界面展示的内容。

(4) 处理任务所处的环境。

在这一节中,会逐一讨论界面分析所需理解的要素。

8.3.1　用户分析

每个用户都有对于软件表象或系统的感知,并且这些感知因人而异,用户的感知也可能与软件工程师的设计模型有很大的不同。设计人员使设计模型与用户感知一致的方法就是在理解用户的同时,也要理解用户使用系统的方式。在这个过程中,有以下几种信息获取方式。

(1) 用户会谈:这是最直接的方法,会谈的人员包括软件开发团队的代表人员,这个过程可以是一对一的会议,也可以是集体会议。

(2) 销售人员信息采集:销售人员与客户进行会谈,在这个过程收集的信息可以帮助软件团队更好地对用户进行分类,而且可以更好地理解用户的需求。

(3) 市场分析:它能够给出每类用户的软件使用方式之间的细微差异。

(4) 用户支持人员信息收集:用户支持人员经常与用户进行日常的交流,因而可以提供系统的哪些部分可以工作、哪部分不能工作、用户喜欢哪些部分或不喜欢哪些部分等信息,这些对软件的正确设计提供了重要的保证。

8.3.2　任务分析和建模

在仔细地确定了用户的集合后,设计者必须分析、确定人机系统需要完成的任务。任务设计应在考虑工作方式及系统环境的支持等因素下进行。任务设计的目的在于重新组织任务规范说明,以产生一个更有逻辑性的编排。设计应分别给出人与计算机的活动,使设计者较好地理解在设计一个界面时遇到的问题,这是形成系统操作手册和用户指南的基础。

每一个设计者都认同在设计之前就确定任务的集合,但是在大多数情况下,任务分析并不很正规或很明确。如果实现者发现可以增加一个命令,设计者常会被诱惑改变设计将其包含。因为设计或实现的方便而确定系统的功能和命令的特点是不恰当的。

任务分析通常有两种途径。一种是从实际出发,通过对原有处于手工或半手工状态下的应用系统进行剖析,将其映射为在人机界面上执行的一组类似的任务。另一种是通过研究系统的需求规格说明,导出一组与设计模型、用户模型和系统假想相协调的用户任务。

逐步求精和面向对象分析等技术同样适用于任务分析,逐步求精就是把高层的行为分解为多个层次的任务行为,并进一步精化为用户能通过一个命令、一次菜单选择等完成的原子任务行为。选择一系列最恰当的原子任务行为集合是一项很困难的工作。如果分的太细,用户在完成高层次任务时会需要大量的操作。如果原子行为过于庞大,用户就需要使用很多这类行为和特殊的选项,否则他们就无法从系统中得到真正的功能。通过面向对象分析技术可识别出与应用有关的所有客观的对象以及与其相关联的动作。

此外,在设计中,相对任务的使用频率是很重要的。例如,使用频率高的任务应当能简单、快速地完成,即使会导致一些不经常使用的任务的执行时间变长。相对使用频率是体系结构设计的一个基础。

经常使用的操作可以用一些特殊的按键调用,如工具栏上的快捷图标。而中等频率的操作可以用一些相对复杂的快捷键或者菜单项完成。不常用的操作或复杂的操作可能需要一系列的菜单或者表格填充才能完成,如修改打印属性等。

8.3.3　内容展示分析

在识别出用户任务后,可能会有不同类型的内容展示。展示的内容包括文字报告、图形图像或其他专门的信息。在显示内容分析这个步骤中,需要考虑界面显示内容的格式和关系,其中包括以下这些问题:不同类型的数据是否具有一致的屏幕位置分布?用户是否能够定制所展示内容的屏幕位置?是否所有的内容都有恰当的屏幕标记?为了便于理解,大型报告应该如何划分?对于大型的数据集合,是否具有摘要信息获取机制?图形输出比例是否与显示设备的比例一致?如何用颜色来提高可理解性?错误消息和警告如何展现给用户?

当然,可能还有其他的一些问题,在回答完这些问题后就建立了内容表示的需求。

8.3.4　工作环境分析

对于某些应用程序,计算机辅助系统的用户界面被放置在有利用于户使用的环境中。例如,良好的显示高度、简单的键盘控制。但也有可能存在没有键盘或鼠标、显示不理想等情况,界面设计人员有可能受到这些因素的影响,从而减弱了软件的易用性。

除了物理环境因素以外,工作地点和文化也可能对界面设计人员产生影响。在界面设计开始之前,我们必须回答以下这些问题:系统交互能否以某种方式进行度量?在提供输入之前,多人之间是否必须共享信息?如何给系统用户提供支持?

8.4　用户界面设计

一旦前期的数据收集和分析工作完成,就可以开始更加详细的设计工作了。设计在本质上是创造性的和不可预知的活动,设计的过程是无层次的,它不是严格的自下而上或自上而下的过程。

8.4.1　设计过程

制订一份指导工作的文档是设计的关键,在设计的初期就应该不断完善这份文档。文档在项目的实现过程中起到了非常重要的作用。指导文档必须是动态的,这样才能适应设计的不断变化和完善。每一个项目都有不同的目标,但是指导文档通常需要包括如表 8-1 所示的内容。

表 8-1 设计阶段指导文档的主要内容

文字和图标	术语、缩略语和大写
	字符集、字体、字体大小和样式
	图标、图形和线的粗细度
	色彩、背景、突出显示和闪烁的使用
屏幕布局问题	菜单选择、表格填充和对话框格式
	提示用语、反馈和出错消息
	对齐方式、空白区和边缘空白
	数据项的输入显示方式,表格的输入显示方式
	页眉和页脚的使用和内容
输入/输出设备	键盘、显示器、鼠标和其他指点设备
	声音探测、声音反馈、触摸式输入和其他特殊设备
	各种人物的响应时间
行为顺序	图形界面的单击、拖动等输入行为
	命令的语法、语义、优先级
	程序的功能键
	错误处理和恢复
培训	在线帮助
	培训和参考资料

以用户为中心是设计过程的重点。非常多的用户界面设计,其失败的原因往往是在设计的早期没有重视以用户为中心。以用户为中心进行设计可以显著地减少开发的时间和成本,使系统更易于学习,大大降低用户出错的可能性,让用户有一种完全控制系统的感觉。合理的以用户为中心的界面设计分为 6 个阶段。

第一阶段:产品概念的开发。

第二阶段:调查研究和需求分析。

第三阶段:设计思路和关键屏幕画面原型。

第四阶段:反复的设计和改进。

第五阶段:软件的实现。

第六阶段:大力推广。

用户界面设计的一个重要的地方,就是它将注意力集中在关键屏幕画面的原型上,这个原型把系统主要的导航路径合并在一起,把想设计的系统呈现给用户,促进用户早期参与。

许多界面的创作人员都极力强调运用参与性设计的方法。由于用户群相当复杂,不可能非常顺利地得到完美的设计,而且一旦完成系统,再对其进行较大的修改会非常困难,所以,更需要给用户一个原型,使用户参与设计。用户参与性方法可以使设计者获得有关任务的更准确的信息,可以使设计缺陷尽快暴露,可以使最终产品更易被用户所接受。

例如,曾经有一个自动注射器被研发出来,其原型被送到医院让医护人员试用。很快人们发现了界面上有一个潜在的非常严重的缺陷——剂量是通过数字小键盘按键输入的,这样只要一个意外的按键动作就可能导致剂量相差至少十倍。最后的产品修改了数字输入方式,每位数字的输入由加/减按钮完成,如图 8-1 所示。

但用户参与也会产生负面影响。例如,增加了成本并且延长了系统实现的周期。为了降低成本,可以使用一些开发原型的工具,这一点很重要,因为产品原型是过渡阶段,最终不会被发布,所以必须降低开发原型的时间和成本。目前有很多界面建造工具可以辅助这一过程,例

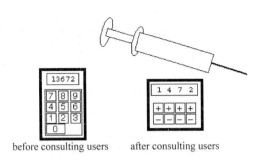

before consulting users　　after consulting users

图 8-1　注射器剂量输入界面

如,Macintosh 上有 HyperCard,PC 上有 Microsoft 公司的 Visual C++,Borland 公司的 Delphi 等开发环境可以快速建造实物模型。

8.4.2　界面对象、动作和布局的定义

用户界面设计中的一个很重要的步骤是定义界面对象,然后定义在界面对象上使用的动作。为了完成这个步骤,需要先对用例进行分析,在描述完用例后,可以把其中的名词(应用与对象)和动词(应用于动作)进行分离,建立对象和动作的列表。

一旦对象和动作被定义并迭代,就可以对它们进行分类,可以指定目标对象、源对象以及应用对象。源对象可以被拖放到目标对象上,例如,一个报告图标可以被拖放到一个打印图标上,这个动作表示需要打印一份报告。

当设计人员认为所有重要的对象和动作都已经定义,就可以开始屏幕布局了。与其他界面设计活动类似,屏幕布局也是一个迭代的过程,其中包括图像设计和图表的放置、描述性文字的定义、窗口的描述和标题的命名,然后开始定义主要的菜单项。

界面的设计主要包括布局(Layout)、文字用语(Message)及颜色等,下面针对其进行讲解。

1. 布局

屏幕布局因功能不同考虑的侧重点不同,各功能区要重点突出、功能明显。无论哪一种功能设计,其屏幕布局都应遵循以下 5 个原则。

(1) 平衡原则:注意屏幕上、下、左、右平衡,不要堆挤数据,过分拥挤的显示也会让人产生视觉疲劳和接收错误。

(2) 预期原则:屏幕上的所有对象,如窗口、按钮、菜单等处理应一致化,使对象的动作可预期。

(3) 经济原则:即在提供足够的信息量的同时还要注意简明、清晰。特别是对于媒体,要运用好媒体选择原则。

(4) 顺序原则:对象的显示顺序应依需要排列。通常最先出现对话,然后通过对话将系统分段实现。

(5) 规则化:画面应对称,显示命令、对话及提示行在一个应用系统的设计中应尽量统一规范。

在屏幕布局中,设计人员还要注意一些基本数据的设置。

2. 文字用语

文字用语除作为正文显示媒体出现外,还在设计题头、标题、提示信息、控制命令、会话等

功能时要展现。对于文字用语的设计格式和内容应注意以下几点。

（1）要注意用语的简洁性：避免使用计算机专业术语；尽量用肯定句而不要用否定句；尽量用主动语态而不用被动语态；用礼貌而不过分的强调语句进行文字会话；对不同的用户实施心理学原则使用用语；对英文词语尽量避免缩写；在按钮、功能键标识中应尽量使用描述操作的动词；在有关键字的数据输入对话和命令语言对话中采用缩码作为略语形式；在文字较长时，可用压缩法减少字符数或采用一些编码方法。

（2）格式：在屏幕显示设计中，一幅画面不要文字太多，若必须有较多文字，尽量分组、分页，并在关键词处进行加粗、变字体等处理，但同行文字应尽量字型统一。对于英文词语，除标语外，尽量采用小写和易认的字体。

（3）信息内容：信息内容显示不仅采用简洁、清楚的表达，还应采用用户熟悉的简单句子，尽量不用左右滚屏。当内容较多时，应以空白分段或以小窗口分块，以便于用户记忆和理解。对于重要字段，可用粗体和闪烁吸引用户的注意力和强化效果，强化效果有多种，可以针对实际情况进行选择。

3．颜色的使用

颜色的调配对于屏幕显示也是一项重要的设计，颜色除了是一种有效的强化技术外，还具有美学价值。大家在使用颜色时应注意以下几点：

（1）限制同时显示的颜色数，一般同一画面不宜超过 4 种或 5 种，可用不同层次及形状来配合颜色，增加变化。

（2）画面中的活动对象颜色应鲜明，而非活动对象应暗淡。对象颜色应尽量不同，前景色宜鲜艳一些，背景则应暗淡。

（3）尽量避免将不兼容的颜色放在一起，如黄与蓝、红与绿等，除非做对比时。

（4）若用颜色表示某种信息或对象的属性，要使用户懂得这种表示，并且尽量用常规准则表示。

总之，屏幕显示设计最终应达到令人愉悦的显示效果，要指导用户注意到最重要的信息，但又不包含过多的相互矛盾的刺激。

8.4.3　设计用户界面需考虑的问题

设计一个用户界面，一般要考虑系统响应时间、用户求助机制、错误信息处理和命令方式4 个方面。

1．系统响应时间

系统响应时间指当用户执行了某个控制动作后（例如，按回车键、单击鼠标等），系统做出反应的时间（指输出所期望的信息或执行对应的动作）。系统响应时间过长是交互式系统中用户抱怨最多的问题，当几个应用系统分时运行时尤其如此。除了响应时间的绝对长短外，用户对不同命令在响应时间上的差别也很在意，若过于悬殊，用户将难以接受。

2．用户求助机制

几乎每一位交互式系统的用户都希望得到联机帮助，即在不切换环境的情况下解决疑惑的问题。目前流行的联机求助系统有两类，即集成式和叠加式。集成式求助一般与软件设计同时考虑，上下文敏感，即可供用户选择的求助词与正在执行的动作密切相关，整个求助过程快捷而友好；叠加式求助一般是在软件完成后附上一个受限的联机用户手册，用户在查找某项指南时不得不浏览大量无关的信息。显然，集成式求助机制优于叠加式求助机制。除此之外,在设计求助子系统时,还要考虑诸如帮助范围(仅考虑部分还是全部功能)、用户求助的途径、帮助信息的显示、用户如何返回正常交互工作及帮助信息本身如何组织等一系列问题。

3. 错误信息处理

任何错误和警告信息对用户不啻是"坏消息",若此类信息不是很清楚地表明含义,用户接到后只能徒增烦恼。试想,当用户看到这样一行显示:

severe system failure-14A

一定会牢骚满腹。原因是尽管能从某个地方查出 14A 的含义,但设计者为什么不在此处指明呢? 一般来说,出错信息应选用用户明了、含义准确的术语描述,同时还应尽可能提供一些有关错误恢复的建议。此外,显示出错信息时,若辅以听觉(如铃声)、视觉(专用颜色)刺激,则效果更佳。

4. 命令方式

键盘命令曾经一度是用户与软件系统之间最通用的交互方式,随着面向窗口的点选界面的出现,键盘命令虽不再是唯一的交互形式,但许多有经验的、熟练的软件人员仍喜欢这一方式,更多的情形是菜单与键盘命令并存,供用户选用。除此之外,许多系统提供批命令机制,用户可设计并存储一个命令序列,供日后多次使用。

8.5　用户界面原型

用户界面具有动态性,文本和图形的描述不足以表示用户的需求性,构建原型的目标是使用户对界面能够有一个直观的体会。

8.5.1　设计用户界面原型需考虑的问题

下面列出了设计用户界面原型时需考虑的问题:

1. 确定主窗口

每一个边界类聚合关系都可以产生备选的用户界面主窗口。然而,构建对象模型的目标之一是确定层次尽可能少的聚合关系分层结构;其根本目的是最大限度地减少主窗口的数目,因而也最大限度地减少了它们之间的导航路径。导航路径太长不仅会增加不必要的交互开销,而且使得用户更容易在系统中"迷路"。理想的状况是,所有窗口都应当从一个主要主窗口打开,这样窗口的导航长度最大为 2。因此,应设法避免窗口导航长度大于 3。

主要主窗口应当是用户启动应用程序时打开的窗口。在正常情况下,只要应用程序在运行,它就始终处于打开状态,而且还是让用户花费大量"使用时间"的地方。由于它始终处于打开状态,并且构成用户与系统的"第一接触",因而它是加强用户系统思维模型的最重要的载体。

最明显的备选主要主窗口是由聚合关系分层结构的顶层边界类所确定的,例如文档编辑器中的文档类。如果有几个聚合关系分层结构,则选择对用户而言最重要的一个分层结构,即让用户花费大部分使用时间的结构。

主要主窗口确定之后,应当考虑组成聚合关系分层结构的其他聚合关系类,并决定是否应将它们设计为主窗口。默认的推荐方案是它们应当被设计成复合窗口而不是主窗口本身。同样,这也是为了最大限度地减少主窗口的数目,从而最大限度地减少它们之间所需的窗口导航路径。此外,复合窗口通常通过需要共同显示的组成成分、它们之间的空间关系以及其他复合窗口的组成成分来说明其合理性。注意,如果使用(主)窗口,则很难达到同样的目的。

文档编辑器中的段落聚合关系要设计成复合窗口,而不是主窗口本身。这其中一部分是由需要一起显示的段落的组成成分(即字符)、组成成分的空间关系和其他段落的字符共同决定的。

作为一种备选的设计方案,大家想象一下此时文档编辑器的可用性:每次查看特定段落时,用户都不得不导航到一个独立的(主)窗口。

然而,由于屏幕显示的限制,所有的聚合关系通常不能设计成复合窗口。如果没有足够的空间将所有的聚合关系设计成复合窗口,至少应该试一试将下面的聚合关系设计成复合窗口:

◇ 作为用户的系统思维模型核心的聚合关系。
◇ 用户将花费大部分使用时间的聚合关系。
◇ 提供用例初始化的聚合关系。

注意,在本步骤中,对象的平均容量是一项重要的输入,因为它们规定可能需要同时显示多少个对象。对象太多意味着它们不能设计成复合窗口;反之,它们在所属的主窗口中不仅可以有一个简洁的表示,而且可以定义它们自己的主窗口。

2. 设计可视化主窗口

主窗口可视化,尤其是主要主窗口的可视化,对系统的可用性有非常重要的影响。显示窗口的设计在一定程度上意味着必须考虑所包含对象的哪些部分(属性)应当显示。使用事件流无疑将有助于确定显示属性的优先顺序,尤其是在使用所需指导说明对其进行扩展时更有帮助。如果用户需要查看对象的许多不同属性,可以在一个主窗口中包含几个视图,在每一个视图中显示一组不同的属性。设计此可视化窗口也意味着必须考虑应当如何使用所有的可视化元素实现所包含对象的组成部分(属性)的可视化。

如果一个主窗口中包含几个不同类的对象,则找到这些类的"公有基"很重要,例如在所有或大部分类中都包含的属性类型。通过某种维度显示公有基,这样用户就能把不同类的对象互相联系起来,并可以查看主窗口的样式,这大大地增加了用户界面的"带宽"。

假设希望在一个客户服务系统中显示以下几个方面:

◇ 在一定时间内客户的抱怨和问题。
◇ 客户在一定时间内购买的产品。
◇ 在一定时间内客户的发票累计金额。

这里的公有基是"时间"。因此,在同一水平时间轴上将抱怨/问题、所购物品以及发票金额相继显示出来,这样用户就能看到显示它们之间的联系(如果有)模式。

3. 设计主窗口操作

边界类的职责指定了它们对应窗口所需的操作。主窗口和所包含对象的操作也常作为快捷菜单或工具栏中的替代选项和补充选项显示出来。如果某个主窗口包含几个类的对象,并且它们具有不同的操作,则用户可以给每一个类,或者给每一组紧凑的操作分配一个菜单。

例如,在文档编辑器中设有编辑菜单,将紧密相连的操作(如剪切、复制等)进行分组。还有某些操作可能需要与用户进行复杂的交互,因而使用它们自己的辅助窗口就顺理成章了。例如在文档编辑器中,针对文档的打印操作需要进行复杂的交互,因此有必要使用一个单独的对话窗口。

4．设计特征窗口

需要为所有边界类设计特征窗口，这样用户就可以得到这些类的所有属性。注意，某些对象在主窗口中可能只是部分显示出来；另外，它们的特征窗口将显示它们所有的属性。

边界类的某些简单职责，例如设置某个具体属性的值，通常作为某项操作在特征窗口中显示出来。这样的操作或者在对象所在的主窗口中无法执行，或者是作为主窗口中的相似操作的备选项或者补充项。

另外，如果边界类是某个关联关系的一部分，则在特征窗口中通常显示该关联关系（包括被关联关系的对象）。

5．设计涉及多个对象的操作

如果某个边界类定义了许多将在用户界面中显示的对象，则设计包含这些对象的操作通常会比较棘手。以下是这类操作的不同变形：

◇ 提供在多个对象中进行搜索的机制的操作。
◇ 提供对多个对象进行排序的机制的操作。
◇ 提供多个对象间用户控制继承的机制的操作。
◇ 提供对浏览多个对象的分层结构进行管理的机制的操作。
◇ 提供选择多个对象的机制的操作。

6．设计其他功能

给用户界面添加需要的动态行为，大多数动态行为由目标平台产生，如选择操作范式、双击打开、右击鼠标弹出菜单等。在这里仍然需要做出一些决策，包括：

◇ 如何支持窗口管理。
◇ 在会话之间存储什么样的会话信息，如输入光标位置、滚动条位置、打开的窗口、窗口的大小、窗口的相对位置，等等。
◇ 主窗口是否支持单文档接口（Single-Document Interface，SDI）或者多文档接口（Multiple-Document Interface，MDI）。

同时，评估其他增强可用性的常见功能包括：

◇ 是否应当提供"联机帮助"，包括"向导"。
◇ 是否应当提供"撤销"操作，保证系统在探索使用阶段安全。
◇ 是否应当提供"代理"，以监控用户事件并主动建议应执行的操作。
◇ 是否应当提供"动态突出显示"，以显示关联关系。
◇ 是否应当支持用户定义的"宏"。
◇ 是否应当有用户可配置的特定区域。

然而，在项目中不必考虑原型设计中所有这些方面的问题。通常把某些方面的问题留给实施员，而不在原型设计中对它们进行处理。在这种情况下，建议忽略清单中列出的次要方面问题，集中处理重要方面问题。

8.5.2　实施用户界面原型

实施用户界面原型有 3 种基本方法。

◇ 制图：使用铅笔和纸绘制。
◇ 位图：在位图编辑器中绘制。
◇ 可执行文件：可以"运行"并能和最终用户交互的模拟应用程序。

在大多数项目中,应当按照上面列出的顺序采用这3种实施方法。由于这3种方法的标准实现时间存在极大的差异(绘制和修改图纸的速度比创建和修改可执行文件的速度要快很多),所以采用这一顺序可以在初期直接纳入变更内容。然而,制图并没有正确地反映受限制的屏幕范围,在制图中很容易放置过多的组件而在屏幕中却容纳不下。

最终,确定用户界面的最好方法是结合使用位图和可执行文件。一旦需要将原型展示给除用户界面设计员之外的其他人员,则应该采取这种方法。位图可以指定主窗口的准确外观,而可执行文件可以近似地显示主窗口的外观,支持主窗口的操作以及辅助窗口的外观和行为。当然,如果可以通过适当努力在可执行文件中表示主窗口的准确外观,这要胜过结合使用可执行文件和位图。如果没有足够的资源生成可执行文件,也可以使用位图作为原型的最终实施手段。在这种情况下,用说明它们动态行为的用例示意板对它们进行补充很有益处,否则,用户界面实施员造成动态行为错误的可能性很大。

通常情况下,实施可执行原型比实施实际用户界面耗费更低,这一点是很有价值的。下面列出了原型和用户界面实际实施之间的一些差别。

(1)原型无须支持所有的用例和场景,相反,只有很少数目的用例和场景可以确定优先顺序,原型只支持这些用例和场景。

(2)实施主窗口通常是最复杂的,如果正在制作一个高级用户界面,它能够真正充分利用可视化的潜在价值,这时可能很难找到现成的构件。与实施新构件的做法相反,通常可以使用原始构件(例如按钮开关、切换按钮或者选项按钮等)来近似说明用户界面将如何查找某一组数据。在可能情况下,制作几个原型显示几组不同的数据,数据中包括平均值和平均对象容量。

(3)模拟或者忽略实施并不烦琐的窗口中的所有操作。

(4)模拟或者忽略系统的内部操作,如业务逻辑、辅助存储器、多进程以及与其他系统的交互。

8.5.3 获得有关用户界面原型的反馈

将用户界面原型展示给其他人极其重要。但是,为了获得有价值的反馈,不必非要进行完全的使用测试,即实际用户使用原型执行实际任务。用户在使用测试中发现的大多是一些"视而不见"的缺陷,这些缺陷是任何未参与用户界面设计的人本来可以提醒注意的问题。

随着原型设计和实施的不断深入,需要将设计展示给越来越多的复审员,其中包括:

1. 将设计展示给其他项目成员

这是一种被低估的展示设计的方法,这种方法需要的时间很短,因为项目成员比较熟悉应用程序,通常都会自愿参加这项演示活动。在活动过程中连续不断地使用该方法,可以克服"视而不见"的问题。

2. 将设计展示给外部可用性专家

一个好的可用性专家可以利用他的技能以及通过对用户界面不同角度的观察,指出原型中存在的明显的可用性缺陷,从而减少开发工作。因此,在设计原型活动进行到一半之前,让外部可用性专家加入是有意义的,这样,可以有时间按照可用性专家的建议重新调整工作方向。

3. 将设计展示给用户

给用户演示原型通常是利用时间的好方法,要尽可能地做到这一点(接近用户的机会通常有限），以纠正在需求分析时对用户需求的错误理解。但在得到至少还过得去的主要主窗口的位图原型之前，不要将原型展示给用户，也不要把原型不只一次地展示给同一位用户。因为第二次展示时，用户就会受到早先的设计思想的影响（和"视而不见"类似）。

同时，还要注意合理地设定期望，许多用户希望在系统建立后能对用户界面（即窗口）进行正确的操作。

8.5.4 如何展示原型

展示原型的最佳途径通常是与要向其展示原型的人员对象一起坐在屏幕前观察显示的原型，按用例示意板中的说明走查常见的场景（例如，具有标准取值的用例标准流），鼓励他提出问题和发表评论，并把这些问题和评论记录下来。

另一种有些被高估的展示原型的方法是执行使用测试。在使用测试中，实际用户使用原型执行实际任务。

8.6 界面设计的评估

目前，用户界面领域已经开始逐步成熟起来，许多工程的复杂性、规模以及重要程度都有了很大的提高，因此对系统的测试评估必不可少。

首先，评估计划必须包含长期持续测试的方法，以便界面的整个生命周期中出现的各种问题能够得到不断的评估和修正。其次，虽然问题可能会不断出现，但在适当的时候，必须果断地完成原型测试并交付产品。最后，必须为关键系统的界面设计开发出特别的评估计划，例如核反应堆等系统的人机界面。

有效的设计评估包括专家评审和可用性测试。

正式的专家评审需要依托专家作为支柱或者顾问，这些专家往往具有丰富的应用领域或者用户界面领域的专业知识。专家评审可以在设计阶段的前期或者后期进行。对于评审结果，可以由进行评审的专家们出一份正式的报告，其中包含评审中所发现的问题以及对其修改的建议，或者由这些专家与设计院或者管理人员直接进行面对面的讨论。

专家评审的方法包括以下几种。

（1）启发式评审：评审人员对界面进行评判，以使其余一系列的设计启发规则相符合，如果评审人员熟悉这些规则并能够理解应用，那将对评审非常有利。

（2）指导文档评审：检查所涉及的界面与组织内的指导文档或者其他的一些指导文档是否相符。

（3）一致性检查：检查所有同类界面的一致性，检查内容包括实际界面中的术语、颜色、布局、输入/输出格式等与培训材料或者在线帮助是否一致。

（4）认知尝试：专家模仿用户使用界面执行典型的任务，以执行频率高的任务作为起点进行尝试，但执行较少的关键性任务，如错误恢复等都要尝试。

（5）正式的可用性评审：专家们组织一场讨论，整个设计小组的成员也参与其中，以仲裁设计的利弊。

专家评审可能出现的问题是，专家对任务或用户缺乏足够的理解，且对项目目标有不同的意见，所以必须选择熟悉项目、经验丰富的专家组成专家小组。

可用性指针对产品的使用效率、易学和舒适程度。对界面进行可用性测试和评价是确保产品可用性的重要手段,通过各种可用性测试方法及早发现界面中存在的可用性问题,不仅可以节约开发成本,提高产品的品质,还可以降低用户使用产品的心理负担,减少操作错误,提高工作效率以及对产品的认可度和满意度等,从而为建立人机界面匹配模型提供支持。可用性测试对一个设计阶段的完成有一种强大的推动力,可用性测试报告可以反映出所取得的进步,并能提供详细具体的改进意见。在进行可用性测试前,设计者需要制订出更加具体详细的测试计划,包括任务列表、主观满意标准以及所要询问的相关问题。同时,必须确定参与测试的用户数目、类型、来源。

可用性测试可以要求用户完成一系列任务,对用户的完成过程进行记录,再对记录进行评审,可以给设计人员很大的启发,从而及时发现不足并改正。

虽然可用性测试有很多好处,但至少存在两种局限性:首先,它强调的是首次使用的情况,其次只能设计到部分的界面。因为可用性测试不能延续太长时间,所以很难确定长时间使用后的情况。

例如,Microsoft 公司的 MSN Messenger 产品中的"用户帮助改进计划",就是相当庞大的一个可用性测试计划。

8.7 小结

本章介绍了用户界面设计的一般过程、用户界面实现的原则、用户界面的任务分析、用户界面的设计实现及界面设计的评估等问题。用户界面是人与机器之间传递和交换信息的媒介,包括硬件界面和软件界面,是计算机科学与心理学、设计艺术学、认知科学和人机工程学的交叉研究领域。近年来,随着信息技术与计算机技术的迅速发展,网络技术的突飞猛进,人机界面设计和开发已成为国际计算机界和设计界最为活跃的研究方向。

8.8 思考题

1. 简述设计良好界面的主要途径。
2. 简述用户界面分析包含的内容。
3. 简述用户界面设计过程及所要考虑的主要问题。
4. 简述用户界面原型的实施。
5. 简述用户界面设计评估。
6. 使用本章介绍的知识,尝试完成一个软件工程教学软件的界面设计。
7. 举一到两个由于界面设计缺陷而可能导致非常严重后果的例子。

第9章 设计模式

每一个模式描述了一个在我们周围不断重复发生的问题,以及该问题的解决方案的核心。这样,你就能一次又一次地使用该方案而不必做重复劳动。

——Christopher Alexander

随着软件的规模越来越大、设计越来越复杂,人们认识到需要对软件的总体结构进行清晰的描述和分析,并用它来指导软件的后续开发。好的软件体系结构可以显著提高系统质量,可以进行设计方案的重用,从而提高软件开发的效率。软件的设计模式提供了一个用于细化软件子系统的组件,或它们之间关系的图示。在面向对象编程中,软件设计模式是通用的解决方案,它并不提供具体问题的解,而是一种结构式的提纲,可以提高软件开发的效率,为计算机科学提供了真正步入工程领域的"基石"。

本章共分 4 个部分,9.1 节为设计模式与体系结构描述,9.2 节介绍设计模式的主要作用,9.3 节为常用设计模式解析,9.4 节为深入认识设计模式。

9.1 设计模式与体系结构描述

正如 Grady Booch 所说:"软件领域的设计模式,为开发人员提供了使用专家设计经验的有效途径。"为研究这一问题,Alexander 对建筑物、城镇、街道等实际上人类为自身所建造的各种生活空间的方方面面进行了大量观察。他发现,在特定的建筑物中,优秀的结构有一些共同之处。

设计模式的核心思想是总结和积累前人成功的设计经验,通过对这些经验的学习,使得人们在面对新的设计问题时不用再重复所有的环节,而是尽量套用已有的模式,以提高编程的效率。模式是解决特定问题的经验,实质上是软件的复用。模式由特定的环境、问题以及解决方案 3 个要素组成,按照软件开发的层次可以分为体系结构模式、设计模式、程序模式。体系结构模式属于层次较高的模式,例如 MVC(Model-View-Controller)、Layers 等。设计模式是对被用来在特定场景下解决一般设计问题的类和相互通信的对象的描述。由于在以往的软件开发中,设计者经常在某种特定场合中遇到一些以前经常出现或感觉似曾相似的问题,直截了当的解决方案就是套用原有的经过证明的解决方案,或参考别人成熟的思路来解决。长时间下来,通过不断地完善并文档化就形成了针对这种问题的处理模式,形成了特定问题的解决方案。

GoF(设计模式四人组,又称 Gang of Four,即 Erich Gamma、Richard Helm、Ralph Johnson 和 John Vlissides 4 个人,如图 9-1 所示)的《设计模式》,原名 *Design Patterns：Elements of*

Reusable Object-Oriented Software,第一次将设计模式提升到理论高度,并将之规范化。该书提出了 23 种基本设计模式。时至今日,在可复用面向对象软件的发展过程中,新的设计模式仍然不断出现。

图 9-1 设计模式四人组

软件体系结构描述语言(Architectural Description Language,ADL)的研究,源于 20 世纪 70 年代的模块互连语言,到 20 世纪 90 年代中后期达到了一个高峰,它是用来描述软件系统的总体结构的语言。具有代表性的体系结构描述语言有 Wright、Rapide、ACME、ABC/ADL等,这些体系结构描述语言基于不同的形式基础,有着各自独特的适用场合(具体内容参见 2.5)。

图形化体系结构的表达工具是由矩形框和有向线段组合而成的图形,它是对于软件体系结构的描述和表达,是一种简洁、易懂且使用广泛的方法。在这种方法中,矩形框代表抽象构件,框内标注的文字为抽象构件的名称,有向线段代表辅助各构件进行通信、控制或关联的连接件。例如,图 9-2 所示为某软件辅助理解和测试工具的部分体系结构描述。

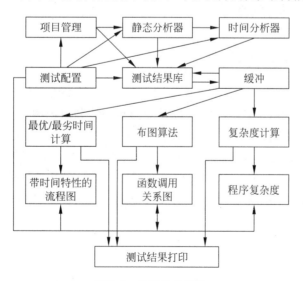

图 9-2 体系结构描述

目前,这种图形表达工具在软件设计中占据着主导地位。尽管由于在术语和表达语义上存在着一些不规范和不精确,而使得以矩形框与线段为基础的传统图形表达方法在不同系统和不同文档之间有着许多不一致甚至矛盾，但该方法仍然以其简洁、易用的特点在实际的设计和开发工作中被广泛使用，并为工作人员传递了大量重要的体系结构思想。

9.2 设计模式的主要作用

设计模式记录和提炼了软件人员在面向对象软件设计中的成功经验和问题的解决方案，是系统可复用的基础。正确地使用设计模式，有助于开发人员快速地开发出可复用的系统。

设计模式的作用和研究意义表现在以下几个方面。

（1）优化的设计经验：设计模式为开发者提供了良好的经过优化的设计经验。模式中所描述的解决方案是人们从不同的角度对某个问题精细研究，然后总结出来的最通用的解决方案。

（2）较高的复用性：设计模式为重用面向对象代码提供了一种方便的途径，使得复用某些成功的设计和结构更加容易。没有经验的程序员也可以借助设计模式提高设计水平，多个模式可以组合起来构成完整的系统，这种基于模式的设计具有更大的灵活性、可扩展性和更好的可重用性。

（3）丰富的表达能力：在面向对象的编程中，软件编程人员往往更加注重以往代码的重用性和可维护性。通过提供某些类和对象的相互作用关系以及它们之间潜在联系的说明规范，设计模式甚至能够提高系统维护的有效性。

（4）降低耦合性：设计模式的基本思想是将程序中可能变化的部分与不变的部分分离，尽量减少对象之间的耦合，当某些对象发生变化时，不会导致其他对象都发生变化。这样使得代码更容易扩展和维护，而且也让程序更容易被读懂。

9.3 常用设计模式解析

9.3.1 创建型设计模式

所有的创建型模式都有两个永恒的主旋律：第一，它们都将系统使用哪些具体类的信息封装起来；第二，它们隐藏了这些类的实例是如何被创建和组织的。外界对于这些对象只知道它们共同的接口，不清楚其具体的实现细节。正因为如此，创建型模式在创建什么（what），由谁（who）来创建，以及何时（when）创建这些方面，都为软件设计者提供了尽可能大的灵活性。创建型模式隐藏了对象创建的具体细节，使程序代码不依赖具体的对象，这样，应用程序在运行时将对象的创建工作延迟到子类进行。创建型模式包括简单工厂（Simple Factory）模式、工厂方法（Factory Method）模式、抽象工厂（Abstract Factory）模式、单例（Singleton）模式、原型（Prototype）模式和建造（Builder）模式。

1. 简单工厂模式

简单工厂模式专门定义一个类来负责创建其他类的实例，被创建的实例通常具有共同的父类，如图 9-3 所示。它又称为静态工厂方法模式，属于类的建型模式。简单工厂模式根据提供给它的参数数据，返回几个可能类中的一个类的实例。通常，它返回的类都有一个公共的父类和公共的方法。

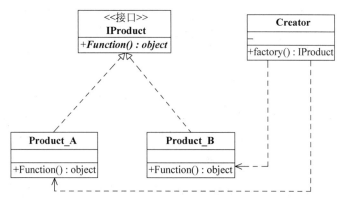

图 9-3　简单工厂模式

1) 意图

该模式用于提供一个类,由它负责根据一定的条件创建某一具体类的实例。

2) 角色及其职责

(1) 工厂(Factory)角色:简单工厂模式的核心,负责实现创建所有实例的内部逻辑。工厂类可以被外界直接调用,创建所需的产品对象。

(2) 抽象(Abstract)角色:简单工厂模式所创建的所有对象的父类,负责描述所有实例共有的公共接口。

(3) 具体产品(Concrete Product)角色:简单工厂模式的创建目标,所有创建的对象都是充当这个角色的某个具体类的实例。一般来讲,它是抽象产品类的子类,实现了抽象产品类中定义的所有接口方法。

3) 简单工厂模式的特点

优点:简单工厂模式包含必要的逻辑判断,能够根据外界给定的信息决定究竟应该创建哪个具体类的对象。用户在使用时可以直接根据工厂类创建所需的实例,而无须了解这些对象是如何创建以及如何组织的,有利于整个软件体系结构的优化。

缺点:其缺点体现在其工厂类上,由于工厂类集中了所有实例的创建逻辑,所以在"高内聚"方面做得并不好。另外,当系统中的具体产品类不断增多时,可能会要求工厂类也要做相应的修改,扩展性并不是很好。当产品有复杂的多层等级结构时,工厂类只有自己,以不变应万变,这就是模式的缺点。

2. 工厂方法模式

工厂方法模式是对简单工厂模式进行的抽象和推广,如图 9-4 所示。由于使用了多态性,工厂方法模式保持了简单工厂模式的优点,并且克服了它的缺点。该模式设计一个抽象的 Factory 类或接口,这个类将不再负责具体的产品生产,而是只制定一些规范,将具体的生产工作推延到其子类去完成。

1) 意图

该模式用于定义一个用户创建对象的接口,让子类决定实例化哪一个类,工厂方法模式使一个类的实例化延迟到其子类。

2) 角色及其职责

(1) 抽象工厂(Abstract Factory)角色:工厂方法模式的核心,与应用程序无关。任何在该模式中创建的对象的工厂类必须实现这个接口。

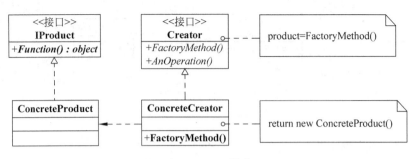

图 9-4 工厂模式

(2) 具体工厂(Concrete Factory)角色：这是实现抽象工厂接口的具体工厂类，包含与应用程序密切相关的逻辑，并且受到应用程序调用以创建产品对象。

(3) 抽象产品(Abstract Product)角色：工厂方法模式所创建的对象的超类型，也就是产品对象的共同父类或共同拥有的接口。

(4) 具体产品(Concrete Product)角色：这个角色实现了抽象产品角色所定义的接口。某具体产品由专门的具体工厂创建，它们之间往往一一对应。

3) 优点

(1) 用工厂方法在一个类的内部创建对象通常比直接创建对象更灵活。

(2) 实现了开闭原则，可以在不改变工厂的前提下增加新产品。

(3) 工厂方法模式通过面向对象的方法，将所要创建的具体对象的创建工作延迟到子类，从而提供了一种扩展的策略，较好地解决了这种紧耦合的关系。

4) 适用性

(1) 当一个类不知道它必须创建的对象的类的时候。

(2) 当一个类希望由它的子类来指定所创建的对象的时候。

(3) 当类将创建对象的职责委托给多个帮助子类中的某一个，并且希望哪一个帮助子类是代理者这一信息局部化的时候。

3. 抽象工厂模式

抽象工厂模式指一个工厂等级结构可以创建出分属于不同产品等级结构的产品族中的所有对象，如图 9-5 所示。如果用图来描述，它提供创建对象的接口，与工厂方法类似，但此处返回的是一系列相关产品，其实现过程同样推延到子系列类去实现。与工厂方法的区别在于它们的层次模型。

1) 意图

该模式用于提供创建一系列相关或相互依赖对象的接口，而无须指定它们具体的类。

2) 角色及职责

(1) 抽象工厂(Abstract Factory)角色：担任这个角色的是工厂方法模式的核心，它是与应用系统商业逻辑无关的。

(2) 具体工厂(Concrete Factory)角色：这个角色直接在客户端的调用下创建产品的实例。这个角色含有选择合适的产品对象的逻辑，而这个逻辑是与应用系统的商业逻辑紧密相关的。

(3) 抽象产品(Abstract Product)角色：担任这个角色的类是工厂方法模式所创建的对象的父类，或它们共同拥有的接口。

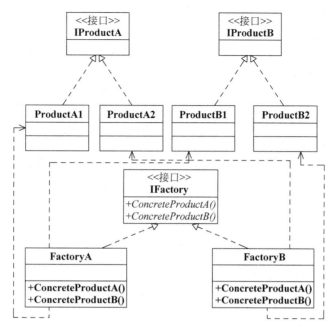

图 9-5 抽象工厂模式

（4）具体产品（Concrete Product）角色：抽象工厂模式所创建的任何产品对象都是某一个具体产品类的实例。这是客户端最终需要的东西，其内部一定充满了应用系统的商业逻辑。

3）简单工厂、工厂方法、抽象工厂的比较

简单工厂、工厂方法、抽象工厂模式都属于设计模式中的创建型模式。其主要功能都是帮助设计者把对象的实例化部分抽取出来，优化了系统的架构，并且增强了系统的扩展性。

（1）简单工厂：简单工厂模式的工厂类一般使用静态方法，通过接收的参数的不同来返回不同的对象实例。如果不修改代码，该模式是无法扩展的。

（2）工厂方法：工厂方法模式是针对每一种产品提供一个工厂类，通过不同的工厂实例来创建不同的产品实例。在同一个等级结构中，该模式支持增加任意产品。

（3）抽象工厂：抽象工厂模式是应对产品族概念的。比如说，每个汽车公司可能要同时生产轿车、货车、客车，那么每一个工厂都要有创建轿车、货车和客车的方法，应对产品族概念而生，增加新的产品线很容易，但是无法增加新的产品。

4．单例模式

单例模式保证某个类有且仅有一个实例，如图 9-6 所示。

1）意图

单例模式属于对象创建型模式，其意图是保证应用只有一个全局唯一的实例，并且提供一个访问它的全局访问点。

单例模式包含的角色只有一个，就是 Singleton。Singleton 拥有一个私有构造函数，用于确保用户无法通过 new 直接创建实例。除此之外，该模式中包含一个静态私有成员变量

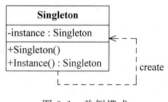

图 9-6 单例模式

instance 与静态公有方法 Instance()。Instance()方法负责检验并实例化自己，然后存储在静态成员变量中，以确保只有一个实例被创建。

◇ 结构：包括防止其他对象创建实例的私有构造函数、保存唯一实例的私有变量和全局访问接口等。

◇ 效果：单例提供了全局唯一的访问入口，因此易于控制可能发生的冲突。单例是对类静态函数的一种改进，首先避免了全局变量对系统的污染。

2）优点

该模式能够对唯一实例受控访问，缩小命名空间，允许对操作和表示的精化，允许可变数目的实例，比类操作更灵活。

单例模式中需要解决的重要问题是方法的同步问题。在本例中获得实例的时候使用了同步，代码如下：

```
public class Singleton{
    private Singleton(){
    Generator = new Random();
    }
    public void setSeed(int seed){
    Generator.setSeed(seed);}
    public int nextInt(){
        return generator.nextInt();
    }
    public static synchronized Singleton getInstacne(){
        if(instance == null){
            instance = new Singleton();
        }
        return instance;
    }
    private Random generator;
    private static Singleton instance;
}
```

3）适用场合

当类只能有一个实例存在，并且可以在全局访问时使用单例模式。这个唯一的实例应该可以通过子类实现扩展，并且用户无须更改代码即可使用。

9.3.2　结构型设计模式

结构模式描述的是如何组合类和对象以获得更大的结构。结构模式描述两种不同的对象，即类与类的实例。根据这一点，结构模式可以分为类模式和对象模式。类模式和对象模式的区别是，类描述的是如何通过继承提供更有用的接口，而对象描述的是通过使用对象的组合或将对象包含在其他对象里面以获得更有用的结构。常用的结构模式有适配器（Adapter）模式、组合（Composite）模式、代理（Proxy）模式、外观（Facade）模式、桥接（Bridge）模式、装饰（Decorator）模式，等等。

1. 适配器模式

适配器模式将一个类的程序设计接口转换成另一个接口。这很像变压器（Adapter），变压器把一种电压转换成另一种电压。美国的生活用电电压是 110V，而中国的电压是 220V。如果要在中国使用美国电器，就必须有一个能把 220V 电压转换成 110V 电压的变压器，这个变压器就是一个 Adapter。

1）意图

该模式用于复用已存在的接口与所需接口不一致的类。

◇ 类适配器：从一个不一致的类派生出一个类，然后在派生类里面增加所需要的方法，使得派生类能够匹配所需的接口。

◇ 对象适配器：将原始类包含在新类里，然后在新类里创建方法去转换调用。

类的适配器模式的结构如图 9-7 所示。

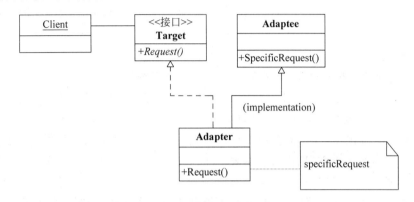

图 9-7　类的适配器模式的结构

由该图中可以看出，Adaptee 类没有 Request 方法，而客户期待这个方法。为了使客户能够使用 Adaptee 类，提供一个中间环节，即 Adapter 类。Adapter 类实现了 Target 接口，并继承自 Adaptee，Adapter 类的 Request 方法重新封装了 Adaptee 的 SpecificRequest 方法，实现了适配的目的。因为 Adapter 与 Adaptee 是继承的关系，所以决定了这个适配器模式是类的。

该适配器模式所涉及的角色包括如下。

（1）目标（Target）角色：这是客户所期待的接口。因为 C♯ 不支持多继承，所以 Target 必须是接口，不可以是类。

（2）源（Adaptee）角色：需要适配的类。

（3）适配器（Adapter）角色：把源接口转换成目标接口。这一角色必须是类。

对象的适配器模式的结构如图 9-8 所示。

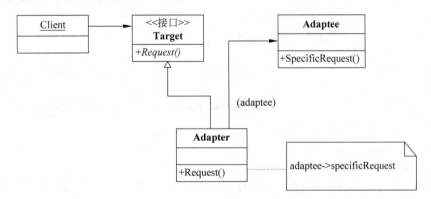

图 9-8　对象的适配器模式的结构

从该图中可以看出，客户端需要调用 Request 方法，而 Adaptee 没有该方法。为了使客户端能够使用 Adaptee 类，需要提供一个包装类 Adapter。这个包装类包装了一个 Adaptee 的实例,从而将客户端与 Adaptee 衔接起来。由于 Adapter 和 Adaptee 是委派关系,决定了这个适配器模式是对象的。

该适配器模式涉及的角色如下。

(1) 目标(Target)角色:这是客户所期待的接口。目标可以是具体的或抽象的类,也可以是接口。

(2) 源(Adaptee)角色:需要适配的类。

(3) 适配器(Adapter)角色:通过在内部包装(Wrap)一个 Adaptee 对象,把源接口转换成目标接口。

2) 适用范围

(1) 系统需要使用现有的类,而此类的接口不符合系统的需要。

(2) 想要建立一个可以重复使用的类,用于与一些彼此之间没有太大关联的一些类,包括可能在将来引进的一起工作的类。这些源类不一定有很复杂的接口。

(3) 对象适配器在设计时,需要改变多个已有子类的接口,如果使用类的适配器模式,就要针对每一个子类做一个适配器,而这不太实际。

2. 桥接模式

桥接模式是一个非常有用的模式,也是比较复杂的一个模式,如图 9-9 所示。熟悉这个模式对于理解面向对象的设计原则,包括"开闭"原则(Open-Closed Principle,OCP)以及组合/聚合复用原则(Composition/Aggregation Reuse Principle,CARP)很有帮助。理解好这两个原则,有助于形成正确的设计思想和培养良好的设计风格。

1) 意图

该模式用于将抽象部分与实现部分分离,使得这两个部分可以独立变化。

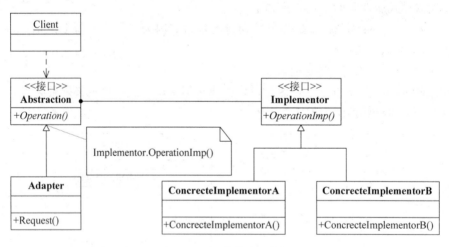

图 9-9　Bridge 模式的结构

2) 桥接模式所涉及的角色

(1) 抽象化(Abstraction)角色:抽象化给出的定义,并保存一个对实现化对象的引用。

(2) 修正抽象化(Refined Abstraction)角色:扩展抽象化角色,改变和修正父类对抽象化的定义。

(3) 实现化(Implementor)角色:这个角色给出实现化角色的接口,但不给出具体的实现。必须指出的是,这个接口不一定和抽象化角色的接口定义相同,实际上,这两个接口可以非常不一样。实现化角色应当只给出底层操作,而抽象化角色应当只给出基于底层操作的更高一层的操作。

(4)具体实现化(Concrete Implementor)角色:这个角色给出实现化角色接口的具体实现。

3)优势和缺陷

桥接模式可以从接口分离实现功能,使得设计更具有扩展性,这样,客户调用方法时根本不需要知道实现的细节。桥接模式减少了子类,使代码变得更简洁了,生成的执行程序更小了。桥接模式的缺陷是抽象类与实现类的双向连接使运行速度更慢了。

4)适用场景

(1)避免抽象方法和其实现方法绑定在一起。

(2)抽象接口和它的实现都需要扩展出子类以备使用。

(3)变动实现的方法根本不会影响客户程序调用的部分。

3.组合模式

组合模式有时候又称为部分-整体模式,它将对象组合成树形结构,以表示"部分-整体"的层次结构。组合模式使得用户对单个对象和组合对象的使用具有一致性。组合模式的一个重要思想是递归组合,一个抽象类既可以代表组合对象,又可以代表一个被组合的对象。在可视化编程中,编程人员经常遇到的容器就使用了组合模式,一方面,组件可以放在容器中,另一方面,容器也可以作为组件放在另外的容器中。

1)意图

该模式用于将对象组合成树形结构以表示"部分-整体"的层次结构。组合模式使得用户对单个对象和组合对象的使用具有一致性。

(1)安全式的合成模式的结构。

安全式的合成模式要求管理聚集的方法只出现在树枝构件类中,而不出现在树叶构件中,如图9-10所示。

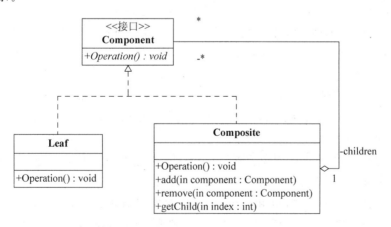

图 9-10 安全式的合成模式的结构

这种形式涉以下3个角色。

① 抽象构件(Component)角色:这是一个抽象角色,它给参加组合的对象定义出公共的接口及其默认行为,可以用来管理所有的子对象。在安全式的合成模式中,构件角色并不是定义管理子对象的方法,这一定义由树枝构件对象给出。

② 树叶构件(Leaf)角色：树叶构件对象是没有下级子对象的对象，定义出参加组合的原始对象的行为。

③ 树枝构件(Composite)角色：代表参加组合的有下级子对象的对象。树枝构件对象给出所有的管理子对象的方法，如 add()、remove()等。

(2) 透明式的合成模式结构。

与安全式的合成模式不同的是，透明式的合成模式要求所有的具体构件类，不论是树枝构件还是树叶构件，均符合一个固定的接口，如图 9-11 所示。

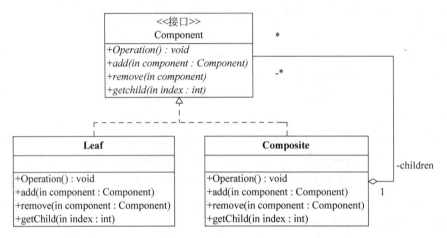

图 9-11　透明式的合成模式结构

这种形式涉及以下 3 个角色。

① 抽象构件(Component)角色：这是一个抽象角色，它给参加组合的对象规定一个接口，规范共有的接口及默认行为。

② 树叶构件(Leaf)角色：代表参加组合的树叶对象，定义出参加组合的原始对象的行为。树叶类会给出 add()、remove()之类的用来管理子类对象的方法的平庸实现。

③ 树枝构件(Composite)角色：代表参加组合的有子对象的对象，定义出这样的对象的行为。

2) 效果及实现要点

(1) 组合模式采用树形结构来实现普遍存在的对象容器，从而将"一对多"的关系转化为"一对一"的关系，使得客户代码可以一致地处理对象和对象容器，而无须关心处理的是单个的对象还是组合的对象容器。

(2) 将"客户代码与复杂的对象容器结构"解耦是组合模式的核心思想，解耦之后，客户代码将与纯粹的抽象接口(而非对象容器的内部实现结构)发生依赖关系，从而更能"应对变化"。

(3) 在组合模式中，是将"add 和 remove 等和对象容器相关的方法"定义在"表示抽象对象的 Component 类"中，还是将其定义在"表示对象容器的 Composite 类"中，是一个关乎"透明性"和"安全性"的两难问题，需要仔细权衡。这里有可能违背面向对象的"单一职责原则"，但是对于这种特殊结构，这又是必须付出的代价。ASP. NET 控件的实现在这方面为我们提供了一个很好的示范。

(4) 组合模式在具体实现中，可以让父对象中的子对象反向追溯。如果父对象有频繁的遍历需求，可使用缓存技巧来改善效率。

4．装饰模式

装饰(Decorator)模式又名包装(Wrapper)模式，它以对客户端透明的方式扩展对象的功能，是继承关系的一个替代方案，如图 9-12 所示。该模式动态地给对象添加一些额外的职责，就增加功能来说，装饰模式比生成子类更灵活。

1）意图

装饰模式是为已有的功能动态地添加更多功能的一种方式。在起初的设计中，当系统需要新功能的时候向旧的类中添加新的代码，这些新加的代码通常装饰了原有类的核心职责或主要行为，在主类中加入了新的字段、新的方法和新的逻辑，从而增加了主类的复杂度，而这些新加入的内容仅仅是为了满足一些只在某种特定情况下才会执行的特殊行为的需要。装饰模式却提供了一个非常好的解决方案，它把每个要装饰的功能都放在单纯的类中，并让这个类包装它所要装饰的对象，因此，当需要执行特殊行为时，客户代码就可以在运行时根据需要有选择地、按顺序地使用装饰功能包装对象了。

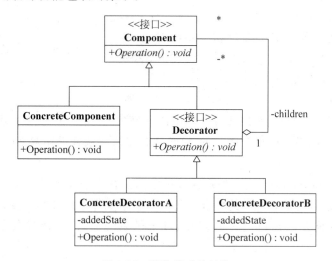

图 9-12　装饰模式的结构

2）在装饰模式中涉及的各个角色

(1) 抽象构件(Component)角色：给出一个抽象接口，以规范准备接收附加责任的对象。

(2) 具体构件(Concrete Component)角色：定义一个将要接收附加责任的类。

(3) 装饰(Decorator)角色：持有一个构件(Component)对象的实例，并定义一个与抽象构件接口一致的接口。

(4) 具体装饰(Concrete Decorator)角色：负责给构件对象"贴上"附加的责任。

3）优点

(1) 装饰模式与继承关系的目的都是扩展对象的功能，但是装饰模式可以提供比继承模式更大的灵活性。

(2) 通过使用不同的具体装饰类以及这些装饰类的排列组合，设计师可以创造出很多不同行为的组合。

(3) 这种比继承模式更加灵活、机动的特性，也同时意味着装饰模式比继承更加易于出错。

4）缺点

使用装饰模式可以比使用继承模式需要较少数目的类。使用较少的类，当然使设计比较易于进行。但是,在另一方面,使用装饰模式会产生比使用继承模式更多的对象。更多的对象会使得查错变得困难,特别是这些对象看上去都很相像。

5．外观模式

外观模式外部与一个子系统的通信必须通过一个统一的门面对象进行,如图 9-13 所示。

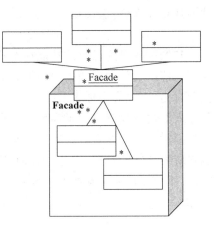

1）意图

该模式为子系统提供了一个更高层次、更简单的接口,从而降低了子系统的复杂度和依赖,这使得子系统更易于使用和管理。外观是一个能为子系统和客户提供简单接口的类,当正确地应用外观时,客户不再直接和子系统中的类交互,而是与外观交互。外观承担了与子系统中的类交互的责任。实际上,外观是子系统与客户的接口,这样外观模式就降低了子系统和客户的耦合度。外观对象隔离了客户和子系统对象,从而降低了耦合度。当子系统中的类进行改变时,客户端不会像以前那样受到影响。

图 9-13　外观模式的结构

2）角色及职责

（1）门面(Facade)角色:客户端可以调用这个角色的方法,该角色知道相关(一个或者多个)子系统的功能和责任。在正常情况下,该角色会将所有从客户端发来的请求委派到相应的子系统中。

（2）子系统(Subsystem)角色:外观模式可以同时有一个或者多个子系统,每一个子系统都不是一个单独的类,而是一个类的集合。每一个子系统都可以被客户端直接调用,或者被门面角色调用。子系统并不知道门面的存在,对于子系统而言,门面仅仅是另外一个客户端而已。

3）适用范围

（1）不需要使用一个复杂系统的所有功能,而且可以创建一个新的类,包含访问系统的所有规则。

（2）希望封装或者隐藏原系统。

（3）希望使用原系统的功能,而且希望增加一些新的功能。

（4）编写新类的成本小于所有人学会使用或者未来维护原系统所需的成本。

6．享元模式

享元(Flyweight)模式用一个共享来避免大量拥有相同内容对象的开销,如图 9-14 所示。在这种开销中最常见、直观的开销就是内存的损耗,享元模式以共享的方式高效地支持大量的细粒度对象。

1）对象的状态

（1）内蕴状态(Internal State):内蕴状态存储在享元对象内部且不会随环境的改变而改变,因此内蕴状态可以共享。

（2）外蕴状态(External State):外蕴状态是随环境改变而改变的、不可以共享的状态。享元对象的外蕴状态必须由客户端保存,并在享元对象创建之后,在需要使用的时候再传入到享元对象内部。

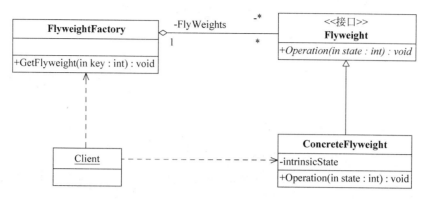

图 9-14　享元模式的结构

2）意图

享元模式在编辑器系统中大量使用。一个文本编辑器往往会提供很多种字体,通常的做法就是将每一个字母做成一个享元对象。享元对象的内蕴状态就是这个字母,字母在文本中的位置和字体风格等其他信息则放在其他位置处于外蕴状态。例如,字母 a 可能出现在文本的很多地方,虽然这些字母 a 的位置和字体风格不同,但是所有这些地方使用的都是同一个字母对象。这样一来,字母 a 对象就可以在整个系统中共享。

3）享元模式所涉及的角色

（1）抽象享元(Flyweight)角色:此角色是所有具体享元类的超类,为这些类规定出需要实现的公共接口,需要外蕴状态(External State)的操作可以通过调用商业方法以参数形式传入。

（2）具体享元(Concrete Flyweight)角色:实现抽象享元角色所规定的接口。如果有内蕴状态,必须负责为内蕴状态提供存储空间。享元对象的内蕴状态必须与对象所处的周围环境无关,从而使享元对象可以在系统内共享。

（3）享元工厂(Flyweight Factory)角色:此角色负责创建和管理享元角色。此角色必须保证享元对象可以被系统适当地共享。当一个客户端对象调用一个享元对象的时候,享元工厂角色会检查系统中是否已经有一个符合要求的享元对象。如果已经有了,享元工厂角色应当提供这个已有的享元对象;如果系统中没有一个适当的享元对象,享元工厂角色应当创建一个合适的享元对象。

（4）客户端(Client)角色:此角色需要维护一个对所有享元对象的引用。此角色需要自行存储所有享元对象的外蕴状态。

4）适用范围

（1）一个系统有大量的对象。

（2）这些对象耗费大量的内存。

（3）这些对象的大部分状态都可以外部化。

（4）这些对象可以按照内蕴状态分成很多组,当把外蕴对象从对象中删除时,每一个组都可以仅用一个对象代替。

（5）软件系统不依赖于这些对象的身份,换言之,这些对象可以是不可分辨的。

5）优点

享元模式可以大幅度地降低内存中对象的数量。

6）缺点

（1）享元模式使得系统更加复杂。为了使对象可以共享，需要将一些状态外部化，这使得程序的逻辑复杂化。

（2）享元模式将享元对象的状态外部化，而读取外部状态使得运行时间稍微变长。

（3）享元模式一般是解决系统性能问题的，所以经常用于底层开发，在项目开发中并不常用。

7. 代理模式

代理，就是一个人或者一个机构代表另一个人或者另一个机构采取行动。在一些情况下，一个客户不想或者不能够直接引用一个对象，而代理对象可以在客户端和目标对象之间起到中介的作用。

1）意图

代理模式的意图是为其他对象提供一种代理，以控制对这个对象的访问。

代理模式的类图如图 9-15 所示。

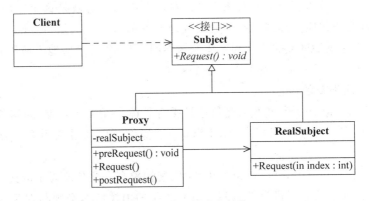

图 9-15　代理模式的结构

2）代理模式所涉及的角色

（1）抽象主题（Subject）角色：声明了真实主题和代理主题的共同接口，这样一来，在任何使用真实主题的地方都可以使用代理主题。

（2）代理主题（Proxy）角色：代理主题角色内部含有对真实主题的引用，从而可以在任何时候操作真实主题对象；代理主题角色提供一个与真实主题角色相同的接口，以便可以在任何时候都可以替代真实主体；代理主题角色控制真实主题的应用，负责在需要的时候创建真实主题对象（和删除真实主题对象）；代理主题角色通常在将客户端调用传递给真实主题之前或之后都要执行某个操作，而不是单纯地将调用传递给真实主题对象。

（3）真实主题角色（RealSubject）角色：定义了代理角色所代表的真实对象。

3）适用范围

（1）远程（Remote）代理：为一个位于不同地址空间的对象提供一个局域代表对象。例如，用户可以将一个在世界某个角落的一台机器通过代理假想成自己局域网中的一部分。

（2）虚拟（Virtual）代理：根据需要将一个资源消耗很大或者比较复杂的对象延迟到真正需要时才创建。例如，一个很大的图片需要花费很长时间才能显示出来，那么当这个图片包含在文档中时，使用编辑器或浏览器打开该文档，这个大图片可能会影响文档的阅读，这时需要做一个图片 Proxy 来代替真正的图片。

（3）保护（Protect or Access）代理：控制对一个对象的访问权限。例如，在论坛中以不同的身份登录，拥有的权限是不同的，使用代理模式可以控制权限（当然，使用其他方式也可以实现）。

（4）智能引用（Smart Reference）代理：提供对目标对象额外的服务。例如，记录访问的流量（这是一个再简单不过的例子），提供一些友情提示，等等。

4）实现

（1）指明一系列接口创建一个代理对象。

（2）创建调用处理器对象。

（3）将这个代理指定为其他代理的代理对象。

9.3.3 行为型设计模式

行为型设计模式描述算法以及对象之间的任务职责分配，它所描述的不仅仅是类或对象的设计模式，还有它们之间的通信模式。行为型设计模式是对在不同对象之间划分责任和算法的抽象化，这些模式描述了在运行时刻难以跟踪的复杂的控制流。行为型设计模式有职责链（Chain of Responsibility）模式、命令（Command）模式、迭代器（Iterator）模式、中介者（Mediator）、备忘录（Memento）模式、观察者（Observer）模式、策略（Strategy）模式、访问者（Visitor）模式等。行为型设计模式分为类的行为模式和对象的行为模式两种类型。类的行为模式使用继承关系在几个类之间分配行为，对象的行为模式则使用对象的聚合来分配行为。

1. 职责链模式

在职责链模式中，很多对象由每一个对象对其下家的引用连接起来形成一条链，如图 9-16 所示。请求在这个链上传递，直到链上的某一个对象决定处理此请求。该模式允许多个类处理同一个请求，而不必了解彼此的功能。它在类之间提供一个松散的耦合，类之间唯一的联系就是相互之间的传递请求。请求在类之间传递，直到其中一个类处理它为止。当一个对象向多个对象发送相同的信息时，需要一种策略来确定由哪个对象对所发送的信息进行处理，而这样的处理对象也只能有一个。使用 switch 语句或 if 语句的方法会给程序的维护带来很大的难度，这就需要使用职责链模式来完成。职责链模式将发送对象和接收对象进行了解耦，以更好地应对变化。职责链模式将接收对象形成一个链，发送对象将信息发送给接收对象链中的一个对象，这时，信息就沿着对象链向下传送，直到有一个对象对信息进行处理为止。击鼓传花是一种热闹而又紧张的饮酒游戏，在酒宴上宾客依次坐定位置，由一人击鼓，击鼓的地方与传花的地方是分开的，以示公正。开始击鼓时，花束就开始依次传递，鼓声一落，如果花束在某人手中，则该人就得饮酒。

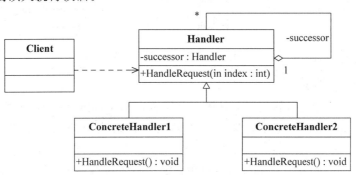

图 9-16 职责链模式的结构

击鼓传花便是职责链模式的应用。职责链可能是一条直线、一个环链或者是一个树结构的一部分。

1）意图

职责链模式的意图是使多个对象都有机会处理请求，从而避免请求的发送者和接收者之间的耦合关系，将这些对象连成一条链，并沿着这条链传递请求，直到有一个对象处理它为止。

2）角色及职责

（1）抽象处理者（Handler）角色：定义出一个处理请求的接口。如果有需要，接口可以定义出一个方法，以设定和返回对下家的引用。这个角色通常由一个抽象类或接口实现。

（2）具体处理者（Concrete Handler）角色：具体处理者接到请求后，可以选择将请求处理掉，或者将请求传给下家。由于具体处理者持有对下家的引用，因此，如果有需要，具体处理者可以访问下家。

3）优点

该模式的优点是松散耦合。

4）缺点

该模式的缺点是效率低下、扩展性差。

2．命令模式

命令模式把申请特定操作的请求封装到一个对象中，并给对象一个众所周知的接口。命令模式允许系统使用不同的请求把客户端参数化，对请求排队或者记录请求日志，可以提供命令的撤销和恢复功能。每一个命令都是一个操作，请求的一方发出请求要求执行一个操作；接收的一方收到请求，并执行操作。命令模式允许请求的一方和接收的一方独立开来，使得请求的一方不必知道接收请求的一方的接口，更不必知道请求是怎么被接收的，以及操作是否被执行、何时被执行，以及是怎么被执行的。

1）意图

命令模式的意图是把发出命令的责任和执行命令的责任分开，委派给不同的对象。

命令模式的类图如图 9-17 所示。

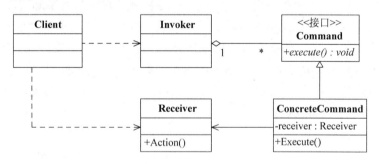

图 9-17　命令模式的结构

2）命令模式涉及的角色

（1）客户（Client）角色：创建一个具体命令（Concrete Command）对象，并确定其接收者。

（2）命令（Command）角色：声明一个给所有具体命令类的抽象接口。这是一个抽象角色。

（3）具体命令（Concrete Command）角色：定义一个接收者和行为之间的弱耦合，实现Execute()方法，负责调用接收者的相应操作。Execute()方法通常称为执行方法。

（4）请求者(Invoker)角色：负责调用命令对象执行请求，相关的方法称为行动方法。

（5）接收者(Receiver)角色：负责具体实施和执行一个请求。任何一个类都可以成为接收者，实施和执行请求的方法称为行动方法。

3）适用范围

（1）使用命令模式作为CallBack在面向对象系统中的替代，将一个函数登记上，然后在以后调用此函数，需要在不同的时间指定请求并排队，原先的请求发出者可能已经不在了，而命令对象本身仍然是活动的。这时命令的接收者可以在本地，也可以在网络的另外一个地址。命令对象可以在串形化之后传送到另一台机器上。

（2）系统需要支持命令的撤销(Undo)。命令对象可以把状态存储起来，等到客户端需要撤销命令所产生的效果时调用undo()方法，把命令所产生的效果撤销掉。命令对象还可以提供redo()方法，以供客户端在需要时重新实施命令效果。

（3）如果一个系统要将系统中所有的数据更新到日志里，以便在系统崩溃时可以根据日志读回所有的数据更新命令，重新调用Execute()方法一条一条执行这些命令，从而恢复系统在崩溃前所做的数据更新。

4）优点

（1）命令模式使新的命令很容易地加入到系统里，允许接收请求的一方决定是否要否决(Veto)请求。

（2）命令模式能较容易地设计一个命令队列，可以较容易地实现对请求的Undo和Redo。

（3）在需要的情况下，可以较容易地将命令记入日志，命令模式把请求一个操作的对象与知道怎么执行一个操作的对象分开。

（4）用户可以把命令对象聚合在一起，合成为合成命令。宏命令便是合成命令的例子。合成命令是合成模式的应用。

（5）由于加进新的具体命令类不影响其他类，因此，增加新的具体命令类很容易。

5）缺点

使用命令模式会导致某些系统有过多的具体命令类。某些系统可能需要几十个、几百个甚至几千个具体命令类，这会使命令模式在这样的系统中变得不实际。

3．中介者模式

中介者模式又称为调停者模式，它用一个中介对象来封装一系列对象交互，如图9-18所示。中介者使各对象不需要显式地相互引用，从而使其耦合松散，而且可以独立地改变它们之间的交互。简单来说，中介者模式将原来两个直接引用或者依赖的对象拆开，在中间加入一个"中介"对象，使得两头的对象分别和"中介"对象引用或者依赖。由于中介者的行为与要使用的数据和具体业务紧密相关，抽象中介者角色提供一个能方便很多对象使用的接口是不太现实的，所以抽象中介者角色往往是不存在的，或者只是一个标识接口。如果有幸能够提炼出真正带有行为的抽象中介者角色，同事角色对具体中介者角色的选择可能也是策略的一种应用。

1）意图

中介者模式的意图是用一个中介对象来封装一系列的对象交互。

2）角色及职责

（1）抽象中介者(Mediator)角色：抽象中介者角色定义统一的接口，用于各同事角色之间的通信。

（2）具体中介者(Concrete Mediator)角色：具体中介者角色通过协调各同事角色实现协

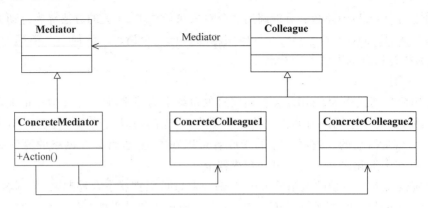

图 9-18　中介者模式的结构

作行为,为此,它要知道并引用各个同事角色。

(3) 同事(Colleague)角色:每一个同事角色都知道对应的具体中介者角色,而且与其他的同事角色通信时,一定要通过中介者角色协作。

3) 中介者模式和外观模式的对比

(1) 中介者模式解决的是多个对象之间的通信问题,减少类之间的关联。外观模式解决的是子系统的接口复杂度问题。

(2) 中介者模式中的对象可以向中介者请求,外观模式中的对象不会对外观有任何协作请求。

4) 优点

(1) 适当地使用中介者模式可以避免同事类之间的过度耦合,使得同事类之间可以相对独立地使用。

(2) 使用中介者模式可以将对象间一对多的关联转变为一对一的关联,使对象间的关系易于理解和维护。

(3) 使用中介者模式可以将对象的行为和协作进行抽象,能够比较灵活地处理对象间的相互作用。

5) 缺点

中介者模式将交互的复杂性变为中介者的复杂性。因为中介者封装了协议,它可能比任何一个 Colleague 都复杂,这可能会使中介者自身成为一个难以维护的庞然大物。

6) 适用范围

在面向对象编程中,一个类必然会与其他类发生依赖关系,完全独立的类是没有意义的。一个类同时依赖多个类的情况相当普遍,既然存在这样的情况,说明一对多的依赖关系有它的合理性。适当地使用中介者模式可以使原本凌乱的对象关系清晰,但是如果滥用,则可能会带来相反的效果。一般来说,只有对同事类之间是网状结构的关系才会考虑使用中介者模式,可以将网状结构变为星形结构,使同事类之间的关系变得清晰一些。

4. 观察者模式

观察者模式又称为发布-订阅(Publish/Subscribe)模式、模型-视图(Model/View)模式、源-监听器(Source/Listener)模式或从属者(Dependents)模式,如图 9-19 所示。

1) 意图

观察者模式定义了一种一对多的依赖关系,让多个观察者对象同时监听某一个主题对象。

这个主题对象在状态上发生变化时会通知所有观察者对象,使它们能够自动更新自己。

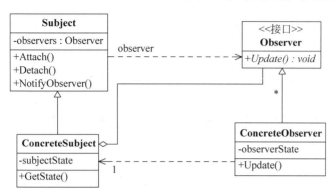

图 9-19　观察者模式的结构

一个软件系统常常要求在某一个对象的状态发生变化的时候,某些其他的对象做出相应的改变。能够做到这一点的设计方案有很多,但是为了使系统易于复用,应该选择低耦合度的设计方案。减少对象之间的耦合有利于系统的复用,但是设计师同时需要使这些低耦合度的对象之间能够维持行动的协调一致,保证高度的协作(Collaboration)。观察者模式是满足这一要求的各种设计方案中最重要的一种。

2)观察者模式涉及的角色

(1)抽象主题(Subject)角色:主题角色把所有对观察者对象的引用保存在一个聚集里,每个主题都可以有任何数量的观察者。抽象主题提供一个接口,可以增加和删除观察者对象,主题角色又称为抽象被观察者(Observable)角色,一般用一个抽象类或者一个接口实现。

(2)抽象观察者(Observer)角色:为所有的具体观察者定义一个接口,在得到主题的通知时更新自己,这个接口称为更新接口。抽象观察者角色一般用一个抽象类或者一个接口实现。在这个示意性的实现中,更新接口只包含一个方法(即 Update()方法),这个方法称为更新方法。

(3)具体主题(Concrete Subject)角色:将有关状态存入具体观察者对象,在具体主题的内部状态改变时,给所有登记过的观察者发出通知。具体主题角色又称为具体被观察者角色(Concrete Observable)。具体主题角色通常用一个具体子类实现。

(4)具体观察者(Concrete Observer)角色:存储与主题的状态相协调的状态。具体现察者角色实现抽象观察者角色所要求的更新接口,以便使本身的状态与主题的状态相协调。如果需要,具体现察者角色可以保存一个指向具体主题对象的引用。具体观察者角色通常用一个具体子类实现。

从具体主题角色指向抽象观察者角色的合成关系,代表具体主题对象可以有任意多个抽象观察者对象的引用。之所以使用抽象观察者而不是具体观察者,意味着主题对象不需要知道引用了哪些 Concrete Observer 类型,而只需要知道 Observer 类型。这就使得具体主题对象可以动态地维护一系列对观察者对象的引用,并在需要的时候调用每一个观察者共有的Update()方法,这种做法称为"针对抽象编程"。

3)观察者模式的优点

(1)观察者模式在被观察者和观察者之间建立一个抽象的耦合。被观察者角色所知道的只是一个具体现察者聚集,每一个具体现察者都符合一个抽象观察者的接口。被观察者并不认识任何一个具体观察者,只知道它们都有一个共同的接口。由于被观察者和观察者没有紧密地耦合在一起,因此,它们可以属于不同的抽象化层次。

（2）观察者模式支持广播通信,被观察者会向所有登记过的观察者发出通知。

4）观察者模式的缺点

（1）如果一个被观察者对象有很多直接和间接的观察者,将所有的观察者都通知到会花费很多时间。

（2）如果在被观察者之间有循环依赖,被观察者会触发它们之间进行循环调用,导致系统崩溃。

5. 访问者模式

访问者模式表示一个作用于某对象结构中的各元素的操作,使得可以在不改变各元素的类的前提下定义作用于这些元素的操作,如图 9-20 所示。访问者模式适用于数据结构相对稳定的系统,它把数据结构和作用于结构上的操作之间的耦合解开,使操作能够相对自由地演化。

1）意图

访问者模式将算法与对象结构分离。首先我们拥有一个由许多对象构成的对象结构,这些对象的类都拥有一个 accept 方法用来接受访问者对象;访问者是一个接口,它拥有一个 visit 方法,这个方法对访问到的对象结构中不同类型的元素做出不同的反应;在对象结构的一次访问过程中,我们遍历整个对象结构,对每一个元素都实施 accept 方法,在每一个元素的 accept 方法中回调访问者的 visit 方法,从而使访问者能够处理对象结构的每一个元素。我们可以针对对象结构设计不同访问者类来完成不同的操作。

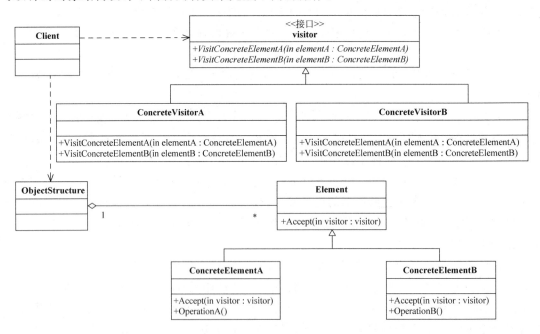

图 9-20　访问者模式的结构

2）角色及职责

（1）Visitor：访问者抽象接口,通过 visit(Element)方法访问 Element(数据结构),完成对Element 的操作行为。

（2）ConcreteVisitor：访问者的具体实现类。

（3）ObjectStructure：复合对象，包括所有需要访问的数据结构对象 Element。ObjectStructure 本身也可以作为被访问者。Element 元素，也就是被访问者，通过 accept(Visitor)方法接受 Visitor 的访问。

（4）ConcreteElement：Element 的具体实现类。

3）访问者模式的优点

（1）访问者模式使得增加新的操作变得很容易，如果一些操作依赖于一个复杂的结构对象，那么一般而言，增加新的操作会很复杂。而使用访问者模式，增加新的操作就意味着增加一个新的访问者类，因此变得很容易。

（2）访问者模式将有关的行为集中到一个访问者对象中，而不是分散到一个个结点类中。

（3）访问者模式可以跨过几个类的等级结构访问属于不同等级结构的成员类。迭代器模式只能访问属于同一个类型等级结构的成员对象，不能访问属于不同等级结构的对象，而访问者模式可以做到这一点。

（4）每一个单独的访问者对象都集中了相关的行为，从而可以在访问过程中将执行操作的状态积累在自己的内部，而不是分散到很多结点对象中，这是有益于系统维护的优点。

4）访问者模式的缺点

（1）增加新的结点类变得很困难：每增加一个新的结点都意味着要在抽象访问者角色中增加一个新的抽象操作，并在每一个具体访问者类中增加相应的具体操作。

（2）破坏封装：访问者模式要求访问者对象访问并调用每一个结点对象的操作，这隐含了一个对所有结点对象的要求，即它们必须暴露一些自己的操作和内部状态。否则，访问者的访问就变得没有意义。由于访问者对象自己会积累访问操作所需的状态，从而使这些状态不再存储在结点对象中，这也是破坏封装的。

9.4 深入认识设计模式

设计模式能较好地实现代码复用，增加可维护性。设计模式的实现遵循了以下原则，从而达到了代码复用及增加可维护性的目的。下面是设计模式应当遵循的几个常用原则：

1．单一职责原则

单一职责原则（Simple Responsibility Principle，SRP）有且只有一个原因引起类的变更。如果用户有多个动机想去改变一个类，那么这个类就具有多个职责，应该把多余的职责分离出去，再分别创建一些类来完成每个职责。例如，在电话类的设计中，接口包含拨号、通话和挂电话3个方法，但是这个接口包含了两个职责，其中，拨号和挂电话属于协议管理，通话属于数据传输，不符合单一职责原则。此时，可以将拨号和挂电话作为一个接口，将通话作为一个接口。

该原则的优点是降低了类的复杂度，提高了可读性、可维护性，降低了变更引起的风险。

单一职责原则不仅适用于接口、类，还适用于方法，应尽量使每个方法的职责清晰。

2．开闭原则

一个软件实体（如类、模块和函数）应该对扩展开放，对修改关闭。开闭原则（Open-Closed Principle，OCP）要求尽量通过扩展软件实体的方法来适应变化，而不是通过修改已有的代码来完成变化。该原则是为软件实体的未来而制定的对现行开发设计进行约束的一个原则。也就是说，在不必修改源代码的情况下改变这个模块的行为，在保持系统一定的稳定性的基础上对系统的功能进行扩展。应用开闭原则需要预测将来可能出现的变化,将相同的变化封装到一个接口或者抽象类中,将不同的变化封装到不同的接口或者抽象类中。

3. 里氏替换原则

对于里氏替换原则(Liskov Substitution Principle,LSP),所有引用基类的地方必须透明地使用其子类的对象。通俗地讲,只要父类出现的地方,子类都可以出现,而且替换为子类也不会发生任何异常或错误,使用者根本不需要知道是子类还是父类。该原则包含以下四层含义:

(1) 子类必须完全实现父类的方法。

(2) 子类可以有自己的方法。

(3) 覆盖或实现父类的方法时,输入参数可以放大。

(4) 覆盖或实现父类的方法时,返回值要变小。

4. 依赖倒置原则

对于依赖倒置原则(Dependence Inversion Principle,DIP),简单地讲,要依赖抽象,不要依赖于具体,即针对接口编程,不要针对实现编程。该原则包含以下三层含义:

(1) 高层模块不应该依赖底层模块,两者都应该依赖其抽象。

(2) 抽象不应该依赖于细节。

(3) 细节应该依赖于抽象。

简单地说,就是面向接口编程,模块间的依赖是通过抽象发生的,实现类之间不发生直接的依赖关系,其依赖是通过接口或者抽象类发生的。

依赖倒置原则的优点是可以减少类之间的耦合性,提高系统的稳定性,降低并行开发引起的风险,提高代码的可读性和可维护性。

编程原则如下:

(1) 每个接口尽量有接口或者抽象类,或者抽象类和接口都有。

(2) 变量的表面类型尽量是接口或者抽象类。

(3) 尽量不要覆写基类的方法。类间依赖的是抽象,覆写了抽象的方法,会对依赖的稳定性造成一定的影响。

在按照依赖倒置要求编程时面向抽象或者接口,这就要求子类继承时尽量不要新增方法,否则按照依赖倒置原则编程,根本访问不到子类新增的方法。

5. 接口隔离原则

对于接口隔离原则(Interface Segregation Principle,ISP),客户端不应该依赖它不需要的接口。根据定义,客户端需要什么接口就提供什么接口,把不需要的接口去掉,这就需要对接口进行细化。这种定义实质上是要求建立单一接口。

接口是我们设计时对外提供的契约,通过分散定义多个接口,可以预防未来变更的扩展,提高系统的灵活性和可维护性。

接口设计原则如下。

(1) 接口要尽量小:接口要尽量小,但是小是有限度的,不能违反单一职责原则,也就是不能把一个职责拆分成两个接口。

(2) 接口要高内聚:高内聚就是提高接口、类和模块的处理能力,减少对外的交互。接口要尽量少公布 public 方法,接口是对外的承诺,承诺的越少,对系统开发越有利,变更的风险就会越少,同时有利于降低成本。

（3）定制服务：定制服务就是单独为一个个体提供优良的服务，我们在做系统设计时，也需要考虑为系统之间或模块之间的接口提供定制服务，这就要求接口只提供访问者需要的方法。

（4）接口设计是有限度的：接口设计粒度越小，系统越灵活，但是在灵活的同时也会带来结构的复杂化，使开发难度增加、可维护性降低。

（5）一个接口只服务于一个子模块或者业务逻辑，通过业务逻辑压缩接口中的 public 方法。对于被污染的接口应尽量去修改，若修改的风险太大，可以使用适配器模式进行转化处理。

6. 迪米特原则

迪米特原则（Law of Demeter，LoD）也称为最小知识原则（Least Knowledge Principle，LKP），一个对象应该对其他对象有最少的了解。通俗地讲，一个类应该对自己需要耦合或调用的类知道的最少。

9.5 小结

本章主要介绍了设计模式的发展历程，分析了设计模式在实际软件开发中的作用。设计模式能较好地实现代码复用，增加可维护性。设计模式通常分为创建型模式、结构型模式和行为型模式三大类，在这三大类中又包含了 23 种常用模式。本章对其中主要的模式从意图、基本思想、角色与职责以及适用范围等方面做了较详细的描述。另外，在深入认识设计模式一节中阐述了使用设计模式时要遵循的六大基本原则。

9.6 思考题

1. 什么是设计模式？设计模式的目标是什么？
2. 设计模式具有哪三大特点？
3. 简述单例模式的两种实现方法，并说明其优缺点。
4. 常用的 GOF 设计模式有几种？GOF 设计模式按照目的可分为哪三类？
5. MVC 模式是一个复合模式，请写出两种你知道的 MVC 中使用的模式。
6. 简述面向对象程序设计的六大基本原则。
7. 在面向对象程序设计中，经常需要避免过多地使用 case 语句或者 if 语句，请给出一种设计模式避免过多的条件分支语句，同时指出这种设计模式如何帮助用户避免过多的 case 语句？
8. 某房地产公司准备开发一套房产信息管理系统，根据以下描述选择合适的设计模式进行设计：

（1）该公司有多种房型，如公寓、别墅等，在将来可能会增加新的房型；

（2）销售人员每售出一套房子，主管将收到相应的销售消息。

如果对上述场景编程，那么上述（1）和（2）可能会用到哪些设计模式？

第10章 Web服务体系结构

一个人在教会电脑之前,别说他真正理解这个东西了。

——Donald Knuth

WWW 自 20 世纪 90 年代由 Tim Berners-Lee 发明以来,经过多年的发展,已经在 Internet 上占据了主导地位,学术界和工业界技术厂商(如 IBM、Sun、Microsoft 等)一直在密切关注和推动着 Web 技术的发展,近年来出现的 Web 服务技术成为 Web 技术发展的一种重要发展趋势。本章从 Web 服务概述、Web 服务体系结构模型、Web 服务的核心技术、面向服务软件体系结构和 Web 服务的应用实例 5 个方面介绍了 Web 服务体系结构。

本章共分 5 个部分,10.1 节介绍 Web 服务概述,10.2 节介绍 Web 服务体系结构模型,10.3 节介绍 Web 服务的核心技术,10.4 节介绍面向服务软件体系结构,10.5 节给出了 Web 服务的应用实例。

10.1 Web 服务概述

Web 服务就是通过 Web 接口提供的某个功能程序段。通过标准的 Internet 协议(如 HTTP)可以很容易地访问该功能,这就意味着所有客户机都可以使用 Internet 进行远程过程调用(Remote Procedure Call,RPC)操作,该操作将对 Internet 上的服务器进行请求,并接受以 XML 格式返回的响应。这些在客户机和服务器之间来回传递的消息被编码到一个特殊的 XML 语句中,这些语句称为简单对象访问协议(Simple Object Access Protocol,SOAP)。也就是说,Web 服务是由一套协议栈构成的层次化体系结构,如图 10-1 所示,其中,最底层部分是已经定义好的并且广泛使用的传输层和网络层的标准,如 IP、HTTP 等,中间部分是目前 Web 服务的相关协议标准,包括 SOAP、WSDL 以及 UDDI 等。

以前的分布式组件技术,像分布式组件对象模型(Distributed Component Object Model,DCOM)、公共对象请求代理体系结构(Common Object Request Broker Architecture,CORBA)和 Java 中的远程方法调用(Remote Method Invocation,RMI),这些技术在企业内联网环境中都工作得很好,但是在与其他协议进行交互时都不能很好地发挥其作用。使用 DCOM 无法调用 Java 组件,通过 RMI 也无法调用 COM 对象。由于防火墙常常阻碍对 TCP/IP 端口请求的访问,试图在 Internet 上使用这些技术会带来更加困难的问题。

SOAP 协议的优点在于,它是在 HTTP 协议之上传输的。大多数的防火墙都支持 HTTP 通信,在 Web 服务中,所使用的端口与防火墙所使用的端口(基于 HTTP 的端口 80 和基于 HTTPS 的端口 443)一样,这样就可以在通过 Web 服务提供业务功能时,为服务器应用程序

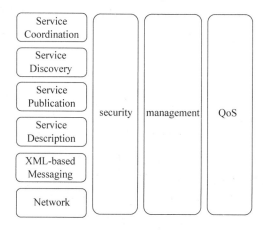

图 10-1 Web 服务体系结构

提供安全性保护。SOAP 协议是一个 XML 标准,该标准定义了在客户机和 Web 服务之间传递的消息。因此,Web 服务能够与所有的技术解决方案进行交互,这样可以增强分布式系统的功能,使之无须依赖于某一项技术(如 DCOM、CORBA 或 RMI)。使用 Web 服务有以下好处:

1. 平台的无关性

任何与 Internet 建立连接的应用程序都可以向 Internet 上的任何一个 Web 服务发送 SOAP 消息,同时也可以接收来自 Web 服务的 SOAP 消息。

2. 通用的通信信道

Web 服务的运行是以 Internet 作为其通信机制的。Internet 建立在 TCP/IP、HTTP 等这些开放的、标准的通信协议之上,将 Internet 作为通信信道可以确保获得最高级别的访问和可用性。

3. 企业的互操作性

长期以来,人们都使用电子文档交换(Electronic Document Interchange,EDI)来实现企业对企业的电子商务(Business-to-Business,B2B),但是开销十分昂贵,而且十分耗时。Web 服务提供了真正的企业互操作功能,Web 服务允许通过 XML 和 HTTP 这两个协议来完成这一过程。

4. 功能复用

通过外部厂商提供的 Web 服务,开发人员能够利用外部厂商已经实现的功能,这意味着可以使用较少的时间开发与解决具体的业务问题无关的应用程序,开发人员不必创建基础结构和支撑服务就可以集中精力针对问题提供最好的业务解决方案。

5. 扩展业务

Web 服务支持企业扩展与消费者的关系及消费者领域。通过允许第三方使用 Web 服务访问内部系统的方式,企业允许消费者以更加集成化的方式和以用户为中心的方式访问它们。

Web 服务也能够被用来扩展贸易伙伴关系。通过将供应链与 Web 服务的供应商集成在一起,可以使业务过程能够动态且灵活地变换需求。当有新的业务伙伴加入时,新伙伴就能够使用公司所提供的 Web 服务顺利地集成到整个系统中。

6. 服务器的中立性

开发 Web 服务所使用的程序设计语言和服务器软件是没有关系的。Web 服务的接口是基于标准的,在 Web 服务和客户机之间传递的消息在 HTTP 之上使用了 XML。Web 服务所在的服务器可以运行 UNIX、Windows 2000、Linux 或者其他任意的操作系统。在 Web 服务"幕后"执行功能的软件可以是用 Java、C++、C♯ 或者任何其他编程语言编写的。

7. 安全的通信

Web 服务和所有的 Web 应用程序一样安全,可以使用安全套接层(Secure Sockets Layer,SSL)加密技术来保护传输中的数据,可以使用非对称数字用户环路(Asymmetric Digital Subscriber Line,ADSL)或轻量目录访问协议(Light weight Directory Access Protocol,LDAP)查找成员的关系和进行身份验证。

在 Web 服务出现之前,已经有了提供和使用分布式功能的技术,分布式组件对象模型(Distributed COM,DCOM)技术和公共对象请求代理体系结构(Common Object Request Broker Architecture,CORBA)技术就是其中的两种。

Web 服务所有的消息都是通过 HTTP 协议发送的,在 Web 服务和客户机之间传输的消息是以 XML 格式编码的。Web 服务请求的编码格式在简单对象访问协议(SOAP)中指定。

除了 SOAP 协议之外,要使 Web 服务成为一个可行的解决方案,还需要以下几个标准。

(1) XML(Extensible Markup language,可扩展标记语言):一种在所有 Web 服务中表示数据和消息的统一的标准方式。

(2) WSDL(Web Service Description Language,Web 服务描述语言):WSDL 说明了 Web 服务的接口,即每个被调用的方法以及它能够接受和返回的参数。

(3) DISCO(Discovery Protocol,发现协议):DISCO 的作用相当于一个指针,它帮助所有的 Web 服务在特定的 Web 站点上进行定位。该协议可以为一个公司动态地发现已发布的 Web 服务。

(4) UDDI(Universal Description,Discovery and Integration,通用描述、发现和集成):UDDI 相当于存储可用的 Web 服务的中心仓库,应用程序和开发人员可以通过访问 UDDI 注册表来了解 Internet 上都有哪些可用的 Web 服务。

10.2　Web 服务体系结构模型

在使用 Web 服务时有两种不同的方式,每种方式都有一个完全不同的体系结构,并且不是所有的解决方案都需要使用这两种方式。使用 Web 服务的一种方式是将 Web 服务提供给外界,以允许访问其内部系统的功能。使用 Web 服务的另一种方式是作为一个客户端,或者外部 Web 服务的用户。

1. 提供 Web 服务

创建 Web 服务是为了可以在其他应用程序中进行访问,通过向 Web 服务发送消息和数据,可以以一种新的方式来扩展业务应用程序,可以把 Web 服务看成是新形式的表示层。Web 服务仅仅是访问中间层业务逻辑的另外一种方式,两种方式主要的差别就是 Web 服务是为应用程序提供服务,而不是为最终用户提供服务。

2. 使用 Web 服务

从应用程序的任意层都可以访问 Web 服务。用户界面层可能会使用 Web 服务来验证某些特殊的数据,例如国家名称和电话号码的格式。中间层是集成大多数 Web 服务的地方,因为在其他的业务系统中调用 Web 服务,会使数据和信息的共享变得很容易,所以,B2B 的集成就是在中间层上进行的。在数据层可以利用 Web 服务提供系统的一些或全部的基本数据,这便给 Web 服务提供了一个非常耦合的、分布式的体系结构。

Web 服务是一个大型的分布式系统组件。作为一名开发人员,使用了 Web 服务后,Internet 上的所有功能都是开放的。开发人员不必编写程序代码,只需简单地利用 Web 服务的功能就可以扩展应用程序。

10.3　Web 服务的核心技术

Web 服务是可以在组织内部或者公司之间的异构计算资源中被共享、组合、使用和复用的商业资产。Web 服务是一个可编程的部件,它提供一种易于通过 Internet 获取的商业服务。Web 服务可以是独立的,也可以连接在一起向外部世界提供更强大的系统功能。

Web 服务将逐渐成为构建电子商务应用的基础体系结构。基于 Web 服务的体系结构从一个分布式面向对象部件的系统向一个服务网络逻辑演进,该服务网络提供一个能够跨企业集成的、松散耦合的底层基础结构。

Web 服务是基于 Internet 的模块化应用,它们执行特定的商业任务并遵循特定的技术格式。如果应用中的某过程可以在 Internet 上以一种标准格式被调用,称为 Web 服务的服务器;类似地,如果通过 Internet 调用本应用以外的某过程,则是 Web 服务的客户。因此,Web 服务实际上是 Internet 上应用之间的客户服务器,目的是实现 B2B 伙伴之间的个性化信息交换,并以一种易用的格式提供和发布应用模块。为了实现这个工作,必须要有标准的格式和方法。

几乎所有的主流技术公司都已相继涉足 Web 服务的标准化工作,参与了各种标准化组织。当前,最主要的标准化组织是万维网联盟(World Wide Web Consortium,W3C)。其他组织也做了大量的工作,如 UDDI. org、OASIS、UN/CEFACT、BPMI. org 及 ebXML. org 等。

1. Web 服务栈

在 Web 服务栈(Web Services Stack)中,Web 服务不同于已有的构件对象模型以及相关的对象模型协议,如 CORBA 和因特网对象需求中介协议(Internet Inter-ORB Protocol,IIOP)、COM 和 DCOM,以及 Java 和 RMI(Remote Method Invocation)。Web 服务可以用任何语言编写,并且可以使用 HTTP 访问。从技术上看,一个 Web 服务是一个由内容、应用代码、过程逻辑,或者这些部分的任意组合所构成的 XML 对象,并且可以通过任何 TCP/IP 访问,只要网络中使用了 SOAP 标准集成,使用了 WSDL 标准进行自描述,使用了 UDDI 标准在一个公共的或者私有的目录中注册和发现。

如图 10-2 所示,Web 服务由多个层构成,这些层堆叠在一起形成了发现和调用一个独立的 Web 服务所提供功能的标准机制的基础,即 Web 服务栈以层次结构来表示,高层在低层的基础之上构建。

在该图中,HTTP 提供了分布式应用之间的通信机制,XML 定义了数据交换和描述的格式,SOAP 是调用 Web 服务的协议,WSDL 描述了 Web 服务的格式,而 UDDI 则是注册、查找和使用 Web 服务的中枢组织。下面分别介绍这些协议及相关的规范。

2. HTTP

Web 服务栈中的最底层是网络层,也可以称为协议层。分布式的应用需要由网络协议来定义两个并发过程之间的通信机制。在概念上,Web 服务的设计是与协议无关的,在 Web 分

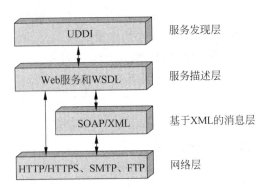

图 10-2　Web 服务栈

层体系结构模型中,从底向上任何标准的 Internet 协议都可以用于在网络上调用 Web 服务,但目前主要是 HTTP(Hypertext Transport Protocol)和 HTTPS(Hypertext Transport Protocol Secure)协议。

HTTP/1.1 是一个基于文本的、"请求-响应"(Request-Response)型的协议,它规定一个客户打开到服务器的一个连接,然后以专门的格式发送一个请求,服务器进行响应,并且,如果有必要则保持连接的打开状态。HTTP 使用的普遍性及其固有的穿防火墙的能力使它成为主导的 Web 服务网络协议,但由于 HTTP 是基于文本的协议,缺乏表示远程过程调用(RPC)消息参数值的机制。

其他的请求/响应类型的传输协议,如文件传输协议(File Transfer Protocol,FTP)和简单邮件协议(Simple Mail Transport Protocol,SMTP)也可以使用,但是并没有在 Web 服务的各种标准中定义,目前也只有极少数实现支持这些协议。

另外,IBM 公司发布了一个可靠通信协议的提案,称为 HTTPR。HTTPR 在 HTTP 的基础上加强了可靠性,在保持 HTTP 优点的同时能够保证消息可以不受阻碍地发送到目的地。可靠的通信对于 Web 服务来说是一个非常关键的方面,虽然目前对由协议层实现是否最适合仍然有争议,但在不远的将来它肯定会以某种形式出现。

3. XML

基于 XML(Extensible Markup Language,可扩展标记语言)的消息层包括数据表示、数据格式和消息传输协议。XML 为信息交换定义了描述和格式。

1) 数据表示

HTTP 是一种基于文本的协议,因此缺乏表示 RPC 消息中的参数值的机制,这也是 XML 作为 Web 服务的一个重要成分出现的原因。XML 是一种元语言,可以通过标准的编码和格式化信息的方法进行跨平台的数据交换。XML 允许数据被串行化为易于被任何平台解码的消息格式,提供了在网络应用之间交换结构化数据的机制。

XML 采用纯文本表示,设计的初衷是为了存储、传送和交换数据。XML 是一种标记语言,标记在 XML 中不是预先确定的,而是必须由使用者自己定义。XML 允许使用者自由发表有用的信息,不仅可以是关于数据结构的,也可以是关于数据意义的。另外,XML 文档的结构、内容和外观可以作为 3 个不同的部分进行维护,提供了更高的独立性。

对于数据表示层来说,可扩展性是一个关键因素。为了支持可扩展性,Web 服务需要一种机制来避免名字冲突,并允许一个程序只处理自己所关心的元素。XML 名空间(Namespaces)提供了一种简单、通用的方式来区分名字相同的元素或属性。为了支持可扩展性,XML 中的每个元素和属性都有一个相关的名空间 URI。

2) 数据格式

Web 服务需要一种方法来定义 Web 服务消息中使用的数据类型。XML Schema 规范标准化了一个描述 XML 数据类型的符号集,还定义了一个内置简单数据类型的集合和在各 XML 文档中建立元素类型的机制。XML Schema 规定了 XML 文档的逻辑结构,定义了元素、元素属性以及元素和元素属性之间的关系。

现在,XML 仍然处于不断发展之中。需要说明的是,XML 本身是一种标记语言,只是进行描述,并不提供商务逻辑,Web 服务提供对这些逻辑的访问。这也是为什么 Web 服务的更高层的、基于 XML 概念同样非常重要的原因。

4. SOAP

SOAP(Simple Object Access Protocol,简单对象访问协议)是目前被人们广泛接受的消息传输协议。SOAP 是一个为信息交换设计的轻量协议,用于在网络应用程序之间交换结构化数据,它是一种基于 XML 的机制。SOAP 主要在分布的、分散的环境中提供了一个跨 Internet 调用服务的框架结构,并提供了独立于编程语言和分布对象底层基础结构的跨平台集成机制。SOAP 代表了 XML-RPC 的发展,已经被 W3C 作为一种 Internet 标准采纳。

SOAP 是一个远程过程调用(RPC)协议,使用标准的 Internet 协议进行传输,即同步调用时的 HTTP 或异步调用时的 SMTP。由于可以在 HTTP 上运行,这使得 SOAP 在穿防火墙进行操作的方面优于 DCOM、RMI 和 IIOP,而在嵌入设备上实现 SOAP 也比开发一个 ORB 更简单。

SOAP 的主要设计目标是实现简单性和可扩展性。为了达到这两个目标,SOAP 中省略了在其他消息系统和分布式对象系统中常见的一些特性,如无用存储单元收集、消息批处理等。

SOAP 没有定义一种编程模型或实现,而是定义了一个模块化的包装模型,并在模块内定义了编码数据的编码机制,这使得 SOAP 可以在从消息传递系统到远程过程调用的任何系统中应用。

SOAP 由以下 4 个部分组成:

(1) 一个 SOAP 封皮(Envelope),定义了描述消息所包含信息的框架结构,即消息中包含什么信息、由谁来处理以及是必需的还是可选的。

(2) 一组 SOAP 编码规则(Encoding Rules),定义了一个串行化机制,用于交换应用定义的数据类型的实例。SOAP 编码的类型使用简单的标量类型和复合类型,如结构和数组。这些类型以 XML 文档元素的形式表现,XML Schema 规范中定义的数据类型以及这些数据类型的派生类型都可以直接用作 SOAP 元素。

(3) SOAP RPC 表示,定义如何表示远程过程调用和响应。SOAP 的设计目标之一是用 XML 的可扩展性和灵活性封装 RPC 功能,在 SOAP 1.2 中详细定义了 RPC 和响应的统一表示,将对一个方法的调用和响应作为结构来建模,结构中包含了返回值,或者可能包括传入的参数。

(4) SOAP 绑定(Binding),定义如何使用底层传输协议进行 SOAP 消息的交换。虽然 SOAP 本身可以和多种协议结合使用,但 SOAP 1.2 中只描述了在 HTTP 中的使用。SOAP 和 HTTP 绑定可以同时使用 SOAP 的形式方法与分散的灵活性以及 HTTP 丰富的特性集。在 HTTP 中使用 SOAP 并不意味着 SOAP 覆盖了 HTTP 现有的语义,而是表示 SOAP 继承了 HTTP 的语义。

SOAP 消息是用 XML 编码的文档,由以下 3 个部分组成。

(1) SOAP 封皮(SOAP Envelope):描述 SOAP 消息的 XML 文档的顶点元素。

(2) SOAP 消息头(SOAP Header):提供了一种灵活的机制对 SOAP 消息以分散的、模块化的方式进行扩充,而通信的各方(SOAP 发送者、SOAP 接收者以及 SOAP 中介)不必预先知道。SOAP 消息头是可选的。

(3) SOAP 消息体(SOAP Body):定义了一个简单的机制来交换要发送给最终 SOAP 接收者的消息中的必要信息,它是这些信息的容器,其典型的使用是编组 RPC 调用和 SOAP 错误报告。

SOAP 消息是单方向的,从一个 SOAP 发送者(Sender)到一个 SOAP 接收者(Receiver)。但单独的消息通常可以被组合在一起形成其他消息机制。例如,SOAP 通过在 HTTP 请求中提供一个 SOAP 请求消息和在 HTTP 响应中提供一个 SOAP 响应消息实现 HTTP 的请求/响应消息模型。

SOAP 消息交换模型要求接收到一个 SOAP 消息的应用程序执行下列操作:

(1) 识别 SOAP 消息中意图供给本应用的部分,本应用可以作为 SOAP 中介将消息的其他部分传递给另外的应用。

(2) 检验 SOAP 消息中指定的所有必须处理的部分,并进行相应的处理。

(3) 如果 SOAP 应用不是消息的最终目的地,它应该在删除所有自己消耗的部分后将消息转发给消息要供给的下一个应用。

SOAP 只是一种包装和绑定调用一个 Web 服务所需信息的方式,Web 服务也可以使用其他的编码技术调用。另外,SOAP 本身没有严格地归入 Web 服务,SOAP 可以作为一种对任何类型的远程对象或过程的访问机制,也可以只是一个简单的消息传递机制。

除了 SOAP 以外,W3C 创建的 XMLP 工作组还建立了 XML 协议(Extensible Markup Language Protocol,XMLP)。XMLP 是类似于 SOAP 的 XML 消息协议,包括封皮、对象串行化方式、HTTP 传输绑定以及进行远程过程调用的方式几个部分。甚至有人认为,XMLP 将逐步取代 SOAP。

5. WSDL(Web Services Description Language,Web 服务描述语言)

Web 服务的目标之一是允许应用程序以标准的方式在两个或多个同等的服务之间进行选择,因为有时应用可以由作为支持网络的服务而实现的构件构造而成,甚至可以从这些服务中进行动态选择。服务描述层定义了为程序提供足够信息所需的描述机制,使程序能够根据一定的准则选择服务,如服务的质量、安全性、可靠性等。

到 Web 服务的接口由基于 XML 的 WSDL 定义,它提供了应用访问指定的 Web 服务所必需的全部信息,描述服务提供了什么功能、服务位于何处以及服务如何调用。

WSDL 以 XML 格式描述网络服务,将服务描述为在包含面向过程或面向文档信息的消息上进行操作的一组端点。操作和消息是抽象描述的,然后绑定具体的网络协议和消息格式以定义一个端点,相关的具体端点被组合成为抽象端点(服务)。WSDL 是可扩展的,允许描述任何端点和消息,而不考虑通信使用的消息格式或网络协议。

WSDL 使用下面的元素定义网络服务。

◇ 类型(Types):使用某种类型系统的数据类型定义的容器。WSDL 并没有引入新的类型定义语言,而是将 XSD 作为自己的标准类型系统,并允许通过可扩展性使用其他的类型定义语言。

◇ 消息(Message)：对要传送的数据的一个抽象定义。

◇ 操作(Operation)：对服务支持的动作的抽象描述。

◇ 端口类型(Port Type)：一个或多个端点支持的操作的一个抽象集合。

◇ 绑定(Binding)：对特定端口类型的一个具体协议和数据格式规格。

◇ 端口(Port)：一个单独的端点，由一个绑定和一个网络地址组合在一起定义。

◇ 服务(Service)：一组相关端点的集合。

一个 Web 服务由一组端口定义，而端口由绑定一个具体协议和数据格式规范的一组抽象操作和消息定义。操作和消息的抽象是为了使它们可以复用和绑定不同的协议和数据格式，如 SOAP、HTTP GET/POST 或 MIME。

在 WSDL 中，端点和消息的抽象定义是和它们的具体网络配置和数据格式绑定相分离的；另外，WSDL 定义了一个公共的绑定机制，用于将特定的协议或数据格式或结构连接到抽象的消息、操作或端点，这些都允许对抽象定义的复用。

WSDL 目前已经被广泛支持，但它还不是 W3C 推荐的标准语言。

6. UDDI

面对极其丰富的服务，最常出现的问题是"在哪里以及如何找到需要的信息？"。UDDI (Universal Description，Discovery and Integration，统一描述、发现和集成)规范在底层协议的基础上又定义了一层，在这一层，不同的企业能够以相同的方式描述自己提供的服务和查询对方提供的服务。

UDDI 是一套基于 Web 的、分布式的、为 Web 服务提供的信息注册中心的实现标准规范，同时包含一组使企业能够将自身提供的 Web 服务注册，以使其他企业能够发现的访问协议的实现标准。

1) 信息结构

UDDI 为表示 XML 中的商业服务描述定义了一个数据结构标准，提供了更高层次的商业信息，以补充 WSDL 中的说明。UDDI 定义了以下 4 种基本结构。

◇ 商业实体(Business Entity)：描述商业信息，如名称、类型等。

◇ 商业服务(Business Service)：已发布的 Web 服务的集合。

◇ 绑定模板(Binding Template)：访问信息，如 URL。

◇ 技术规范(Technical Specification)：对服务类型的技术规格说明，如接口定义、消息格式、消息协议、安全协议等。

2) 服务发布和发现

在进行一个 Web 服务调用之前，必须先找到具有所需服务的企业，发现调用接口和语义，然后编写或配置自己的软件以便与服务合作。UDDI 的核心部件是 UDDI 商业注册，它用一个 XML 文档来描述企业及其提供的 Web 服务。UDDI 商业注册是一个基于 SOAP 的 Web 服务，提供企业用于将它们的服务发布到注册中心的接口。注册中心是分布式的，彼此之间不断进行复制操作。

Web 服务基本上是机器到机器的通信，为了能有效地工作，这种体系结构必须具有进行基于 Web 的应用和业务过程集成的有效工具。UDDI 商业注册中心包含三类信息，企业可以通过这些信息发现一个 Web 服务。

◇ 白页：包括企业的名称、地址、联系方式和企业标识，并允许其他公司按照名称查找目录。

◇ 黄页：包括基于标准分类法的行业类别。

◇ 绿页：包括关于该企业所提供的 Web 服务的技术信息,其形式可能是一些指向文件或 URL 的指针,而这些文件或 URL 是为服务发现机制服务的。绿页还允许注册的公司之间使用 XML 进行连接,提供了业务过程自动化的关键机制。

3) 编程接口

UDDI 规范提供了编程接口,允许商业注册一个 Web 服务,以及查找指定 Web 服务的注册。一旦想要的 Web 服务被确定,将提供一个指向 WSDL 文档所在位置的指针。编程接口分为查询 API 和发布 API 两个逻辑部分。查询 API 又分为两个部分,一部分用来构造搜索和浏览 UDDI 注册信息的程序,另一部分在 Web 服务出现错误时使用。发布 API 可以用来创建各种类型的工具,以直接与 UDDI 注册中心进行交互,便于企业技术人员管理发布信息。

4) 使用 UDDI

UDDI 规范包含了对基于 Web 的 UDDI 商业注册中心可以实施的整套共享操作。一般来说,程序或程序员通过 UDDI 商业注册中心获得 Web 服务的位置及其技术信息。其中,对于程序员来说是对自己的系统实现准备,以使自己的系统能和那些 Web 服务实现访问兼容,或是描述自己的 Web 服务从而能让别人使用。从商业层次上来说,UDDI 商业注册中心可以被用于核查某个合作伙伴是否拥有特定的 Web 服务的调用接口,或是找出在某行业中能提供某种类型服务的公司,并确定某合作伙伴的 Web 服务的技术描述及交互时所需的技术细节。

UDDI 是完全可选的,也就是说,具有 Web 服务的公司,如果只是想对有限的人员或设备提供特定功能,它们不需要对外发布它们的服务。

5) 其他标准

除了 UDDI 以外,服务发现层还有其他一些标准。例如,由 Microsoft 公司开发的 DISCO (Discovery of Web Services)规范。DISCO 定义了一个基于 XML 的发现文档格式和一个检索该发现文档的协议。DISCO 允许开发人员通过一个 HTTP GET 操作发现服务。使用发现文档格式,可以将一个发现文档发送到一台远程服务器,如果存在支持 SOAP 的 Web 服务,则收回一个服务所提供的 WSDL 描述。

7. 服务集成和工作流

工作流的概念在设计电子商务应用时非常重要。当一个企业需要集成来自多方的 Web 服务并为终端用户组织这些服务时,必须掌握其系统的过程和顺序。对于这些具有异步特征的应用,适合使用工作流引擎。如果要使 Web 服务的实现不仅仅停留在简单的请求/响应模式上,商业过程协作和工作流是必不可少的,其中包括跨企业边界的 Web 服务的合成与自动化。如果要成功地进行企业间的自动化和协作,必需条件是要有一个标准化的商业协议来描述这些商业过程。服务工作流领域目前尚未形成固定的标准,有一定影响的是 WSFL、XLANG 以及 BPMI。

1) WSFL

Web 服务流程语言(Web Services Flow Language,WSFL)是一个描述商业过程的规范。WSFL 提出了两种 Web 服务组合类型,一种是商业过程,另一种是合作伙伴交互。商业过程作为一组为达到一个特定的商业目标而顺序执行的 Web 服务建模。合作伙伴交互描述 Web 服务之间如何彼此交互。Web 服务被连接在一起表明一个 Web 服务与另一个 Web 服务接口的操作交互作用。

2）XLANG

XLANG 是 Microsoft 的 BizTalk 服务器使用的 XML 商业过程语言。XLANG 用于描述商业过程，这些过程在运行时由 BizTalk 控制引擎（Orchestration Engine）执行。XLANG 还允许将 Web 服务结合到商业过程中以及 Web 服务的组合。另外，XLANG 支持补偿过程。XLANG 不支持代价较高的两阶段提交协议，而是提供了一个可供选择的开放式模型的表示方法，其可以为活动明确指定抵消该活动影响的补偿活动。

3）BPMI

业务过程管理倡议者（Business Process Management Initiative，BPMI）推进公共商业过程的标准化。这些过程可能跨多个应用、部门或商业合作伙伴，可能在防火墙之后或者可以通过 Internet 访问。BPMI.org 制定了一些开放规范，如 BPML 和 BPQL，这使得用户可以对电子商务过程用即将出现的 BPMS（Business Process Management System）进行基于标准的管理。

BPML（Business Process Modeling Language）是商业过程建模的元语言。BPML 将商业过程定义为为了达到一个共同目标在参与者和根据定义的规则集合执行的活动之间的交互作用。

BPQL（Business Process Query Language）是到一个过程服务器的管理接口，允许商业分析员查询由过程服务器管理的过程实例的状态，并控制过程实例的执行。该接口是基于 SOAP 的，为了过程的注册、广告和发现，由过程库管理的过程模型通过 BPQL 接口可以作为 UDDI 服务对外提供。

BPML 和 BPQL 都是开放规范。

8. 其他相关标准和领域

其他许多组织在 Web 服务规范的制定方面也做了大量的工作，这里只简单介绍几种比较知名的规范。

1）ebXML

ebXML 的结构类似 Web 服务栈，它是在 Internet 上用标准技术引导电子商务的协议和规范的一个栈。ebXML 曾被考虑作为 Web 服务的另一个选择，其时间也早于 Web 服务模型。然而，这两个模型之间有一些重叠，ebXML 更注重 EDI 方式的信息交换。

2）JAX Pack

JAX Pack 是 Sun 封装了 Java 领域的各种标准的结果。JAX 是一组 XML 的 Java API，其设计支持 Web 服务标准 API，包括 SOAP、XMLP、WSDL 和 UDDI 等。

JAX Pack 中包括的 API 有 JAXP（Java API for XML Parsing），包含 SAX（Simple API for XML）、DOM（Document Object Model）和 XSLT；JAXB（Java API for XML Binding），一种将 XML 数据类型定义编译到能够将 XML 读入 Java 对象并将其再写回的 Java 类中的机制；JAXM（Java API for XML-based Messaging），一个发送消息的基于 SOAP 的协议；JAXR（Java API for XML Registries），一个包罗众多的规范，其为 UDDI 和 ebXML 注册及其他可能的注册提供了统一的接口；JAX-RPC（Java API for XML-based Remote Process Communication），一个请求远程服务器上操作的基于 SOAP 的协议。

除了上面描述的各种规范以外，在这里还需要提及一些其他的重要领域，这些领域涉及 Web 服务栈的所有层，其中包括安全性、管理、服务质量和事务等。在 Web 服务具有转换企业商业关系的能力之前，企业需要这些额外的特性以及随之而来的附加机制、安全、身份确认、合同管理、质量控制等。其中,最重要的是安全性和事务。

XML 密钥管理系统(XML Key Management System,XKMS)是将 PKI 和数字化证书与 XML 应用集成的结果,由 W3C XML 签名工作组开发。该领域的其他规范包括安全服务标记语言(Security Services Markup Language,S2ML)和 AuthXML,由 OASIS XML 安全服务委员会支持其统一标准化。

事务在 Web 服务中有独特的需求,在保证相关联的工作流可靠协调的同时,事务协议必须能够处理长时间运行的企业之间的商业事务。商务事务协议(Business Transaction Protocol,BTP)是一个基于 XML 的规范,用于描述和管理这些 Internet 上的复杂的、多步事务。BTP 为 XML 消息接口提供了一个开放规范,以支持来自不同 Internet 贸易伙伴的 Web 服务的协调。另外,BTP 定义了一个模型来定义和管理这些交互,以保证可靠消息传输和商业过程的完成而无论其执行多长时间。BTP 最初由 BEA 开发并提交给 OASIS 商业事务技术委员会。该委员会的任务是定义需求、进行技术评估,最后产生一个商业事务协议的推荐规范,以补充现存的 Web 服务标准。

至此,我们可以了解到 Web 服务领域的复杂性及其不断变化的特性。上文描述的 Web 服务栈是一个开放规范集,其中有的是现有的 Internet 标准,有的只是被广为接受的规范,正在逐步成为真正的标准。需要注意的是,由于这些标准是不断发展变化的,因而在开发中使用时要考虑变更是不可避免的,应该始终依据通用的设计原则和体系结构。

Web 服务栈定义了如何建造基于 Web 的解决方案,是实现互操作性的基础。Web 服务是否成功,首要因素在于能够真正支持互操作性的开放标准。为此,需要建立一致的标准和消除差异。各方面的参与者何时能够对这些标准达成一致意见对 Web 服务的成功起着决定性的作用。

10.4　面向服务软件体系结构

SOA(Service-Oriented Architecture,面向服务的体系结构)是指为了解决在 Internet 环境下业务集成的需要,通过连接能完成特定任务的独立功能实体实现的一种软件系统架构。

(1) 软件系统架构:SOA 不是一种语言,也不是一种具体的技术,而是一种软件系统架构,它尝试给出在特定环境下推荐采用的一种架构,从这个角度上来说,它更像一种模式(Pattern)。因此,它与很多已有的软件技术(例如面向对象技术)是互补的,而非互斥的。它们分别面向不同的应用场景,用来满足不同的特定需求。

(2) SOA 的使用范围:需求决定同时也限制功能。SOA 并不是"包治百病的万灵丹",它最主要的应用场合在于解决在 Internet 环境下的不同商业应用之间的业务集成问题。在详细讨论 Internet 的各种特点如何决定 SOA 的特点之前,先简单回顾一下 Internet 环境区别于 Intranet 环境的几个特点:

◇ 大量异构系统并存,计算机硬件的工作方式不同,操作系统不同,编程语言也不同。

◇ 大量、频繁的数据传输仍然速度缓慢,并且不稳定。

◇ 版本升级无法完成,根本无法知道互联网上有哪些机器直接或者间接地使用某个服务。

随着时间的推移,功能被说明、发布或使用的抽象级别会越来越高,已经经历了从模块化、对象,到现在的服务的发展过程。然而,在许多方面,SOA 的命名是令人遗憾的。当然,SOA

也和体系结构相关,不可能将讨论限制在体系结构方面,因为一些事物(如业务设计和发送过程)也是重要的考虑因素。一个更有用的命名方法可能是面向服务(Service Orientation)或SO。实际上,这与面向对象(OO)和基于组件的开发(Component-based Development,CBD)有许多相似之处:类似于对象和组件,服务代表了自然的建造单元块,它可以按用户更熟悉的方式来组织功能。类似于对象和组件,服务是一个功能建造单元块,它可以组合信息和行为;隐藏内部的工作,以防外部入侵;为其他部分提供一个相对简单的接口;对象使用了抽象数据类型和数据抽象,服务可以通过上下文环境提供类似级别的适应性;对象和组件可以按照类或继承行为的服务层次来组织,服务可以单独发布和使用,或者按层次或协作方式来使用。对于许多组织来说,研究面向服务的体系结构的起点是对 Web 服务进行考虑。然而,Web 服务不是内在的、面向服务的。一种 Web 服务只是提供了一种符合 Web 服务协议的功能。在本文中,我们将要标识一个结构良好的服务所具有的特征,并为系统架构师和设计者提供关于如何交付面向服务的应用程序的指导。

基于上面的介绍,我们一起来看一下 SOA 的三大基本特征。

1. 独立的功能实体

在 Internet 这样松散的使用环境中,任何访问请求都有可能出错,因此,任何企图通过Internet 进行控制的结构都会面临严重的稳定性问题。SOA 非常强调架构中提供服务的功能实体的完全独立自主的能力。传统的组件技术,如 .NET Remoting、EJB、COM 和 CORBA,都需要有一个宿主(Host 或者 Server)来存放和管理功能实体。当这些宿主运行结束时,这些组件的使用也随之结束。这样,当宿主本身或者其他功能部分出现问题的时候,在该宿主上运行的其他应用服务就会受到影响。

SOA 架构中非常强调实体的自我管理和恢复能力。常见的用来进行自我恢复的技术,例如事务处理(Transaction)、消息队列(Message Queue)、冗余部署(Redundant Deployment)和集群系统(Cluster),在 SOA 中都起到至关重要的作用。

2. 大数据量低频率访问

对于 .NET Remoting、EJB 和 XML-RPC 这些传统的分布式计算模型而言,它们的服务提供都是通过函数调用的方式进行的,一个功能的完成往往需要通过客户端和服务器来回很多次的函数调用才能完成。在 Intranet 环境下,这些调用给系统的响应速度和稳定性带来的影响都可以忽略不计,但是在 Internet 环境下,这些因素往往是决定整个系统是否能正常工作的一个关键因素。因此,SOA 系统推荐采用大数据量的方式一次性地进行信息交换。

3. 基于文本的消息传递

由于 Internet 中大量异构系统的存在,决定了 SOA 系统必须采用基于文本而非二进制的消息传递方式。在 COM、CORBA 这些传统的组件模型中,从服务器端传往客户端的是一个二进制编码的对象,在客户端通过调用这个对象的方法来完成某些功能。但是,在 Internet 环境下,不同语言、不同平台对数据甚至是一些基本数据类型的定义不同,给在不同的服务之间传递对象带来很大的困难。由于基于文本的消息本身是不包含任何处理逻辑和数据类型的,因此,服务之间只传递文本,对数据的处理依赖于接收端的方式可以帮忙绕过兼容性这个"大泥坑"。

此外,对于一个服务来说,Internet 与局域网最大的一个区别就是,在 Internet 上的版本管理极其困难,传统软件采用的升级方式在这种松散的分布式环境中几乎无法进行。采用基于文本的消息传递方式,数据处理端可以选择性地处理自己理解的那部分数据,而忽略其他数据,从而得到非常理想的兼容性。

每一项新技术,都是在一些旧技术的基础上发展出来的。正如 XML 的根本思想来自 20 世纪 60 年代已经出现的早期标记性语言一样,SOA 虽然出现的较晚,但是它所表达的观念应该在网络这种分布式系统结构出现不久就广泛应用了。例如,我们最熟悉的 HTTP 协议就是一个非常典型的 SOA 架构设计。HTTP 协议的工作过程的简单叙述如下:

◇ 客户端通常通过浏览器,向服务器端以文本的方式发送一个请求,索取一个 Web 页面;

◇ 服务器端接收到这个请求之后,根据请求的内容进行处理并且返回一个符合 HTML 语法的文本;

◇ 客户端接收到服务器端的响应文本后调用本地的程序,通常还是通过浏览器,把返回的 HTML 文本的内容展现出来。

下面来看一下 HTTP 协议如何满足 SOA 的特点。

(1) 独立的功能实体:作为服务器端的 Web 服务器是绝对不会因为客户端状况的变化而发生改变的,它总是非常稳定地按照自己的内在逻辑运行,响应外部的请求,管理自己的资源和数据。一个非常好的例子就是 Web 服务器对缓存(Cache)的处理,很多 Web 服务器为了提高性能或多或少地对数据进行缓存,但是缓存数据、刷新数据这些与客户端完全无关的操作完全由服务器端独立完成,不受客户端的影响。

(2) 大数据量低频率访问:对于一个 HTTP 请求来说,客户端与服务器之间访问的边界非常简单,就是一个请求,一个响应,没有任何其他的信息往返。无论客户端申请的网页上除了文字之外还有什么信息,对于客户端来说,它发出的请求只是简单地告诉 Web 服务器它所需要的网页的位置。至于为了生成这个网页,服务器端是否需要访问数据库,执行 Servlet 或者其他的 CGI(Common Gateway Interface)程序,对于客户端而言都是完全透明的。

(3) 基于文本的消息传递:迄今为止,兼容性最好的系统可能就是 HTTP 协议支撑的大部分 Web 应用了,用户可以在 Windows 平台下用 IE 查看互联网上的一个 Linux+Apache 服务器上的由 Perl 脚本自动生成的网页。这里的关键就是所有内容都是以格式化的文本方式传递的,不管 Perl 脚本如何执行,只要它的输出是符合 HTML 规范的网页,就可以被客户端的浏览器解释。而由于不同的操作系统对于相同的 HTML 的解释遵循相同的规范,因此,在不同操作系统下仍然能够看到一致的用户界面。

上面描述了 SOA 作为一种软件架构有哪些特点,下面,让我们一起来看一看 Web Service 与 SOA 的关系。

Web Service 是就现在而言最适合实现 SOA 的一些技术的集合,事实上,SOA 的广泛使用在很大程度上归功于 Web Service 标准的成熟和应用的普及为广泛地实现 SOA 架构提供了基础。下面看一看 Web Service 中的各种协议是如何工作来满足 SOA 所需的特点的。

(1) 独立的功能实体:通过 UDDI 的目录查找,可以动态地改变一个服务的提供方而无须影响客户端的应用程序配置。所有的访问都通过 SOAP 访问进行,只要 WSDL 接口封装良好,外界客户端是根本没有办法直接访问服务器端的数据的。

(2) 大数据量低频率访问:通过使用 WSDL 和基于文本的 SOAP 请求,可以实现能一次性接收大量数据的接口。这里需要着重指出的是,SOAP 请求分为文本方式和远程调用(Remote Procedure Call,RPC)两种方式,正如上文提到的,采用远程调用方式的 SOAP 请求并不符合这点要求。但是令人遗憾的是,现有的大多数 SOAP 请求采用的仍然是远程调用(RPC)方式,在某些平台上,例如 IBM WebSphere 的早期版本,甚至没有提供文本方式的

SOAP 支持。

（3）基于文本的消息传递：Web Service 所有的通信都是通过 SOAP 进行的，而 SOAP 是基于 XML 的，不同版本之间可以使用不同的 DTD 或者 XML Schema 进行辨别和区分。因此，我们只需要为不同的版本提供不同的处理就可以轻松实现版本控制的目标。

SOA 对于软件架构设计是有影响的，无论现在的系统是否涉及基于 Internet 的业务集成，采用 SOA 推荐的架构都对提高系统的扩展性有很大的帮助。下面是在系统中引入 SOA 后需要在软件架构方面做出的改变：

（1）使用基于文本方式的 SOAP 调用，摆脱远程调用中出现的函数参数类型等与数据无关的信息，保证所有 SOAP 传递的都是有意义的商业数据，依赖于 Schema，而不是类定义对这些数据进行解释。

（2）传统的三层 Web 应用将可能变成四层结构，传统意义上的商业逻辑层将被进一步划分为存放每个会话（Session）信息的客户逻辑层和与状态无关的 SOA 层。

现在的 Web 服务实现往往是简单的，通常类似于客户端-服务器模型。然而，平台中立的交换是受支持的，这就使一系列不同的客户端实现可以与作为服务器函数的新代码或遗留代码进行交互。同样，现代的业务集成也受益于标准，它使异构的计算机系统能够有效地互操作。这些技术合在一起称为 Web 服务。Web 服务的出现是以 SOAP 1.1 的引入为标志的，SOAP 1.1 定义了将 XML 内容用于分布式系统，并同时隐藏实现的细节。许多公司正在使用 Web 服务，并且可以毫无疑问地说，业界正处在 Web 服务主流时代的开端。

IBM 公司将面向服务的体系结构（Service-Oriented Architecture，SOA）视为它的按需（On demand）业务前景的互操作性和灵活性的关键。面向服务的体系结构（SOA）支持跨企业和业务合作伙伴之间的端到端集成。这就提供了一种灵活的业务流程模型，使得客户可以迅速地响应新的顾客需求、新的业务机会以及竞争的威胁。

10.5 Web 服务的应用实例

这里选择的开发工具是 Visual Studio. NET，数据库用 Microsoft SQL Server 和其他一些辅助工具，使用的语言是 C♯。

10.5.1 Web 服务的创建

首先，用 Visual Studio. NET 做一个网络论坛用于提供 Web 服务。然后，单击服务就可以调用 Web 服务了。下面介绍一下如何创建信息搜索的 Web 服务。

如图 10-3 所示，选择所用的语言，在模板选项中选择"ASP. NET Web 服务"。然后修改名字和路径，单击"确定"按钮就可以创建一个新的 Web 服务工程了。

在名称栏修改名字，. NET 会自动生成一些相关的文件，其中，* . vsdisco 是普通工程所没有的。

在设计页面上双击就可以进入程序设计了，编写 Web 服务并提供给外部应用程序通过互联网调用的函数。其与一般函数的声明相似，只需要在声明函数时在前面加上关键字就可以了，这样，系统就能知道这个函数是可以被其他程序通过 SOAP 调用的。

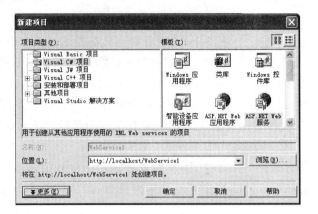

图 10-3　Web 服务的创建

10.5.2　Web 服务的发布

每一种 Web 服务都需要一个名称空间(Namespace),所谓名称空间就是标识 Web 服务的一种附加方法。如果创建了两个同名的 Web 服务,且这两个 Web 服务在不同的名称空间内存在,调用就不会混淆。因此,在 Web 服务公开发布之前必须修改默认的名称空间。通常用自己公司的域名作为命名空间。为了发布 Web 服务以便其他人能够使用它,需要在一个可查找的目录下登记自己的服务。UDDI(Universal Description,Discovery and Integration,统一描述、发现和集成服务)就是最好的目录。UDDI 是一种开放的、与供应商无关的标准,可以通过 UDDI 找到现有的 Web 服务或发布 Web 服务。实际上,Web 服务并没有复制到 UDDI 的服务器上,UDDI 的作用不过是列出现有的服务指引人们找到服务所在的服务器。从这个意义上说,它是一种真正的信息索引目录,而不是存储具体信息的仓库。为了使用公共 UDDI 目录,必须注册一个账号。当然,用户也可以在自己的机构内引入 UDDI,在自己的企业内部安装 UDDI 服务器。

10.5.3　Web 服务的调用

服务请求方和服务提供方都应该包含一个 SOAP 消息监听器(SOAP Listener),它专门负责 SOAP 消息的接收与发送。在运行时,首先由请求方的应用程序发出服务调用请求,由客户端代理程序将该请求转化成符合 Web 服务调用所要求的格式;然后,由 SOAP 消息监听器将消息以 SOAP 请求的形式传给服务提供方,服务提供方的 SOAP 监听器收到 SOAP 请求后,由 SOAP 路由器(SOAP Router)处理该请求,并将请求转发给能处理该请求的 Web 服务应用程序,由该程序处理并返回相应结果;最后,由 SOAP 消息监听器将处理结果封装成 SOAP 响应的形式返回给客户端,服务请求方收到响应后,由客户端代理程序解析出处理结果并返回给实际的请求程序。至此,一个 Web 服务的简单应用经过创建、发布、调用就完成了。

10.6　小结

Web 服务体系结构是基于 3 种角色(服务提供者、服务注册中心和服务请求者)的交互。在这种模型中,因特网上的任何分布式系统都有可能被整合到一个用户定制的应用程序中。

本章首先介绍了 Web 服务概述,其中包括 Web 服务的好处;在 10.2 节中介绍了 Web 服务体系结构模型;在 10.3 节中介绍了 Web 服务的核心技术,并说明了 Web 服务栈和主要的协议;在 10.4 节中介绍了面向服务软件体系结构,包括其特点及使用范围,最后通过实例介绍了 Web 服务的应用。

10.7 思考题

1. 什么是 Web 服务?
2. 简述文本服务协议栈。
3. 什么是面向服务的体系结构?
4. 分析服务提供者、服务请求者和服务注册中心的作用,以及它们之间的工作流程。

第11章
基于分布构件的体系结构

当你选择了一种语言时,意味着你还选择了一组技术、一个社区。

——Joshua Bloch

在互联网时代,分布式应用越来越普遍和重要,如何高效地开发这类系统成为我们必须应对的课题。为了将构件思想应用于分布式系统的开发,业界提出了一些基于分布构件的解决方案。按照这些方案,整个分布式系统的体系结构大致如图 11-1 所示。

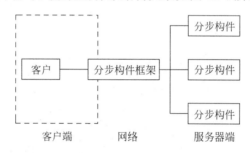

图 11-1　基于分布构件的系统体系结构

在这个体系结构中,最关键的部分是分布构件框架,它封装了网络通信的细节,具有两部分功能:其一,向客户提供访问服务器上的分布构件的接口;其二,向服务器上的分布构件提供一个运行的环境(也称容器)。可见,在此方案下,客户和分布构件都不需要关心网络通信问题,只需要使用分布构件框架提供的访问接口即可。

分布构件和分布构件框架之间紧密配合,在上述体系结构中占据主体地位。描述了分布构件框架,实际上也就说清楚了它与分布构件之间的接口,说清楚了分布构件的外在特征。对于上述体系结构,工业界有几个主要的实现方案,它们分别是由 Sun 公司(已被 Oracle 收购)主导提出的 EJB 分布构件框架,由微软公司提出的 DCOM 分布构件框架和由 OMG 组织提出的 CORBA 分布构件框架,本章将对它们分别进行详细的介绍。

本章共分 3 个部分,11.1 节介绍 EJB 分布构件框架,11.2 节介绍 DCOM 分布构件框架,11.3 节介绍 COBRA 分布构件框架。

11.1　EJB 分布构件框架

11.1.1　EJB 技术

1996 年 10 月,为了让第三方可以生成和销售其他人员开发的 Java 构件,Sun 公司定义了一种 Java 的软件构件模型——JavaBean。根据 Sun 公司的定义,JavaBean 是一种"能够在开发工具中被可视化操作的、可重用的软件构件"。Bean 可以被放置在"容器"中,提供具体的操作性能。JavaBean 构件模型以 Java 类为基础,并规定程序员必须遵循使 JavaBean 可重用及用可视工具管理的规则。Bean 既能在容器中运行,也能在工具程序、应用 Applets 和 HTML 页中运行。

EJB(Enterprise JavaBean)规范是 Sun 公司于 1997 年 12 月发布的 JavaBean 构件模型。一个 EJB 是特定的在服务器上运行的 JavaBean,并且 EJB 能在可视化的工具下装配成新的应用。EJB 应用程序只能用 Java 语言编写,且必须使用 EJB API。编写良好的 EJB 应用程序无须修改任何源代码就可以在 J2EE 认证的应用服务器之间移植和互操作。

EJB 规范是位于服务器方的 JavaBean 和一种新的构件协调者——OTM(Object Transaction Monitor,EJB 称其为包容器)之间的协定。OTM 提供远程服务器方构件的框架,它负责激活构件或撤销构件、协调分布式事务捕获构件事件以及自动管理构件的状态。EJB 定义了服务器方构件模型和一个构件协调者的框架,解决了 CORBA 由于缺乏完整的服务器方构件模型与构件协调者的框架所引起的服务器方构件无法相互交互的问题,实现了与 CORBA 的兼容,使得 EJB 具备了基于 JavaBean 的客户方和服务器方的构件模型。

EJB 简化了用 Java 语言编写的企业应用系统的开发和配置。它定义了一组可复用构件,利用这些组件,开发人员可以像搭积木一样构建所需要的应用程序。EJB 基础结构是由 EJB 组件、EJB 容器以及 OTM 组成的。EJB 组件是运行在服务器上由 OTM 管理的 Bean。OTM 充当构件协调者的角色,使用标准的 JAR 从其他 OTM 或工具中导入 EJB。一旦 EJB 处于 OTM 内,就可以加入事件处理、状态管理、自动激活或撤销等功能。EJB 容器提供了系统级的服务,控制了 EJB 的生命周期。所有 EJB 实例都运行在 EJB 容器中。

EJB 是一种基于构件的开发模型,它是 Java 服务器端服务框架的规范。EJB 详细地定义了一个可以方便部署 Java 构件的服务框架模型,用于创建可伸缩、多层次、跨平台、分布式的应用,并可创建具有动态扩展性的服务器端的应用。

EJB 具有以下特点:

(1) EJB 以构件的形式组织服务器,EJB 构件是直接用 Java 语言编写的服务器构件。Java 语言编写的跨平台特性使得 EJB 构件可以非常方便地移植到各种操作系统平台和 EJB 服务器上。

(2) EJB 构件的实现仅需考虑应用需求,其系统级服务(如事务管理、安全性、构件生命周期与线程等)都是通过 EJB 服务器自动进行管理的。

(3) EJB 体系结构具有面向对象、分布式、跨平台、可扩充性、安全性以及便于开发等特点,同时它还以协议为中心,任何协议都可以被利用。

在 J2EE 中,EJB 称为 Java 企业 Bean,它是 Java 的核心代码,分别是会话 Bean(Session Bean)、实体 Bean(Entity Bean)和消息驱动 Bean(Message Driven Bean)。

(1) Session Bean 用于实现业务逻辑,它可以是有状态的,也可以是无状态的。当客户端请求时,容器就会选择一个 Session Bean 来为客户端服务。Session Bean 可以直接访问数据库,但更多时候,它会通过 Entity Bean 实现数据访问。

(2) Entity Bean 是域模型对象,用于实现 O/R 映射,负责将数据库中的表记录映射为内存中的 Entity 对象。事实上,创建一个 Entity Bean 对象相当于新建一条记录,删除一个 Entity Bean 会同时从数据库中删除对应记录,修改一个 Entity Bean 时,容器会自动将 Entity

Bean 的状态和数据库同步。

（3）Message Driven Bean 是 EJB 2.0 中引入的新的企业 Bean。它基于 JMS 消息，只能接收客户端发送的 JMS 消息然后处理。MDB 实际上是一个异步的无状态 Session Bean，客户端调用 MDB 后无须等待并立刻返回，MDB 将异步处理客户请求。这适合于需要异步处理请求的场合，例如订单处理。这样，就能避免客户端长时间地等待一个方法调用直到返回结果。

11.1.2　EJB 的规范介绍

Enterprise JavaBean 规范为基于构件的事务性、分布式对象系统定义了一个体系结构。该规范颁布了一个编程模块，即组成 EJB API 的契约或协议以及一组类和接口，如图 11-2 所示。EJB 编程模块向 Bean 开发人员和 EJB 服务器供应商提供了一组契约，这组契约约定了开发的公共平台。这些契约的目标是在支持一组有丰富功能的同时能够确保供应商之间的可移植性。

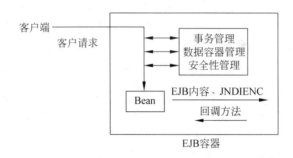

图 11-2　EJB 容器示意图

Enterprise Bean 是在称为 EJB 容器的特殊环境中运行的软件组件。EJB 容器容纳和管理 Enterprise Bean 的方式与 Java Web 服务器容纳 Servlet 或 HTML 浏览器容纳 Java Applet 的方式相同。Enterprise Bean 不能在 EJB 容器外部运行。EJB 容器在运行时管理 Enterprise Bean 的各个方面，包括远程访问 Bean、安全性、持久性、事务、并行性和对资源的访问。

容器不允许客户机应用程序直接访问 Enterprise Bean。当客户机应用程序调用 Enterprise Bean 上的远程方法时，容器首先拦截调用，以确保持久性、事务和安全性都正确地应用于客户机对 Bean 执行的每一个操作。容器自动为 Bean 管理安全性、事务和持久性，于是 Bean 开发人员不必将这种类型的逻辑写入 Bean 代码中。Enterprise Bean 开发人员可以将精力集中于封装商业规则，而容器处理其他一切。

如同 Java Web 服务器管理许多 Servlet 一样，容器将同时管理许多 Bean。为减少内存消耗和处理，容器使用资源并非常小心地管理所有 Bean 的生命周期。当不使用某个 Bean 时，容器将它放在池中以便另一个客户机重用，或者将它驱逐出内存，仅当需要时再将它调回内存。由于客户机应用程序不能直接访问 Bean（容器位于客户机和 Bean 之间），因此，客户机应用程序完全不知道容器的资源管理活动。例如，未使用的 Bean 可能被驱逐出服务器内存，而它在客户机上的远程应用却丝毫不受影响。客户机在远程应用上调用方法时，容器只需重新实例化 Bean 就可以处理请求。客户机应用程序并不知道整个过程。

Enterprise Bean 依赖容器来获取它的需求。如果 Enterprise Bean 需要访问 JDBC 连接或另一个 Enterprise Bean，那么它需要利用容器来完成此项操作。如果 Enterprise Bean 需要访问调用者的身份，获取它自身的引用或访问特性，那么需要利用容器来完成这些操作。

Enterprise Bean 通过 3 种机制之一与容器交互,即回调方法、EJBContext 接口或 JNDI。

(1) 回调方法:每个 Bean 都会实现 Enterprise Bean 接口的子类型,该接口定义了一些方法,称为回调方法。每个回调方法在 Bean 的生命周期期间向它提示一个不同事件,当容器要使用某个 Bean,将其状态存储到数据库、结束事务、从内存中除去该 Bean 等操作时,它将调用这些方法来通知该 Bean。回调方法可以让 Bean 在事件之前或之后立即执行内部调整。

(2) EJBContext 接口:每个 Bean 都会得到一个 EJBContext 对象,它是对容器的直接引用。EJBContext 接口提供了用于与容器交互的方法,因此,Bean 可以请求关于环境的信息,如客户机的身份或事务的状态,或者可以获取它自身的远程引用。

(3) Java 命名和目录接口(Java Naming and Directory Interface,JNDI):JNDI 是 Java 平台的标准扩展,用于访问命名系统(如 LDAP、NetWare 与文件系统等)。每个 Bean 自动拥有对某个特定命名系统(称为环境命名上下文)的访问权。由容器管理,Bean 使用 JNDI 来访问它。JNDI ENC 允许 Bean 访问资源,如 JDBC 连接、其他 Enterprise Bean,以及特定于该 Bean 的属性。

EJB 规范定义了 Bean-容器契约,它包括以上描述的机制(回调、EJBContext、JNDI 等)以及一组严谨的规则。这些规则描述了 Enterprise Bean 及其容器在运行时的行为,以及如何检查安全性访问、如何管理事务、如何应用持续。Bean 容器契约旨在使 Enterprise Bean 可以在 EJB 容器之间移植,从而可以只开发一次 Enterprise Bean,然后在任何 EJB Container 运行该 Enterprise Bean。供应商如 BEA、IBM 和 GemStone 等都销售包含 EJB 容器的应用程序服务器。在理想情况下,任何符合规范的 Enterprise Bean 都应该可以在任何符合规范的 EJB 容器中运行。

可移植性是 EJB 带来的主要价值,可移植性确保了为一个容器开发的 Bean 可以迁移到另一个容器中。可移植性还意味着可以跨几个 EJB 容器品牌利用 Bean 开发人员的技能,从而向公司和开发人员提供了更好的机会。

除了可移植性,EJB 编程模块的简易性也使得 EJB 变得更有价值。由于容器负责管理复杂任务(如安全性、事务、持久性、并行性和资源管理),Bean 开发人员可以自由地将精力集中在商业规则和一种非常简单的编程模型上。简单的编程模块意味着可以在分布式对象、事务和其他企业系统中更快地开发 Bean,而无须高深的知识。EJB 将事务处理和分布式对象开发带入主流。

11.1.3 EJB 的体系结构

Sun 公司发布的文档中对 EJB 的定义是,EJB 是用于开发和部署多层结构的、分布式的、面向对象的 Java 应用系统的跨平台构件体系结构。采用 EJB 可以使开发商业应用系统变得容易,应用系统可以在一个支持 EJB 的环境中开发,开发完之后部署在其他的环境中,随着需求的改变,应用系统可以不加修改地迁移到其他功能更强、更复杂的服务器上。

1. EJB 的软构件模型

软构件模型的思想是创建可重用的构件并将其组合到容器中,以得到新的应用系统。构件模型定义了构件的基本体系结构、构件界面的结构与其他构件及容器相互作用的机制等。利用构件模型规范说明,构件开发人员开发实现了应用系统逻辑的构件,而应用系统开发人员则将这些预先开发好的构件组合成应用系统,这些应用系统也可以作为新的构件。现在,软构件模型思想已经在软件开发界迅速流行,因为它可以达到重用、高层开发、通过工具进行自动化开发、简化开发过程等目的。JavaBeans、EJB、COM/DCOM 等都是软构件模型的例子。

在软件开发中有两种类型的软构件模型,即客户端构件模型与服务器端构件模型。客户端构件模型(如 JavaBeans)是专门用于处理程序的表示及用户界面问题的,服务器端构件模型(如 EJB)则向面向事务的中间件提供基础设施。

服务器端构件模型把构件模型的开发与中间件联系在一起。企业级应用的中间件以其复杂性著称,它不仅涉及应用逻辑、并发性与伸缩性问题,还涉及如何把不兼容的系统组合在一起的问题。服务器端构件模型解决了中间件开发的复杂性问题,它使中间件开发人员集中于应用系统的逻辑部分而不用处理同步、可伸缩性、事务集成、网络、分布式对象框架等一些分布式应用系统中存在的复杂的细节问题。

下面,我们来看一看 EJB 构件的模型,如图 11-3 所示。

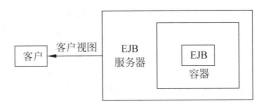

图 11-3　EJB 构件模型

EJB 构件模型给开发者提供了以下支持:

◇ 构件包含应用程序逻辑;

◇ 可重用的构件;

◇ 可伸缩性;

◇ 资源管理;

◇ 事务支持;

◇ 并发性管理。

这些支持,为服务器端构件的开发者提供了很多方便,使得开发服务器端构件不再是很艰巨的任务。

EJB Server 负责与操作系统有关的底层细节,例如和其他组件或系统的通信协议、多线程、负载平衡等。EJB Container 提供 EJB 的生存环境和各种服务(如 Transaction Server),EJB Container 和 Server 共同组成了 EJB 运行环境。

通过使用 RMI(Remote Method Invocation),EJB 支持远程客户端存取。RMI 产生一个对象,这个对象安装在客户机系统中作为存取服务器对象的代理对象。它使服务器的位置对于客户机来说是透明的,EJB 开发人员为每一个可存取的接口定义一个 Java 远程接口。

通过使用 IIOP(Internet Inter-ORB Protocol)协议,EJB 也可以与其他非 Java 客户机进行通信,IIOP 允许 EJB 系统与 CORBA 集成。EJB 可以存取 CORBA 服务器,CORBA 客户机也可以存取 EJB 服务器。

EJB 构件与 Container 之间有统一的界面,每一个 EJB 构件都可以运行在所有的运行环境中。在 EJB 构件模型中有两种类型的 Bean,即会话(Session) Bean 和实体(Entity) Bean。这两种类型的 EJB 代表了两种不同类型的事务逻辑的抽象。

会话 Bean 是短暂的对象,运行在服务器端,并执行一些应用逻辑处理。它由客户端应用程序建立并使用,其数据需自己来管理,系统停机后,会话 Bean 不再恢复。

实体 Bean 是持久的对象,可以被其他对象调用,实体 Bean 必须在建立时确定一个唯一的标识,并提供相应的机制允许客户应用程序根据实体 Bean 标识来定位 Bean 实例。多个用户可以并发访问实体 Bean,当系统停机时,实体 Bean 可以被恢复。

2. EJB 构件模型的特点

EJB 构件模型的优点如下:

(1) EJB 将成为用 Java 语言开发分布式的、面向对象的企业级应用系统的标准构件体系结构,EJB 使得通过组合构件得到分布式应用系统成为可能。

(2) EJB 使得应用系统开发变得容易,应用系统开发人员不需要理解底层的事务处理细节、状态管理、多线程、资源共享管理以及其他复杂的底层 API 细节。

(3) EJB 遵循 Java 的"一次编译,到处运行"(write once,run anywhere)的思想,一旦一个 EJB 开发完成之后,就可以部署在任何支持 EJB 的平台上,而不需要重新编译或对源代码进行修改。

(4) EJB 定义了一个协议,使用不同供应商提供的工具开发和部署的构件能在运行时互操作。

(5) EJB 体系结构与已有的服务器平台、其他的 Java APL、CORBA 等兼容。

(6) EJB 支持 Enterprise Beans 和其他的非 Java 应用系统的互操作性。

采用 EJB 开发应用系统有很多优点:

(1) 标准的 Java 技术的便利应用系统可以在许多不同的服务器平台上运行。

(2) 修改应用系统变得容易,对单个构件进行增加、修改、删除等操作不会对应用系统的体系结构产生很大的影响。

(3) 应用系统经过划分之后,使得构件之间相互独立,又可以相互协作,提供给用户的是该用户所需要的构件。

(4) 应用系统的开发变得容易,基本上是即插即用的方式。

(5) 应用系统从本质上说是可伸缩的,可以运行在多线程、多处理机的环境中。

(6) 可以在新的应用系统中得到重用,减少了新系统的开发时间。

同时,EJB 也存在一些缺点,主要有:

(1) EJB 的数量可能非常多,以至于在软件开发库中很难对这些 EJB 进行跟踪和管理。

(2) 如果应用开发人员不能正确地使用 EJB,可能会导致不恰当的应用系统设计,结果使得应用系统的总体性能下降。

(3) 除非 WM 及编译器的性能得到提高,否则 EJB 应用系统的性能仍将是一个问题。

(4) 由于 EJB 技术出现时间不长,目前可用的 EJB 还不多,要想得到大量的商业性 EJB 还需要一段时间。

3. EJB 的体系结构

EJB 的上层分布式应用程序是基于对象组件模型的,低层的事务服务用了 API 技术。EJB 技术简化了用 Java 语言编写的企业应用系统的开发、配置与执行。EJB 的体系结构的规范由 Sun 公司制定。EJB 技术定义了一组可重用的组件——Enterprise Bean。开发人员可以利用这些组件像搭积木一样建立自己的分布式应用程序,当把代码写好之后,这些组件就被组合到特定的文件中。每个文件有一个或多个 Enterprise Beans,再加上一些配置参数,最后,这些 Enterprise Beans 被配置到一个装有 EJB 容器的平台上。客户能够通过这些 Beans 的 home 接口定位到某个 Beans,并产生这个 Beans 的一个实例。这样,客户就能够调用 Beans

的应用方法与远程接口。

EJB 服务器作为容器与低层平台的"桥梁"管理着 EJB 容器和函数。它向 EJB 容器提供了访问系统服务的能力,例如,数据库的管理和事务的管理。所有的 EJB 实例都运行在 EJB 容器中。容器提供系统级的服务,控制 EJB 的生命周期。Enterprise Beans 的开发者不需要考虑应用逻辑。

通常,EJB 容器掌握以下系统级分配。

(1) Security-配置描述器(The Deployment Descriptor):定义客户能够访问的不同的应用函数,容器通过只允许授权的客户访问这些函数来达到这个效果。

(2) Remote Connectivity-容器:为远程连接管理着低层的通信分配,而且对 Enterprise Bean 的开发者和客户都隐藏了通信分配。Enterprise Bean 的开发者在编写应用方法的时候,就像是在调用本地平台一样。客户也不清楚他们调用的方法可能是在远程被处理的。

(3) Life Cycle Management-客户:简单地创建一个 Enterprise Beans 的实例,而容器管理着 Enterprise Beans 的实例,使 Enterprise Beans 实现最大的效能与内存利用率。

(4) Transaction Management-配置描述器:定义 Enterprise Beans 的事务处理的需求,容器管理着那些管理分布式事务处理的复杂的 Issues。这些事务可能要在不同的平台之间更新数据库。容器使这些事务之间互相独立,互不干扰,保证所有的更新数据库都是成功发生的。否则,就回滚到事务处理之前的状态。

4. EJB 结构中的角色

一个完整的基于 EJB 的分布式计算结构由 6 个角色组成,这 6 个角色可以由不同的开发商提供,每个角色所做的工作必须遵循 Sun 公司提供的 EJB 规范,以保证彼此之间的兼容性。

这 6 个角色如下:
◇ EJB 组件开发者(Enterprise Bean Provider);
◇ 应用组合者(Application Assembler);
◇ 部署者(Deployer);
◇ EJB 服务器提供者(EJB Server Provider);
◇ EJB 容器提供者(EJB Container Provider);
◇ 系统管理员(System Administrator)。

1) EJB 组件开发者

EJB 组件开发者负责开发执行商业逻辑规则的 EJB 组件,开发出的 EJB 组件被打包成 ejb-jar 文件。EJB 组件开发者负责定义 EJB 的 remote 和 home 接口,编写执行商业逻辑的 EJB class,提供部署 EJB 的部署文件(Deployment Descriptor)。

部署文件包含 EJB 的名字、EJB 用到的资源配置(如 JDBC)等。EJB 组件开发者是典型的商业应用开发领域专家。

EJB 组件开发者不需要精通系统级的编程,因此不需要知道一些系统级的处理细节,如事务、同步、安全、分布式计算等。

2) 应用组合者

应用组合者负责利用各种 EJB 组合一个完整的应用系统。应用组合者有时需要提供一些相关的程序,如在一个电子商务系统中,应用组合者需要提供 JSP(Java Server Page)程序。应用组合者必须掌握所用的 EJB 的 home 和 remote 接口,但不需要知道这些接口的实现。

3）部署者

部署者负责将 ejb-jar 文件部署到用户系统环境中，系统环境包含某种 EJB Server 和 EJB Container。部署者必须保证所有由 EJB 组件开发者在部署文件中声明的资源可用，例如，部署者必须配置好 EJB 所需的数据库资源。

4）EJB 服务器提供者

EJB 服务器提供者是系统领域的专家，精通分布式交易管理、分布式对象管理及其他系统级的服务。EJB 服务器提供者一般由操作系统开发商、中间件开发商或数据库开发商提供。

5）EJB 容器提供者

EJB 容器提供者的工作主要集中在开发一个可伸缩的、具有交易管理功能的、集成在 EJB 服务器中的容器。EJB 容器提供者为 EJB 组件开发者提供了一组标准的、易用的 API 访问 EJB 容器，使 EJB 组件开发者不需要了解 EJB 服务器中的各种技术细节。EJB 容器提供者负责提供系统监测工具用来实时监测 EJB 容器与运行在容器中的 EJB 组件的状态。

6）系统管理员

系统管理员负责为 EJB 服务器和容器提供一个企业级的计算与网络环境。系统管理员负责利用 EJB 服务器和容器提供的监测管理工具监测 EJB 组件的运行情况。

11.2 DCOM 分布构件框架

DCOM 是一系列微软的概念和程序接口，利用这个接口，客户端程序对象能够请求来自网络中另一台计算机上的服务器程序对象。DCOM 基于组件对象模型 COM，COM 提供了一套允许同一台计算机上的客户端与服务器之间进行通信的接口。

11.2.1 DCOM 的使用

DCOM 是 COM 的扩展，它支持两台不同的机器上的组件间的通信，而且不论它们是运行在局域网、广域网，还是 Internet 上。借助 DCOM，应用程序能够任意进行空间分布。使用 DCOM，应用程序就可以在位置上达到分布性，从而满足客户和应用的需求。

由于 DCOM 是 COM 组件技术的无缝升级，所以能够从现有的有关 COM 知识中获益，以前在 COM 中开发的应用程序、组件、工具都可以移入分布式环境中。DCOM 将屏蔽底层网络协议的细节，只需要集中精力于应用即可。例如，可以为一个网站创建应用页面，其中包括了一段能够在网络中另一台更加专业的服务器计算机上处理（在将它们发送到发出请求的用户之前）的脚本或者程序。使用 DCOM 接口，网络服务器站点程序（现在以客户端对象方式发出动作）就能够将一个远程程序调用（RPC）发送到一个专门的服务器对象，它可以通过必要的处理并给站点返回一个结果，结果将发送到网页浏览器上。

DCOM 还可以工作在位于企业内部或者除了公共 Internet 之外的其他网络中。它使用 TCP/IP 与超文本传输协议，DCOM 是作为 Windows 操作系统中的一部分集成的。DCOM 将很快在所有的主流 UNIX 平台与 IBM 大型服务器产品中出现，代替 OLE 远程自动控制。

在提供一系列分布式范围方面，DCOM 通常与通用对象请求代理体系结构（CORBA）相提并论。DCOM 是微软给程序和数据对象传输的网络范围的环境，CORBA 则是在对象管理组织（OMG）的帮助下，由信息技术行业的其他商家提供赞助的。

11.2.2　DCOM 的特点

在现有的操作系统中,各进程之间是相互屏蔽的。当一个客户进程需要与另一个进程中的组件通信时,它不能直接调用该进程,而需要遵循操作系统对进程间通信所做的规定。COM 使得这种通信能够以一种完全透明的方式进行,它截取从客户进程来的调用并将其传送到另一进程中的组件。

当客户进程与组件位于不同的机器时,DCOM 仅仅只用网络协议来代替本地进程之间的通信。无论是客户还是组件都不会知道连接它们的线路比以前长了许多。

1. 组件和复用

大多数分布式应用都不是凭空产生的,现存的硬件结构、软件、组件以及工具需要集成起来,以便减少开发与扩展时间以及费用。DCOM 能够直接且透明地改进现有的对 COM 组件与工具的投资,对各种各样组件需求的巨大市场使得将标准化的解决方案集成到一个普通的应用系统中成为可能。许多熟悉 COM 的开发者能够很轻易地将他们在 COM 方面的经验运用到基于 DCOM 的分布式应用中。

任何为分布式应用开发的组件都有可能在将来被复用。围绕组件模式来组织开发过程使得在原有工作的基础上不断地提高了新系统的功能并减少了开发时间。基于 COM 和 DCOM 的设计能够使组件在现在和将来都能被很好地使用。

2. 位置独立性

当开始在一个真正的网络上设计一个分布式应用时,以下几个相互冲突的设计问题会很清楚地反映出来:

◇　相互作用频繁的组件彼此之间应该靠得更近。

◇　某些组件只能在特定的机器或位置上运行。

◇　小组件增加了配置的灵活性,但同时也增加了网络的拥塞。

◇　大组件减少了网络的拥塞,但同时也减少了配置的灵活性。

在使用 DCOM 时,这些设计上的限制很容易解决,因为配置的细节并不是在源码说明的。DCOM 使得组件的位置完全透明,无论它是位于客户的同一进程中或是在地球的另一端。在任何情况下,客户连接组件与调用组件方法的方式都是一样的。DCOM 不仅无须改变源码,而且无须重新编译程序,一个简单的再配置动作就改变了组件之间相互连接的方式。

DCOM 的位置独立性极大地简化了将应用组件分布化的任务,使其能够达到最合适的执行效果。例如,设想某个组件必须位于某台特定的机器上或某个特定的位置,并且此应用有许多小组件,通过将这些组件配置在同一个 LAN 上或者同一台机器上,甚至同一个进程中来减少网络的负载。当应用是由比较少的大组件构成时,网络负载并不是问题,此时将组件放在速度快的机器上,而不用去管这些机器到底在哪儿。

有了 DCOM 的位置独立性,应用系统可以将互相关联的组件放到相距比较近的机器上,甚至可以将它们放到同一台机器上或同一个进程中。即使是由大量的小组件来完成一个具有复杂逻辑结构的功能,它们之间仍然能够有效地相互作用。当组件在客户机上运行时,将用户界面与有效性检查放在客户端或离客户端比较近的机器上会更有意义。对于集中的数据库事务,应该将服务器靠近数据库。

3. 语言无关性

在设计和实现分布式应用系统时,一个普遍的问题就是为开发一个特定的组件而选择语言以及工具的问题。语言选择是一个典型的在开发费用、可得到的技术支持以及执行性能之间的折中，作为 COM 的扩展，DCOM 具有语言独立性。任何语言都可以用来创建 COM 组件，并且这些组件可以使用更多的语言和工具。Java、Microsoft Visual C++、Microsoft Visual Basic、Delphi、PowerBuilder 都能够和 DCOM 很好地相互作用。

因为 DCOM 具有语言独立性，应用系统开发人员可以选择他们最熟悉的语言和工具来

进行开发。语言独立性还使得一些原型组件在开始时可以用诸如 Visual Basic 这样的高级语言来开发，在以后用另一种不同的语言（例如 Visual C++ 和 Java）来重新实现，而这种语言能够更好地支持诸如 DCOM 的自由线程/多线程以及线程共用这些先进特性。

4. 连接管理

网络连接本身比同一台机器中的连接更脆弱。当一个客户不再有效，特别是当出现网络或硬件错误时，分布式应用中的组件需要加以注意。

DCOM 通过给每个组件保持一个索引计数来管理对组件的连接问题，这些组件有可能是仅仅只连到一个客户上，也有可能被多个客户所共享。当一个客户与一个组件建立连接时，DCOM 就增加此组件的索引计数。同理，当客户释放连接时，DCOM 就减少此组件的索引计数。如果索引计数为零，组件就可以被释放了。

DCOM 使用有效的地址合法性检查（pinging）协议来检查客户进程是否依然是活跃的。客户机周期性地发送消息，当经过大于等于 3 次 ping 周期且组件没有收到 ping 消息时，DCOM 就认为这个连接中断了。一旦连接中断，DCOM 就减少索引计数，当索引计数为零时就释放组件。从组件的这一点来看，无论是客户进程自己中断连接这种良性情况，还是网络或者客户机崩溃这种致命情况，都被同一种索引计数机制处理。

在很多情况下，组件和它的客户进程之间的信息流是没有方向性的。组件需要在客户端进行某些初始化操作，例如，一个长进程的结束，用户所观看数据的更新或者诸如电视以及多用户游戏这些协作环境中的下一条信息等。许多协议使得完成这种对称性的通信十分困难。使用 DCOM，任何组件既可能是功能的提供者，也可能是功能的使用者。通信的两个方向都用同一种机制来管理，使得完成对等通信和客户机、服务器之间的相互作用一样容易。

DCOM 提供了一个对应用完全透明的分布式垃圾收集机制。DCOM 是一个天生的对称性网络协议和编程模型，它不仅提供传统的单向的客户机与服务器之间的相互作用方式，还提供了客户机与服务器以及对等进程之间丰富交谈式的通信方式。

5. 可扩展性

分布式应用的一个重要因素是它的处理能力能够随着用户数量、数据量所需性能的提高而增加。当需求比较小时，应用系统就比较小而速度快，并且它要能够在不牺牲性能和可靠性的前提下处理附加的需求。DCOM 提供了许多特性来增强应用的可扩展性。

6. 对称的多进程处理

DCOM 提高了 Windows NT 对于多进程处理的支持。对于使用自由线程模式的应用，DCOM 使用一个线程队列来处理新来的请求。在多处理器机上，线程队列是由可利用的处理器数量来决定的。太多的线程会导致经常性的上下文切换，而太少的线程又会使处理器处于空闲状态。DCOM 只提供一个手工编码的线程管理器，从而使开发者从线程的细节中解脱出来并获得最好的性能。

DCOM 通过使用 Windows NT 对于对称性多进程处理的高级支持功能能够轻易地将应用从一个单处理机扩展到庞大的多处理机系统上。

11.2.3　DCOM 的灵活配置与扩展机制

当负载增加时,即使买一台最快的多处理机,它也有可能不能适应需求。DCOM 的位置独立性提供了一个简单且低成本的方法来提高扩展性,那就是将分布性的组件放到其他的机器上。

1. 一般组件的配置

对于无状态或无须和其他组件共享状态的组件,再配置是再容易不过的事了。对于这样一些组件,可以在不同的机器上运行它们的多个副本。用户负载可以被平等地分配到各个机器中,甚至可以考虑到机器的处理能力以及当时负载的这些因素来进行分配。使用 DCOM,可以很容易地改变客户进程同组件以及组件之间的连接方式。同一组件无须做别的改动,甚至无须重新编译就可以被动态地重新配置。所有必须做的工作只是更新登记文件系统以及所涉及的组件所在的数据库而已。

例如,一个组织在多个地方有办公室,如纽约、伦敦、旧金山和华盛顿等,它可以将组件安装到服务器上。200 个用户同时在能达到预期的性能的前提下访问 50 个组件,当新的事务应用发送给用户时,应用系统中同时使用一些现存的以及新的组件,服务器的负载增长到 600 个用户,事务组件的数目增加到 70。有了这些附加的用户和组件后,峰值时间的响应时间变得不能接受。管理员将其中的 30 个组件单独配置在另一台服务器上,而将 20 个组件单独放在原来的服务器上,剩下的 20 个组件同时在两台服务器上运行。

2. 关键组件的配置

绝大多数现实的应用系统都有一个或多个涉及大多数操作的关键性组件。这种组件有数据库组件、事务规则组件,它们必须串行地执行,以保证"先来先服务"这一策略。这些组件不能被复用,因为它们的唯一任务就是为应用系统的所有用户提供一个单一的时间同步点。为了增强分布式应用系统的整体功能,必须将这些瓶颈组件放到一个专门的、功能强大的服务器上。DCOM 可以使用户早在设计阶段就将这些关键性组件分开,最初将多个组件放在一台功能简单的机器上,以后再把关键性的组件放到专门的机器上。这一过程无须再设计组件,甚至无须重新编译。

DCOM 对于这些决定性的瓶颈组件的处理使得整个任务能够迅速执行。这些瓶颈组件往往是过程执行序列的一部分,例如,电子交易系统中的买卖命令,它们必须按照接收的顺序执行(先来先服务)。对于此问题的一个解决方法是将任务分成许多小的组件,并将这些组件配置到不同的机器上。这种效果类似于当今微处理器中的管道 pipelining 技术,即第一个请求来了,第一个组件执行(例如一致性检查),然后将请求传递给下一个组件(可能是更新数据库)。一旦第一个组件将一条请求传递给下一个组件,它就准备执行下一条请求。实际上,有两台机器在并行地执行多个请求,并且能够保证按照请求到来的顺序执行,也可以在同一台机器上使用 DCOM 来达到同样的效果。多个组件在不同的线程或者不同的进程中执行,这种方法在以后可以简化扩展,可以将线程分布到一个带多处理器的机器上,或者可以将进程配置到不同的机器上。

DCOM 的位置独立性编程模型使得随着应用增加而改变配置设计变得容易了。最初,一个功能简单的服务器可以容纳所有的组件。随着需求的增加,其他的机器被添加进来,而组件能够不做任何代码上的改动就被分到这些机器中。

3. DCOM 的扩展机制

除了随着用户数量以及事务的数量扩展规模外,当新的特性加入时应用系统也需要扩展规模。随着时间的推移,新的任务被添加进来,原有的任务被更新。传统的做法是客户进程与组件都需要同时更新,或者旧的组件必须保留直到所有的客户进程被更新,当大量的地理上分布的站点和用户在使用系统时,这就成为一个非常费力的管理问题。

DCOM 为组件与客户进程提供了灵活的扩展机制。使用 COM 和 DCOM 客户进程能够动态地查询组件的机能。一个 COM 组件不是将其机能表现为一个简单、统一的方法和属性组,而是对于不同的客户进程表现为不同的形式。使用特定特性的客户进程只需要访问它所需要使用的方法和属性,客户进程也能够同时使用一个组件的多个特性。当新的特性加入组件时,它不会影响不涉及这些特性的老客户进程。用这种方法来组织组件,能够有一种新的方法来扩展组件功能。最初的组件表现为诸如 COM 界面的一套核心特性,这些特性是每个客户进程都需要使用的。当组件需要新的特性时,大多数(甚至是全部)的界面仍然是必需的,根本无须更改原来的界面就可以将新的功能和属性放到附加的界面中。老的用户进程就好像什么事也没发生似的继续访问核心界面。新的客户进程既可以测试新的界面是否存在以便能使用它,也可以仍然只使用原来的界面。

在 DCOM 编程模型中,可以设计使用老服务器程序的新客户程序,也可以设计使用老客户程序的新服务器程序,或者将这些混合起来以便能够适应需求和编程资源。在使用传统的对象模型时,哪怕是对一个方法的细微改动都可能在根本上改变客户和组件之间的协议。在一些模型中,可以将方法加到方法队列的队尾,但是不能在老的组件上测试新的方法。从网络发展的前景来看,这些事情将会变得越来越复杂,编码以及其他的一些功能典型地依赖于方法和参数的顺序。增加或改动方法和参数也会显著地改变网络协议。DCOM 为对象模式和网络协议设计了一个简单、优雅和统一的方法来解决这些问题。

如果最初的执行不能让人满意,可扩展性就不会带来太多好处,经常考虑到更多、更好的硬件会对应用的向下发展非常有益,但是这些需求是怎样的呢? 这些尖端扩展特性是否有用呢? 是否对从 COBOL 到汇编的每一种语言的支持会危害到系统的执行性能呢? 使组件能够在地球的另一面运行的能力是否妨碍了它和客户在同一个进程中时的执行性能呢?

在 COM 和 DCOM 中,客户自己看不到服务器,但是除非是在必要的情况下,否则客户进程绝不会被系统组件将自己同服务器分开。这种透明性是通过一个简单的思想来实现的。客户进程同组件交互的唯一方式就是通过方法调用。客户进程从一个简单的方法地址表中得到这些方法的地址,当客户进程想要调用一个组件中的某个方法时,它先得到方法的地址,然后调用它。在 COM 和 DCOM 模型中调用一个传统的 C 或汇编函数的唯一方式就是对方法地址的简单查询。如果组件和客户运行在同一个线程的过程中,那么无须调用任何 COM 或系统代码就可以直接找到方法的地址,COM 仅仅只定义了找到方法地址表的标准。

当用户和组件不是那么靠近(在另一个线程中、在另一个程序中或者在地球另一面的一台机器中)时,情况又是怎样的呢? COM 将它的远程过程调用(RPC)框架代码放到方法地址表中,然后将每个方法调用打包放到一个标准的缓冲器结构中,这个缓冲器结构将被发送给组件,组件打开包并且重新运行最初的方法调用。从这方面来说,COM 提供了一个面向对象的 RPC 机制。

11.2.4　在应用间共享连接管理

大多数应用级别的协议，需要某种从头到尾的管理。

当客户机出现了严重的硬件故障或者客户和组件之间的网络连接中断已经超过一定时间时，应该及时通知组件。解决这一问题的一个普遍的方法是隔一段时间（pinging）发送保持活跃（keep-alive）消息。如果服务器在一定的时间间隔内没有收到一条 ping 消息，它就断定客户进程"死掉了"。

DCOM 对每台机器使用一个 keep-alive 消息。即使一台客户机使用了某一台服务器上的 100 个组件，仅仅只要一条 ping 消息就能使所有这些客户连接保持活跃状态。为了将所有的 ping 消息组合起来，DCOM 使用 delta pinging 机制将这些 ping 消息的数量最小化。对于这 100 个连接，它并不是发送 100 个客户的标识符，而是创造了一个可变标识符来重复代表这 100 个引用。当引用集改变时，仅仅只是两套引用的相交部分被互相交换。最终，DCOM 将所有 ping 消息转化为正常消息。对于服务器来说，当某台客户机完全是空闲的时候，它才定时发送 ping 消息（每隔 2min 一次）。

COM 允许多个应用（甚至来自不同的卖主）共享一个简单而且优化的生命周期管理和网络错误检测协议，这样可以显著地减少带宽。如果在一台服务器上运行使用 100 个不同的传统协议的 100 个不同的应用时，对于每一个客户连接上的每一个应用来说，服务器都要接收一条 ping 消息。只有这些协议在它们的 pinging 策略上相互合作时，整个网络的开销才有可能减少，而任意的基于 DCOM 的协议中都自动地提供了这种协作。

1. 优化网络的来回旋程

设计分布式应用的一个普遍问题是减少不同机器上组件之间在网络上过度地来回绕圈数。在 Internet 上，每一次网络绕圈都会引入 1s 甚至更多的延迟。在速度快的局域网上，旋程时间是以微秒来计算的，它超过了本地操作所需时间的量级。减少网络绕圈数的一个普遍方法是将多个方法调用捆绑起来。DCOM 将这种技术扩展使用，用来解决诸如连接一个对象或者创造一个对象查询对象的机能的任务中。这种技术对于一般组件的不足之处是，它在本地与远程情况下的编程模型差别很大。

例 1：一个数据库组件提供了一个能够分行或多行显示结果的方法。在本地情况下，开发者只需使用这个方法将结果一列一列地加入列表框即可。而在远程情况下，每列出一行就会引起一定的网络旋程。使用批量方式的方法需要开发者分配一个能容纳查询出的所有列的缓冲器，然后再一次调用将其取回并将其一列一列地加入到列表框中。因为编程模型变化很大，开发者需要对设计做大的改动，以便应用能够在分布式环境中有效地工作。

DCOM 使得组件开发者无须客户端就能轻易地执行批量技术，也能使用批量形式的 API。DCOM 的 marshling 机制使得组件可以将代码加到客户端，这称为代理对象，它可以拦截多个方法调用并将其捆绑到一个远程调用中。

例 2：因为应用系统的逻辑结构需要（列表框 API 的要求），上面例子的开发者仍然需要一个一个地列举的方法。然而，为了列举查询结果的第一次调用应用特殊的代理对象，它取得了所有列（或者一批列）并将其缓存到代理对象中。后来的调用就直接从这个缓存中发出，避免了网络旋程。开发者仍然使用一个简单的编程模型，而整个应用却得到了优化。

DCOM 同样允许从一个组件到另一个组件的有效指引。如果一个组件保存了到另一台机器上的一个组件的索引，它就可以将其传递给在第三方机器上运行的一个客户进程（假设此客户进程正在使用另一台机器上运行的另一个组件),客户进程使用此索引就可以直接和第二个组件通信。DCOM缩短了这种索引,并且使得第一个组件和机器可以完全从这个过程中脱离出来,这使得能够提供索引的传统目录服务适用于远程组件的范围。

例3:一个棋类应用系统能够使正在等待对手的用户将自己登录到一个棋类目录服务中,其他的用户可以浏览并查询正在等待对手的用户的列表。当一个用户选择了自己的对手后,棋类目录服务系统将对手的客户组件索引返回给该用户。DCOM自动连接两个用户,目录服务系统无须涉及任何其他的事务处理过程。

例4:一个"经纪人"组件监控运行着同一个组件的20台服务器,它监测服务器的负载量和服务器的加入与删除情况。当一个客户需要使用该组件时,它连接到"经纪人"组件,此组件返回负载最轻的服务器上的一个组件的索引。DCOM自动连接客户和服务器,此时"经纪人"组件和以后的过程就无关了。

如果有需要,DCOM甚至允许将组件插入任意一个传统的协议中,这个协议可以使用不在DCOM范围内的方法。组件可以使用传统的配置方法将任意的代理对象放到客户进程中,此进程能够使用任何协议将信息传回组件。

例5:一个服务器端组件可以使用一个ODBC连接和一个SQL Server数据库通信。当客户取得对象后,客户机直接和SQL Server数据库(使用ODBC)通信,并且,服务器和SQL Server数据库通信更有效。在DCOM的传统配置情况下,数据库组件能够将自己复制到客户机上,并将自己和SQL Server相连接,此时客户并没有意识到自己已经不再与服务器上的数据库组件相连了,而是和该组件的一个本地副本连接。

例6:一个商业系统需要两种通信机制,一种是从客户端到中央系统的一条安全且经过鉴定的通道,它用来发出和撤销命令;另一种是一条分布式通道,它用来将命令信息同时发送给连接在系统上的客户。使用DCOM的安全且同步的连接方式可以简单、有效地操作客户机和服务器之间的通道,同时广播通道需要一种更为尖端的机制,它使用多点广播技术以便容纳大量的侦听者。DCOM允许将传统的协议(可靠的广播协议)无缝地插入到应用系统的体系结构中,一个数据接收端组件能够将此协议封装起来,并使其对客户和服务器完全透明。当用户数量少、安装量小时,使用标准的DCOM点到点协议就足够了;而对于有很多用户的站点来说,则需要使用高级的广播协议。DCOM会提供一个标准的多通道广播传输协议,它能够无缝地移植到应用系统中。

2. 安全性

使用网络将应用系统分布化是一个挑战,这不仅是因为带宽的物理限制以及一些潜在的问题,而且也由于它会产生一些关系到客户间、组件间以及客户和组件之间的安全问题。因为现在的许多操作可以被网络中的任何一个人访问,所以,对这些操作的访问应该限制在一个高级别上。

如果分布式开发平台没有提供安全支持,那么每一个分布式应用就必须完成自己的安全机制。一种典型的方法是用某种登录的方法要求用户通过用户名及密码的检测,这些一般来说都是被加密了的。应用系统将通过用户数据库或者有关目录来确认以上用户身份,并返回动态的标识符以便用户以后用来进行方法调用。以后每次涉及调用有安全检查的方法时,用户都需要通过这种安全认证。每个应用系统都要存储和管理许多用户名和密码,以防止用户进行未授权的访问、管理密码的改动以及处理在网络上传递密码所带来的危险。因此,分布式平台必须提供一个安全性框架来确切地区分不同的用户或者不同组的用户,以便系统或应用有办法知道谁将对某组件进行操作。DCOM 用了 Windows NT 提供的扩展的安全框架。

Windows NT 提供了一套稳固的内建式安全模块，它用来提供从传统的信用领域的安全模式到非集中管理模式的复杂身份确认和鉴定机制，极大地扩展了公钥式安全机制。安全性框架的中心部分是一个用户目录，它存储着用来确认用户凭据（用户名、密码、公钥）的必要信息。大多数并非基于 Windows NT 平台的系统提供了相似或相同的扩展机制，用户可以使用这种机制而不用管此平台上用的是哪种安全模块。大多数 DCOM 的 UNIX 版本提供了和 Windows NT 平台兼容的安全模块。

11.2.5　DCOM 的安全性设置

DCOM 无须在客户端和组件上进行任何专门为安全性而做的编码和设计工作，就可以为分布式应用系统提供安全性保障。就像 DCOM 编程模型屏蔽了组件的位置一样，它也屏蔽了组件的安全性需求。在无须考虑安全性的单机环境下工作的二进制代码能够在分布式环境下以一种安全的方式工作。DCOM 通过让开发者与管理员为每个组件设置安全性环境而使安全性透明。就像 Windows NT 允许管理员为文件和目录设置访问控制列表一样，DCOM 将组件的访问控制列表存储起来，这些列表清楚地指出了哪些用户或用户组有权访问某一类组件。使用 DCOM 的设置工具，或者在编程中使用 Windows NT 的 registry，以及 Win32 的安全函数可以很简单地设置这些列表。

只要一个客户进程调用一个方法或者创建某个组件的实例，DCOM 就可以获得使用当前进程（实际上是当前正在执行的线程）的用户的当前用户名。Windows NT 确保这个用户的凭据是可靠的，然后组件上的 DCOM 用自己设置的鉴定机制再一次检查用户名，并在访问控制列表中查找组件（实际上是查找包含此组件的进程中运行的第一个组件）。如果此列表中不包括此用户（既不是直接在此列表中又不是某用户组的一员），DCOM 就在组件被激活前拒绝此次调用。这种安全性机制对用户和组件都完全是透明的，而且是高度优化的。它基于 Windows NT 的安全框架，而此框架是 Windows NT 操作系统中最经常被使用的部分，对每一个文件或者诸如一个事件或信号的同步线程的访问都需要经过相同的访问检查。Windows NT 能够与同类的操作系统以及网络操作系统竞争并超过它们的事实可以显示出这种安全性机制是多么有效。DCOM 提供了一个非常有效的、默认的安全性机制，它使开发人员能够在无须担心任何安全性问题的情况下开发出安全的分布式应用。

1. 对安全性的编程控制

对某些应用系统来说，仅仅是组件级的访问控制列表是不够的，因为一个组件中的某些方法只能被特定的用户访问。

例 7：一个商务结算组件可以有一个方法用来登录新事务，另一个方法用来获得已经存在的事务。只有财务组（Accounting 用户组）的成员才能够添加新事务，同时只有高级管理人员（Upper Management 用户组）才能查看事务。

正如上一部分所说，应用系统能够通过管理自己的用户数据库以及安全凭据来达到本身的安全。然而，在一个标准的安全框架下工作将会给最终用户带来更多的好处。在没有一个统一的安全性框架时，用户需要为他们所使用的每一个应用记住和管理相应的登录凭据，开发者为每一个组件考虑到安全性问题。

DCOM 通过加入 Windows NT 提供的非常灵活的安全性标准将安全性用户化的要求简化为对某些特定组件和应用的需求。使用 DCOM 安全性标准的应用达到上面例子所要求的安全性,当一个方法调用来到时,组件要求 DCOM 提供客户的身份。然后根据其身份,被调用线程仅仅执行允许该客户执行的安全对象中的某些操作。接着组件试着访问诸如登录字之类的安全对象,这些对象中有一个访问控制列表——ACL,如果访问失败,说明客户不在 ACL 中,组件就拒绝方法调用。根据所调用方法的不同选择不同的登录字,组件能够用一种非常简单却灵活有效的方式提供有选择的安全性。

组件也能够很轻易地得到客户的用户名,并且利用它在自己数据库中查找有关的许可和策略。这一策略使用了 Windows NT 的安全性框架(密码/公钥、传输线上加过密的密码等)所提供的鉴定机制。应用系统无须为存储密码和其他有关的敏感信息担心。新版本的 Windows NT 将提供一个扩展的目录服务,它允许应用系统将用户信息存储到 Windows NT 的用户数据库中。DCOM 的做法更为灵活,组件能够要求不同级别的加密以及不同级别的鉴定,同时可以在自己进行身份认证时阻止组件使用自己的凭据。

2. Internet 上的安全性

设计在 Internet 上工作的应用系统需要面对两个主要问题:即使是在最大的公司,在 Internet 上用户的数量都会比原来提高好几个数量级;最终用户希望对他们所使用的所有应用有相同的公钥或密码,即使这些应用是由不同的公司所提供的,提供服务的公司能在应用系统或安全性框架中存储用户的私人密码。

DCOM 灵活的安全性结构怎样帮助应用来解决这些问题呢? 对于这些问题,DCOM 使用了 Windows NT 的安全框架(参看安全性部分)。Windows NT 的安全性体系结构提供了多个安全性模块,其中包括以下安全性模块。

(1) Windows NT NTLM 鉴别协议:它在 Windows NT 4.0 和以前版本的 Windows NT 中使用。

(2) Kerberos Version 5 鉴别协议:它在处理 Windows NT 4.0 中以及 Windows NT 间的访问时代替 NTLM 成为最主要的安全性协议。

(3) 分布式密码鉴定(DPA):诸如 MSN 和 CompuServe 这些最大的 Internet 成员组织中的某些公司所使用的共享的密码鉴别协议。

(4) 安全性通道服务:它用来完成 Windows NT 4.0 中的 SSL/PCT 协议。

下一版本的 Windows NT 将加强对支持 SSL 3.0 客户鉴定系统的公钥协议的支持。这些模块都是在标准 Internet 协议上工作的,各有其优缺点。NTLM 安全性模块以及在 Windows NT 5.0 中替代它的基于 Kerberos 的模块都是私人密钥基础协议。它们在集中式管理环境以及使用相互或者单方面信任关系的基于 Windows NT 服务器的局域网中是非常有效、安全的。对于大多数 UNIX 系统来说,都可以使用 NTLM 进行商业实现(例如 AT&-T 的 UNIX 系统的高级服务器(Advanced Server for UNIX Systems))。

使用 Windows NT 4.0 的目录服务,可以很好地扩展到大约 10 万个用户。使用 Windows NT 5.0 的扩展目录服务,一个 Windows NT 域控制器可以扩展到大约一亿个用户。通过将多个域控制器结合到 Windows NT 5.0 的目录树中,在一个域中所能支持的用户实际上是无限的。

因为有如此多的互不相同的基本安全性提供模块(私人密钥、公共密钥)被使用,基于 DCOM 的分布式应用系统无须对其进行任何改动就能完成甚至更为先进、对安全性敏感的应用。Windows NT 的安全性框架无须牺牲灵活性和执行性能就能很容易地扩展应用并保证应用的安全性。

3. 负载平衡

一个分布式应用系统越成功,由于用户数量的增长而给应用系统中的所有组件带来的负载就越高。一个经常出现的情况是,即使是最快的硬件的计算能力也无法满足用户的需求。这一问题的一个无法避免的解决方案是将负载分布到多个服务器中。在"可扩展性"部分简要地提到了 DCOM 怎样促进负载平衡的几种不同的技术,即并行配置、分离关键组件和连续进程的 pipelining 技术。

负载平衡是一个经常被使用的名词,它描述了一整套相关技术。DCOM 并没有透明地提供各种意义上的负载平衡,但是它使得完成各种方式的负载平衡变得容易起来。

1) 静态负载平衡

解决负载平衡的一个方法是,不断地将某些用户分配到运行同一应用的某些服务器上。因为这种分配不随网络状况以及其他因素的变化而变化,所以被称为静态负载平衡。

基于 DCOM 的应用可以很容易地通过改变登记入口将其配置到某些特定的服务器上运行。顾客登记工具可以使用 Win32 的远程登记函数来改变每一个客户的设置。在 Windows NT 5.0 中,DCOM 可以使用扩展的目录服务来完成对分布类的存储,这使得将这些配置改变集中化成为可能。

在 Windows NT 4.0 中,应用系统可以使用一些简单的技术达到同样的效果。一个基本的方法是将服务器的名字存到诸如数据库与一个小文件这样的众所周知的集中环境中。当组件想要和服务器连接时,它就能很轻易地获得服务器的名字。对数据库或文件内容的改动也就同时改变了所有用户以及有关的用户组。

一个灵活得多的方法使用了一个精致复杂的指示组件,这个组件驻留在一台为大家所共知的服务器中。客户组件首先和此组件连接,请求一个指向它所需服务的索引。指示组件能够使用 DCOM 的安全性机制对发出请求的用户进行确认,并根据发出请求者的身份选择服务器。指示组件并不直接返回服务器名,它实际上建立了一个到服务器的连接并将此连接直接传递给客户。然后 DCOM 透明地将服务器和客户连接起来,这时指示组件的工作就完成了。另外,还可以通过在指示组件上建立一个顾客类代理之类的东西将以上机制对客户完全屏蔽起来。

当用户需求增加时,管理员可以通过改变组件为不同的用户透明地选择不同的服务器。此时,客户组件没有做任何改动,而应用可以从一个非集中式管理的模式变为一个集中式管理的模式。DCOM 的位置独立性以及它对有效指示的支持使得这种设计的灵活性成为可能。

2) 动态负载平衡

静态负载平衡方法是解决不断增长的用户需求的一个好方法,但它需要管理员的介入,并且只有在负载可预测时才能很好地工作。

指示组件的思想能够提供更加巧妙的负载平衡方法。指示组件不仅可以基于用户 ID 来选择服务器,它还可以利用有关服务器负载、客户与可用服务器之间的网络拓扑结构以及某个给定用户过去需求量的统计数字来选择服务器。当一个客户连接一个组件时,指示组件将其分配给当时最合适的可用服务器。当然,从客户的观点来看,这一切都是透明发生的,这种方法称为动态负载平衡法。

对于某些应用来说,连接时的动态负载平衡法可能仍然是不充分的,客户不能被长时间中断,或者用户之间的负载分布不均衡。DCOM 本身并没有提供对这种动态重连接以及动态的方法分布化的支持,因为这样做需要对客户进程和组件之间相互作用的情况非常熟悉,此时,组件在方法激活过程中保留了一些客户的特殊的状态信息。如果此时 DCOM 突然将客户和在另一台机器上的另一个不同的组件连接,那么这些信息将丢失。

然而,DCOM 使得应用系统的设计者能够很容易地将这种逻辑结构清楚地引入到客户和组件之间的协议中。客户和组件能够使用特殊的界面来决定什么时候一个连接可以被安全地经过再寻径接到另一台服务器上且不丢失任何重要的状态信息。从这一点来看,无论是客户还是组件都可以在下一个方法激活前初始化一个到另一台机器上的另一个组件的再连接。DCOM 提供了用来完成这些附加的、面向特殊应用协议的、所有丰富的协议扩展机制。

DCOM 结构也允许将面向特殊组件的代码放到客户进程中,无论什么时候客户进程要激活一个方法,由真实组件所提供的代理组件在客户进程中截取这一调用,并将其再寻径到另一台服务器上。而客户根本无须了解这一过程,DCOM 提供了灵活的机制来透明地建立这些分布式组件。

有了以上独特的特性,DCOM 使得开发用来处理负载平衡和动态方法寻径的一般底层结构成为可能。这种底层结构能够定义一套标准界面,可以用来在客户进程和组件之间传递状态信息的出现和消失情况。一旦组件位于客户端的部分发现状态信息消失,它就能动态地将客户重连接到另一台服务器上。

例如,微软的事务服务器(以前称为 Viper)使用这一机制来扩展 DCOM 编程模型,通过一套简单的标准状态信息管理界面,事务服务器能够获得必要的信息来提供高级别的负载平衡。在这种新的编程模型中,客户和组件之间的相互作用被捆绑到事务中,它能够指出什么时候一系列的方法调用所涉及的组件的状态信息都是清楚的。

DCOM 提供了一个用来完成动态负载平衡的强大的底层结构。简单的指示组件在连接时可以用来透明地完成动态的服务器分配工作。用来将单一的方法调用,再寻径到不同的服务器的更尖端的机制也能够轻易地完成,但是它需要对客户进程和组件之间的相互作用过程有更为深入的了解。微软的完全基于 DCOM 建立的事务服务器(Viper)提供了一个标准的编程模型,用来向事务服务器的底层结构传递面向这一附加的特殊应用的有关细节问题,它可以用来执行非常高级的静态和动态的重配置与负载平衡。

4. 容错性

容错性对于需要高可靠性的面向关键任务的应用系统来说是非常重要的。对于错误的恢复能力通常是通过一定量的硬件、操作系统以及应用系统的软件机制来实现的。DCOM 在协议级提供了对容错性的一般支持。前面的应用系统间的共享式连接管理部分所描述的一种高级 pinging 机制能够发现网络以及客户端的硬件错误。如果网络能够在要求的时间间隔内恢复,DCOM 就能自动地重新建立连接。DCOM 使实现容错性变得容易,一种技术就是前面所说的指示组件的技术。

当客户进程发现一个组件出错时,它重新连接到建立第一个连接的那个指示组件。指示组件内有哪些服务器不再有效的消息,并能提供在另一台机器上运行的这一组件的一个新的实例。当然,在这种情况下应用系统仍然需要在高级别上(一致性以及消息丢失问题等)处理错误的恢复问题。因为 DCOM 可以将一个组件分别放到服务器方和客户方,所以可以对用户完全透明地实现组件的连接和重连接以及一致性问题。

例 8:微软的事务服务器(Viper)提供了一个在应用级处理一致性问题的一般性机制。将多个方法调用组合到一个原子事务中就能够保证一致性,并使应用能够很容易地避免信息的丢失。另一技术经常称为热备份。同一服务器组件的两个副本并行地在不同的机器上运行,它们处理相同的信息,客户进程能够明确地同时连接这两台机器。DCOM 的分布式组件通过将处理容错性的服务代码放到客户端,使得以上过程对用户应用完全透明。另一种方法是使用另一台机器上运行的一个协作组件,由它代表客户将客户请求发送给那两个服务器组件,当错误发生时试图将一个服务器组件转移到另一台机器上,经事实证明是失败的。Windows NT 组的最初版本使用了这一方法,当然,它可以在应用级完成。DCOM 的分布式组件使得完成这一机能更容易,并且它对用户隐蔽了实现细节。

DCOM 使得完成高级的容错技术变得更为容易。使用 DCOM 提供的部分在客户进程中运行的分布式组件技术能够使解决问题的细节对用户透明,开发者无须改动客户组件,甚至客户机进行重新配置就能够增强分布式应用系统的容错性。

11.3 COBRA 分布构件框架

本节首先简单介绍对象管理组织 OMG 及其制订的主要规范,然后详细讲解对象管理体系结构 OMA 参考模型和对象请求代理 ORB 的体系结构,并对 CORBA 的指导思想、基本概念和工作原理、主要特点进行了介绍。

11.3.1 COBRA 的基本原理

对象管理组织(Object Management Group,OMG)负责制订与发布 CORBA 规范。由 OMG 发布的对象管理体系结构(Object Management Architecture,OMA)是包括 CORBA 规范在内的所有 OMG 规范的概念模型基础。

1. 对象管理组织

对象管理组织是一个成立于 1989 年的非盈利性联盟,其目标是促进在分布式系统开发中面向对象技术的理论与实践的发展。该组织现有成员 800 多个,包括信息系统产品供应商、软件开发商以及最终用户。OMG 负责制订并维护一套规范,以支持分布式、异类(heterogeneous)环境的软件开发项目,覆盖了从分析、设计到编码、部署、运行和管理的整个软件开发过程。这些规范是一种工业或行业的标准,并不是由 ISO、ANSI 或 IEEE 接纳并发布的正式标准。

OMG 已发布的规范主要是统一建模语言(Unified Modeling Language,UML)和公共对象请求代理体系结构 CORBA(Common Object Request Broker Architecture)。遵循 OMG 规范可开发出具有标准面向对象接口的、可互操作的、可重用的、可移植的软件组件。

UML 是关于面向对象分析与设计阶段的表示技术的规范,其底层支持为元对象设施 MOF(Meta-Object Facility)、XML 元数据交换 XMI(XML Metadata Interchange)和公共库元模型 CWM(Common Warehouse Metamodel),这些基础设施规定了在不同设计工具之间交换 UML 设计模型的标准。由美国瑞理公司开发的 Rational Rose 是当前比较流行的 UML 软件工具。

CORBA 是 OMG 最具影响力的规范集,它保证了应用程序的可互操作性以及对于硬件平台、操作系统、编程语言、网络与通信协议的无关性。CORBA 规范中包含一系列单独的规范,例如 OMG 接口定义语言 IDL、网络通信协议 GIOP 和 IIOP、可移植对象适配器 POA、CORBA 组件模型 CCM 等。

2. 对象管理体系结构

CORBA 所基于的概念框架是对象管理体系结构 OMA,因此,大家在学习与使用 CORBA 之前应对 OMA 有所认识。OMA 描述了一个较高抽象层次的分布式计算环境。

由 OMG 发布的 Object Management Architecture Guide 是关于 OMA 的正式规范,该规范描述了 OMG 的技术目标与相关术语,并为所有的 CORBA 规范提供了概念性的基础设施。该规范的核心内容是对象模型与参考模型,其中,对象模型定义了对象外部可见特征的、独立于具体实现的语义,参考模型则标识与刻画了组成 OMA 的组件、接口与协议。

OMA 体系结构的核心组件是对象请求代理 ORB(Object Request Broker),它支持客户程序与对象实现在一个分布式环境中通信。ORB 仅提供了最基础的通信枢纽,在开发不同的实际应用程序时,对象还有许多共性可以提取与重用,OMG 将对象的这些共性依其基本性分别标准化为对象服务、公共设施与领域接口,应用程序中的对象接口则因其差异性较大而无法标准化。

OMA 体系结构中的 ORB 组件与其他 4 类对象接口之间的关系如图 11-4 所示。对象服务是基于分布式对象的所有应用程序都可能用到的通用服务的接口,公共设施是可用于大多数应用领域的面向终端用户的工具接口。对象服务与公共设施的主要区别在于对象服务比公共设施更加基本。领域接口是与具体领域有关的接口,应用接口则是与应用领域有关的非标准化接口。

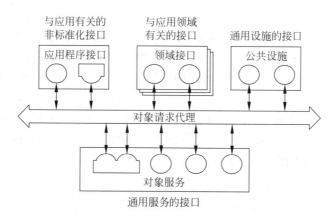

图 11-4 OMA 参考模型

从软件体系结构的角度看,OMA 的各个组件形成一种层次设计风格,位于最上层的是应用程序接口,往下依次为领域接口、公共设施和对象服务,最底层是对象请求代理组件。上层组件可跨层调用底层的组件,例如在应用程序中可直接调用公共设施和对象服务提供的功能。

3. 对象请求代理

对象请求代理是 OMA 参考模型的核心,它提供了分布式对象之间透明地发送请求或接收响应的基本机制,独立于实现对象的特定平台与技术。客户程序无须知道如何与对象通信、如何激活对象、对象如何实现、如何查找对象等。ORB 是基于分布式对象构建应用程序的基础,并保证了在异类网络中对象的可移植性与可互操作性。

OMG 的接口定义语言(Interface Definition Language,IDL)为定义 CORBA 对象的接口提供了一种统一标准,用 IDL 定义的对象接口是对象实现与客户程序之间的合约。IDL 是一种强类型的说明性语言,独立于任何程序设计语言。IDL 到程序设计语言的映射支持开发者选择自己的程序设计语言来实现对象和发送请求。

OMG 发布的 CORBA(Common Object Request Broker Architecture and Specification)是关于 ORB 体系结构的规范,定义了 ORB 组件的程序设计接口。OMG 发布的 CORBA Languages 是一系列独立的语言映射规范,包括 Java、C++、Smalltalk、Ada、C、COBOL 等语言。

4. 对象服务

对象服务是一些通用的服务,这些服务要么是利用分布式对象开发基于 CORBA 的应用程序的基础,要么为应用程序的可互操作性提供与具体应用领域无关的基础。对象服务是分布式应用程序的基本组成构件,开发者可以用不同方式组合对象,让它们在应用程序中发挥不同的作用。对象服务可用于构造具有可互操作性的高层设施和应用程序的对象框架。

对象服务的本质是将覆盖对象整个生命周期的对象管理任务标准化,例如对象服务提供的功能包括了创建对象、对象访问控制、查找对象、维持对象间关系等。这种标准化可导致不同应用程序的一致性,并提高软件开发者的生产率。

OMG 的对象服务统称 CORBA Services,OMG 发布的 CORBA Services(Common Object Services Specifications,COSS)是关于对象服务的一组规范,其中包括对象命名、事件、生命周期、持久对象、事务、并发控制、关系、外表化、许可机制、查询、属性、安全性、时间、对象收集、交易对象等服务的规范。

5. 公共设施

公共设施是可用于大多数应用领域的、面向终端用户的设施,包括分布式文档设施、打印设施、数据库设施、电子邮件设施等。公共设施提供的一系列通用的应用程序功能可配置为特定的应用需求,公共设施的标准化使得通用操作具有统一性,并且终端用户可方便地选择自己的配置。

OMG 的公共设施统称 CORBA Facilities,OMG 发布的 CORBA Facilities(Common Facilities Architectures)是描述公共设施体系结构的规范。与对象服务规范一样,公共设施规范包括了一系列用 OMG IDL 表达的接口定义。

6. 领域接口

领域接口是与应用领域有关的接口,例如金融、医疗、制造业、电信、电子商务、运输等应用领域。图 11-4 中的领域接口表示为一组领域的接口,暗示了开发者可按照不同的应用领域来组织领域接口。

OMG 正是按不同应用领域组织与发布一系列领域接口规范,例如,OMG 已发布了制造、医疗、金融、电信等行业的规范集 CORBA Manufac Turing、CORBA Med、CORBA Finance、CORBA Telecoms 等。OMG 正在进一步完善并将陆续推出新的领域接口规范。

7. 应用程序接口

应用程序对象为终端用户执行特定的任务,它不是 OMG 标准化的内容,而是构成整个 OMA 参考模型的最上层元素。一个典型的应用程序由大量基本的对象类构建而成,其中部分对象与具体应用有关,部分对象则来自领域接口、公共设施与对象服务。应用程序对象可通过继承机制重用现有的对象。

应用程序只需支持或使用与 OMG 一致的接口即可加入到 OMA 中,这些程序本身未必要用面向对象风格来实现。对象服务与应用程序接口展示了现有的非面向对象软件可以嵌入在一些对象包装器中,从而融入 OMA 体系结构。

11.3.2　CORBA 的体系结构

CORBA 建立在 OMG 的对象模型基础之上,主要有 3 个部分,即接口定义语言 IDL、对象请求代理 ORB 和标准通信协议 IIOP。

1. OMG 的对象模型

OMG 在 Object Management Architecture Guide 中定义的对象模型描述了对象外部特征的标准语义,其中,对象、类型、操作、属性、对象实现等语义与 Java、C++、Eiffel 等面向对象程序设计语言十分相近。在该模型中,客户程序通过一个由 IDL(Interface Description Language)书写的接口向服务对象提出服务请求。

请求是一个在特定时刻发生的事件,它携带的信息包括操作、提供服务的目标对象引用、零个或多个实际参数以及一个可选的请求上下文(Request Context)等。对象引用是可以有效地指称一个对象的对象名字。请求上下文提供了可能影响请求执行的额外信息,这些信息通常与操作有关。请求表(Rrequest Form)用于发送请求,可多次求值与执行。请求表由 IDL 与特定语言的绑定来定义,另一种形式的请求表通过调用动态调用接口 DII 创建一个调用结构,向调用结构中添加参数后可发出调用。

在 OMG 的对象模型中,对象可以被创建或撤销。但从客户程序的角度来看,并没有什么特别的机制用于创建或撤销对象,对象的创建与撤销只是发出请求的结果。客户程序通过对象引用指称新创建的对象。

2. 对象请求代理的结构

对象请求代理(Object Request Broker,ORB)是 OMA 的核心基础设施,CORBA 规范规定了 ORB 的标准体系结构。ORB 负责完成查找请求的对象实现、让对象实现准备好接收请求、传递构成请求的数据等任务所需的全部机制。客户程序所看到的对象接口完全独立于对象所处的位置、实现对象的程序设计语言以及对象接口中未反映的其他特性。

为调用远程对象实现的一个实例,客户程序必须首先获取一个对象引用(以后我们将知道有多种方式可获取对象引用)。客户程序发出远程调用的方式与本地调用相似,只不过调用的是远程对象实例的对象引用。ORB 检查对象引用,如果发现目标对象是远程的,则将参数打包并通过网络传递给远程对象所在的 ORB。

ORB 提供的最基本的功能是从客户程序向对象实现传递请求。在逻辑上,ORB 可理解为一个由 ORB 接口定义的服务集合,但在物理上 ORB 通常不必实现为一个单独的组件(例如进程或程序库)。ORB 内核(ORB Core)是 ORB 最关键的部分,负责请求的通信设施,每一个 ORB 产品供应商都有一个自己特有的 ORB 内核。图 11-5 展示了 ORB 体系结构的主要组成部分以及它们之间的关系。

图 11-6 展示了客户程序与对象实现如何有效地组织和利用对象接口与对象实现的有关信息。

从图 11-5 和图 11-6 中不难看到 ORB 与 Java RMI 的相似性,其中,客户程序桩和对象实现框架与 RMI 中的作用相同。但 ORB 的体系结构显然比 RMI 更复杂,因为它不仅提供了动态调用的方式,还支持用不同的程序设计语言实现对象。通过比较 RMI 与 ORB,我们更容易掌握 ORB 的特性。

3. 对象的接口定义

客户程序是想要执行对象上的操作的实体,对象实现则是真正实现该对象的代码与数据。

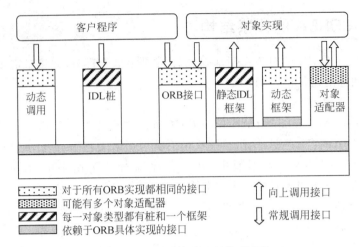

图 11-5　对象请求代理的体系结构

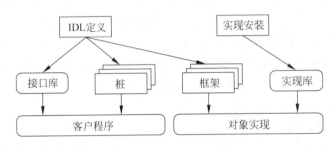

图 11-6　接口库与实现库

客户程序与对象实现之间的界面是对象的接口定义。

对象接口采用接口定义语言(Interface Definition Language,IDL)定义,IDL 根据可执行的操作以及操作的参数来定义对象的类型,并可映射到特定的编程语言或对象系统。为了能在运行时充分利用对象接口定义的有关信息,还可将对象接口定义添加到接口库(Interface Repository)服务中(见图 11-6),该服务将接口组件表示为对象,允许运行时动态访问这些组件。IDL 与接口库具有同等的表达能力。

客户程序只能通过对象的接口定义掌握对象的逻辑结构,并通过发送请求来影响对象的行为与状态。客户程序不必了解对象实现的具体方式,也不必知道该对象实现采用哪个对象适配器以及需要用哪个 ORB 访问该对象实现。CORBA 通过对象接口进一步延伸了传统程序设计语言的封装与信息隐藏概念。

对象实现可以用多种方式实现,例如独立的服务程序、程序库、每个方法的程序代码、被封装的应用程序、面向对象数据库等。通过使用附加的对象适配器,ORB 实际上可支持所有风格的对象实现。通常,对象实现不依赖于 ORB 或客户程序调用对象的方式,如果对象实现需要使用依赖于 ORB 的服务,则需要通过选择合适的对象适配器获得服务的接口。对象实现信息在安装时提供,并被存储在实现库(Implementation Repository)中,供传送请求时使用。

4. 客户程序发送请求

客户程序通过发送请求去调用由对象实现提供的服务。客户程序可通过静态调用或动态调用方式将请求发送给 ORB 内核,然后由 ORB 内核将请求转发给对象实现。静态调用方式借助于客户程序桩完成,动态调用方式则使用动态调用接口(Dynamic Invocation Interface,

DII)完成。从发送请求的功能上看,这两种调用方式具有完全相同的能力(即两者的调用语义相同),但对象实现并不知道请求从客户端是如何发出的。

通常,ORB 产品会提供一个 IDL 编译器,在编译 IDL 文件时会创建客户程序桩与对象实现框架(见图 11-6)。如果 IDL 文件进行了修改,则必须重新用 IDL 编译器创建新的桩与框架。由于桩与框架在编译时创建并且在运行时不再改变,因而这些接口相对于动态调用接口又称为静态调用接口(Static Invocation Interface,SII)。静态调用方式与 Java RMI 类似。IDL 桩负责客户程序的实现语言与 ORB 内核之间的映射,因而只要 ORB 支持某种语言的映射,客户程序就可以选择该语言作为实现语言。使用 SII 的客户程序,开发者必须在程序编译之前就知道操作的名字和所有参数与返回值的类型,实际的操作名字、参数值和返回值编写在应用程序的源代码中。

SII 是一种最简单的调用机制,所有使用 SII 的应用程序也可用 DII 实现,但使用 DII 的应用程序未必可用 SII 实现。选择这两种调用方式的基本原则是,如果应用程序可以用 SII 实现,那么就应使用 SII,这是因为 DII 需要更多的编码(实际上要由程序员自己完成桩的所有任务)并且运行效率更低,编译器无法帮助检查类型和优化代码。

DII 允许客户程序调用在编译客户程序时尚未确定对象接口的对象实现。客户程序在使用 DII 时必须生成一个请求,其中包括对象引用、操作以及参数表。DII 的这种动态特性使得它在某些应用场合更优于 SII,例如编写 CORBA 服务的浏览器、应用程序浏览器、转换协议的桥接、访问大量不同接口、应用程序的监控、通用对象测试程序,等等。在使用 DII 的应用程序访问对象实现提供的服务时,不必包含由 IDL 编译器生成的桩,只需在运行时访问 ANY 对象。当然,使用 DII 会比 SII 更麻烦,程序员必须用 DII 接口指定操作和每个参数的类型与值,并且由程序员自己利用 CORBA 定义的类型码(TypeCode)做类型检查。DII 类似于 Java 语言的自省(Introspection)机制。

DII 还提供了一种延迟同步调用,使得客户程序提交请求后不必等候答复。延迟同步调用与单向(One-Way)操作相似,但延迟同步调用支持返回值和输出型参数(这时必须进行轮询)。CORBA 3.0 将通过异步消息服务(Asynchronous Messaging Service)同时支持静态的和动态的延迟同步调用。

5. 对象实现接收请求

ORB 将请求分派给对象实现也有两种方式:静态方式通过由 IDL 生成的框架完成,动态方式使用动态框架接口(Dynamic Skeleton Interface,DSI)完成。ORB 通过 IDL 框架或 DSI 查找合适的实现代码、传送参数,并将控制传给对象实现,对象实现执行请求时可通过对象适配器(Object Adapter,OA)获取 ORB 的某些服务,请求完成后控制将结果返回给客户程序。

对象实现与 ORB 内核之间的通信由对象适配器完成,对象适配器负责对象引用的生成与解释、方法调用、交互的安全性、对象实现的激活与冻结、将对象引用映射到相应的对象实现、对象实现的注册等。为满足特定系统的需要,供应商会提供不同的专用对象适配器。对象实现可选择使用哪种对象适配器,这取决于对象实现所需的服务。

ORB 屏蔽了客户端发送请求与服务端接收请求的不同方式。从客户程序的角度来看,使用 DSI 的对象实现与使用 IDL 框架的对象实现行为相同,客户程序不必提供特别的处理与使用 DSI 的对象实现通信。对象实现框架的存在并不意味着一定要有客户程序桩,客户程序也可通过 DII 发送请求。

虽然 DSI 比较复杂且性能不高,但 DSI 的动态特性使得 DSI 在某些应用场合更优于静态分派请求,例如开发服务端的桥接(协议转换器)、监控应用程序、解释性服务或由脚本驱动的服务等,下面我们还将看到 DSI 在实现对象的可互操作性时发挥的作用。在使用 DSI 的应用程序提供服务时不必包含由 IDL 编译创建的框架,因而这些服务支持更通用的请求,但需要更多的手工编程,并且必须检查类型的安全性。

6. 对象的可互操作性

互操作性(Interoperability)是指在一个系统中用不同工具或不同供应商的产品开发出来的两个组件可以协调工作。当前有许多商品化和免费的 ORB 产品,每一种产品都试图满足它们的操作环境的特定需求,因而产生了不同 ORB 之间可互操作的需要。此外,有些分布式应用系统并不是 CORBA 兼容的,例如 DCE、DCOM 等,这些系统与 CORBA 的可互操作需求也在不断增长。

影响对象之间可互操作性的因素不仅仅是实现方面的差异,还包括安全性方面的严格限制或需要提供正在开发产品的受保护测试环境等原因。为了提供一个完全可互操作的环境,必须将这些差别都考虑进去。

这就是为什么 CORBA 2.0 引入了域(Domain)这一高层概念。域支持开发人员根据自己的实现因素或管理原因将对象划分为不同的集合,不同域的对象之间需要桥接机制才可彼此交互。此外,桥接机制必须足够灵活,既可适用于协议翻译量少但传输性能比较重要的情况(例如位于同一个 ORB 上的两个不同的域),也可适用于性能不太重要但需要访问不同 ORB 的情况。

7. ORB 域和桥接

实现可互操作性的方法通常分为直接桥接和间接桥接两种。在采用直接桥接方式时,需交互的元素直接转换为两个域的内部表示,这种桥接方式具有较快的传输速度,但在分布式计算中缺乏通用性。

在采用间接桥接方式时,需交互的元素在域的内部表示形式与各个域一致认可的另一种表示形式之间相互转换,这种一致认可的中间表示形式要么是一种标准(例如 OMG 的 IIOP),要么是双方的私下协议。如果中间表示是某一运行环境的内部表示(如 TCP/IP),则称为全桥(Full Bridge);如果一个 ORB 运行环境不同于公共协议,则称该 ORB 为半桥(Half Bridge)。

桥接既可在一个 ORB 的内部实现(例如只是连接两个管理领域的边界),也可在更高层次实现。在 ORB 内部实现的桥接称为内连桥(In-Line Bridge),否则称为请求层桥(Request-Level Bridge)。在实现内连桥时,既可要求 ORB 提供某种附加的服务,也可引入额外的桩和框架代码。

请求层桥的工作方式大致为:客户程序的 ORB 将桥与服务程序的 ORB 看作对象实现的一部分,并通过 DSI 向该对象发送请求(注意,DSI 无须在编译时知道对象的规格说明);DSI 与桥协作,将请求转换为服务程序的 ORB 能够理解的形式,并通过服务程序的 ORB 的 DII 调用被转换的结果;如果请求有返回结果,也是通过类似的路径返回。实际上,桥为了完成其功能不得不了解对象的有关信息,因而要么必须访问接口库,要么只能是一个与特定接口有关的桥。

8. GIOP、IIOP 与 ESIOP

为了让桥能正常工作,还有必要制订传输请求的统一标准,规定传输底层的数据表示方法与消息格式,由 OMG 定义的通用 ORB 间协议 GIOP(General Inter-ORB Protocol)负责完成这一功能。GIOP 专门用于满足 ORB 与 ORB 之间交互的需要，并设计成可在任何传输协议的上层工作，只要这些协议满足最小的假设集即可。当然，用不同传输协议实现的 GIOP 版本不必直接兼容，但它们能够交互将更加有效。

除了定义通用的传输语法外，OMG 还规定了如何以 TCP/IP 协议为基础实现 GIOP 协议，这一更具体的标准称为因特网 ORB 间协议 IIOP（Internet Inter-ORB Protocol）。GIOP 与 IIOP 之间的关系就好像 IDL 与 Java、C++ 等具体语言之间的映射关系。由于 TCP/IP 是独立于供应商的最流行的传输协议，IIOP 为 ORB 提供了开放式的（OMG 术语为 out of the box）可互操作性。此外，IIOP 还可作为半桥的中间层，除了提供可互操作性的功能之外，供应商还可用于 ORB 间的消息传递。

IIOP 是 ORB 之间的通信协议，虽然也可用于实现 ORB 内部的消息传递，但并不是 CORBA 的硬性规定。一个 ORB 产品可能支持多种通信协议，但声称与 CORBA 2.0 兼容的 ORB 产品至少必须支持 IIOP。

CORBA 规范还提供了一套特定环境 ORB 间协议 ESIOP（Environment-Specific Inter-ORB Protocol），这些协议可用于特定环境（诸如 DCE、DCOM、无线网络等系统）的可互操作性。与 IIOP 相比，ESIOP 可针对特定环境进行优化。

9. CORBA 对可互操作性的支持

CORBA 的目标是支持多个层次的可互操作性，CORBA 规范经过多次改进与发展才达到这一目标。早期的 CORBA 版本强调不同平台与语言之间的可互操作性，包括 IDL 标准以及 IDL 到程序设计语言的映射。使用同一供应商的 ORB 产品开发的客户程序与服务程序之间可以交互，但使用不同供应商的 ORB 产品开发的客户程序与服务程序未必是可互操作的。

CORBA 2.0 版引入了 GIOP 和 IIOP，从而实现了不同供应商的 ORB 产品之间的可互操作性，所有供应商的 ORB 产品如果和 CORBA 2.0 兼容则彼此之间可互操作。

更完善的可互操作性还应包括不同服务之间是可互操作的，例如，一个 CORBA 对象可通过协议桥接操作一个 DCOM 对象。但 CORBA 的事务服务能否与 Microsoft 的事务服务进行交互，从而为不同系统提供一个无缝的事务？这类在服务层次上的更广义的可互操作性是 CORBA 规范尚未解决的问题之一。

11.3.3 CORBA 规范

OMG 本身不生产任何软件或实现任何规范，它只是将 OMG 成员的信息需求（RFI）与建议需求（RFP）汇集为规范。CORBA 规范是一套开放式的规范，OMG 的成员或非成员公司均可免费实现符合 CORBA 规范的 ORB 产品。

CORBA 这一名词既用于专指关于 ORB 体系结构的规范，也泛指 OMG 基于 OMA 参考模型发布的一系列规范集。由于 OMG 需要不断改进与完善 CORBA 体系结构，因而为 CORBA 规范编制了完整的版本号。仅当对体系结构做重大改变时，OMG 才增加 CORBA 规范的主版本号，所以有时也以主版本号代指 CORBA 的新特征。例如，CORBA 2.0 指 ORB 之间的可互操作性和基于 TCP/IP 协议的 IIOP，而即将正式发布的 CORBA 3.0 则指 CORBA 的组件模型。

为了更好地掌握 CORBA 的改进历程与发展趋势，并理解 ORB 产品供应商对 CORBA 规范各种新特性的支持，有必要了解 CORBA 规范各主要版本的发布时间和主要改进内容。

（1）1991 年 12 月正式发布 CORBA 1.1，定义了接口定义语言 IDL 的标准以及 ORB 的应用程序设计接口(API),使客户程序与对象实现可在 ORB 的具体实现中彼此交互。

(2) 1995 年 7 月正式发布 CORBA 2.0,定义了不同供应商的 ORB 之间的可互操作性。1997 年 9 月修订的 CORBA 2.1 增加了 CORBA 与 Microsoft 的分布式计算模型 COM 的可互操作性。1998 年 2 月修订的 CORBA 2.2 引入可移植对象适配器 POA 取代原有的基本对象适配器 BOA,并增加了 IDL 到 Java 语言的映射标准。OMA 参考模型中的领域接口也是从该版本开始引入的,表明 CORBA 规范已从 ORB 内部运行方式扩展到 CORBA 技术应用。1998 年 12 月修订了 CORBA 2.3,本书采用的实验环境 VisiBroker for Java 4.0 完全遵循了该版本。

2000 年 11 月修订的 CORBA 2.4.1 是 OMG 正式发布 CORBA 规范的最新版本。CORBA 2.4 新增了 3 个规范,即 CORBA 消息规范(CORBA Messaging)由服务质量(QoS)、异步方法调用和可互操作的路由接口组成,异步方法调用使 CORBA 的消息传递方式包括了同步、延迟同步、单向和异步 4 种方式,服务质量可用于根据应用需求管理与选择不同的底层传输方式;极小化 CORBA 规范(Minimum CORBA)将 CORBA 裁剪为适合仅有有限资源的系统;实时 CORBA 规范(Real-Time CORBA)对 CORBA 进行扩充,将 ORB 作为实时系统的一个部件。此外,该版本还对可互操作的命名服务、通知服务等规范进行了修改。

(3) 2010 年正式发布 CORBA 3.0,鉴于组件技术在面向对象技术中扮演着越来越重要的角色,3.0 版本的最大改进是为 CORBA 引入了组件模型。CORBA 组件模型参照 Sun 公司的 EJB(Enterprise JavaBeans),为开发即插即用的 CORBA 对象提供了基本架构,程序员可用 CORBA 脚本语言 CSL(CORBA Scripting Language)合成 CORBA 组件。CORBA 组件模型将会给客户端和服务端的可伸缩性带来有力的支持。此外,CORBA 3.0 更好地集成了 Java、因特网和 DCE 遗留系统,允许在 IIOP 上使用 RMI,并支持 IIOP 穿越防火墙。

11.3.4　CORBA 产品概述

尽管 OMG 不断改进与完善 CORBA 规范,但每一版本保持了较好的向后兼容性,因而 CORBA 规范相当成熟与稳定,并且拥有大量产品,在企业计算与因特网计算领域拥有庞大的市场。基于 CORBA 的软件适用于因特网应用与企业计算,特殊版本的 CORBA 还可运行在实时系统、嵌入式系统与容错系统。

CORBA 规范并未约束 ORB 产品的实现方式,因而 ORB 可驻留在客户程序和对象实现中,也可将 ORB 作为一个服务程序,或者将 ORB 作为操作系统提供的基本服务。一个特定的 ORB 产品可能支持上述多种方式,并可能支持多种通信协议。

由于 CORBA 规范独立于软件供应商,在不同供应商的 ORB 产品上运行的程序之间具有较好的可互操作性。当前市场上有许多 CORBA 产品可供用户选择,其中一些是商品化的,一些是免费的,许多商品化的产品也提供了免费的试用期。但这些产品在对 CORBA 规范的支持程度、对 CORBA 对象服务的支持程度、其他附加特征等方面有很大的差异。

1. 商品化 CORBA 产品

许多商品化 ORB 产品提供了或长或短的免费评估试用期,例如,Inprise 公司的 VisiBroker for Java 4.0 可免费下载试用 60 天,还附送了含有该试用版的光盘;IONA 公司的 Orbix 2000(1.2 版)可免费下载试用 30 天,用户也可请求该公司邮寄光盘。

1) Orbix

IONA 公司的 Orbix 是一个可靠的商品化 CORBA 产品,其主要版本是 Orbix 3 和 Orbix

2000。Orbix 完全遵循 CORBA 规范,支持 Java、C++、COBOL、PL/I 等多种语言,可运行在 Windows 2000/NT、RedHat Linux、Solaris 和 HP-UX 等多种平台上,实现了 CORBA 与 COM 的桥接,并提供命名、安全性、事务、交易对象、事件、通知等多种对象服务。

Orbix 3(C++版和 Java 版)完全遵循 CORBA 2.1,可运行在 UNIX 和 Windows NT 上,在 OS/390 平台还支持 PL/I 和 COBOL。Orbix 3 系列产品除支持 COM 集成和 IIOP 防火墙代理之外,还提供了 SSL 加密与访问控制(OrbixSSL)、对象事务服务(OrbixOTS)、事件服务(OrbixEvents)、消息服务(OrbixTalk 和 OrbixNotification)等。

IONA 最新推出的 Orbix 2000(C++版和 Java 版)采用该公司专利技术 ART(Adaptive Runtime Technology),这种新的模块化体系结构具有更好的可伸缩性、灵活性与性能。Orbix 2000 完全支持 CORBA 2.3 规范,并支持 CORBA 2.4 和即将发布的 CORBA 3.0 的某些特征(如异步消息规范、持久状态规范),是 IONA 公司的企业入口(Enterprise Portal)解决方案 iPortal Suite 的基础。Orbix 在对象迁移、负载均衡、服务程序集中管理与配置等方面较为出色。

2) VisiBroker

由 Visigenic 和 Borland 合并而成的 Inprise 公司是当前商品化 ORB 产品的主要供应商之一,其产品 VisiBroker 支持 Java 和 C++语言,可在 Windows 95/98/NT、Solaris、RedHat Linux、HP-UX 和 AIX 平台上运行。最新推出的 4.0 版完全遵循 CORBA 2.3 规范,支持可移植对象适配器、传值对象、IIOP 上的 RMI,具有簇和容错特性的命名服务、属性管理、服务质量、拦截器等,并扩充了位置服务、对象包装器等 VisiBroker 专有的特性。

为满足企业开发大规模、高性能的基于 Web 分布式应用系统的需要,许多软件供应商在 ORB 产品的基础上为开发者提供了更高层次的开发平台——应用服务器。应用服务器支持企业的业务逻辑与表示逻辑分离,这种分离可显著提高企业应用系统的容错性、可伸缩性与性能。

业务逻辑通常由 EJB 开发,并且运行在一个 EJB 容器中。EJB 容器负责安全性、事务策略、对象生命周期、线程以及许多其他问题,这些问题实际上就是 CORBA 中的对象服务和公共设施,解决这类问题可让开发者将精力集中在开发业务逻辑自身。

表示逻辑通常由 Servlet 或 JSP(Java Server Pages)执行。Servlet 采用 Java 语言编码,负责在 Web 服务器中将业务逻辑转换为表示逻辑,返回具有动态内容的 HTML 文档。JSP 与 Servlet 类似,可用于返回具有动态内容的 HTML 文档,但 JSP 是由嵌入在 HTML 文档中的 Java 代码片段产生的,并且自动被编译为 Servlet。由于大多数动态文档的核心内容是 HTML,Java 代码只是其中的一小部分,因而 JSP 比 Servlet 更具吸引力。

Inprise 公司的应用服务器 IAS(Inprise Application Server)建立在 VisiBroker for Java 之上,提供了 VisiBroker 的所有机制。IAS 的主要组成部分有支持静态 HTML 文档和表格的 Web 服务器、运行 Servlet 的引擎、JSP 编译器和引擎、EJB 容器、基于控制台或浏览器的配置与管理工具,以及用于存储应用程序数据的纯 Java 关系数据库 JDataStore。

VisiBroker 因其短小精悍的特点还被嵌入在其他产品中,例如,Netscape Communicator 浏览器嵌入了 VisiBroker 产品后,Applet 可向 CORBA 对象发出请求,这时不必再下载相关的 ORB 类。

3) WebLogic

BEA 公司以其应用服务器产品而闻名,包括 WebLogic Server(即原来的 ObjectBroker)、

WebLogic Enterprise(即原来的 M3)、WebLogic Express 和 Tuxedo。WebLogic Server 基于 Java 2 企业版(J2EE)和 CORBA 规范,是市场上主要的 Java 应用服务器,在许多关键业务的 Web 和无线应用中经受过考验。WebLogic Enterprise 结合了 J2EE 标准与 CORBA 技术,为企业 Web 应用与电子商务应用提供了一个可靠的、可伸缩的事务处理平台。WebLogic Express 是 WebLogic Server 的精简版本,提供一个专用于动态 Web 应用的可伸缩平台,包括基于 Java 的 Web 应用服务、安全性和数据库访问。Tuxedo 是当前主要的事务服务器,适合于电子商务一类的关键任务(Mission-Critical)应用。

WebLogic Server 和 WebLogic Enterprise 支持 Java 和 C++ 语言,提供了与 COM 的桥接,支持命名与事务等对象服务。

4) Component Broker

WebSphere 应用服务器是 IBM 公司推出的电子商务应用开发与部署环境。该产品提供了 3 种版本,其中,标准版可使用 Java Servlet、JSP(Java Server Pages)和 XML 开发动态网站内容;高级版是一个高性能的 EJB 服务器,实现了包含业务逻辑在内的 EJB 组件;企业版则集成了 EJB 与 CORBA,适用于建立可处理大量事务的大规模电子商务应用。

Component Broker 已融合为 WebSphere 应用服务器(企业版)的一部分,为应用服务器提供完整的对象分布性与持久性。该 ORB 产品支持 Java、C++、Smalltalk、COBOL 等语言,提供了与 COM 的桥接,并支持命名、生命周期、事件、事务、外表化、并发、查询、安全性等多种对象服务。

5) 其他

市面上还有许多其他的商品化 CORBA 产品,例如 Critical Path 公司的 InJoin BROKER、GemStone 公司的 GemORB、Objective Interface Systems 公司的 ORBexpress 等。关于这些产品的详细信息,读者可浏览表 11-1 提供的站点。

表 11-1　部分商品化 CORBA 产品及其站点

产　品	站　点
IONA Orbix	http://www.iona.com
Inprise VisiBroker	http://www.inprise.com
BEA Sysetms WebLogic	http://www.beasys.com
IBM Component Broker	http://www.ibm.com
Critical Path InJoin BROKER	http://www.cp.net
GemStone GemORB	http://www.gemstone.com
Objective Interface Systems ORBexpress	http://www.orbexpress.com
Bionic Buffalo Tatanka	http://www.tatanka.com
Silverstream Jbroker	http://www.silverstream.com
Vertel e∗ORB	http://www.expersoft.com

2. 免费 CORBA 产品

选择免费 CORBA 产品时,用户要注意有些产品的许可协议仅允许应用到非商业用途,有些则无此限制。许多免费 CORBA 产品还提供了 ORB 的源代码,如 OmniORB、TAO、ORBacus、MICO 等,这对用户深入理解 CORBA 有很大的帮助。关于免费 ORB 产品的有关信息,读者可浏览相应的站点,如表 11-2 所示。

1）OmniORB

OmniORB 是由 AT&T 剑桥实验室开发的一个免费的 ORB 产品，该产品的 3.0 版完全遵循 CORBA 2.3 规范，支持 C++语言，提供命名、属性等对象服务，主要特色是具有较高的性能。OmniORB 自 1997 年开始成为 GNU 公开许可证（GNU Public Licence）的免费软件。

2）TAO

TAO 是由美国华盛顿大学分布式对象计算研究小组开发的著名的免费 ORB 产品，采用代码公开开发模式。TAO 支持 C++语言，提供命名、事件、交易对象、生命周期、属性、并发性等对象服务。其特色是包括了支持实时 CORBA 的显式绑定与可移植同步器。

3）ORBit

ORBit 是一个遵循 CORBA 2.2 规范的 ORB 产品，支持 C 语言绑定。ORBit 的特色是具有较高的性能。

表 11-2　部分免费 CORBA 产品及其站点

产　　品	站　　点
AT&T Laboratory OmniORB	http://www.uk.research.att.com
Washington University TAO	http://www.cs.wustl.edu/~schmidt
Object-Oriented Concepts ORBacus	http://www.ooc.com
ObjectSpace Voyager ORB Pro	http://www.objectspace.com
RHAD Labs ORBit	http://www.labs.redhat.com/orbit
Distributed Objects Group JavaORB	http://www.multimania.com
MICO	http://www.mico.org
ADABroker	http://adabroker.eu.org

11.3.5　讨论

OMG 致力于解决分布式应用程序的复杂性与高成本问题。CORBA 顺应软件技术发展的潮流，成功地融合了两种技术：一种是基于消息传递的分布式客户机/服务器技术，另一种是面向对象软件开发技术。CORBA 采用面向对象方法创建在应用程序之间可重用与可共享的软件组件，每一个对象对外隐藏了它的内部工作细节，并提供一个定义良好的外部接口，从而降低应用程序的复杂性。一旦实现并测试一个对象后，它就可以在新应用环境中被多次重用，因而减少了开发应用程序的成本。

CORBA 的平台无关性很适合用于集成企业内的异类计算机系统，包括不同供应商的不同硬件平台、操作系统、网络系统、程序设计语言或其他特性。CORBA 应用程序客户可运行在小至手持无线设备或嵌入式系统，大至大型计算机的平台。CORBA 支持多种现有的程序设计语言，并且支持在单个分布式应用程序中混合使用这些语言。

CORBA 的最大特点是提供了在异类分布式环境中对象之间高度的可互操作性，从而保证了建立在不同 CORBA 产品之上的分布式对象可互相通信。大型企业不必强制规定所有开发项目使用单一的 CORBA 产品。

CORBA 提供了一个工业标准而不是一个软件产品，不同供应商的竞争保证了有高质量的、完全遵循 CORBA 的产品。使用 CORBA 标准也为开发者的实现提供了一定程度的可移植性（注意，应用程序在不同 CORBA 产品之间并不是 100%可移植）。CORBA 的一个典型应用是开发需要有效处理大量客户请求的服务程序,CORBA 的可伸缩性与容错性使得许多大型网站后台都应用了 CORBA 技术。

虽然 CORBA 规范只支持详细设计与编码阶段的任务,在编码的前端,CORBA 可得到 OMG 的 UML 规范的支持。此外,超过 800 家企业支持 CORBA,包括硬件公司、软件公司、电报公司、电话公司、大型银行等,这使得 CORBA 具有良好的市场前景。

影响分布式计算复杂性的因素有些是必然的,例如必须考虑延迟时间带来的影响,必须检测和恢复网络与主机的部分失败,需要处理负载均衡和服务划分,需要考虑分布式事件时序的随机性,要求有高度安全性,等等,这些必然因素是分布式计算领域中最基本的问题。此外,有些因工具或技术手段等原因造成的限制增加了分布式计算的复杂性,这些偶然因素可能包括缺乏类型安全的、可移植的、可扩展的系统调用接口或组件库,缺少测试工具的支持,大量使用基于功能或算法的分解,没有统一的规范标准,等等。

显然 CORBA 帮我们解决了不少问题,如问题分解、容错性、安全性等方面,但在标准 CORBA 中仍有许多问题尚未解决,例如时间延迟、随机时序、死锁、负载均衡、资源控制等。CORBA 规范的不断发展就是为了更好地解决这些问题,但在此之前我们必须在实际应用中自己考虑并动手解决这些问题。

11.4　小结

软件架构师工作从宏观上可以分为 7 步:选用架构模式、识别关键进行抽象、分析机制、分析局部然后确定核心元素,并引入外围元素,最后进行组织优化。由此可以看出架构师的第一步工作就是选用架构模式。因此,本章主要介绍 CORBA、EJB 和 COM 这 3 种集成技术的核心内容和体系结构,通过探讨这 3 种软架构集成技术的核心思想与体系结构,让读者从最基础的层面上理解这 3 种软架构集成技术的根本所在。

本章从体系结构、策略和实现 3 个层面描述了 CORBA、EJB 和 DCOM 的本质。这些内容是在对这 3 种技术做出正确选择时必须要考虑的。本章从 3 个方面来进行阐述:第一方面分别介绍了 3 种架构各自的由来、设计的规范及思想,讨论了它们之间的共性特征;第二方面阐述了 CORBA、EJB 和 DCOM 技术的基础架构;第三方面介绍了这 3 种技术的特点以及各自的优势。

11.5　思考题

1. 什么是 CORBA? CORBA 主要用来解决什么问题?
2. CORBA 中的各个对象和接口之间是怎样交互的?
3. 什么是 EJB? 它有哪些特点?
4. EJB 由哪些角色组成? 其结构的优缺点有哪些?
5. 什么是 DCOM? DCOM 的特性和优势有哪些?
6. DCOM 服务端组件类型有哪些? 介绍一下 DCOM。
7. 比较 CORBA、EJB 与 DCOM 技术的优缺点。

第12章 软件体系结构评估

编程的时候,总是想着那个维护你代码的人,会是一个知道你住在哪儿的有暴力倾向的精神病患者。

——Martin Golding

用户最为关注软件系统的质量,尤其是大规模的复杂软件系统。软件体系结构对于确保最终系统的质量有重要的意义。对软件的体系结构进行评估,是为了在系统被构建之前预测它的质量,通过分析体系结构对于系统质量的影响,进而提出改进意见。因此,软件体系结构评估的目的是分析软件体系结构潜在的风险,并检验设计中提出的质量需求。针对体系结构评估这个新的研究领域,许多研究组织在会议和杂志上提出了众多结构化的评估方法,并且对于评估方法的改进和实践工作仍在进行中。

本章主要讨论两种有代表性的方法,它们可以指导评估人员成功地对系统的体系结构进行评估。首先在 12.1 节介绍软件体系结构评估的定义,然后介绍两种方法,分别是 12.2 节介绍的基于场景的体系结构分析方法(SAAM),12.3 节介绍的体系结构权衡分析方法(ATAM),最后在 12.4 节讨论评估方法的比较。

12.1 软件体系结构评估的定义

12.1.1 质量属性

质量属性是一个组件或一个系统的非功能性特征。软件质量在 IEEE 1061 中定义,体现了软件拥有所期望的属性组合的程度。另一个标准 ISO/IEC Draft9126-1 定义了一个软件质量模型。依照这个模型,共有 6 种特征,即功能性、可靠性、可用性、有效性、可维护性和可移植性,并且它们被分成子特征,根据各个软件系统外部的可见特征来定义这些属性。

质量属性是很难定义的,并且它们经常造成开发者设计的产品和客户满意的产品之间的差异。就像 Robert Charette 指出的那样,"真正的现实系统中,在决定系统的成功或失败的因素中,满足非功能需求往往比满足功能需求更为重要"。

1. 功能性

功能性是系统完成所期望工作的能力,一项任务的完成需要系统中许多或大多数构件的相互协作。功能性可以细化成完备性和正确性。目前对软件的功能性评价主要采用定性评价方法。

1) 完备性

完备性是与软件功能完整、齐全有关的软件属性。如果软件实际完成的功能少于或不符合研制任务书所规定的明确或隐含的那些功能，则不能说该软件的功能是完备的。

2) 正确性

正确性是与能否得到正确或相符的结果或效果有关的软件属性。软件的正确性在很大程度上与软件模块的工程模型（直接影响辅助计算的精度与辅助决策方案的优劣）和软件编制人员的编程水平有关。

对这两个子特征评价的依据主要是软件功能性测试的结果，评价标准则是软件实际运行中所表现的功能与规定功能的符合程度。在软件的研制任务书中，明确规定了该软件应该完成的功能，如信息管理，提供辅助决策方案、辅助办公和资源更新等。那么，即将进行验收测试的软件就应该具备这些明确或隐含的功能。

目前，对于软件的功能性测试主要针对每种功能设计若干典型测试用例，在软件测试过程中运行测试用例，然后将得到的结果与已知标准答案进行比较。所以，测试用例集的全面性、典型性和权威性是功能性评价的关键。

2. 可靠性

可靠性是软件无故障执行一段时间的概率。健壮性和有效性有时可看成是可靠性的一部分。衡量软件可靠性的方法包括正确执行操作所占的比例，在发现新缺陷之前系统运行的时间长度和缺陷出现的密度。通常，根据如果发生故障对系统有多大影响和对于最大的可靠性的费用是否合理来定量地确定可靠性需求。如果软件满足了它的可靠性需求，那么即使该软件还存在缺陷，也可认为达到其可靠性目标，要求高可靠性的系统也是为高可测试性系统设计的。

根据相关的软件测试与评估要求，可靠性可以细化为成熟性、稳定性、易恢复性等。对于软件的可靠性评价主要采用定量评价方法，即选择合适的可靠性度量因子（可靠性参数），然后分析可靠性数据得到参数具体值，最后进行评价。

经过对软件可靠性细化分解并参照研制任务书，可以得到软件的可靠性度量因子（可靠性参数）。

1) 可用度

可用度是指软件运行后在任一随机时刻需要执行规定任务或完成规定功能时，软件处于可使用状态的概率。可用度是对应用软件可靠性的综合（即综合各种运行环境以及完成各种任务和功能）度量。

2) 初期故障率

初期故障率是指软件在初期故障期（一般以软件交付给用户后的 3 个月内为初期故障期）内单位时间的故障数，一般以每 100 个小时的故障数为单位，可以用它来评价交付使用的软件质量与预测什么时候软件的可靠性基本稳定。初期故障率的大小取决于软件设计水平、检查项目数、软件规模、软件调试彻底与否等因素。

3) 偶然故障率

偶然故障率是指软件在偶然故障期（一般以软件交付给用户后的 4 个月以后为偶然故障期）内单位时间的故障数，一般以每 1000 个小时的故障数为单位，它反映了软件处于稳定状态下的质量。

4) 平均失效前时间

平均失效前时间是指软件在失效前正常工作的平均统计时间。

5）平均失效间隔时间

平均失效间隔时间是指软件在相继两次失效之间正常工作的平均统计时间。在实际使用时，通常是指当 n 很大时，系统第 n 次失效与第 $n+1$ 次失效之间的平均统计时间。对于失效率为常数和系统恢复正常时间很短的情况下，平均失效前时间与平均失效间隔时间几乎是相等的。国外一般民用软件的平均失效间隔时间大致在 1000 个小时。对于可靠性要求高的软件，则要求在 1000～10 000 个小时之间。

6）缺陷密度

缺陷密度是指软件单位源代码中隐藏的缺陷数量，通常以每千行无注解源代码为一个单位。一般情况下，用户可以根据同类软件系统的早期版本估计缺陷密度的具体值。如果没有早期版本信息，也可以按照通常的统计结果来估计。典型的统计表明，在开发阶段，平均每千行源代码有 50～60 个缺陷，交付后平均每千行源代码有 15～18 个缺陷。

7）平均失效恢复时间

平均失效恢复时间是指软件失效后恢复正常工作所需的平均统计时间。对于软件，其失效恢复时间为排除故障或系统重新启动所用的时间，而不是对软件本身进行修改的时间（因软件已经固化在机器内，修改软件势必涉及重新固化问题，而这个过程的时间是无法确定的）。

3. 可用性

可用性也称为易用性，它所描述的是许多组成"用户友好"的因素。可用性衡量准备输入、操作和理解产品输出所花费的努力，必须权衡易用性和学习如何操纵产品的简易性。

例如，"化学制品跟踪系统"的分析员询问用户这样的问题，"你能快速、简单地请求化学制品并浏览其他信息，这对你有多重要？"和"你请求一种化学制品大概需花多少时间？"对于定义使软件易于使用的许多特性而言，这只是一个简单的起点。对于可用性的讨论可以得出可测量的目标，例如，"一个培训过的用户应该可以在平均 3 分钟或最多 5 分钟时间以内，完成从供应商目录表中请求一种化学制品的操作"。

同样，调查新系统是否一定要与任何用户界面标准或常规相符合，或者其用户界面是否一定要与其他常用系统的用户界面相一致。

这里有一个可用性需求的例子，"在文件菜单中的所有功能都必须定义快捷键，该快捷键是由 Ctrl 键和其他键组合实现的。出现在 Microsoft Word 2000 中的菜单命令必须与 Word 使用相同的快捷键"。

可用性还包括对于新用户或不常使用产品的用户在学习使用产品时的简易程度。易学程度的目标可以经常定量地测量。

例如，"一个新用户用不到 30 分钟时间适应环境后，就应该可以对一个化学制品提出请求"，或者"新的操作员在一天的培训学习之后，就应该可以正确执行他们所要求的任务的95％"。当你定义可用性或可学性的需求时，应考虑到在判断产品是否达到需求时对产品进行测试的费用。

可用性可以细化为易理解性、易学习性和易操作性，这 3 个特征主要是针对用户而言的。对软件的易用性评价主要采用定性评价方法。

1）易理解性

易理解性是与用户认识软件的逻辑概念及其应用范围所花的努力有关的软件属性。该特征要求软件研制过程中形成的所有文档语言简练、前后一致、易于理解、语句无歧义。

2）易学习性

易学习性是与用户为学习软件应用（例如运行控制、输入、输出）所花的努力有关的软件属性。该特征要求研制方提供的用户文档（主要是《计算机系统操作员手册》、《软件用户手册》和《软件程序员手册》）内容详细、结构清晰、语言准确。

3）易操作性

易操作性是与用户为操作和运行控制所花的努力有关的软件属性。该特征要求软件的人机界面友好、界面设计科学合理、操作简单等。

4. 有效性

有效性指的是在预定的启动时间中，系统真正可用并且完全运行时间所占的百分比。更准确地说，有效性等于系统的平均故障时间除以平均故障时间与故障修复时间之和。有些任务比起其他任务具有更严格的时间要求，此时，当用户要执行一个任务但系统在那一时刻不可用时，用户会感到很沮丧。询问用户需要多高的有效性，并且是否在任何时间对满足业务或安全目标有效都是必需的。

一个有效性需求可能这样说明："工作日期间，在当地时间早上 6 点到午夜，系统的有效性至少达到 99.5％，在下午 4 点到 6 点，系统的有效性至少可达到 99.95％。"

5. 可维护性

可维护性表明了在软件中纠正一个缺陷或做一次更改的简易程度。可维护性取决于理解软件、更改软件和测试软件的简易程度，可维护性与灵活性密切相关。高可维护性对于那些经历周期性更改的产品或快速开发的产品很重要。用户可以根据修复一个问题所花的平均时间和修复正确的百分比来衡量可维护性。

"化学制品跟踪系统"包括以下可维护性需求："在接到来自联邦政府修订的化学制品报告的规定后，对于现有报表的更改操作必须在一周内完成。"

在图形引擎工程中，我们知道，我们必须不断更新软件以满足用户日益发展的需要，因此我们确定了设计标准以增强系统总的可维护性："函数调用不能超过两层深度"，并且"每一个软件模块中，注释与源代码语句的比例至少为 1∶2。"认真并精确地描述设计目标，以防止开发者做出与预定目标不相符的愚蠢行为。

6. 可移植性

可移植性是度量把一个软件从一种运行环境转移到另一种运行环境中所花费的工作量。软件可移植的设计方法与软件可重用的设计方法相似。可移植性对于工程的成功是不重要的，对工程的结果也无关紧要。可以移植的目标必须陈述产品中可以移植到其他环境的那一部分，并确定相应的目标环境。于是，开发者就能选择设计和编码方法以适当提高产品的可移植性。

12.1.2　评估的必要性

软件架构是软件工程早期设计阶段的产物，它对软件系统或软件项目的开发具有深远的影响，主要表现在以下两个方面：①不恰当的架构，会给软件系统或软件项目的开发带来灾难。如果软件架构不恰当，就无法满足系统的性能要求，则系统的安全性也就无法实现。当客户要求提高可用性时，开发小组将会因忙于修改发现错误，而影响开发的进度和预算，这样会使整个系统或项目的成本大幅提高，甚至会使整个软件系统或软件项目的开发因成本太高而终止。②架构决定着项目的结构，例如配置控制库、进度与预算、性能指标、开发小组结构、文档组织、测试和维护活动等都是围绕架构展开的。假如在开发过程中发现错误,在中途修改架构,会使整个项目的工作陷入混乱。鉴于以上架构对项目和系统的影响,需要对软件架构进行评估,这是降低项目和系统成本及避免灾难的有效手段。

软件架构评估可以在架构生命周期的任何阶段进行,一般的时机有早期和后期两种情况。通常把早期实施的评估称为发现性评审,其目的是找出较难实现的需求并划分其优先级,分析在实施这一评估时已有的"原型架构"。在进行发现性评审时,一定要保证以下几点:①在系统尚未最终确定、设计师已经比较清楚应采用什么方案的情况下实施;②风险承担者小组中要有有权做出需求决策的人员;③评审结果中要有一组按优先级排列的需求,以备在不易满足所有需求的情况下使用。后期评估是在架构已经完全确定后实施的,适用于开发组织有老系统的情况。评估老系统的架构和新系统的架构所用的方法相同,通过评估,可以使用户明确是否可以通过改进老系统来满足新的质量及功能需求。

12.1.3 基于场景的评估方法

基于场景的软件架构分析方法的基本观点是,大多数软件质量属性极为复杂,根本无法用一个简单的尺度来衡量。同时,质量属性并不是处于隔离状态,只有在一定的上下文环境中才能做出关于质量属性的有意义的评判。利用场景技术则可以具体化评估的目标,代替对质量属性(可维护性、可修改性、健壮性、灵活性等)的空洞表述,使对软件体系结构的测试成为可能。所以,场景对于评估具有非常关键的作用,整个评估过程就是论证软件体系结构对关键场景的支持程度。

基于场景的软件架构分析方法包括以下步骤,如图 12-1 所示。

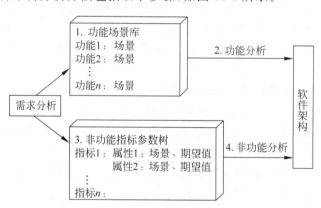

图 12-1 基于场景的软件架构分析方法

(1) 分析问题域,建立功能场景库:针对具体项目在应用领域中的定位,展开需求分析,汇总系统预期功能并按功能进行分类以确保每项功能都能够得到详细描述,并为每个功能定义相应的场景,建立功能场景库。

(2) 通过功能场景库测试评价软件架构对各功能的支持度,并针对支持度差的功能展开架构分析:支持度的评价涉及架构是否满足功能场景、是否容易扩展该功能等。一旦发现支持度差的功能,则进一步分析是否由架构设计导致的,从中发现可能的架构设计缺陷和不足。

(3) 建立非功能指标参数树:选择一组感兴趣的非功能性指标,如可移植性、安全性、性能等,并详细定义每一个指标的衡量属性、期望值和相应的场景。

（4）应用指标参数树对软件架构进行非功能性分析：通过比较架构在场景中的实际输出值和期望值来评价架构对各个指标的各个属性的支持度，并在该过程中发现软件架构的缺陷，找出风险决策、无风险决策、敏感点、权衡点。

基于场景的评估方法具有以下重要的特征：

（1）场景是这类评估方法中不可缺少的输入信息，场景的设计和选择是评估成功与否的关键因素。

（2）这类评估是人工智力密集型劳动，评估质量在很大程度上取决于人的经验和技术。基于场景的评估方法是研究最广泛、应用最成熟、数量最多的一类软件体系结构评估方法。本书将在后面介绍两种基于场景的评估方法，分别是基于场景的软件体系结构分析方法（Software Architecture Analysis Method，SAAM）和软件体系结构权衡分析方法（Architecture Tradeoff Analysis Method，ATAM）。

基于场景的评估方法有以下几点不足。

（1）评估的效果对评估师经验的依赖程度较高：这类方法的基础建立在人的智力水平上，其效果主要取决于评估师的经验和知识。在 ATAM、SAAM 及其扩展方法中，无论从场景的选取、软件体系结构的分析、评估的组织和控制都需要评估师发挥重要的作用。在评估过程中，评估师的经验对评估的效果至关重要。一个好的评估师，可以准确地发现软件体系结构设计中存在的问题。而当评估师经验不足时，评估则很难发挥其应有的作用。所以，评估的效果取决于评估师的经验。

（2）"重量级"的评估技术成本较高：基于场景的评估方法规定的步骤比较复杂，参与人员较多，需要组织专门的评估会议。这类方法在较大规模的软件项目中是比较适用的，但需要的成本较高。例如，采用 ATAM 进行中等规模评估的粗略成本是 70 人天，进行小规模评估的粗略成本也需要 32 人天。然而，对于中小规模的软件项目，由于预算和时间的限制很难按照这些"重量级"的评估方法进行实施。因此，有必要研究适合中小规模软件项目的"轻量级"评估技术。

（3）没有考虑知识的积累和应用问题，造成资源的浪费：在软件工程研究中，知识的积累和应用是一个非常值得注意的问题。知识的积累和应用为软件技术的发展起着极大的推动作用，在经过一次又一次的软件体系结构评估后，是否能够积累足够的知识并让这些知识可以被重复利用是一个非常重要的问题。在基于场景的评估方法中，对知识的积累问题考虑不足。已有研究表明，有一些研究人员已注意到这个问题。目前，在软件体系结构评估的知识积累和应用方面还没有形成比较系统的研究成果。

（4）缺乏实用的评估信息管理工具：利用信息管理工具可以管理与评估相关的各种信息，可以对评估过程进行控制和跟踪。信息管理工具还可以帮助评估人员提高评估效率，进一步规范评估过程的实施，提高评估的实施效果，并有利于积累评估的各种信息。现在仅有 SAAM 提供了 SAAM Tool 对评估过程进行支持，而该工具目前只是实验室产品，还没有出现真正的商业化和实用化的评估信息管理工具。

12.2 SAAM 体系结构分析方法

SAAM 方法是卡内基·梅隆大学（CMU）软件工程研究所（SEI）的 Kazman 等人于 1983 年提出的一种非功能质量属性的体系结构分析方法，是最早形成文档并被广泛使用的软件体系结构分析方法。该方法最初用来分析体系结构的可修改性,实践证明,SAAM 方法也可以对许多质量属性(可移植性、可扩充性、可集成性等)及系统功能进行快速评估。

SAAM 方法比较简单,易学易用,进行培训和准备的工作量都比较少。

◇ 特定目标:SAAM 的目标是对描述应用程序属性的文档,验证基本的体系结构假设和原则。此外,该分析方法有利于评估体系结构固有的风险。SAAM 指导对体系结构的检查,使其主要关注潜在的问题点,如需求冲突,或仅从某一参与者的观点出发的不全面的系统设计。SAAM 不仅能够评估体系结构对于特定系统需求的使用能力,也能被用来比较不同的体系结构。

◇ 评估技术:SAAM 所使用的评估技术是场景技术。场景代表了描述体系结构属性的基础,描述了各种系统必须支持的活动和将要发生的变化。

◇ 质量属性:这一方法的基本特点是把任何形式的质量属性都具体化为场景,但可修改性是 SAAM 分析的主要质量属性。

◇ 风险承担者:SAAM 协调不同参与者感兴趣的方面作为后续决策的基础,提供了对体系结构的公共理解。

◇ 体系结构描述:SAAM 用于体系结构的最后版本,但早于详细设计。体系结构的描述形式应当被所有参与者理解。功能、结构和分配被定义为描述体系结构的 3 个主要方面。

◇ 方法活动:SAAM 的主要输入问题是问题描述、需求声明和体系结构描述。

12.2.1 SAAM 的一般步骤

总的来说,SAAM 评估分为 6 个步骤,如图 12-2 所示。

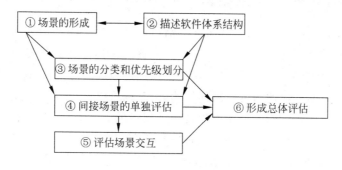

图 12-2 SAAM 评估 6 个步骤

(1)场景的形成:通过集体讨论,风险承担者提出反映自己需求的场景。

(2)描述软件体系结构:SAAM 定义了功能性、结构和分配 3 个视角来描述软件体系结构。功能性指示系统做了些什么,结构由组件和组件间的连接组成,从功能到结构的分配则描述了域上的功能性是如何在软件结构中实现的。场景的形成与软件体系结构的描述通常是相互促进的,并且需要重复的进行。

(3)场景的分类和优先级划分:在分析过程中,一方面需要确定一个场景是否需要修改该体系结构,不需要修改的场景称为直接场景,需要修改的场景则称为间接场景;另一方面需要对场景设置优先级,以保证在评估的有限时间内考虑最重要的场景。

(4)间接场景的单独评估:主要针对间接场景,列出为支持该场景所需要对体系结构做出的修改,并估计出这些修改的代价。对于直接场景,只需弄清体系结构是如何实现这些场景的即可。

(5) 评估场景交互:两个或多个间接场景要求更改体系结构的同一个组件称为场景交互。对场景交互的评估,能够暴露设计中的功能分配。

(6) 形成总体评估:按照相对重要性为每个场景及场景交互设置一个权值,根据权值得出总体评价。

12.2.2　场景的形成

在形成场景的过程中,设计者要注意全面捕捉系统的主要用途、系统用户类型、系统将来可能的变更、系统在当前及可预见的未来必须满足的质量属性等信息。只有这样,形成的场景才能代表与各种风险承担着者相关的任务。

形成场景的过程也是集中讨论的过程。集体讨论能够使风险承担者在一个友好的氛围中提出一个个场景,这些场景反映了他们的需求,也体现了他们对体系结构将如何实现他们的需求的认识。某一个场景可能只反映一个风险承担者的需求,也可能反映多个风险承担者的需求。

例如,对于某个变更,开发人员关心的是实现该变更的难度和对性能的影响,而系统管理员则关心此变更对体系结构的可集成性的影响。

在评估过程中,随着场景的不断提出,记录人员要把它们都记录在册,形成文档,供所有参加评估的人员查阅。提出和收集场景的过程经常要重复,形成场景和描述体系结构的工作是相关联的,这两个步骤可以迭代进行。

12.2.3　描述软件体系结构

在描述软件体系结构这一步,软件体系结构设计师应该采用参加评估的所有人员都能充分理解的形式,对待评估的体系结构进行适当的描述。这种描述必须要说明系统中的运算和数据构件,也要讲清楚它们之间的联系。除了要描述这些静态特性外,还要对系统在某段时间内的动态特征做出说明。描述既可以采用自然语言,也可以采用形式化的手段。

场景的形成和对体系结构的描述通常是相互促进的。一方面,对体系结构的描述使风险承担者考虑对所评估的体系结构的某些具体特征的场景;另一方面,场景也反映了对体系结构的需求,因此必须体现在体系结构的描述中。

12.2.4　场景的分类和优先级划分

在 SAAM 评估中,场景就是对所期望的系统中某个使用情况的简短描述。体系结构可以直接支持该场景,即这一预计的使用情况不需要对体系结构做任何修改即可实现。这一般可以通过演示现有的体系结构在执行此场景时的表现来确定,在 SAAM 评估方法中称这样的场景为直接场景。也就是说,直接场景就是按现有体系结构开发出来的系统能够直接实现的场景。与在设计时已经考虑过的需求相对应的直接场景并不会让风险承担者感到意外,但将增进对体系结构的理解,促进对诸如性能和可靠性等其他质量属性的研究。

如果所评估的体系结构不能直接支持某一场景,就必须对所描述的体系结构做一些更改。可能要对执行某一功能的一个或多个构件进行更改、为实现某一功能增加一个构件、为已有的构件建立某种新的联系、删除某个构件或某种联系、更改某一接口,或者是以上多种情况的综合,这样的场景称为间接场景。间接场景就是需要对现有体系结构做一些修改才能支持的场景。间接场景对于衡量体系结构对系统在演化过程中将出现的变更的适应情况十分关键。通过各种间接场景对体系结构的影响,可以确定出体系结构在相关系统的生命周期内对不断演化的使用的适应情况。直接场景类似于用例,间接场景有时也称为变更案例。

评估人员通过对场景设置优先级,可以保证在评估的有限时间内考虑最重要的场景。这里的重要完全是由风险承担者及其所关心的问题确定的。与 ATAM 评估方法一样,风险承担者通过投票表达出所关心的问题。每个参加评估的风险承担者都将拿到固定数量的选票。向每个风险承担者发放的选票数一般是待评估场景数量的 30%,他们可以用自己认为合适的方式投票,可以把这些选票全部投给某一个场景,或者每个场景投 2~3 张票,还可以一个场景一张票等。

一般来说,基于 SAAM 的评估方法关系的是可修改性的质量属性,所以在划分优先级之前要对场景进行分类。风险承担者最关心的通常是搞清间接场景对体系结构相应部分的影响。

12.2.5 间接场景的单独评估

一旦确定了要考虑的一组场景,就要把这些场景与体系结构的描述对应起来。对于直接场景而言,体系结构设计师需要讲清楚所评估的体系结构如何执行这些场景;对于间接场景而言,体系结构设计师应说明需要对体系结构做哪些修改才能适应间接场景的要求。

SAAM 评估也使评估人员和风险承担者更清楚地认识到体系结构的组成及各个构件的动态交互情况。风险承担者的讨论对于搞清楚场景的实际意义、参评人员认为场景与质量属性的对应是否合适等都具有重要意义。这种对应的过程也能暴露出体系结构及其文档的不足之处。

对于每一个间接场景,必须列出为支持该场景所需要对体系结构做的改动,并估算出这些变更的代价。对体系结构的更改意味着引入某个新构件或新联系,或者需要对已有构件或联系的描述进行修改。在这一步快要结束时,应该给出全部场景的总结性列表。对于每个间接场景,都应描述出要求做的修改,并由记录人员记录下来,形成文档。在这种描述中,应包括对完全实现每个更改的代价的估计。

12.2.6 评估场景交互

当两个或多个间接场景要求更改体系结构的同一个构件时,我们称这些场景在这一组构件上相互作用。

首先,场景的相互作用暴露了设计方案中的功能分配。语义上无关场景的相互作用清楚地表明了体系结构中哪些构件运行着语义上无关的功能。场景交互比较多的地方可能就是功能分离不够好的地方。所以,场景的相互作用的地方就是设计人员以后工作中值得注意的地方。场景相互作用的多少与结构的复杂性、耦合度、内聚性等有关。

例如,如果场景 1 和场景 2 属于不同类别,并且都影响构件 X,那么构件 X 在结构划分方面可能存在耦合问题。这时,场景 1 和场景 2 的交互体现出系统结构没有很好地划分构件。另外,如果场景 1 和场景 2 是同一类的,那么它们在构件 X 内部的交互反映出该模块具有良好的内聚性。

其次,场景的相互作用能够暴露出体系结构设计文档未能充分说明的结构分解。如果在某一构件内相互作用,但该构件实际上又分解成未表现出场景相互作用的子构件,就会出现这种文档描述不当的情况。如果真的出现了这种情况,则必须重新审核第二步(描述体系结构)的工作。

12.2.7　形成总体评估

形成总体评估是 SAAM 评估方法的最后一个步骤。评估人员要对场景和场景之间的交互做一个总体的权衡和评价,这一评价反映该组织对表现在不同场景中的目标的考虑优先级。根据对系统成败的相对重要性为每个场景设置一个权值,权值的确定通常与每个场景所支持的商业目标联系起来。

如果要比较多个体系结构,或者针对同一体系结构提出多个不同的方案,则可通过权值的确定来得出总体评价。权值的设置具有很强的主观性,所以应该让所有风险承担者共同参与,但也应该合理组织,要允许对权值及其基本思想进行公开讨论。

同一体系结构对于有不同目的的组织来说,会得到一个不同的评价结果。

例如,有些组织最关心系统的安全性,而有的则更关心系统的容错能力。

不同的组织通过提出不同的场景来表明他们对系统的哪些方面特别关心,使用这些场景进行评价得出的结果也就比较适合他们的标准。

12.3　ATAM 体系结构权衡分析方法

ATAM 分析方法是评估软件架构的一种综合、全面的方法。这种方法不仅可以揭示出软件体系结构满足特定质量目标的情况,而且可以使我们更加清楚地认识到质量和目标之间的联系。

12.3.1　ATAM 参与人员

ATAM 要求评估小组、项目决策者、涉众 3 个小组参与合作。

1. 评估小组

评估小组是评估体系结构项目外部的小组,通常由 3～5 个人组成。在评估期间,该小组的每个成员都要扮演大量的特定的角色。评估小组可能是一个常设小组,其中要定期执行体系结构评估,其成员也可能是为了应对某次评估,从了解体系结构的人中挑选出来的。他们可能做与开发小组相同的组织工作,也可能是外部的咨询人员。在任何情况下,他们都应该是有能力、没有偏见、专职的外部人员。表 12-1 对这些角色以及期望每个角色所具备的素质进行了描述。

2. 项目决策者

项目决策者对开发项目具有发言权,并有权要求进行某些改变。他们通常包括项目管理人员。如果有承担费用的可以确定的客户,也应该列入其中。设计师肯定要参与评估,这是由软件体系结构评估的基本准则决定的。

3. 涉众

涉众是软件项目的既得利益者,他们完成工作的能力与支持可修改性、安全性、高可靠性等特性的体系结构密切相关。涉众包括开发人员、测试人员、集成人员、维护人员、性能工程师、用户、正在分析系统交互的系统构建人员等。在评估期间,他们的工作职责是清晰明白地阐述体系结构应该满足的具体质量属性目标,使所开发的系统能够取得成功。

表 12-1 角色以及期望每个角色所具备的素质

角色	职 责	理想的人员素质
评估小组负责人	准备评估;与评估客户协调;保证满足客户的需要;签署评估合同;组建评估小组;负责检查最终报告的生成和提交	善于协调、安排,有管理技巧;善于与客户交流;能按时完成任务
评估负责人	负责评估工作;促进场景的得出;管理场景的选择及设置优先级的过程;促进对应架构的场景评估;为现场评估提供帮助	能在众人面前表现自如,善于指点迷津;对架构问题有深刻的理解,富有架构评估的实践经验;能够从冗长的讨论中得出有价值的发现,或能够判断出何时讨论已无意义、应进行调整
场景书记员	在得到场景的过程中负责将场景写到活动挂图或白板上,务必用一致的措辞来描述,未得到准确措辞就继续讨论	写一手好字,能够在未搞清楚某个问题之前坚持要求继续讨论;能够快速理解所讨论的问题并提取出其要点
进展书记员	以电子形式记录评估的进展情况;捕获原始场景;捕获促成场景的每个问题;捕获与场景对应的架构解决方案;打印出要分发给各参与人员所采用场景的列表	打字速度快,质量高;工作条理性好,从而能够快速查找信息;对架构问题理解透彻;能够融会贯通地快速搞清技术问题;勇于打断正在进行的讨论以验证对某个问题的理解,从而保证所获取信息的正确性
计时员	帮助评估负责人保证评估工作按进度进行;在评估阶段帮助控制用在每个场景上的时间	敢于不顾情面地中断讨论,宣布时间已到
过程观察员	记录评估工作的哪些地方有待改进或偏离了原计划;通常不发表意见,也可能偶尔在评估过程中向评估负责人提出基于过程的建议;在评估完成后,负责汇报评估过程,指出应该吸取哪些教训,以便在未来的评估中加以改进;还负责向整个评估小组汇报某次评估的实践情况	善于观察和发现问题,熟悉评估过程,曾参加过采用该架构评估方法进行评估
过程监督者	帮助评估负责人记住并执行评估方法的每个步骤	对评估方法的各个步骤非常熟悉;愿意并能够以不连续的方式向评估负责人提供指导
提问者	提出风险承担者或许未曾想到的关于架构的问题	对架构和风险承担者的需求具有敏锐的观察力;了解同类系统,勇于提出可能有争议的问题,并能不懈地寻求答案;熟悉相关的质量属性

12.3.2 ATAM 结果

ATAM 评估将产生以下结果。

(1) 一个简洁的体系结构描述：我们通常认为体系结构文档是由对象模型、接口及其签名的列表或其他冗长的列表组成的。但 ATAM 的一个要求就是在一个小时内表述体系结构，这样就得到了一个简洁而且通常是可理解的体系结构表述。

(2) 表述清楚的业务目标：开发小组的某些成员通常是在 ATAM 评估上第一次看到表述清楚的业务目标。

(3) 用场景集合捕获的质量需求：业务目标导致质量需求，一些重要的质量需求是用场景的形式捕获的。

(4) 体系结构决策到质量需求的映射：可以根据体系结构决策所支持或阻碍的质量属性来解释体系结构决策。对于在 ATAM 期间分析的每个质量场景，确定有助于实现该质量场景的体系结构决策。

(5) 所确定的敏感点和权衡点集合：这些是对一个或多个质量属性具有显著影响的体系结构决策。例如，采用一个备份数据库很明显是一个体系结构决策，它影响了可靠性，因此，它是一个关于可靠性的敏感点。然而，保持备份将消耗系统资源，影响系统性能，因此，它是可靠性和性能之间的权衡点。该决策是否有风险取决于在体系结构的质量属性需求的上下文中。

(6) 有风险决策和无风险决策：ATAM 中有风险决策的定义是，根据所陈述的质量属性需求，可能导致不期望的体系结构决策。无风险决策的定义与此类似，根据分析被认为是安全的体系结构决策。所确定的风险可以形成体系结构风险移植计划的基础。

(7) 风险主题的集合：分析完成时，评估小组将分析所发现风险的集合，以寻找确定体系结构甚至体系结构过程和小组中的系统弱点。如果不采取相应的措施，这些风险主题将影响项目的业务目标。

评估的结果用于建立一个最终书面报告。该报告概述 ATAM 方法，总结评估会议记录，捕获场景及其分析，对得到的结果进行分类。

评估还会产生一些副结果。通常情况下为评估准备的体系结构描述，可能比已经存在的任何体系结构都要清晰。这个额外准备的文档经受住了评估的考验，可能会与项目一起保留下来。此外，参与人员创建的场景是业务目标和体系结构需求的表示，可以用来指导架构的演变。最后，可以把最终报告中的分析内容作为对制定某些体系结构决策的依据。

ATAM 评估还有一些无形的结果。这些结果包括能够使涉众产生"社群感"，可以为设计师和涉众提供公开交流的渠道，以及使体系结构的所有参与者更好地理解体系结构及其优势和弱点。尽管这些结果很难度量，但其重要性不亚于其他结果，而且这些结果通常是存在时间最长的。

12.3.3　ATAM 的一般过程

整个 ATAM 评估过程包括 9 个步骤，4 个部分。9 个步骤分别是 ATAM 方法的表述、商业动机的表述、架构的表述、确定架构方法、生成质量属性效用树、分析架构方法、集体讨论确定场景优先级、分析架构方法、结果的表述。其中，第①、②、③个步骤属于表述部分，第④、⑤、⑥个步骤属于调查和分析部分，第⑦、⑧个步骤属于测试部分，第⑨个步骤属于形成报告部分。各个部分、步骤如表 12-2 所示。

表 12-2　ATAM 步骤

部分	步骤	主要活动者	活　　动	目的
1.表述	① ATAM 方法的表述	评估负责人	向评估参与者介绍 ATAM 方法并回答问题。 a. 评估步骤介绍。 b. 用于获取信息或分析的技巧：效用树的生成、基于架构方法的获取和分析、对场景的集体讨论及优先级的划分。 c. 评估的结果：所得出的场景及其优先级,用于理解和评估架构的问题、描述架构的动机需求并给出带优先级的效用树、所确定的一级架构方法、所发现的有风险决策、无风险决策、敏感点和权衡点等	使参与者对该方法形成正确的预期
	② 商业动机的表述	项目发言人（项目经理或系统客户）	阐述系统的商业目标。 a. 系统最重要的功能。 b. 技术、管理、政治、经济方面的任何相关限制。 c. 与项目相关的商业目标和上下文。 d. 主要的风险承担者。 e. 架构的驱动因素（即促使形成该架构的主要质量属性目标）	说明采用该架构的主要因素（如高可用性、极高的安全性或推向市场的时机）
	③ 架构的表述	架构设计师	对架构做出描述。 a. 技术约束条件,例如要使用的操作系统、硬件、中间件之类的约束。 b. 该系统必须要与之交互的其他系统。 c. 用于满足质量属性的架构方法。 d. 对最重要的用例场景及生长场景的介绍	重点强调该架构是怎样适应商业动机的
2.调查和分析	④ 确定架构方法	架构设计师	确定所用的架构方法,但不进行分析	
	⑤ 生成质量属性效用树		生成质量属性效用树,详细的根结点为效用,一直细分到位于叶子结点的质量属性场景,质量属性场景的优先级、实现难度、用高（H）、中（M）、低（L）描述,不必精确	得出构成系统效用的质量属性(性能、可用性、安全性、可修改性、使用性等); 具体到场景-刺激-响应模式,并划分优先级
	⑥ 分析架构方法		根据上一步得到的高优先级场景,得出对应这一场景的架构方法并对其进行分析。 需要得到的结果包括： a. 与效用树中每个高优先级的场景相关的架构方法或决策; b. 与每个架构方法相联系的待分析问题; c. 架构分析师对问题的解答; d. 有风险决策、无风险决策、敏感点和权衡点的确认	确定架构上的有风险决策、无风险决策、敏感点、权衡点等

续表

部分	步骤	主要活动者	活　　动	目的
3.测试	⑦ 集体讨论，确定场景优先级		根据所有风险承担者的意见形成更大的场景集合。 场景分类如下。 a. 用例场景：描述风险承担者对系统使用情况的期望。 b. 生长场景：描述期望架构能在较短时间内允许的扩充与更改。 c. 探察场景：描述系统生长的极端情况，即架构在某些更改的重压的情况	由所有风险承担者通过表决确定这些场景的优先级
	⑧ 分析架构方法		对第⑥步重复，使用的是在第⑦步中得到的高优先级场景，这些场景被认为是迄今为止所做分析的测试案例	发现更多的架构方法，有风险决策、无风险决策、敏感点、权衡点等
4.形成报告	⑨ 结果的表述	评估小组	根据在 ATAM 评估期间得到的信息（方法、场景、针对质量属性的问题、效用树、有风险决策、无风险决策、敏感点、权衡点等），向与会的风险承担者报告评估结果。 最重要的 ATAM 结果如下： a. 已经编写了文档的架构方法； b. 若干场景及其优先级； c. 基于质量属性的若干问题； d. 效用树； e. 所发现的有风险决策； f. 已编写文档的无风险决策； e. 所发现的敏感点和权衡点	

12.3.4　ATAM 评估阶段

ATAM 的活动分以下 4 个阶段：

(1) 第 1 阶段为合作关系和准备阶段，评估小组负责人和主要项目决策者进行非正式会议，以确定此次评估的细节，项目代表向评估人简要概述项目，以使评估小组有适当的专业技术人员的协助。另外，对于会议的地点、时间以及后勤保障需要达成一致，对于需要什么样的架构文档也需要达成一致。

(2) 第 2 阶段和第 3 阶段为评估阶段，其中，第 2 阶段为评估小组和项目决策者会晤（通常 1 天时间），以开始信息收集和分析工作。第 3 阶段为架构涉众加入到评估中，分析继续进行（一般用 2 天时间）。

(3) 第 4 阶段，小组需要生成一个最终的书面报告。在总结会议中，需要讨论哪些活动比较理想，还有哪些需要自我检查和改进的问题，以使评估工作一次比一次好。

12.4　评估方法比较

基于场景的软件体系结构评估方法用场景代替对质量属性的空洞描述,提高软件测试的可行性。在具体的实际运用中,SAAM 和 ATAM 两种方法又有各自不同的特点。

12.4.1　场景的生成方式不同

SAAM 方法采用头脑风暴(Brainstorming)技术构建场景,要求风险承担者列举出若干场景,并将场景分为直接场景和间接场景两类,分别支持对体系的静态分析和动态分析。直接场景类似于用例,是按照现有的架构开发出来的系统能够直接实现的场景。间接场景有时也称为更改案例,在实际评估中,如果软件体系结构不能直接支持某一直接场景,就需要对现有的软件体系结构做修改,对现有架构做一些修改才能支持的场景便是间接场景。在评估中,对于直接场景,软件体系设计师需要清楚表述该体系结构将如何执行这些场景;对于间接场景,设计师应说明需要对体系结构做哪些修改才能适应间接场景的要求,并估计出这些更改的代价。通过综合各间接场景对软件体系结构的影响,可以测试出软件在生命周期内的适应性和可更改性。在具体评估中给场景设置优先级别来保证在有限的时间内最先考虑最重要的场景。

ATAM 在具体评估中将场景分为 3 类:①用例场景(Use Case Scenario)。描述用户的期望与正在运行的系统交互,用于信息的获取;②生长场景(Growth Scenario),预期的系统变更与质量属性关系;③探索场景(Exploratory Scenario),暴露当前设计的极限或边界,显示可能隐含的假设,即弄清这些更改的影响。在场景的具体使用中,评估小组请风险承担者对三类场景进行集体讨论,根据风险承担者的意见将代表相同行为或相同质量属性的场景进行合并,确定其中若干个场景,最后通过投票的方式来确定这些场景的优先级别。这就要求软件设计师必须清楚地向风险承担者表达软件结构设计中所使用的任何明确的体系结构方法,风险承担者根据确定使用的体系结构方法,采用"刺激-环境-响应"来生成三类场景。

12.4.2　风险承担者商业动机的表述方式不同

软件体系结构的评估参与人员主要有风险承担者和评估小组成员,不同的风险承担者对软件的质量属性有着不同的组织目标,不同的组织目标是由于商业动机的出发点不一样而造成的,在软件体系结构阶段就应该考虑他们的商业动机及目标满足程度。

SAAM 只是将不同组织的需求目标简单地联系在一起,评估中由开发人员、维护人员、用户和管理人员等风险承担者将其所关心的目标问题以场景的形式提出,这样不同领域的风险承担者根据自己领域的特点及对软件的需要确定若干场景,评估小组根据他们确定的场景来评估软件系统特定方面的性能。对于同一系统,由于不同风险承担者确定的场景不同,评估的结果也将不同。这种将商业动机不经过深入的数据处理就转换为场景的评估方式具有一定的不精确性,只能是一种粗糙的评估方式。

ATAM 建立在 SAAM 的基础上,借助于效用树(Quality Attribute Utility Tree)将风险承担者的商业目标转换成质量属性需求,再转换成代表自己商业目标的场景。对于风险承担者不同的商业动机,评估人员首先确定不同商业动机所代表的质量属性与其他质量属性相比较,得到相对重要性的矩阵,并运用层次分析法来确定质量属性的优先组合,将模糊的目标定量化,生成质量属性效用树,这样,评估人员更容易关注效用树的叶子结点,从而更好地满足处在高优先级位置的场景所需采用的软件体系结构方法,更加精确地定义质量需求。效用树的理论基础是管理学中的"需要理论",即通过刺激及其所产生期望响应来描述场景,根据期望的迫切程度确定场景的优先级别。在理想情况下,所有场景都以"刺激-环境-响应"的形式表述。ATAM 通过不同质量属性之间的交互及依赖关系寻求不同质量属性之间的折中机制,因此,ATAM 方法在具体评估分析过程中要求记录系统风险、找出敏感点(Sensitivity Points)及折中点(Tradeoff Points),同时也改进了体系结构的相关文档。

12.4.3　软件体系结构的描述方式不同

在评估之前,首席软件设计师需要对软件体系结构做详略适当的讲解,这种信息讲解的表达透彻程度将直接影响体系结构的分析质量。在讲解过程中,评估小组还要询问更多相关信息,只有选择合适的视图才能更清晰地表达相关信息。

ATAM 方法中软件体系结构的描述采用 Philippe Kruchten 的"4+1"视图模型,即从 5个不同的视角点描述系统的体系结构,4 个视图模型从特定的不同方面描述软件的体系结构,忽略与此无关的实体(具体内容参见 4.2.1 节)。描述系统的功能需求采用逻辑视图,即系统提供给最终用户的服务;描述系统的运行特性采用进程视图,侧重关注非功能性的需求(如性能、可用性),该视图服务于系统集成人员,方便后续的性能测试;硬件配置采用物理视图描述,该视图服务于系统工程人员,解决系统的拓扑结构、系统安装、通信等问题;软件模块的组织与管理采用开发视图描述,该视图服务于软件编程人员,方便后续的设计与实现;最后用场景视图刻画构件之间的相互关系。将 4 个视图有机地联系起来,场景视图不仅可以描述一个特定的视图内的构件关系,而且可以描述不同视图间的构件关系。在 4 个视图中,逻辑视图、开发视图主要用来描述系统的静态结构;进程视图、物理视图主要用来描述系统的动态结构。ATAM 在实际运用中并非每个系统都必须将 5 个视图都画出来,而是各有侧重。

SAAM 则提倡使用非常单纯的体系结构要素。对体系结构的静态描述一般都要区别数据的连接(数据在组件之间的传递)和控制连接(一个组件调用另一个组件执行某个功能);对软件体系结构的动态描述主要描述系统在各个不同时间的行为,给出软件的体系结构。软件体系结构既可以用自然语言来描述系统的整体行为,又可以用某种形式的结构化的描述,表述形式相对灵活。

12.5　小结

软件体系结构的评估是一项实践性非常强的工作,因此应该与实践紧密联系起来。目前,SAAM、ATAM 都已经应用到若干个实际的系统中,并且在实践的过程中不断地得到改进。在很大程度上评估的质量与风险承担者的积极参与分不开,评估的过程同时也是风险承担者对于最终软件系统的认识交流与提高的过程。在具体使用过程中,用户应该针对碰到的情况对这些方法做一些调整或修改,但是评估方法的思想、基本的评估技术都应该得到很好的体现。在实践中,专家的经验、现有知识库的重用都是值得考虑的因素。

12.6 思考题

1. 软件体系结构评估方法所关注的质量属性有哪些？
2. 风险承担者包括哪些人员？
3. 什么是场景？基于场景的软件体系结构评估方法有哪几种？
4. 简述 SAAM 方法的评估步骤。
5. 比较 SAAM 和 ATAM 两种方法的异同点。

第13章

软件设计的进化

简单不先于复杂,而是在复杂之后。

——Alan Perlis

随着时间的推移,原有软件正在慢慢老化。软件需要进行适应性的调整,以满足新的计算环境和技术。软件必须升级实现新的功能,必须扩展使之能满足新系统的互操作能力,软件架构必须改进适应新的网络环境,等等。程序员试图给软件打上补丁,试图扩展和改善软件的功能,但软件的维护变得越来越困难。软件需要不断地进化,以适应未来的多样性环境。新的软件从旧系统中建立起来,并且新、旧系统都必须具有互操作性。

本章共分8个部分,13.1节介绍软件演化的概述,13.2节介绍软件需求的演化,13.3节和13.4节分别介绍演化的分类和进化策略,13.5节介绍软件的再工程,13.6节介绍体系结构的演化,13.7节介绍软件的重构,13.8节介绍软件的移植。

13.1 软件演化概述

"变化"是现实世界中永恒的主题,只有变化才能有发展。软件演化(Software Evolution)是指在软件系统的生命周期内对软件进行维护和软件更新的行为和过程。

软件演化表明软件开发活动的动态性,这个领域的大部分工作是由 Lehman 和 Belady 完成的。经过研究,他们提出了系统演化的一组定律,称为 Lehman 定律。表 13-1 列出了 Lehman 定律。

表 13-1 Lehman 定律

定　律	描　　述
连续变化	在不断变化的环境中,软件必须要发生变化,否则,该软件的用途就会变得越来越小
复杂度增加	作为一个不断发展和变化的软件,其结构将会变得更加复杂,必须引入外在的资源来保持和简化这个结构
大规模软件发展	软件的发展变化是一个自我调节的过程,系统属性(如规模、版本发布间隔时间、发现的错误数等)对每个系统版本来说都应当是大致不变的
组织稳定	在软件的整个生命周期中,它的发展变化速度大致是不变的,并且与投入系统开发的资源无关
保持一致	在软件的整个生命周期中,每个版本增加的系统变化量都是大致相当的

◇ 连续变化定律:表明系统维护是一个必需的过程。错误修复只是维护活动的一小部分

工作,一个好的软件系统,必须是可维护的。

◇ 复杂度增加定律:说明随着系统的变化,软件原有的整体结构将不断退化。如果希望改变这种结构退化的趋势,必须增加一些额外的成本,有时这种成本将成为是否实施软件改变的重要影响因素。因此,减少结构退化的成本必须是可以接受的,而且,维护过程可能要包括系统结构的重新设计。

◇ 组织稳定定律:说明大多数大规模的软件项目都处于一种"饱和"的状态,即任何一个资源或人员的变化都会对系统的长期发展产生不利的影响。

◇ 大规模软件发展定律:表明大型系统在开发的早期阶段就有了自身的动态性和可调节能力,即决定了系统维护过程大致的趋势和系统可能变化的数量,维护管理不能也不应该做系统变化所要求的所有事情。由于变化是针对整个系统的,所以,变化也会引入新的错误到系统中,这时就需要更多的变化来纠正这些错误,一旦系统超过了一定的规模,这些变化所起的作用如同惯性系统一样,同时也阻碍着更大的变化,这些变化会导致系统的可靠性降低。所以,在任何时候实施的变化数量都是有限的。系统变化的过程在一定程度上受组织的决策过程所控制。

◇ 保持一致定律:关心的是软件系统每个版本发行时的变化增加量,变化量保持适度的增加是必须的。

软件系统开发完成并且投入使用之后,变更就悄悄开始进行了。这些变更一部分来自于对软件缺陷的改正,例如软件使用后暴露的缺陷,软件的性能和可靠性的改进;一部分会随着新的需求浮现出来,例如实现新的功能;另一部分来自于外界的环境变化给软件带来的压力,例如商业模式和环境的不断改变,计算机硬件和软件环境的升级,业务的变更,等等。

大约在 1988 年,程序员发现了"千年虫"。此后,世界性的"Y2K 除虫运动"一直延续到 2001 年年底,人们不得不把那些"泼出去的水"收回来,从洪水般的源代码"陈年谷子"中寻找那些芝麻般的"时间变量",虽然不过是有限变量长度和类型的修改,但其影响几乎波及了西方国家近 75% 的企业,调动了据说百万人年数量级的软件人力。如今虽然时过境迁,有识者却再也不敢掉以轻心,因为他们清楚地看到了那些滋养了"千年虫"的大量程序仍然生存在世界的各个角落,而谁又敢说不再有别的什么。"虫"仍在暗中"蠕动",越是庞大、悠久的软件系统,它们沉淀的历史遗产越雄厚,所以越是不能淘汰。与硬件频繁更新的逻辑不同,"继承过去"是软件的立身之本,身后的历史越长,前面的路越宽。

有关软件进化的定义如下。

◇ Manny Lehman 和 Juan F. Ranil 定义:有目的地从早期的可操作版本来产生新的软件版本的所有规划设计活动。

◇ L. A. Belady 定义:软件系统在它们的生命周期里被维护和增强的动态行为。

◇ Ned Chapin 定义:它是软件维护活动和过程的一个运用,以及对这些活动和过程质量的保证和管理。这些活动和过程是用来从一个早期的可运行版本中产生一个新的软件版本,这个新的软件必须满足客户要求改变的功能或属性。

尽管软件进化的定义没有统一,但其实质都是一样的,软件演化是一个过程。在这个过程中,程序要改变其形态来适应市场的要求和从先前程序中继承而来的特性。实现进化的最终目标是使软件能够更好地实现客户的需求,更好地适应环境的改变,使软件的功能不断地完善和增强。

软件工程是由沟通、策划、建模、构建、部署 5 个主要活动组成的一个螺旋过程,软件的演化是贯穿系统的整个生命周期的。因此,软件演化不同于软件维护。软件演化包括了软件维护和软件再工程,这是软件演化的处理策略。

　　◇ 软件维护:为了修改软件缺陷或增加新的功能而对软件进行的变更,软件变更通常发生在局部,不会改变整个结构。

　　◇ 软件再工程:为了避免软件退化而对软件的一部分进行重新设计、编码和测试,提高软件的可维护性和可靠性。

　　在软件的演化过程中,程序员尽可能复用系统已有的部分,尽可能降低演化的成本和代价。软件演化过程应该具有以下几个特征。

　　(1)迭代性:在软件演化过程中,必须不断地对系统进行变更,许多活动要比在传统模式中具有更高的重复执行频率。

　　(2)交错性:软件演化既具有连续性又具有间断性,二者是交错进行的。

　　(3)多层次性:软件演化是一项多层次的工作,它是多方面因素共同作用的结果。

　　(4)反馈性:用户需求和软件系统所处的工作环境总是在不断地发生改变,一旦环境发生变化,就必须做出反馈,启动软件演化过程。

　　(5)并行性:为了提高软件演化的效率,必须对软件演化过程进行并行处理。

13.2　软件需求演化

　　虽然现在快速增长变化的需求使得大多数软件变得很难维护,然而抛弃现在的系统重新开始设计完成系统在经济和时间上是不可行的。

　　在软件生命周期的各个阶段,软件需求都可能发生改变。随着新需求和新技术的不断涌现,几乎所有的系统都要不断地进行升级和更新,这种变化的起因更多地归结为软件需求的演化。软件演化是不断调节应用系统以满足用户需求的过程,是对已有系统不断地进行修改、补充和完善,以适应外界环境变化的过程。软件需求演化是软件需求从不明确到明确的过程,多数软件需求演化都要经历相当长的时间。有的软件项目的绝大部分需求在演化的早期就已经明确了,有的要到后期才能明确。

　　引起需求变化的原因主要分为以下 3 类:

　　(1)突发事件对用户需求的扰动。

　　(2)用户为满足当前需求在多种信息类别间的需求迁移。

　　(3)用户因当前需求满足后萌生新需求而产生的需求进化。

　　需求分析往往具有无法避免的不彻底性和不完备性,一些无法预料的外部条件变化也总是在所难免的,对应软件需求演化主要分为以下 3 类。

　　(1)需求改写:经过与客户的商讨之后,软件工程师对功能定义、数据定义和实现方法进行修改,然后通知相关人员按照新需求重新启动软件演化过程。

　　(2)需求删除:在开发和运行阶段,系统往往存在着某些不必要的或重复功能,必须删除这些功能所对应的需求描述。

　　(3)需求增加:软件工程师检查用户提出的新需求是否与原有功能冲突,如果产生冲突则向开发小组报告,否则将新需求加入到系统需求规格说明中,启动软件演化过程。

13.3　软件演化的分类

软件演化基本上分为两种类型,即静态演化和动态演化。

(1) 静态演化:是指软件在停机状态下的演化。其优点是不用考虑运行状态的迁移,并且也没有活动的进程需要处理。然而停止一个应用程序就意味着中断它提供的服务,会造成软件暂时失效。在停机状态下,系统的维护和二次开发就是一种典型的软件静态演化。对于执行关键任务的一些软件系统而言,通过停止、更新和重启来实现维护演化任务会导致不可接受的延迟、代价和危险。例如,当对航班调度系统和某些实时监控系统进行演化时,不能进行停机更新,而必须切换到备用系统上,以确保相关服务仍然可用。

(2) 动态演化:是指软件在执行期间的软件演化。其优点是软件不会存在暂时的失效,具有不中断服务的明显优点,但由于涉及状态迁移等问题,比静态演化从技术上更加错综复杂,包括动态更新、增加和删除构件、动态配置系统结构等问题,它已经成为软件演化研究领域备受人们关注的一个热点问题。

在开放的 Internet 环境下,动态性和多变性的需求越来越明显,而目前的主流软件技术还属于比较封闭和静态的软件体系框架。静态演化的局限性将无法适应网络时代,许多依赖于互联网的软件技术,如网构软件、自治计算、网格计算等,都需要动态演化技术的支持。在很多关键的领域中,都需要软件能够感知环境的变化,并根据环境的变化改变自身行为,采取适应性动作,以适应资源的可变性、用户需求的变化以及系统错误等。为了实现这种自管理的计算模式,人们提出了“自治计算”概念,是指通过自动调节来满足正在其中运行的应用需要的基础结构。从自治计算系统的自调整性来看,它的最终目标都是要实现系统的动态演化。因此,追求动态演化是软件演化未来的发展方向。

按照演化发生的时期,软件演化可分为以下几类。

(1) 设计时演化:设计时演化是指在软件编译前,通过修改软件的设计、源代码,重新编译、部署系统来适应变化。设计时演化是目前在软件开发实践中应用最广泛的演化形式。

(2) 装载期演化:装载期演化是指在软件编译后、运行前进行的演化,变更发生在运行平台装载代码期间。因为系统尚未开始执行,所以这类演化不涉及系统状态维护问题。

(3) 运行时演化:发生在程序执行过程中的任何时刻,部分代码或者对象在执行期间被修改。这种演化是研究领域的一个热点问题。

显而易见,设计时演化是静态演化,运行时演化是一种典型的动态演化,装载期演化既可以被看作是静态演化也可以被看作动态演化,取决于它怎样被平台或提供者使用。实际上,如果是用于装载类和代码,那么装载期演化就是静态演化,因为它其实是类的映射,实际的装载代码并没有改变;另一种可能是增加一个层,允许在运行时刻动态地装载代码和卸载旧的版本,这样,通过连续的版本来更换代码,最后实现系统的演化,变更本身也可以被认为是动态的演化机制。

从实现方式和粒度上来看,软件演化又可以分为以下几种类型。

(1) 基于过程和函数的软件演化:程序的更新是通过载入新版本的程序,用过程的新版本来替换旧版本,同时,在运行时将当前的捆绑改为新版本的捆绑来实现的。

(2) 面向对象的软件演化:利用对象和类的相关特性,在软件升级时,可以将系统修改局限于某个或某几个类中,以提高演化的效率。

（3）基于构件的软件演化：在现有构件的基础上对其进行修改，以满足用户的新需求。

（4）基于体系结构的软件演化：由于系统需求、技术、环境和分布等因素的变化，最终将导致系统框架按照一定的方式来变动。

13.4　软件的进化策略

在动态演化技术中，演化是分层次的，在不同的演化层次上都以不同的粒度为演化形式。低层次的演化技术是高层次演化的基础，由低向高逐层构造了一个层次分明且相互关联的动态演化技术体系。演化的层次基本上有函数层次、类层次、构件层次以及体系结构层次。

13.4.1　函数层次

一般来说，早期的动态链接库（Dynamic Link Library，DLL）的动态加载就是以 DLL 为粒度的函数层次的演化。DLL 的调用方式分为加载时的隐含调用和运行期的显式调用。加载时的隐含调用由编译系统完成对 DLL 的加载和应用程序结束时的 DLL 卸载，属于静态调用方式；运行期的显式调用由编程者用 API 函数加载和卸载 DLL 来达到调用 DLL 的目的，使用较复杂，是编制大型应用程序时经常采用的较为灵活的一种重要手段。DLL 的设计方法为应用程序提供了一定的可扩展性和动态特性，但未成为一个规范。

13.4.2　类层次

最常见的类层次的动态演化方法就是代理机制下的类的动态替换。在软件运行期间，为某个对象提供一个代理对象，任何一个访问该对象的操作都必须通过代理对象来进行，这样就可以在调用实际对象前或调用后利用消息传递做一些调用预处理和收尾处理等工作。调用预处理工作用于完成类的版本判别、对象的替换、执行对象调用等操作。当一个对象请求调用另一个对象时，代理对象首先取得调用请求的信息，然后识别被调用对象对应类的版本是否更新，若已更新，则重新装载该类并替换被调用对象；对象替换时，代理对象采用反射技术获取旧版本对象的状态并传递给新版本对象，以保障对象替换的状态一致性；最后完成新版本对象的行为调用，保证对象替换的引用一致性。类层次的动态演化是更侧重于代码的一种演化方法，它作为技术手段为构件层次的演化提供了技术支持。

13.4.3　构件层次

在传统的软件系统中，构件之间是直接交互引用的，而在动态体系结构中，构件之间的交互通过连接件来实现，这在很大程度上降低了构件之间的耦合度，增加了软件系统动态演化的可能性。在构件层次的演化过程中，构件之间的调用请求以及构件状态可以被演化平台获取，演化平台在演化时刻将构件的调用请求截获，同时检测构件状态，当接收到演化命令时，将该调用请求阻塞，根据体系结构配置信息将构件进行运行时的重新组装和部署，最后完成连接件的重定向操作并释放构件的调用请求。构件层次的演化与类层次的演化有一定的联系和区别，构件运行时的实例作为更为复杂的对象，在替换时仍然需要借助类层次的演化方法，但构件层次的演化需遵循体系结构的约束，保持演化前后的结构一致性。

13.4.4　体系结构层次

除了函数层次、类层次以及构件层次的动态演化以外,还有体系结构层次的动态演化。体系结构层次的演化可以保证软件演化的一致性、正确性以及其他一些所期望的特性。体系结构将开发人员的关注点从代码转移到了粗粒度的构件和构件之间互连的结构上。这样使得设计者从难以理解的细粒度的软件编程细节中脱离出来,从更高的高度来关注体系结构视图,包括系统的结构、构件之间的交互、构件的调度等。软件体系结构的一个显著特征就是显性地构造连接件,连接在构件间起着"桥梁"的作用,它同时还管理构件之间的交互,从而将构件的计算功能从构件通信中分离出来,最大程度地减小了构件之间的相互依赖关系,使得构件的计算逻辑与适配逻辑相分离,方便对系统的理解、分析和演化。

13.5　软件再工程

软件再工程是指对既有对象系统进行调查,并将其重构为新形式代码的开发过程。最大限度地重用既有系统的各种资源是再工程的最重要的特点之一。

为什么实施软件再工程?①再工程可帮助软件机构降低软件演化的风险;②再工程可帮助机构补偿软件投资;③再工程可使软件易于进一步变革;④再工程有着广阔的市场;⑤再工程能扩大 CASE 工具集;⑥再工程是推动自动软件维护发展的动力。

从软件重用方法学来说,如何开发可重用软件和如何构造采用可重用软件的系统体系结构是两个最关键的问题。不过对于再工程来说,前者的很大部分内容是对既有系统中非可重用构件的改造。

软件再工程具有较小的风险和较少的成本两个绝对优势。

(1) 较小的风险:对某个关键业务软件重新开发是要冒很大风险的,在系统描述中会发生错误,而且在开发过程中也会出现种种问题。在引入新软件上,时延将意味着商业的损失,而且会带来额外的费用。

(2) 较少的成本:再工程的成本较之重新开发一个软件来说要小得多。再工程与新软件开发之间的重要差别表现在软件开发的起点上。再工程不是从描述系统开始,而是将旧系统作为新系统的描述。Chikofsky 和 Cross 称传统的开发工程为正向工程(Forward Engineering),以区别软件再工程。图 13-1 所示为正向工程和再工程。

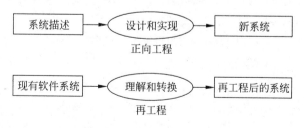

图 13-1　正向工程和再工程

在软件再工程的各个阶段,软件的可重用程度将决定软件再工程的工作量。

1. 再分析

再分析阶段的主要任务是对既存系统的规模、体系结构、外部功能、内部算法、复杂度等进行调查分析。在这一阶段,早期分析最直接的目的就是调查和预测再工程涉及的范围。重用是软件工程经济学最重要的原则之一,重用得越多,再工程的成本越低,所以逆向工程再分析阶段最重要的目的是寻找可重用的对象和重用策略,最终确定的再工程任务和工作量将取决于可重用对象范围(重用率)和重用策略。

与一次工程不同,再工程分析者最终提出的重用范围和重用策略将成为决定再工程成败以及再工程产品系统可维护性高低的关键因素。如果重用对象都是既存代码级的当然理想,然而可能性有限。再工程分析者如果因此而放弃重用,以为"改他人的代码不如自己重新编写",便犯了再工程的大忌。因为一个运行良久的既存系统,最起码的价值是在操作方法和正确性上已被用户接受。而再高明的程序员在软件没有经过用户一段时间的使用验证之前都不敢保证自己的程序正确无误,更何况越是有经验的程序员越是知道对一个处于局部变更阶段的程序进行重新编写远比一次工程的原始编程复杂得多,因为他需要应付无数"副作用",正所谓"碰一筋而动全身"。所以,读文档——即使是"破烂不堪"、读代码——即使是"千疮百孔",也要坚持住,并且从中筛选出可重用对象。

2. 再编码

根据再分析阶段做成的再工程设计书,再编码过程将在系统整体再分析基础上对代码做进一步分析。如果说再分析阶段产品是再工程的基本设计书,那么再编码阶段同一次工程一样,先要产生的是类似详细设计书的编码设计书。但是再工程比一次工程更难以进行过程分割,换言之,瀑布模型更不适应再工程,无法将再分析、再设计、再编码截然分开。

3. 再测试

一般来说,再测试是再工程过程中工作量最大的一项工作。如果能够重用原有的测试用例及运行结果,将能大大降低再工程成本。对于重用的部分,特别是可重用的(独立性较强的)局部系统,还可以免除测试,这也正是重用技术被再工程高度评价的关键原因之一。当然,再工程后的系统总有变动和增加的部分,对受其影响的整个范围都要毫无遗漏地进行测试,不可心存侥幸,以免因"一个苍蝇坏了百年老汤"。

软件再工程大体分为两个部分,首先是完成逆向过程(Reverse Engineering),即从代码开始推导出设计或是规格说明(可理解性),然后改善软件的静态质量(可维护性、复用性或演化性)。

13.5.1　业务过程重构

业务过程重构(Business Process Reengineering,BPR)概念涉及的领域远远超出了软件工程领域的范畴。《财富》杂志对业务过程重构的定义为:搜寻并实现业务过程中的根本性改变,以取得突破性成果。

业务过程是指执行一组逻辑相关的任务,以获得定义明确的业务结果。业务过程将人员、设备、材料以及业务规程综合在一起,以产生特定的结果。业务过程的例子有设计新产品、购买服务和支持、雇佣新员工,以及向供应商支付费用等。每个业务过程都有一个指定的客户——接收业务过程结果(想法、报告、设计、服务、产品)的个人和小组。

假如做一个手术需要4个小时,业务工程重构专家通过调查发现,其中一个小时用于病人的麻醉,相当于在手术室白白浪费了一个小时的时间。由于手术室有很多非常昂贵的设备,一个小时的折旧费可能就是几百美元;而且麻醉期间并不需要无菌,完全可以在手术室旁边设一个麻醉室,这样一来,手术室占用的时间从4个小时缩短为3个小时。原来每天做4个手术占用 16 个小时,现在可以完成 5 个手术。假如一次手术收费 5000 元,那么现在一天就可以多收入 5000 元。

福特公司的很多配件是由一些小公司制造的,所以公司设立了一个拥有 500 名员工的货款支付处。后来福特公司发现,日本马自达汽车制造公司的一个分公司也有这样一个货付处,但只有 5 名工作人员,福特公司非常奇怪,派人去考察。经过调研,发现是由于马自达的信息管理自动化程度很高的原因。于是福特公司强化了自动化管理,把员工人数从 500 人缩减到 125 人,节省了一大笔资金。

业务过程重构就是重新设计和安排企业的整个生产、服务和经营过程,使之合理化。通过对企业原来生产经营过程的各个方面、每个环节进行全面的调查研究和细致分析,对其中不合理、不必要的环节进行彻底的变革。在具体实施过程中,可以按以下程序进行。

(1) 业务过程对原有流程进行全面的功能和效率分析,发现其存在的问题。根据企业现行的作业程序,绘制细致、明了的作业流程图。一般来说,原来的作业程序是与过去的市场需求、技术条件相适应的,并由一定的组织结构、作业规范作为其保证。当市场需求、技术条件发生的变化使作业程序难以适应时,作业效率或组织结构的效能就会降低。因此,必须从以下方面分析现行作业流程的问题。

① 功能障碍:随着技术的发展,技术上具有不可分性的团队工作如果个人完成,工作额度会发生变化,这就会使原来的作业流程或者支离破碎增加管理成本,或者核算单位太大造成权、责、利脱节,并会造成组织机构设计的不合理,形成企业发展的瓶颈。

② 重要性:不同的作业流程环节对企业的影响是不同的,随着市场的发展,顾客对产品、服务的需求发生变化,作业流程中的关键环节以及各环节的重要性也在发生变化。

③ 可行性:根据市场、技术变化的特点及业务的现实情况,分清问题的轻重缓急,找出流程再造的切入点。为了对上述问题的认识更具有针对性,还必须深入现场,具体观测、分析现存作业流程的功能、制约因素以及表现的关键问题。

(2) 设计新的流程改进方案,并进行评估。为了设计更加科学、合理的作业流程,必须群策群力、集思广益、鼓励创新。在设计新的流程改进方案时,可以考虑以下几个方面:

① 将数项业务或工作组合,合并为一。

② 对于工作流程的各个步骤按其自然顺序进行。

③ 给予员工参与决策的权力。

④ 为同一种工作流程设置若干种进行方式。

⑤ 工作应当超越组织的界限,在最适当的场所进行。

⑥ 尽量减少检查、控制、调整等管理工作。

⑦ 设置项目负责人。

⑧ 对于提出的多个流程改进方案,还要从成本、效益、技术条件和风险程度等方面进行评估,选取可行性强的方案。

(3) 制定与流程改进方案相配套的组织结构、人力资源配置和业务规范等方面的改进规划,形成系统的企业再造方案。企业业务流程的实施是以相应组织结构、人力资源配置方式、业务规范、沟通渠道甚至企业文化作为保证的,所以只有以流程改进为核心形成系统的企业再造方案才能达到预期的目的。

(4) 组织实施与持续改善。实施业务过程重构,必然会触及原有的利益格局,因此必须精心组织、谨慎推进,既要态度坚定克服阻力,又要积极宣传、达成共识,以保证重构的顺利进行。

业务过程重构的实施并不意味着业务再造的终结。在社会发展日益加快的时代,企业总是不断面临新的挑战,这就需要对业务重构方案不断地进行改进,以适应新形势的需要。

13.5.2 软件再工程的过程模型

典型的软件再工程过程模型如图 13-2 所示,该模型定义了 6 种活动。在某些情况下,这些活动以线性顺序发生,但也并非总是这样。例如,为了理解某个程序的内部工作原理,可能在文档重构开始之前必须先进行逆向工程。

图 13-2 中显示的再工程范型是一个循环模型,这意味着作为该范型的组成部分的每个活动都可能被重复,而且对于任意一个特定的循环来说,过程可以在完成任意一个活动之后终止。下面简要地介绍该模型所定义的 6 种活动。

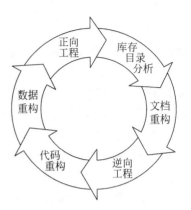

图 13-2 软件再工程过程模型

1. 库存目录分析

每个软件组织都应该保存其拥有的所有应用系统的库存目录,该目录包含关于每个应用系统的基本信息(例如应用系统的名字、最初构建它的日期、已做过的实质性修改次数、过去 18 个月报告的错误、用户数量、安装它的机器数量、它的复杂程度、文档质量、整体可维护性等级、预期寿命、在未来 36 个月内的预期修改次数、业务重要程度等)。

每一个大的软件开发机构都拥有上百万行老代码,它们都可能是逆向工程或再工程的对象。但是,某些程序并不频繁使用而且不需要改变;此外,逆向工程和再工程工具尚不成熟,目前仅能对有限种类的应用系统执行逆向工程或再工程,而且代价十分高昂,因此对库中的每个程序都做逆向工程或再工程是不现实的。

下列 3 类程序有可能成为预防性维护的对象:

(1)预定将使用多年的程序。

(2)当前正在成功地使用着的程序。

(3)在最近的将来可能要做重大修改或增强的程序。

用户应该仔细分析库存目录,按照业务的重要程度、寿命、当前可维护性、预期的修改次数等标准,把库中的应用系统排序,从中选出再工程的候选者,然后明智地分配再工程所需要的资源。

2. 文档重构

老程序固有的特点是缺乏文档。根据情况不同,处理这个问题的方法也不同:

(1)建立文档非常耗费时间,不可能为数百个程序都重新建立文档。如果一个程序是相对稳定的,正在走向其有用生命的终点,而且可能不会再经历什么变化,那么,让它保持现状是一个明智的选择。

(2)为了便于今后的维护,必须更新文档,但是由于资源有限,应采用“使用时建文档”的方法。也就是说,不是一下子把某应用系统的文档全部都重建起来,而是只针对系统中当前正在修改的那些部分建立完整文档。随着时间的流逝,将得到一组有用的和相关的文档。

(3)如果某应用系统是完成业务工作的关键,而且必须重构全部文档,则应该设法把文档工作减少到必需的最小量。

3．逆向工程

软件的逆向工程是分析程序,以便在比源代码更高的抽象层次上创建出程序的某种表示的过程。也就是说,逆向工程是一个恢复设计结果的过程,逆向工程工具从现存的程序代码中抽取有关数据、体系结构和处理过程的设计信息。

4．代码重构

代码重构是最常见的再工程活动。某些老程序具有比较完整、合理的体系结构,但是,个体模块的编码方式却是难以理解、测试和维护的。在这种情况下,可以重构可疑模块的代码。

为完成代码重构活动,首先用重构工具分析源代码,标注出和结构化程序设计概念相违背的部分,然后重构有问题的代码(此工作可自动进行),最后复审和测试生成的重构代码(以保证没有引入异常)并更新代码文档。

通常,重构并不修改整体的程序体系结构,它仅关注个体模块的设计细节以及在模块中定义的局部数据结构。如果重构扩展到模块边界之外并涉及软件体系结构,则重构变成了正向工程。

5．数据重构

对数据体系结构差的程序很难进行适应性修改和增强,事实上,对许多应用系统来说,数据体系结构比源代码本身对程序的长期生存力有更大的影响。

与代码重构不同,数据重构发生在相当低的抽象层次上,它是一种全范围的再工程活动。在大多数情况下,数据重构始于逆向工程活动,分解当前使用的数据体系结构,必要时定义数据模型,标识数据对象和属性,并从软件质量的角度复审现存的数据结构。

当数据结构较差时,应该对数据进行再工程。由于数据体系结构对程序体系结构及程序中的算法有很大的影响,对数据的修改必然会导致体系结构或代码层的改变。

6．正向工程

正向工程也称为革新或改造,这项活动不仅从现有程序中恢复设计信息,而且使用该信息去改变或重构现有系统,以提高其整体质量。正向工程过程应用软件工程的原理、概念、技术和方法来重新开发某个现有的应用系统。在大多数情况下,被再工程的软件不仅重新实现现有系统的功能,而且加入了新功能,提高了整体性能。

13.5.3　软件再工程中的经济因素

再工程花费时间,并占用资源。因此,一个组织试图再工程某现存应用之前,有必要进行成本/效益分析。Sneed 提出了再工程的成本-效益分析模型,涉及以下 9 个参数。

P1：当前对某应用的年维护成本;

P2：当前某应用的年运行成本;

P3：当前某应用的年收益;

P4：再工程后预期年维护成本;

P5：再工程后预期运行成本;

P6：再工程后预期业务收益;

P7：估计的再工程成本;

P8：估计的再工程日程;

P9：再工程风险因子(名义上 P9＝1.0)。

令 L 为期望的系统生命周期(以年为单位),则有:

(1) 和未执行再工程的持续维护相关的成本：Cmaint＝[P3－(P1＋P2)] * L

(2) 和再工程相关的成本：Creeng＝[P6－(P4＋P5) * (L－P8)－(P7 * P9)]

(3) 再工程的整体收益：Cbenefit＝Creeng－Cmaint

13.6 软件体系结构的演化

由于系统需求、技术、环境、分布等因素的变化而最终导致软件体系结构的变动称为软件体系结构演化。通常将软件系统在运行时刻的体系结构变化称为体系结构的动态性，而将体系结构的静态修改称为体系结构扩展。体系结构扩展与体系结构的动态性都是体系结构适应性和演化性的研究范畴，可以用多值代数或图重写理论来解释软件体系结构的演化。

13.6.1 软件体系结构模型

目前对软件体系结构的定义形式多样，许多文献中比较公认的定义即软件体系结构是组成系统的构件以及构件与构件之间交互作用关系（连接件）的高层抽象。

定义 1：构件 Com 是系统中承担一定功能的数据或计算单元。Com＝<Ports,Imp_Bs>，其中，Ports 是构件接口集合，Imp_Bs 是构件的实现。Ports＝{$Port_1$,$Port_2$,…,$Port_n$}，而 $Port_i$＝<ID,$Publ_i$,Ext_i,$Prvt_i$,$Beha_i$,Msg_i,$Cons_i$,$NFun_i$,Ply_i>，其中，ID 为构件标识，$Publ_i$ 是 $Port_i$ 向外提供的功能的集合，Ext_i 是外部通过 $Port_i$ 向构件提供的功能的集合，$Prvt_i$ 和 $Beha_i$ 分别是 $Port_i$ 的私有属性集合和行为方法集合，Msg_i 是 $Port_i$ 产生的消息的集合，与事件有关，$Cons_i$ 是 $Port_i$ 的行为约束，$NFun_i$ 是 $Port_i$ 的非功能说明，Ply_i 是与连接件交互点的集合。

定义 2：连接件 Con 是系统中承担构件间交互语义的连接运算单元。Con＝<ID,Beha,Msg,Nfun,Cons,Role>，其中，ID 为连接件的标识，Beha 是连接件行为语义的描述，Msg 是构件与各 Role 交互事件产生的消息的集合，Nfun 为连接件的非功能描述，Cons 是连接件语义约束的集合，Role 是连接件与构件交互点的集合。

定义 3：软件体系结构是由构件通过连接件及其之间的语义约束形成的拓扑网络。NSA＝<Coms,Cons,Const>（称 SA 网络或 SA 网络模型），其中，Coms 是构件的集合，Cons 是连接件的集合，Const 是构件与连接件之间的语义动态、静态约束。

定义 4：软件体系结构简化模型。SAS＝<Coms,Connectors>，其中，Coms 同定义 3，Connectors＝{$Connector_{lr}$}，$Connector_{lr}$＝<Cons,C-CConst>，Cons 同定义 3，而 C-CConst 表示构件之间的语义约束。

需要说明的是，定义 3 中的连接件和定义 4 中的连接件之间是一种展开和合并的关系，分别适应于软件体系结构动态演化和静态演化的研究。

定义 5：由于系统需求、技术、环境和分布等因素的变化而最终导致的软件体系结构按照一定的目标形态的变动称为软件体系结构演化。

13.6.2 动态软件体系结构

传统的软件体系结构研究设想体系结构总是静态的，即软件的体系结构一旦建立，就不会在运行时刻发生变动。但人们在实践中发现，现实中的软件往往具有动态性，即它们的体系结构会在运行时发生改变。

软件体系结构在运行时发生的变化包括以下两类：

一类是软件内部执行所导致的体系结构改变。例如，很多服务器端软件会在客户请求到达时创建新的构件来响应用户的需求。某个自适应的软件系统可能根据不同的配置状况采用不同的连接件来传送数据。

另一类变化是软件系统外部的请求对软件进行的重配置。例如，有很多高安全性的软件系统，这些系统在升级或进行其他修改时不能停机。因为修改是在运行时刻进行的，体系结构也就动态地发生了变化。

在高安全性系统之外也有很多软件需要进行动态修改，例如，很多操作系统期望能够在升级时无须重新启动系统，在运行过程中就完成对体系结构的修改。由于软件系统会在运行时刻发生动态变化，这就给体系结构的研究提出了很多新的问题。如何在设计阶段捕获体系结构的这种动态性，并进一步指导软件系统在运行时刻实施这些变化，从而达到系统的在线演化或自适应甚至自主计算，是动态体系结构所要研究的内容。

在现阶段，动态软件体系结构研究可分为两个部分：①体系结构设计阶段的支持，主要包括变化的描述、根据变化如何生成修改策略、描述修改过程、在高抽象层次保证修改的可行性以及分析和推理修改所带来的影响等；②运行时刻基础设施的支持，主要包括系统体系结构的维护、保证体系结构修改在约束范围内、提供系统的运行时刻信息、分析修改后的体系结构符合指定的属性、正确映射体系结构构造元素的变化到实现模块、保证系统的重要子系统的连续执行并保持状态、分析和测试运行系统等。

很多学者提出了在体系结构层次刻画系统的动态性的方法。在现阶段，用于描述动态软件体系结构的形式化方法包括图论、进程代数等。

在运行时刻，基础设施层次支持动态性，包含以下研究内容：①获取运行时刻的软件体系结构模型，并维护该模型和实际运行系统之间的因果关联；②获取或者生成体系结构动态调整策略；③根据第②步得到的调整策略调整运行时刻系统等。

13.6.3 软件体系结构的重建

当前系统的开发很少是从头开始的，大量的软件开发任务是基于已有的系统进行升级、增强或移植。这些系统在开发的时候没有考虑软件体系结构，在将这些系统进行构件化包装、复用的时候会得不到体系结构的支持。因此，从这些系统中恢复或重构体系结构是有意义的，也是必要的。软件体系结构重建是指从已实现的系统中获取体系结构的过程。一般情况下，软件体系结构重建的输出是一组体系结构视图。

概念视图、构件视图、开发视图、任务视图、特征视图等是有意义的。现有的体系结构重建方法可以分为以下4类。

(1) 手工体系结构重建：Laine PK 提出了用于 OO 系统的体系结构手工重建方法。该方法以 Emacs 和 Grep 为基本工具，通过检查源码的方式来发现构件，所有的视图都使用纸和笔绘制。

(2) 工具支持的手工重建：通过工具对手工重建提供辅助支持，包括获得基本体系结构单元、提供图形界面允许用户操作软件体系结构模型、支持分析软件体系结构模型等。例如，Klocwork Insight 工具(www.klocwork.com/products/insight.asp)使用代码分析算法直接从源代码获得构件视图，用户可以通过操作图形化的软件体系结构设定体系结构规则，并可在工具的支持下实现对体系结构的理解、自动控制和管理。

（3）通过查询语言自动建立聚集：这类方法适用于较大规模的系统，基本思路是在逆向工程工具的支持下分析程序源代码，然后将所得到的体系结构信息存入数据库，并通过适当的查询语言得到有效的体系结构显示。Kazman 通过软件分析工具直接从源代码获取体系结构元素信息并存储在 PostgreSQL 数据库中，通过将 SQL 和 Perl 组合使用，可以进行多种查询并产生多种体系结构视图。

（4）使用其他技术，例如数据挖掘等：从多视图、质量属性变更、设计与实现的一致性、体系结构中的通用性和可变性、二进制构件和混合语言等角度分析、比较了现阶段软件体系结构重建方法。

当前，软件体系结构重建的研究面临着很多挑战，主要是因为以下原因：

（1）软件体系结构自身的研究不够成熟，对软件体系结构的描述方法、语义问题等多个方面并没有统一的认识；

（2）直接从源代码层次进行重建的可能性不大，因为大量的商用和 COTS 软件并不存在现实可用的源代码；

（3）缺乏必要的工具和方法支持，许多项目尚处于研究、探索阶段。

13.7　重构

重用是软件再工程的"灵魂"，软件再工程可以在不同程度上重用工程的资源。重用完善的具有一致性的文档、可读性强和可维护的代码，是软件工程的理想境界。但对于天书般的文档，打满了补丁的软件，还要重用吗？这也是软件再工程方法学的使命之一，它必须提出对"糟糕的文档"、"糟糕的程序"的重用解决方案。重构（Refactoring）就是解决它们的"武器"。

13.7.1　重构的目标

重构，就是在不改变软件现有功能的基础上，通过调整程序代码改善软件的质量、性能，使其程序的设计模式和架构更趋合理，提高软件的扩展性和可维护性。

重构不改变系统功能，仅仅改变系统的实现方式，通过重构可以达到以下目标。

（1）持续纠偏和改进软件设计：重构和设计是相辅相成的，它和设计彼此互补。有了重构，仍然必须做预先的设计，但是不必是最优的设计，只需要一个合理的解决方案就可以了。如果没有重构，程序设计会逐渐腐败变质，越来越像断线的风筝、脱缰的野马无法控制。重构其实就是整理代码，让所有带着发散倾向的代码回归本位。

（2）使代码更易为人所理解：Martin Flower 在《重构》中有一句经典的话："任何一个傻瓜都能写出计算机可以理解的程序，只有写出人类容易理解的程序才是优秀的程序员。"有些程序员总是能够快速地编写出可运行的代码，但代码中晦涩的命名使人晕眩得需要紧握坐椅扶手，试想一个新来的程序员接手这样的代码他会不会想当逃兵呢？

（3）帮助发现隐藏的代码缺陷：孔子说："温故而知新。"重构代码时，程序员要加深理解原先所写的代码，发现其中的问题和隐患，从而构建出更好的代码。

（4）从长远来看，有助于提高编程效率：当发现解决一个问题变得异常复杂时，往往不是问题本身造成的，很可能是用错了方法，拙劣的设计往往导致臃肿的编码。改善设计、提高可读性、减少缺陷都是为了稳住"阵脚"。良好的设计是成功的一半,停下来通过重构改进设计,或许会在当前减缓速度,但它带来的后发优势是不可低估的。

13.7.2 如何重构

下面列举一些常见的"坏代码"的情况,并说明如何针对这些情况进行重构。

(1) 大量重复的代码:也许你已经发现,即使是在一个类中的某一个方法,也可能有大量重复的代码,让你不得不在修改某一处的时候提心吊胆地用查找替换来解决问题,更不用说在不同的包类里面进行相同代码的修改了。其实,重复代码一般表现在以下两个方面,一是两段代码看上去几乎相同,二是两段代码都是实现相同的功能。

重构策略:尽量消除重复的代码,将它们合而为一根据重复的代码出现在不同的地方,分别采取不同的重构策略。

① 在同一个类(Class)的不同地方:提炼出重复的代码,然后在这些地方调用上述提炼出的方法。

② 在不同子类(Subclass)中:提炼出重复的代码,然后通过提升将该方法移动到上级Super class 内。

③ 在没有关系的类(Class)中:将重复的代码提炼到一个新类中,然后在另一个 Class 中调用生成的新类,消除重复的代码。

(2) 过长的方法参数序列:有的人在新增方法的时候很喜欢将尽量多的参数传递到新增的方法中,这样的做法可能是受到了某些教条的影响。例如,把方法需要的所有内容都以参数的形式传递进去。其实,这样做是不合理的,因为太长的参数列会使方法本身变得难以理解,造成方法前后不一致,而且一旦需要添加一个参数,必须修改方法,这种仅为一个参数就修改方法的行为是得不偿失的。

重构策略:如果可以向已存在的对象查询获取参数,则可通过移除参数列,在函数内部向上述已存在的对象查询获取参数。如果参数列中的若干参数是已存在对象的属性,则可通过使用已存在的对象,取代这些参数将这些参数替换为一个完整的对象,这样不仅提高了代码的可读性,同时已易于代码今后的维护。另外,还可以将若干不相关的参数通过创建新的参数对象创建一个新的参数类。不过,笔者认为如果这些情况过多,会产生很多莫名其妙的参数类,反而降低了代码的可读性。

(3) 代码量过大的方法体或类体:大家经常会看到数百行代码的方法体或类体,用鼠标的滚动条要滚好一会才能到方法的末尾,更不用说一行一行地去阅读了。可以想象维护人员在修改这段代码的时候会有多么痛苦,可能一个方法体在开始的时候并没有那么长,只是随着每次需求的变更,一点一点向方法里面加代码而没有注意重构,并且侥幸地认为每次加一点点根本不算什么,但积少成多,最后终于不可收拾了。就像一个人,开始并没有那么胖,然后每次去肯德基或者麦当劳时侥幸地认为,就吃一个香辣鸡腿堡,胖不了的,可是过不了多久,就变成一个大胖子了。

重构策略:对于代码量过大的方法,拆解过长的函数。重构时可以将过长的函数按照功能的不同适当拆解为小的函数,并给这些小函数取一个好名字,通过名字来了解函数提供的功能,提高代码的理解性。如果是过大的类体,将一些相关成员变量移植到新的 Class 中,如 Employee 类,一般会包含联系方式的相关属性(电话、Mobile、地址、Zip 等),可以将这些内容移植到新的 EmployeeContact 类中。

（4）过多的 if-else 和 switch-case 逻辑：if-else 和 switch-case 这样的分支结构，是程序员遇到的最多的逻辑。分支逻辑过多，只能说明程序混乱。

重构策略：代码一开始可能很简单，只是变更阶段为了省事加上了额外的条件判断，对于这种问题，我们的第一个念头是此处用多态能不能取代条件式，如果能，使用多态；如果不能，应该重新考虑程序的逻辑结构。另一种情况是 if 和 else 子句非常相似，那么考虑将其重写，使同样的代码段无论对于哪种情况都能生成正确的结果，然后去除条件式。

（5）局部变量的"全局"化：哪怕是只在方法的某个角落出现的变量，我们也很大方地把它放到全局域里，甘愿默默地忍受该变量有可能在别处被修改的风险。

重构策略：对于局部变量的"全局"化，还是表现的吝啬一点吧，如果是方法体内的就放在方法体内，如果是代码段内的就放在代码段。

（6）数据集合类：程序员设置了一些数据集合类来放一些我们要经常用到的数据，这样的思想确实能很好地避免多处修改，但往往是直接读取变量而不是使用 get 方法，这样就把过多的内容暴露给了客户，有时候太热情反而是一种坏事。

重构策略：该用 get 方法的时候还是要用。对于数据集合类，最好的解决方法是不要让客户直接去读取这些类的值域，而需要封装起来，然后设置 get/set 接口，让客户通过这些接口去读取数据。

（7）数据泥团：很多数据总是喜欢成群结队的聚集在一起，就像社会上的青年小混混，应该给他们限定住，否则肯定会出乱子的。

重构策略：通过创建新的参数对象取代这些参数，或使用已存在的对象取代这些参数，实现使用对象代替 Class 成员变量和方法中的参数列表，清除数据泥团，使代码简洁，也提高了维护性和易读性。

（8）注释的问题：注释太多或太少都不好，"多多益善，聊胜于无"的想法是不可取的。对于注释，我们应该遵循这样一条原则，"使用注释不是为了说明这段代码能做什么而是说明为什么要这么做"。

重构策略：如果需要注释/解释一段代码做了什么，则可以试试提取出一个独立的函数，让函数名称解释该函数的用途/功能。另外，如果觉得需要通过注释来说明系统的某些假设条件，可以尝试引入断言来明确标明这些假设。

（9）死代码：看看自己的代码，集中注意那些带黄线的部分，数数有多少是从未读取的变量或从未使用过的方法。

重构策略：赶紧清除它们，不要为以后着想，以后的问题不是现在放几个方法和变量就能解决掉的。

当然，还有很多"坏代码"，例如类之间的继承混乱、对象之间的过分依赖、方法之间的链式调用，都是有可能出现问题的地方。

13.8　软件移植

软件移植是指将软件从其当前环境移动到新的目标环境的过程，移植前后软件的功能基本保持一致。通过软件移植，可以使遗留系统适应新的软/硬件环境，从而达到延长其生命周期的目的。

可移植性是软件质量的一个重要属性，是衡量软件移植难易程度的重要指标。目前，软件可移植性研究主要集中在可移植性的定义、可移植性的度量和可移植性软件工程 3 个方面。

ISO/IEC 9126《软件工程——产品质量》中将可移植性定义为软件产品从一种环境迁移到另外一种环境的能力,其中,环境可能包括组织、硬件或软件的环境。这是最广为接受的、被引用最多的一种定义。

ISO/IECFCD 25010《软件和系统工程——软件产品质量需求和评估(SQuaRE)软件产品质量和系统使用质量模型》中将可移植性定义为一个系统或部件可以有效且高效地从一个硬件或软件环境移植到另一个环境下的程度。

可移植性软件工程以高可移植性为目标,在分析、设计、实现和测试等软件工程的各个环节引入可移植性策略,避免对具体环境的依赖,从而开发出具有高可移植性的软件,弥补了传统软件工程的不足。

软件移植主要分为源代码移植和二进制移植两种类型。源代码移植通过修改与环境相关的部分源代码,使软件具备适应多种环境的能力;二进制移植是指将软件从源环境移植到目标环境,且能正确运行,并与其在源环境下的行为保持一致。

13.8.1 源代码移植

根据源代码的可移植性以及源和目标环境的差异,其移植方法是多样化的,但源代码移植遵循着一个通用的流程。该移植流程一般包含需求分析、移植可行性分析、设计、实现、测试 5 个步骤,如图 13-3 所示。

软件工程专家从研究移植的一般方法和研究某个具体移植问题的解决方法两个方面出发,来研究源代码移植。

Fleurey 等人提出了在源代码移植流程中采用模型驱动工程(Model Driven Engineering,MDE)的方法有效地将软件移植到目标环境中;段成戈提出了基于偏序规划的软件重构方法用于软件移植流程,可提高源代码移植的效率;IBM 印度研究实验室的 Varma 提出了存根库用于软件移植过程中软件功能的测试与验证。

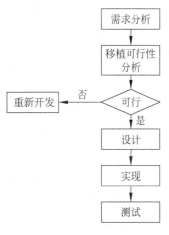

图 13-3 源代码移植流程

根据源和目标环境的差别,具体移植问题可细分成不同种类,常见的分类有操作系统移植、数据库移植、编程语言移植、体系结构移植和用户界面移植。目前,操作系统移植的研究主要集中于嵌入式操作系统的移植,数据库移植的研究主要集中于向 Oracle 数据库管理系统的移植,编程语言移植的研究主要集中于向 Java 语言的移植,体系结构移植的研究主要集中于向面向服务体系结构(SOA)的移植,用户界面移植的研究主要集中于从图形用户界面向 Web 用户界面的移植。当前源代码移植方法的研究比较成熟,可有效地指导软件移植实践,但缺乏相应的工具,导致其效率不高。

13.8.2 二进制移植方法

当应用程序以二进制程序分发后,就与特定的指令集和操作系统绑定了,而操作系统则与实现特定的存储、I/O 系统接口的计算机绑定在一起。因此,当软件二进制移植的目标环境与源环境差异非常大时,其实现困难重重。目前,虚拟机技术是解决二进制移植的最主要的技术,它通过在目标环境中虚拟出二进制程序依赖的源环境,可以有效地实现软件从源环境向目标环境的二进制移植。

虚拟机技术又分为进程虚拟机和系统虚拟机。进程虚拟机支持一个应用程序二进制接口(Application Binary Interface,ABI),即用户指令和系统调用;系统虚拟机支持完整的指令集体系结构(Instruction Set Architecture,ISA),包括用户指令和系统指令,如图 13-4 所示。

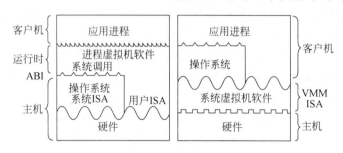

图 13-4　进程虚拟机(左)和系统虚拟机(右)

进程虚拟机可细分为多道程序系统、动态二进制优化器、动态翻译器和高级语言虚拟机。多道程序系统即由操作系统调用接口和用户指令集组合而成的机器,是大多数操作系统所支持的进程。动态二进制优化器不仅将源代码翻译成目标代码,还执行一些代码优化工作,其基本目标就是执行二进制优化。高级语言虚拟机生成支持虚拟 ISA 的中间代码,以支持其在不同平台上执行,如 Oracle 公司的 Java 虚拟机体系结构、微软公司的公共语言基础结构(Common Language Infrastructure,CLI)就是最流行的高级语言虚拟机。

系统虚拟机也可细分为标准系统虚拟机、主机虚拟机、全系统虚拟机、协同设计虚拟机。标准系统虚拟机在硬件上安装一层名为 VMM(Virtual Machine Monitor)的软件,该软件访问并管理所有硬件资源,客户机操作系统和编译到这个操作系统的应用程序都由 VMM 管理,Xen 就是典型的标准系统虚拟机。主机虚拟机即在现有的主机操作系统上构造虚拟软件,该虚拟软件可依赖主机操作系统提供的设备驱动和其他低层服务,不需要 VMM 的支持,VMWare 即是一种典型的主机虚拟机。全系统虚拟机支持客户机和主机系统使用不同 ISA的情形,如在 Apple PowerPC 系统中支持 IA-32 的 Windows PC 系统的运行,典型的全系统虚拟机有 Bochs、QEMU 等。协同设计虚拟机的目标是为了能够创建新的 ISA 以及改善硬件实现的性能和功耗,其最典型的例子是 Transmeta Crusoe。在该处理器中,底层硬件采用本地 VLIW 指令集,客户机 ISA 是 Intel IA-32。

虚拟机技术是实现软件平滑移植的利器,但其消耗一定的机器资源,影响了移植后软件的运行效率(具体内容参见第 14 章)。因此,如何提高虚拟机的性能是当前二进制移植研究的重点。

13.9　小结

引起软件演化的原因是多方面的,如环境的改变、功能的增加、更优算法的发现,等等,所以,对软件演化进行理解和控制比较复杂而又困难,还存在许多问题有待解决。在软件动态演化的研究过程中,需要重点关注软件需求、软件动态演化以及重构。

13.10　思考题

1. 简述软件演化的几种定义,这几种定义各有哪些侧重点?
2. 造成软件演化的原因有哪些?
3. 在软件动态演化中,根据粒度大小分为哪几个层次? 分别举例说明。
4. 什么是软件再工程? 它与软件维护有什么区别?
5. 简述软件再工程模型。
6. 软件如何重构? 说一说常见的软件重构的方法。
7. 简述软件移植的方法。

第14章 云计算的体系结构

You must not blame me if I do talk to the clouds. City life is millions of people being lonesome together.

——梭罗《瓦尔登湖》，1854

在过去的几年里，云计算已成为新兴技术产业中最热门的领域之一。

随着负载的改变和大数据集应用的驱动，软件的体系结构也发生了新的变化。

云计算是一种新兴的基础架构方法，谷歌、亚马逊、IBM、微软、雅虎等IT巨头，正以前所未有的速度、规模推动云计算技术和产品的普及，众多的成功公司还包括 Salesforce、Facebook、VMWare、YouTube、MySpace。这些，都反映了IT行业的计算和数据从桌面向大规模数据中心移动的趋势，并以服务的方式按需提供软件、硬件、数据。数据爆炸促发了云计算体系结构的思想。那么，云计算到底是什么？现在的发展现状如何？实现机制是怎样的？它又有哪些主要平台？本章将讨论这些问题，目的是帮助读者对云计算的体系结构形成一个初步的认识。

本章共分5个部分介绍云计算的体系结构，14.1节介绍云计算，14.2节介绍云计算服务模型，14.3节介绍云计算的主要平台，14.4节介绍新兴云软件环境，最后的14.5节，对云计算的机遇与挑战进行剖析。

14.1 云计算

云计算是当前一个热门的技术名词，很多专家认为，云计算会改变互联网的技术基础，甚至会影响整个产业的格局。正因为如此，很多大型企业都在研究云计算技术和基于云计算的服务，几年之间，云计算已从新兴技术发展成为当今的热点技术。

然而，任何新出现的计算和信息技术都会经历一个成熟周期。

作为全球最具权威的IT研究与顾问咨询公司，Gartner(高德纳)公司成立于1979年，总部设在美国康涅狄克州的斯坦福。从1995年开始，其每年报告中的技术成熟路线就是根据技术发展周期理论来分析新技术的发展周期曲线，以便帮助人们对某种新技术是否采用做判断。图14-1所示的技术状态发生在2012年7月，这个周期展示了在5个阶段对技术的预期。这种预期，在触发阶段到膨胀阶段的一个高峰阶段迅速升高。在经历一个短期的幻灭阶段后，预期会跌入谷底，然后，经历一个较长的复苏阶段的平稳增长，达到生产力水平成熟期。新兴技术达到必然阶段的所需年数已经用下面的特殊标记进行标识，其中，空心圆圈表示两年时间被主流采用的技术；灰色圆圈代表2～5年被主流采纳的技术；实心圆圈表示需要5～10年时间

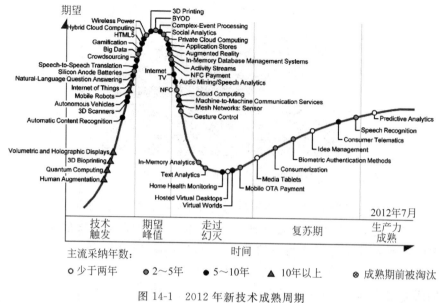

图 14-1 2012 年新技术成熟周期

被主流采纳的技术；三角形表示需要 10 年以上时间的技术；十字圆圈代表在达到成熟期前就被淘汰的技术。

如图 14-1 所示，云计算(Cloud Computing)技术经过了 2012 年预期阶段的峰值，将在 2～5 年达到生产力稳定阶段。许多其他技术(图中灰色圆圈标识)，在 2012 年 7 月处于预期峰值阶段，将可能在未来的 5～10 年内达到成熟稳定期。一旦一个技术开始进入复苏期范围，在 2～5 年将达到生产力成熟阶段。

近年来，社交网络、电子商务、数字城市、在线视频等新一代大规模的互联网应用，发展迅猛。这些新兴的应用，具有数据存储量大、业务增长速度快等特点。据国际数据公司 (International Data Corporation，IDC)统计，2011 年全球被创建、被复制的数据总量为 1.8ZB ($1ZB=10^{21}B$)，其中，75%来自个人，远远超过人类有史以来所有印刷材料的数据总量 200PB ($1PB=10^{15}B$)。谷歌公司通过大规模集群和 MapReduce 软件，每个月处理的数据量超过 400PB；百度每天大约要处理几十皮字节数据；Facebook 注册用户超过 10 亿，每月上传的照片超过 10 亿张，每天生成 300TB($1TB=10^{12}B$)以上的日志数据；淘宝网会员超过 3.7 亿，在线商品超过 8.8 亿，每天交易数千万笔，产生约 20TB 数据。这反映了 IT 业计算和数据从桌面向大规模数据中心移动的趋势，并以服务的方式按需提供软件、硬件和数据。

由此看来，数据爆炸促发了云计算的思想。

14.1.1 云计算的定义和技术特点

直到今天，云计算"一个概念、多种表述"的状况并没有多大改观，学术界对云计算尚无统一定义，权威机构对云计算的定义也不尽相同。云计算是一个概念，而不是指某项具体的技术或标准，于是，不同的人从不同的角度出发就会有不同的理解。

像盲人摸象一样，大家给出各自对云计算的理解，如图 14-2 所示。

首先，看看各分析师的看法，他们对于业界的众多厂商有着全面的了解，因而他们的说法有一定的中立性。

图 14-2　盲人摸象和对云计算的理解

作为世界最著名的证券零售商和投资银行之一,美林证券(Merrill Lynch)认为,云计算是通过互联网从集中的服务器交付个人应用(电子邮件、文档处理、演示文稿)和商业应用(销售管理、客户服务、财务管理)。这些服务器共享资源,如存储、处理能力、带宽。通过共享,资源能得到更有效的利用,而成本也可以降低 80%～90%。

在线资源信息周刊(InformationWeek)的定义则更加宽泛,云计算是一个环境,其中任何的 IT 资源都可以以服务的形式提供。

连财经媒体也对云计算很感兴趣,美国付费发行量最大的财经媒体《华尔街日报》(*The Wall Street Journal*)也在密切跟踪云计算的进展,并认为,云计算使得企业可以通过互联网从超大数据中心获得计算能力、存储空间、软件应用和数据。客户只需要在必要时为他使用的资源付费,就可以避免建立自己的数据中心并采购服务器和存储设备。

下面,再来看一下各 IT 厂商的看法。

IBM 给出了如下定义:"云是虚拟计算资源池。云可以处理各种不同的负载,包括批处理式后端作业和交互式用户界面应用。"基于这个定义,云通过迅速提供虚拟机、物理机允许负载被快速配置和划分。最终,云计算系统可以通过实时监视资源来确保分配在需要时平衡。

谷歌的 CEO Schmidt 博士认为,云计算把计算和数据分布在众多分布式计算机上,这使计算、存储获得了很强的可扩展能力,并方便了用户通过多种接入方式(例如计算机、手机等)方便地接入网络获得应用和服务。其重要特征是开放式,不会有一个企业能控制和垄断它。谷歌中国区前总裁李开复称,整个互联网就是一朵云,网民们需要在云中方便地连接任何设备、访问任何信息、自由地创建内容、与朋友分享。云计算就是要以公开的标准和服务为基础,以互联网为中心,提供安全、快速、便捷的数据存储和网络计算服务,让互联网这片云成为每一个网民的数据中心和计算中心。可见,云计算其实就是谷歌的商业模式,谷歌也一直在不遗余力地推广这个概念。

微软对于云计算的态度则稍显矛盾。如果未来的计算能力和软件全集中在云上,那么,客户端就不需要很强的处理能力了,操作系统也就失去了大部分作用。因此,微软的说法一直是"云+端"。微软认为,未来的计算模式是云端计算,而不是单纯的云计算。这里的端,是指客户端,也就是说,云计算一定要有客户端来配合。微软全球资深副总裁张亚勤博士认为,"目前,数据、软件、平台、基础设施都已成为云计算的战略资源,而今后云计算的发展,则取决于上述战略资源同'集中计算、按需应用'模式的整合与关联的程度,用一个简单的公式来表达就是云计算=(数据+软件+平台+基础设施)×服务。"微软对于云计算本身的定义并没有什么不同,只不过是强调了"云端互动"在云计算中的重要性。

再来看一下学术界。

网格计算之父 Ian Foster 认为,云计算是一种大规模分布式计算的模式,可以同时服务许多异构的、大小不一的应用程序,主要通过利用多任务的特性来获得更高的吞吐量。他认为云计算的 4 个关键点是大规模可扩展性;可以被封装成一个抽象的实体,并提供不同的服务水平给外部用户使用;规模化带来的经济性;服务可以被动态配置(通过虚拟化或者其他途径),按需交付。

加州大学 Berkeley 分校认为,云计算既指通过互联网交付的应用,也指在数据中心中提供这些服务的硬件和系统软件。前半部分即 SaaS(Software as a Service),后半部分则称为 Cloud。简单地说,Berkeley 认为云计算就是"SaaS+效用计算(Utility Computing)"。如果这个基础架构可以使用付费的方式提供给外部用户,那么就是公共云,否则就是私有云。公共云既是效用计算,SaaS 的提供者,同时也是公共云的用户。

中国工程院的李德毅院士形象地把未来云计算社会比作"淘宝网"。每个人都可以在网上开店,但不会关心淘宝网的数据存储在哪里。有人提供免费服务,最关心的问题只是东西能否卖出去。在云生态里,把"云滴"比作服务,把"阳光"比作用户需求,把"云"比作服务的聚合,那么,"水库"可以看作各种各样的云计算中心,如客户关系管理中心、数据管理中心、存储中心等。因为云是共享的,水库可以是私有的。类比水的生态循环,基于网络的信息服务和信息流动就构成了云的生态环境,"水流云在,水随天去"。

不难发现,对于云计算定义,大家基本上还是有一个一致的看法,只是在某些范围的划定上有所区别。

云计算提供了一个虚拟化的按需动态供应硬件、软件、数据集的弹性资源平台,如图 14-3 所示。它的思想是将桌面计算移到面向服务的平台上来使用数据中心的服务器集群和大数据库。云计算利用低成本和易用性,向付费用户提供硬件、软件、存储、网络、服务,最终使用户和供应商双赢。有人将这种模式比喻为从单台发电机供电模式转向了电厂集中供电模式。这意味着,计算能力也可以作为一种商品进行流通,就像煤气、水、电一样,取用方便、费用低廉。其最大的不同在于,云是通过互联网进行传输的。

图 14-3 数据中心的虚拟化资源形成互联网云

人们经常将云计算与电力系统比较,是因为电力行业经历了从出售电力系统设备到经营中央电厂、提供电力服务的转变。事实上,银行、城市供水/供气等社会服务系统也都有类似的发展历程。信息资源也可以和其他生产、生活资源一样,采用服务的方式提供。这种服务需要像水、电、气、银行等系统那样实现集约化基础上的公用化,云计算正是实现这一重要变革的核心技术载体。信息基础设施公用化之后,产生的将是以"云"为载体、集中供给的信息资源功能的云服务。如表 14-1 所示,云服务与水、电等服务相比有着更丰富、复杂的内涵。表中的边际成本,指增加一单位的产量随即产生的成本增加量。

表 14-1　云服务与水、电服务

		云服务	水电服务
不同点	形式	丰富(多样化和多粒度)	统一
	功用	个性化(价值因受众而异)	通用
	损耗	信息不会损失	一次性使用
	用户角色	双重(消费者、提供者)	单一(消费者)
	传送	双向,不受时空限制	单向,受地理位置限制
	控制	全局无规划,无统一调度	全局有规划,有统一调度
	经济性	边际成本递减	边际成本递增
相同点		资源在网上,而不是在用户端;依靠传输网络送达;按需付费,计量服务	

从技术背景来看,云计算是并行计算(Parallel Computing)、分布式计算(Distributed Computing)和网格计算(Grid Computing)的发展,或者说,是这些计算科学概念的商业实现。

云计算也是虚拟化(Virtualization)、效用计算(Utility Computing)、将基础设施作为服务 IaaS(Infrastructure as a Service)、将平台作为服务 PaaS(Platform as a Service)、将软件作为服务 SaaS(Software as a Service)等概念混合演进并跃升的结果。

从研究现状来看,云计算具有以下特点:

(1) 超大规模。云具有相当规模,谷歌云计算已经拥有 100 多万台服务器,亚马逊、IBM、微软、雅虎等公司的云,均拥有几十万台服务器。云能赋予用户前所未有的计算能力。

(2) 虚拟化。云计算支持用户在任意位置,使用各种终端获取服务。所请求的资源来自云,而不是固定的、有形的实体。应用,在云中某处运行,但实际上,用户无须了解应用运行的具体位置,只需要一台笔记本或 PDA,就可以通过网络服务来获取各种能力超强的服务。

(3) 高可靠性。云使用了数据多副本容错、计算节点同构可互换等措施来保障服务的高可靠性,使用云计算比使用本地计算机更加可靠。

(4) 通用性。云计算不针对特定的应用,在云的支撑下,可以构造出千变万化的应用,同一片云,可以同时支撑不同的应用运行。

(5) 高可扩展性。云的规模可以动态伸缩,以满足应用和用户规模增长的需要。

(6) 按需服务。云是一个庞大的资源池,用户按需购买,像自来水、电、煤气那样计费。

(7) 极其廉价。云的特殊容错措施,使得用户能采用极其廉价的节点来构成云;云的自动化管理,使数据中心管理成本大幅降低;云的公用性和通用性,使资源的利用率大幅提升;云设施,可以建在电力资源丰富的地区,从而大幅降低能源成本。因此,云具有前所未有的性能价格比。

正是因为云计算具有上述 7 个特性,用户只需连上互联网,就可以源源不断地使用计算机资源,实现了"网络就是计算机"甚至"云就是计算机"的构想。综上所述,云计算是分布式计算、互联网技术、大规模资源管理等技术的融合与发展,其研究和应用是一个系统工程,涵盖了数据中心管理、资源虚拟化、海量数据处理、计算机安全等重要问题。

最后,图 14-4 标识了推动分布式系统及其应用的主要计算范式。

这些范式有一些共同的特征,即它们实现了计算机效用的愿景。首先,在日常生活中它们是普适的,在这些模型中,可靠性和可扩展性是两个主要设计目标。其次,它们都是针对自组织支持动态发现的自动化业务。最后,这些范式中 QoS 和服务级协议(Service-Level Agreement,SLA)是可调节的。这些范式及其特性实现了计算机效用的愿景。

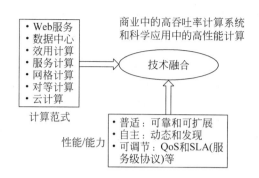

图 14-4 现代软件系统中的计算机效用愿景

14.1.2 云计算的分类

下面,从云计算的部署方式和服务类型来总结分析现在的各种云方案。

1. 根据部署模式分类

云将用户解放了出来,使他们专注于应用程序的开发,并通过将作业外包,给云提供商创造商业价值。如图 14-5 所示,根据云计算服务的部署方式和服务对象范围可以将云分为 3 类,即公共云、私有云和混合云。

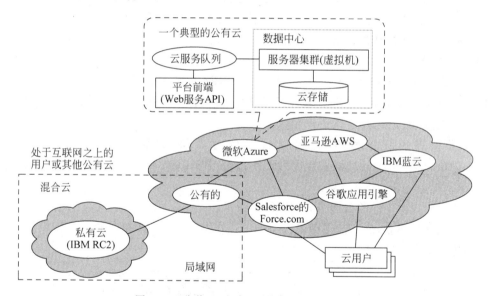

图 14-5 公共云、私有云、混合云的功能结构

1) 公共云

当云以按服务方式提供给大众时,称为公共云。

公共云由云提供商运行,为最终用户提供各种各样的 IT 资源。云提供商可以提供从应用程序、软件运行环境,到物理基础设施等方方面面的 IT 资源的安装、管理、部署和维护。最终,用户通过共享的 IT 资源实现自己的目的,只要为其使用的资源付费(Pay-as-you-go),就能通过比较经济的方式获取所需的 IT 资源服务。

在公共云中,最终用户不知道共享使用资源的还有哪些其他用户,以及具体的资源底层如何实现,甚至几乎无法控制物理基础设施。所以,云服务提供商必须保证所提供资源的安全性、可靠性等非功能性需求,云服务提供商的服务级别,也因这些非功能性服务的提供的不同进行分级。特别是,严格按照安全性和遵从法规的云服务要求来提供服务,需要更高层次、更成熟的服务质量保证。公共云的例子有亚马逊的 Web 服务(Amazon Web Service,AWS)、谷歌的应用程序引擎(Google App Engine,GAE)、微软的 Azure、IBM 的蓝云和 Salesforce.com 的 Force.com。

2)私有云

商业企业和其他社团组织不对公众开放,为本企业或社团组织提供云服务(IT 资源)的数据中心称为私有云。

相对公共云,私有云的用户完全拥有整个云中心设施,可以控制哪些应用程序在何处运行,并能决定允许哪些用户使用云服务。私有云的服务提供对象针对企业或社团内部,因此,私有云上的服务较少受到公共云中的诸多限制,如带宽、安全、法规等。而且,通过用户范围控制、网络限制,私有云可以提供更多的安全、私密保证。这些会影响云的标准化,但是能获得更大的可定制和组织控制力。

私有云提供的服务类型也是多样化的,私有云不仅可以提供 IT 基础设施的服务,而且支持应用程序、中间件运行环境等云服务,如企业内部的管理信息系统(MIS)云服务。

3)混合云

混合云是把公共云和私有云结合到一起的方式。

如图 14-5 左下角所示,用户可以通过一种可控的方式部分拥有,部分与他人共享资源。企业可以利用公共云的成本优势,将非关键的应用部分运行在公共云上;同时,将安全性要求更高、关键性更强的主要应用,通过内部的私有云提供服务。例如,RC2(Research Compute Cloud)是 IBM 构造的一个私有云,它连接了 8 个 IBM 研究中心的计算和 IT 资源,这些研究中心分别分布在美国、欧洲、亚洲。混合云提供最终端、合作者网络和第三方组织的使用范围。

2. 根据服务类型分类

依据云计算的服务类型,也可以将云分为 3 层,即将基础设施作为服务 IaaS(Infrastructure as a Service)、将平台作为服务 PaaS(Platform as a Service)和将软件作为服务 SaaS(Software as a Service)。

不同的云层提供不同的云服务,如图 14-6 所示。

这些云层逐层建立,没有云平台就没有 SaaS 应用。如果计算和存储的基础设施不存在,就不能构建云平台。

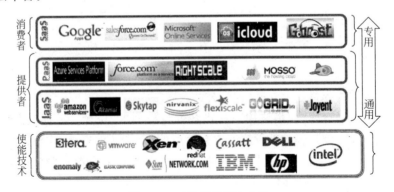

图 14-6　云计算的层次分类

1）基础设施即服务

IaaS(Infrastructure as a Service)位于云计算 3 层服务的最底端。

IaaS 将硬件设备等基础资源封装成服务供用户使用,如亚马逊云计算(Amazon Web Services,AWS)的弹性计算云(Elastic Compute Cloud,EC2)、简单存储服务(Simple Storage Services,S3)。在该环境中,用户相当于使用裸机和磁盘,既可以运行 Windows,也可以运行 Linux,因而几乎能做任何想做的事情,但是,用户必须考虑如何才能让多台机器协同工作。AWS 提供了在节点之间互通消息的接口简单队列服务(Simple Queue Service,SQS)。IaaS 最大的优势在于允许用户动态申请或释放节点,并按使用量计费。运行 IaaS 的服务器规模达到几十万台之多,可以认为,用户能够申请的资源几乎是无限的。同时,IaaS 是由公众共享的,因而具有更高的资源使用效率。

2）平台即服务

PaaS(Platform as a Service)位于云计算 3 层服务的最中间,通常称为“云计算操作系统”。

PaaS 对资源的抽象层次更进一步,它提供了用户应用程序的运行环境,典型的例子有 Google App Engine。而微软的 Azure,也可大致归入这一类。PaaS 负责资源的动态扩展和容错管理,用户应用程序不必过多地考虑节点间的配合问题。但与此同时,用户的自主权降低,必须使用特定的编程环境并遵照特定的编程模型。这有点像在高性能集群计算机里进行 MPI 编程,只适用于解决某些特定的计算问题。PaaS 服务主要面向软件开发者,如何让开发者通过网络在云计算环境中编写并运行程序,在以前是一个难题。在网络带宽逐步提高的前提下,两种技术的出现,解决了这个难题:一个是在线开发工具,开发者可通过浏览器、远程控制台(控制台中运行开发工具)等技术直接在远程开发应用,而无须在本地安装开发工具;另一个是本地开发工具和云计算的集成技术,即通过本地开发工具,将开发好的应用部署到云计算环境中,同时能够进行远程调试。

3）软件即服务

SaaS(Software as a Service)是最常见的云计算服务,位于云计算 3 层服务的顶端。

SaaS 将某些特定应用软件功能封装成服务,如 Salesforce 公司提供的在线客户关系管理 (Client Relationship Management,CRM)服务。SaaS 既不像 PaaS 那样提供计算或存储资源类型的服务,也不像 IaaS 那样提供运行用户自定义应用程序的环境,它只提供某些专门用途的服务供应用调用。这类服务既有面向普通用户的,例如谷歌 Calendar 和 Gmail;也有直接面向企业团体的,用于帮助处理工资单流程、人力资源管理、协作、客户关系管理、业务合作伙伴关系管理等。这些 SaaS 提供的应用程序减少了客户安装和维护软件的时间、技能等代价,并且可以通过使用付费的方式来减少软件许可证费用的支出。

需要指出的是,随着技术的深化发展,不同云计算解决方案之间相互渗透融合,同一种产品,往往横跨两种以上类型。

在 Web 应用开发中,云混搭系统(Cloud Mashup)是指一个网页、应用结合了两个以上的资源提供的数据、表达、功能来构建新的服务。云混搭系统需要兼顾各个云平台的优势和使用习惯。例如,在把 AWS 和 GAE 混搭时,需要保持 AWS 的 MapReduce,又可以通过 GAE 易于操作的 Web 接口来实现可控、可管理。

14.1.3　云计算与网格计算

很多人都会问:云计算真如大家所期望的那样实用吗? 云计算和网格计算到底有什么

区别？

从历史上看，网格计算的出现过程与云计算很相似，并且也都是有关计算和网络的概念。

网格计算（Grid Computing）的想法由 Ian Foster、Carl Kesselman 和 Steve Tuecke 在 2001 年提出，实际上，它是一个研究课题，并不是一个商业概念。但是，商业界的大企业都认为它有很大的商机，于是，纷纷按照各自的想法对网格计算的概念进行扩充，增加了许多类似于今天云计算的想法。但问题出现了，网格计算研究的领域与商业使用场景之间的距离太远，学术界的成果没办法转化成商业产品，花费巨资搭建的网格环境只能解决学术问题，而普通企业用不上。因此，目前网格技术的应用范围显得比较狭窄。

表 14-2　网格计算与云计算

网格计算	云计算
异构资源	同构资源
不同机构	单一机构
虚拟组织	虚拟机
科学计算为主	数据处理为主
高性能计算机	服务器/PC
紧耦合问题	松耦合问题
免费	按量计费
标准化	尚无标准
科学界	商业社会

表 14-2 把网格计算和云计算进行了比较。

从中不难发现，网格计算和云计算的本质区别在于，网格计算强调的是"由多机构组成的虚拟组织"，多个机构的不同服务器构成虚拟组织，为用户提供强大的计算资源；而云计算更强调在"机构内部的分布式计算资源的共享"。无论是亚马逊的 EC2、S3，还是谷歌的云计算，其实都是由一个能统一控制资源的机构来满足计算、存储需求，并最终确保服务质量。网格计算（多为一）是多台计算机为一个科学计算任务服务，而云计算中心（一为多）则为大量互联网用户服务。

云计算的应用背景很明确并有商业价值。云计算的成功有着很清晰的商业模式，因为云计算针对的应用背景非常明确。较网格计算而言，云计算更强调服务，无论是 SaaS 还是 PaaS，云计算把软件、存储、平台等都作为一种服务提供给用户，无论是做科学计算还是做数据在线存储，云计算都是以一种服务的形式呈现给最终用户。正是因为有了服务，云计算才能针对不同的服务采取不同的商业模式。尤其在云计算中备受关注的云存储，由于为终端用户提供存储服务，而这种服务的对象可以是普通用户（如谷歌的 Gmail 服务），所以，才使得普通用户能够接受这种商业模式，并按提供的存储空间来收费。

14.2　云计算服务模型

14.2.1　云设计目标

尽管针对使用数据中心或大 IT 公司的集中式计算和存储服务来替换桌面计算的争论一

直存在,但是,云计算组织对于云计算广泛接受、必须执行的观点已达到共识。下面,列举云计算的 6 个设计目标。

(1) 将计算从桌面移向数据中心:计算处理、存储、软件发布从桌面和本地服务器移向互联网数据中心。

(2) 服务配置和云效益:提供商供应云服务,必须与消费者和终端用户签署服务等级协议(SLA)。服务在计算、存储、功耗方面必须有效,定价基于按需付费的策略。

(3) 性能可扩展性:云平台、软件和基础设施服务必须能够根据用户数的增长而相应扩容。

(4) 数据隐私保护:云要成为可信服务必须妥善解决能否信任数据中心处理个人数据和记录问题。

(5) 高质量的云服务:云计算的服务质量必须标准化,这样才能使云可以在多个提供商之间进行互操作。

(6) 新标准和接口:主要解决与数据中心、云提供商相关的数据锁定问题。API 和接入协议需要虚拟化应用程序,才能具备较好的兼容性和灵活性。

总之,云计算的目标以低成本的方式,提供高可靠、高可用、规模可伸缩的个性化服务。

为了达到上述目标,需要数据中心管理、虚拟化、海量数据处理、资源管理与调度、QoS 保证、安全与隐私保护等若干关键技术加以支持。云体系结构的开发有 3 层,即基础设施层、平台层和应用程序层,如图 14-6 所示。显然,首先部署基础设施层来支持 IaaS 服务,基础设施层为支持 PaaS 服务构建云平台层的基础,平台层为 SaaS 应用实现应用层的基础。不同类型的云服务,分别需要这些不同资源的应用。

14.2.2 基础设施层 IaaS

IaaS 层是云计算的基础。

通过大规模数据中心,IaaS 层为上层云计算服务提供海量的硬件资源。同时,在虚拟化技术的支持下,IaaS 层可以实现硬件资源的按需配置,并提供个性化的基础设施服务。根据上面两点,IaaS 层主要研究两个问题:①如何建设低成本、高效能的数据中心? ②如何扩展虚拟化技术,实现弹性、可靠的基础设施服务?

1. 数据中心设计和互连网络

2008 年,加州大学伯克利分校的 David Patterson 说过,"数据中心就是计算机。这种以服务的方式将软件提供给数百万用户,与之前的分发软件让用户在自己 PC 上运行,有着明显的不同。"

图 14-7 显示谷歌的 Dalles 数据中心。俄勒冈州的波特兰以东约 80mile,旁边是哥伦比亚河,河上有座 Dalles 大坝,大坝为数据中心提供便宜的电力。数据中心有两座 4 层楼高的冷却塔,这个数据中心有 3 个超大机房(图中的 4 个白色建筑,有 3 个是服务器机房),每个机房有45 个集装箱,每个集装箱可以放置 1160 台服务器,所以,Dalles 数据中心可以存放约 15 万台服务器。数据中心是云计算的核心,并形成规模化效益,即较大的数据中心有更低的单位成本。微软公司也十分重视数据中心的建设,大约有 100 个或大或小的数据中心分布在世界各地。

与传统的企业数据中心不同,云计算数据中心具有以下特点:

(1) 自治性。相比传统的数据中心需要人工维护,云计算数据中心的大规模性要求系统

图 14-7   谷歌的 Dalles 数据中心的鸟瞰图

在发生异常时能自动重新配置,并从异常中恢复,而不影响服务的正常使用。

(2)规模经济。通过对大规模集群的统一化、标准化管理,使得单位设备的管理成本大幅降低。

(3)规模可扩展。考虑到建设成本、设备更新,云计算数据中心往往采用大规模、高性价比的设备组成硬件资源,并具备扩展规模的空间。

基于以上特点,下面看一看数据中心核心设计的两个问题:一个是数据中心网络拓扑,另一个是有效的绿色节能技术。

1)数据中心网络设计

目前,大型的云计算数据中心由上万个计算节点构成,而且节点数量呈上升趋势。

数据中心关键的核心设计是数据中心集群中所有服务器之间的互连网络,其中的网络设计必须满足 5 个特殊要求,即低延迟、高带宽、低成本、消息传递接口(Message Passing Interface,MPI)通信支持、容错。服务器间的物理设计必须满足所有服务器节点之间的点对点和群通信模式。

建立数据中心规模的网络有两种方法:一种以交换机为中心,另一种以服务器为中心。

在以交换机为中心的网络中,交换机用于连接服务器节点。以交换机为中心的设计,不需要对服务器做任何修改,也不会影响服务器端。以服务器为中心的设计,不会修改运行在服务器上的操作系统,需要使用特殊的驱动程序来转发网络数据包,并组织交换机来实现互连。

下面以胖树互连网络为例来说明网络拓扑结构。

如图 14-8 所示,该结构可以由 $5k^2/4$ 个 k 口交换机连接 $k^3/4$ 个计算节点。胖树互连网络由边缘层、汇聚层、核心层构成,其中,边缘层和汇聚层可分解为若干个 Pod,每一个 Pod 含 k 台交换机,分属边界层和汇聚层(每层 $k/2$ 台交换机),Pod 内部以完全二分图的结构相连。边缘层交换机连接计算节点,每个 Pod 可连接 $k^2/4$ 个计算节点。汇聚层交换机连接核心层交换机,每个 Pod 连接 $k^2/4$ 台核心层交换机。基于该结构,可以保证任意两点之间有多条通路,计算节点在任何时刻,两两之间可无阻塞通信,从而满足云计算数据中心高可靠性、高带宽需求。同时,胖树互连网络可以用小型交换机来连接大规模计算节点,既有良好的可扩展性,又降低了数据中心的建设成本。

2)数据中心节能技术

云计算数据中心规模庞大,为了保证设备正常工作,需要消耗大量的电能。

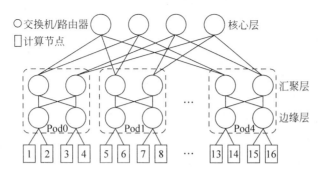

图 14-8　胖树互连拓扑结构

据估计,一个拥有 50 000 个计算节点的数据中心,每年耗电量超过 1 亿 kW·h,电费达到 930 万美元。因此,需要研究有效的绿色节能技术来解决能耗开销问题。实施绿色节能技术不仅可以降低数据中心的运行开销,而且能减少二氧化碳的排放,有助于环境保护。

对数据中心的保护需要集成的解决方案。云计算系统中的能源消耗引起了资金、环境和系统性能方面的多种问题。例如,地球模拟器和每秒千万亿次浮点运算是以 12MW 和 100MW 为能源峰值的系统。如果按 100 美元/MW 计算,那么,它们在峰值期间运行的能源成本会是 1200 美元/h 和 10 000 美元/h,这超出了许多系统运营者的预算承受范围。另外,除了能源成本外,冷却也是不得不提的问题,因为高温会对电子元件造成负面影响。电路温度的上升,使线路超出正常使用温度范围,还缩短了元件的使用寿命。

2. 虚拟机的配置

数据中心为云计算提供了大规模资源。为了实现基础设施服务的按需分配,需要研究虚拟化技术。

作为 IaaS 层的重要组成部分,虚拟化也是云计算的重要特点。虚拟化(Virtualization)是将底层物理设备与上层操作系统、软件分离的一种“去耦合”技术,虚拟化的目标是实现 IT 资源“利用效率和灵活性”的最大化。虚拟化开发主要关注高可用性、备份服务、负载均衡、客户群的深入增长,并具备以下特点:

(1) 资源分享。通过虚拟机封装用户各自的运行环境来有效实现多用户分享数据中心资源。

(2) 资源定制。利用虚拟化技术,用户配置私有服务器,指定所需的 CPU 数量、内存容量、磁盘空间来实现资源的按需分配。

(3) 细粒度资源管理。把物理服务器拆分成若干虚拟机,可以提高服务器的资源利用率,减少浪费,而且有助于服务器的负载均衡和节能。

基于以上特点,虚拟化技术成为实现云计算资源池化和按需服务的基础。为了进一步满足云计算弹性服务、数据中心自治性的需求,需要讨论数据中心服务器合并、虚拟存储技术和在线迁移技术。

1) 数据中心服务器合并

在数据中心中,大部分服务器资源并未得到充分利用,使得大量硬件、空间、能耗、管理成本被浪费。

服务器合并采用减少网络服务器数目的方法,是改进硬件资源利用率低的有效途径。在众多服务器合并技术中,集中合并和物理合并是基于虚拟化的服务器合并时最有效的合并方式。数据中心需要优化资源管理,但是,这些服务器合并技术在服务器整机级别进行,很难使资源管理得到有效优化。服务器虚拟化则处在一个比物理服务器更小的资源分配粒度上,可以更有效地优化资源管理。服务器虚拟化带来的额外好处是,合并增强了硬件的利用效率,使得资源得到更灵活的配置和调度,总体拥有成本得到降低,改进了可用性和业务连续性。

2)虚拟存储技术

在系统虚拟化技术复兴之前,"存储虚拟化"一词已被广泛使用。然而,该词在系统虚拟化环境中具有不同的含义。

以前,存储虚拟化用在物理机器领域,大量描述了在很粗的粒度上聚集和重新划分磁盘。系统虚拟化的最重要的方面是封装和隔离。在系统虚拟化中,虚拟存储包括由虚拟机监视器(Virtual Machine Monitor,VMM)和客户操作系统管理的存储。通常,存储在该环境中的数据可划分为两类,即虚拟机镜像和应用程序数据。虚拟机镜像是虚拟机环境中的特殊产品,而应用程序数据及所有其他数据,则与传统操作系统中的数据相同。

3)虚拟机在线迁移

虚拟机在线迁移指虚拟机在运行状态下从一台物理机移动到另一台物理机。

虚拟机在线迁移技术对云计算平台的有效管理具有重要的意义。

- ◇ 提高系统可靠性:一方面,在物理机需要维护时,可以将运行于物理机的虚拟机转移到其他物理机。另一方面,可利用在线迁移技术完成虚拟机运行时备份,当主虚拟机发生异常时,可将服务无缝地切换到备份虚拟机。
- ◇ 有利于负载均衡:在物理机负载过重时,可以通过虚拟机迁移达到负载均衡,从而优化数据中心的性能。
- ◇ 有利于设计节能方案:通过集中零散的虚拟机,可使部分物理机完全空闲,以便关闭这些物理机,或使物理机休眠,达到节能目的。

这样,系统虚拟化软件,可被看作一种硬件模拟机制,可以在系统虚拟化软件上不加修改,就直接运行在裸机的操作系统上。表14-3列了一些目前广泛使用的系统虚拟化软件。当前,虚拟机安装在云计算平台上,主要用于托管第三方程序。同时,虚拟机提供了灵活的运行时服务,用户获得解放,不需要再担心系统环境。

表 14-3 计算、存储和网络云中的虚拟化资源

提供商	亚马逊的 Web 服务(AWS)	微软 Azure	谷歌应用引擎(GAE)
使用服务器虚拟集群的计算云	x86 指令集、Xen 虚拟机,资源弹性要求必须通过虚拟集群或者第三方组织提供可扩展性	由声明性描述所分配的公共语言运行时虚拟机	预定义的 Python 应用程序框架处理器,自动伸缩,与 Web 应用不一致的服务器故障切换
虚拟存储的存储云	快存储模型(EBS)和放大的键/对象存储(SimpleDB),从 EBS 到全自动(SimpleDB,S3)的自动伸缩	SQL 数据服务(SQL 服务器的限制视图)、Azure 存储服务	MegaStore/BigTable
网络云服务	声明性的 IP 拓扑、隐藏的放置细节、安全组限制通信、可用性区域隔离网络故障、应用的弹性 IP	用户声明性描述的自主性或者应用程序组件的角色	固定拓扑引入三层 Web 应用结构,伸缩是自动的且程序员不可见

3. 典型的 IaaS 层平台

下面介绍两种典型的 IaaS 平台,即亚马逊的 EC2 和 Eucalyptus。

亚马逊弹性计算云(Elastic Computing Cloud,EC2)为公众提供基于 Xen 虚拟机的基础设施服务。EC2 的虚拟机分为标准型、高内存型、高性能型等多种类型,每一种类型的价格各不相同。用户可以根据自身应用的特点与虚拟机价格,定制虚拟机的硬件配置和操作系统。EC2 的计费系统根据用户的使用情况(一般为使用时间)对用户收费。在弹性服务方面,EC2 可以根据用户自定义的弹性规则,扩张、收缩虚拟机集群规模。目前,EC2 已拥有 Ericsson、Active.com、Autodesk 等大量用户。

Eucalyptus 是加州大学圣巴巴拉分校开发的开源 IaaS 平台。和 EC2 等商业 IaaS 平台不同,Eucalyptus 的设计目标是研究、发展云计算的基础平台。为了这个目标,Eucalyptus 的设计强调开源化、模块化,以便研究者对各功能模块升级、改造、更换。目前,Eucalyptus 已实现了和 EC2 相兼容的 API,并部署于全球各地的研究机构。

14.2.3 平台层 PaaS 和应用程序层 SaaS

PaaS 层作为 3 层核心服务的中间层,既为上层应用提供简单、可靠的分布式编程框架,又需要基于底层的资源信息调度作业、管理数据,并屏蔽底层系统的复杂性。随着数据密集型应用的普及和数据规模的日益庞大,PaaS 层需要具备存储、处理海量数据的能力。

下面首先介绍 PaaS 层的海量数据存储与处理技术,然后讨论这些技术的资源管理与调度策略。

1. 海量数据存储与处理技术

1)海量数据存储和大数据处理

新知识经济时代创造了前所未有的机遇,但是,知识和信息爆炸也带来了十分严峻的挑战。

按照图灵奖获得者 Jim Gray 的预测:"网络环境下,每 18 个月内全球新增信息量,等于过去几千年的数据量之和。"相应地,云存储服务下的存储系统与传统的存储系统相比,主要具有以下不同:云存储系统需要提供面向多种类型的网络在线存储服务,而传统的存储系统,仅提供数据本地存储,因此易形成信息孤岛;云存储系统需要考虑数据的安全、可靠以及效率等指标,尤其在多用户、复杂网络环境下提供可靠的、高效的存储服务面临着更大的挑战。云计算环境中的海量数据存储既要考虑存储系统的 I/O 性能,又要保证文件系统的可靠性与可用性。

谷歌公司通过利用所操纵的海量数据,在云开发方面堪称"先锋"。

例如,在其他应用程序中,谷歌是 Gmail、谷歌文档、谷歌地图等云服务的先锋,这些应用,可以同时支持大量具有高可用性需求的用户。谷歌令人瞩目的技术包括 GFS(Google File System)、MapReduce、BigTable、Chubby。

根据谷歌应用的特点,GFS 对存储环境做了以下考虑:①系统架设在容易失效的硬件平台上;②需要存储大量 GB 级甚至 TB 级的大文件;③文件读操作,以大规模的流式读和小规模的随机读构成;④文件具有一次写多次读的特点;⑤系统需要有效处理并发的追加写操作;⑥高持续 I/O 带宽比低传输延迟重要。2008 年,谷歌宣布 GAE Web 应用平台成为许多小型云服务提供商的公共平台,该平台专门用来支持弹性的 Web 应用。GAE 使得用户能在与谷歌的搜索引擎相关联的大量数据中心中运行各自的应用程序。

近年来,大数据已经成为科技界和企业界关注的热点。

大数据(Big Data)又称为巨量资料,指的是所涉及的资料量规模巨大到无法通过目前的主流软件工具,在合理时间内达到撷取、管理、处理,并整理成为帮助企业经营决策更积极目的的资讯。2012 年 3 月,美国奥巴马政府宣布,投资两亿美元启动"大数据研究和发展计划",这是继 1993 年美国宣布"信息高速公路"计划后的又一次重大的科技发展部署。美国政府认为,大数据是"未来的新石油",将"大数据研究"上升为国家意志,对未来的科技与经济发展必将带来深远的影响。一个国家拥有数据的规模和运用数据的能力将成为综合国力的重要组成部分,对数据的占有和控制也将成为国家间和企业间新的争夺焦点。

这样,大数据处理的兴起也将改变云计算的发展方向,云计算正在进入以分析即服务(Analysis as a Service,AaaS)为主要标志的 Cloud 2.0 时代。

大数据具备 4V 特性,即体量(Volume)、多样性(Variety)、速度(Velocity)和价值密度(Value),如图 14-9 所示。或者说特点有 4 个层面:①数据体量巨大,从 TB 级别跃升到 PB 级别;②数据类型繁多,如前面提到的网络日志、视频、图片、地理位置信息等;③价值密度低,商业价值高,以视频为例,在连续、不间断的监控过程中,有用的数据可能仅仅有一两秒;④处理速度快,符合 1 秒定律,这一点和传统的数据挖掘技术有着本质的不同。

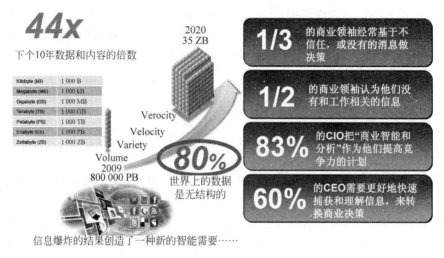

图 14-9 大数据的 4V 特性

大数据通常用来形容一个公司创造的大量非结构化和半结构化数据,这些数据在下载到关系型数据库用于分析时,会花费过多时间和金钱。大数据分析常和云计算联系到一起,因为实时的大型数据集分析需要像 MapReduce 一样的框架来向数十、数百,甚至数千的计算机分配工作。为了解决现有的商业软件难以处理大数据的规模和复杂性这个问题,大数据分析包括获取、存储、搜索、分享和可视化等。软件是大数据的引擎,与数据中心一样,软件同样也是大数据的驱动力。

谷歌的研究总监 Peter Norvig 认为,简单的模型加上海量的数据,比精巧的模型加上较少的数据更有效。

在业界,全球著名的谷歌、EMC、惠普、IBM、微软等公司已经意识到大数据挖掘的重要意义,研发了一批包含分布式缓存、分布式文件系统(GFS、HDFS)、非关系型 NoSQL 数据库(亚马逊的 Dynamo、Apache Cassandra、HBase)和新关系型 NewSQL 数据库等新技术。同时,上述 IT 巨头们纷纷通过收购大数据分析公司进行技术整合，希望从大数据中挖掘出更多的商业价值。

2）并行与分布式编程模型

PaaS 平台不仅实现海量数据的存储，而且提供数据的分析处理功能。由于 PaaS 平台部署于大规模硬件资源上，所以，海量数据的分析处理需要抽象处理过程，并要求其编程模型支持规模扩展，屏蔽底层细节且简单有效。并行和分布式程序设计定义为运行在多个计算引擎或一个分布式计算系统上的并行程序。其中，MapReduce、Hadoop 和微软的 Dryad 是最近提出的 3 种并行和分布式编程模型，如表 14-4 所示。谷歌的 MapReduce 和 Big Table 有效地使用互联网云和数据中心。服务云要求扩展 Hadoop、EC2、S3 来促进分布式存储系统上的分布式计算。

表 14-4 并行和分布式编程模型和工具集

模型	描述	特征
MapReduce	在大数据集或 Web 搜索操作上用于大集群的可扩展的 Web 编程模型	Map 函数生成一个中间的键值对集合；Reduce 函数用相同的键合并所有的中间值
Hadoop	一个用于在商业应用中海量数据集上编写和运行大型用户应用程序的软件库	提供给用户商业集群的易于访问的、可扩展的、经济的、有效的、可靠的工具
Dryad	主要用来构建支持有向无环图类型数据流的并行程序	根据程序的要求进行任务调度，自动在各个节点上完成任务

2. 资源管理与调度技术

托马斯·弗雷德曼（Thomas Friedman）在《世界是平的》中讲到，世界处于一个资源共享的时代，全球经济一体化的步伐越来越快。

同样，在云计算环境所带来的丰富资源面前，海量数据处理平台的大规模性给资源管理与调度带来挑战。研究有效的资源管理与调度技术，可以提高 MapReduce、Dryad 等 PaaS 层海量数据处理平台的性能。

1）副本管理技术

副本机制是 PaaS 层保证数据可靠性的基础，有效的副本策略，不仅可以降低数据丢失的风险，而且能优化作业完成时间。

Hadoop 是 Apache 用 Java（而不是用 C）编码和发布的 MapReduce 开源实现。2004 年，正当 Doug Cutting 这个开源搜索引擎 Nutch 和开源全文检索包 Lucene 之父，为平台的可靠性和性能深受困扰时，突然看到了谷歌发表的 GFS 和 MapReduce 论文，然后，自己花了两年时间将之实现，使平台的性能得到大幅度提升。2006 年，Doug Cutting 加入雅虎，并将这部分工作单列形成 Hadoop 项目组。而 Hadoop 的名称，并不是一个正式的英文单词，而是源于他的小儿子对所玩的小象玩具牙牙学语的称呼。

目前，Hadoop 采用了机架敏感的副本放置策略，该策略默认文件系统部署于传统网络拓扑的数据中心。以放置 3 个文件副本为例，由于同一机架的计算节点间网络带宽高，所以，机架敏感的副本放置策略将两个文件副本置于同一机架，将另一个置于不同机架。这个策略，既考虑了计算节点和机架失效的情况，也减少了因为数据一致性维护带来的网络传输开销。

2）任务调度算法

PaaS 层的海量数据处理以数据密集型作业为主，执行性能受到 I/O 带宽的影响。但是，网络带宽是计算集群(计算集群既包括数据中心中的物理计算节点集群,也包括虚拟机构建的集群)中急缺的资源:①云计算数据中心考虑成本因素,很少采用高带宽的网络设备;②IaaS层部署的虚拟机集群共享有限的网络带宽;③海量数据的读/写操作占用了大量的带宽资源。因此,PaaS层海量数据处理平台的任务调度需要考虑网络的带宽因素。

为了减少任务执行过程中的网络传输开销,可以将任务调度到输入数据所在的计算节点上,因此,需要研究面向数据本地性(Data-Locality)的任务调度算法。Hadoop以"尽力而为"的策略保证了数据本地性。

3)任务容错机制

为了使PaaS平台能在任务发生异常时自动从异常状态恢复,需要讨论任务容错机制。

MapReduce的容错机制在检测到异常任务时会启动任务的备份任务。备份任务和原任务同时进行,当其中一个任务顺利完成时,调度器立即结束另一个任务。Hadoop的任务调度器实现了备份任务调度策略。

3. 典型的PaaS平台

下面介绍4种典型的PaaS平台,即谷歌应用引擎、Salesforce.com的Force.com、微软的Azure、亚马逊的弹性MapReduce。

这些平台都用海量数据处理技术搭建,各具代表性,表14-5比较了上述平台所采用的关键技术。

表 14-5　PaaS 的公有云

云名称	语言及开发工具	提供商支持的编程模型	目标应用和存储选项
谷歌应用引擎	Python、Java 和基于 Eclipse 的 IDE	MapReduce、按需 Web 编程	Web 应用和 BigTable 存储
Salesforce.com 的 Force.com	Apex、基于 Eclipse 的 IDE 和基于 Web 的向导	工作流、Excel 类的公式和按需 Web 编程	商业应用,如 CRM
微软的 Azure	.NET、微软 Visual Studio 的 Azure 工具	不受限的模型	企业和 Web 应用
亚马逊的弹性 MapReduce	.NET、独立 SDK	MapReduce	数据处理和电子商务

4. 应用程序层 SaaS

SaaS层面向的是云计算终端用户提供的互联网软件应用服务。

随着Web服务、HTML、Ajax、云混搭等技术的成熟与标准化,近年来,SaaS应用发展迅速。典型的SaaS应用有谷歌Apps、Salesforce CRM等。

谷歌Apps包括谷歌Docs、Gmail等一系列SaaS应用。谷歌将传统的桌面应用程序,如文字处理软件、电子邮件服务等,迁移到互联网,并进行托管。通过Web浏览器,用户便可以随时随地访问谷歌Apps,而不需要下载、安装、维护任何硬件或软件。谷歌Apps为每个应用提供了编程接口,使各应用可以随意组合。谷歌Apps的用户既可以是个人用户,也可以是服务提供商。例如,企业可向谷歌申请域名为@example.com的邮件服务,以满足企业内部收发电子邮件的需求。在此期间,企业只需对资源使用量付费,而不必考虑购置、维护邮件服务器和邮件管理系统的开销。

Salesforce CRM部署在Force.com云计算平台,为企业提供客户关系管理服务,包括销售云、服务云、数据云等。通过租用CRM的服务,企业可以拥有完整的企业管理系统,用于管理内部员工、生产销售、客户业务。利用 CRM 预定义的服务组件,企业可以根据自身业务的特点定制工作流程。基于数据隔离模型,CRM 可以隔离不同企业的数据,为每个企业分别提供一份应用程序的副本。CRM 可根据企业的业务量为企业弹性分配资源。此外,CRM 为移动智能终端开发了应用程序,支持各种类型的客户端设备访问该服务,实现了泛在接入。

14.3　云计算主要平台

14.3.1　谷歌应用引擎

1998 年,斯坦福大学的博士生 Larry Page 和 Sergrey Brin 在车库里创建了谷歌公司,其网页分级(PageRank)技术,大大增加了搜索结果的相关性。2001 年,谷歌已经索引了近 30 亿个网页。2004 年,谷歌发布 Gmail,提供了闻所未闻的 1GB 免费邮箱,大家都还以为这是个愚人节玩笑。紧接着,谷歌又发布了 Google Map、被称为"上帝之眼"的 Google Earth,等等。

目前,google.com 已成为全世界访问量最高的站点。

谷歌在全球部署了约 200 多万台服务器,每天处理数以亿计的搜索请求和用户生成的约 24PB 数据,而且,这些数据还在不断迅速增长。同时,谷歌的安卓智能手机操作系统已经拥有超过 40% 的美国智能手机用户,而苹果仅以 8.9% 的市场份额排名第四。社交服务谷歌＋推出不到半月用户数量就突破了 1000 万,其增长速度真是罕见。数辆谷歌无人驾驶汽车,已经安全行驶了至少 22.5 万 km,没有发生过任何意外。谷歌机器翻译服务,能够实现 60 多种语言中任意两种语言间的互译。

那么,是什么技术造就了这家让人惊叹的公司?是什么样的平台在支撑这些让人匪夷所思的应用?

全世界的人,都很好奇。

谷歌的诀窍,在于它发展出简单而高效的技术,让多达百万台的廉价计算机协同工作,共同完成这些前所未有的任务,这些技术在诞生几年之后才被命名为谷歌云计算技术。谷歌使用的云计算基础架构模式包括 4 个相互独立又密切结合在一起的系统:建立在集群之上的文件系统 GFS、MapReduce 编程模式、分布式的锁机制 Chubby、大规模分布式数据库 BigTable。

1. 谷歌文件系统

谷歌文件系统(Google File System,GFS)是一个大型的分布式文件系统。

GFS 为谷歌云计算提供海量存储,并且与 Chubby、MapReduce、BigTable 等技术的结合十分紧密,处于所有核心技术的底层。由于 GFS 并不开源,我们仅能从谷歌公布的技术文档中了解。

GFS 的新颖之处,并不在于采用多么令人惊讶的技术,而在于采用廉价的商用机器构建分布式文件系统,将容错的任务交给文件系统来完成,利用软件的方法解决系统可靠性问题,这样使得存储的成本成倍下降。由于 GFS 中的服务器数目众多,服务器死机是经常发生的事情,甚至不算异常现象,因此,如何在频繁的故障中确保数据存储的安全,保证提供不间断的数据存储服务是 GFS 最核心的问题。GFS 的精彩在于采用了多种方法,从多个角度,使用不同的容错措施来确保整个系统的可靠性。

1) 系统架构

GFS 的系统架构如图 14-10 所示。

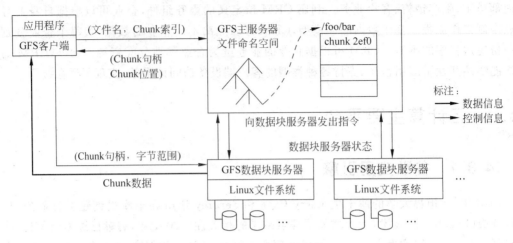

图 14-10　GFS 的系统架构

GFS 将整个系统的节点分为 3 类角色,即 Client(客户端)、Master(主服务器)和 Chunk Server(数据块服务器)。

Client 是 GFS 提供给应用程序的访问接口,作为一组专用接口,它不遵守 POSIX 规范,以库文件的形式提供。应用程序直接调用这些库函数,并与该库连接在一起。Master 是 GFS 的管理节点,逻辑上只有一个,用来保存系统的元数据,负责整个文件系统管理,是 GFS 文件系统中的“大脑”。Chunk Server 负责具体的存储工作,数据以文件的形式存储在 Chunk Server 上,Chunk Server 的个数可以有多个,它的数目直接决定了 GFS 的规模。GFS 将文件按照固定大小进行分块,默认是 64MB,每一块称为一个 Chunk(数据块),每个 Chunk 都有一个对应的索引号(Index)。

客户端在访问 GFS 时,首先访问 Master 节点,获取要交互的 Chunk Server 信息,然后直接访问 Chunk Server 完成数据存取。这种设计方法实现了控制流、数据流的分离。Client 与 Master 之间只有控制流,而无数据流,这就极大地降低了 Master 的负载,避免了系统性能瓶颈的产生。Client 与 Chunk Server 之间,数据流直接传输,并且由于文件被分成多个 Chunk 进行分布式存储,Client 可以同时访问多个 Chunk Server,使得整个系统 I/O 高度并行,系统整体性能得到提高。

相比传统的分布式文件系统,GFS 从多个方面进行了简化,从而在一定规模下达到成本、可靠性、性能的最佳平衡。具体来说,其特点包括采用中心服务器模式、不缓存数据、在用户态下实现、只提供专用接口几个。

2) 系统管理技术

从严格意义上讲,GFS 是一个分布式文件系统,包含从硬件到软件的整套解决方案。除了上面提到的关键方法以外,还有相应的系统管理技术来支持整个 GFS 应用。这些技术并不一定为 GFS 独有。

　　◇ 大规模集群安装技术:安装 GFS 的集群,通常有非常多的节点。现在的谷歌数据中心动辄有万台以上的机器在运行,那么,迅速地安装、部署一个 GFS 的系统,以及迅速地进行节点的系统升级,都需要相应的技术支撑。

　　◇ 故障检测技术:GFS 是构建在不可靠的廉价计算机上的文件系统,由于节点数目众多,故障发生十分频繁,那么在最短的时间内发现并确定发生故障的 Chunk Server,需要相关的集群监控技术。

◇ 节点动态加入技术：在新的 Chunk Server 加入时，如果需要事先安装系统，那么，系统扩展将是十分烦琐的事情。如果裸机加入就能自动获取系统，并安装运行，会大大减少 GFS 维护的工作量。

◇ 节能技术：数据表明，服务器的耗电成本大于当初的购买成本，因此，谷歌采用了多种机制来降低服务器的能耗。例如，对服务器主板进行修改，采用蓄电池代替昂贵的 UPS(不间断电源系统)，并提高能量的利用率。这个设计，让谷歌的 UPS 利用率达到 99.9%，而一般数据中心只能达到 92%～95%。

2. 并行数据处理 MapReduce

MapReduce 是一个软件框构，是一种处理海量数据的并行编程模式，用于大规模数据集(通常大于 1TB)的并行运算。

MapReduce 通过"Map"(映射)、"Reduce"(化简)这两个简单的概念来构成运算基本单元，用户只需提供自己的 Map 函数和 Reduce 函数就能并行处理海量数据。

由于 MapReduce 有函数式和矢量编程语言的共性，使得该编程模式特别适合于非结构化和结构化的海量数据的搜索、挖掘、分析与机器智能学习等。

1) 背景和编程模型

与传统的分布式程序设计相比，MapReduce 封装了并行处理、容错处理、本地化计算、负载均衡等细节，还提供了一个简单而强大的接口。通过接口，可以把大尺度的计算自动地并发、分布执行，编程因此变得很容易。用户还可以通过由普通 PC 构成的巨大集群来满足极高的性能。另外，MapReduce 还具有较好的通用性，大量的问题都可以通过 MapReduce 轻松解决。

MapReduce 把数据集的大规模操作分发给一个主节点管理下的各分节点共同完成，通过这种方式来实现任务的可靠执行与容错机制。每个时间周期，主节点都会对分节点的工作状态进行标记，一旦分节点标记为死亡状态，那么这个节点上的所有任务都将分配给其他分节点重新执行。

据相关统计，每使用一次谷歌搜索引擎，谷歌的后台服务器就要进行 10^{11} 次运算。

这么庞大的运算量，如果没有好的负载均衡机制，有些服务器的利用率会很低，有些则会负荷太重，有些甚至可能死机，这些都会影响系统对用户的服务质量。使用 MapReduce 这种编程模式，就保持了服务器之间的均衡，提高了整体效率。图 14-11 说明了在 MapReduce 框架中，从 Map 到 Reduce 函数的逻辑数据流。

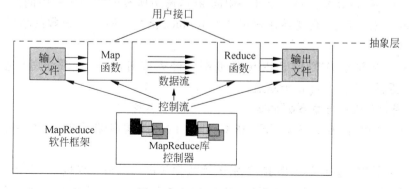

图 14-11　MapReduce 框架

在这个框架中,数据的 value 部分<key,value>是实际数据,key 部分由 MapReduce 控制器来控制数据流。在编程的时候,软件工程师需要编写以下两个主要函数。

Map：$<in\_key, in\_value>\rightarrow\{<key_j, value_j> \mid j = 1\cdots k\}$

Reduce：$<key, [value_1, \cdots, value_m]>\rightarrow<key, final\_value>$

Map 和 Reduce 的输入参数、输出结果,根据应用的不同有所不同。

Map 的输入参数是 in_key 和 in_value,它指明了 Map 需要处理的原始数据有哪些。Map 的输出结果是一组<key,value>对,这是经过 Map 操作所产生的中间结果。在 Reduce 操作之前,系统已经将所有 Map 产生的中间结果进行了归类,使得相同 key 对应的一系列 value 能够集中在一起,提供给一个 Reduce 进行归并处理。也就是说,Reduce 的输入参数是<key, $[value_1, \cdots, value_m]>$。Reduce 的工作,需要对对应相同 key 的 value 值进行归并处理,最终形成<key, final_value>。这样,一个 Reduce 处理一个 key,所有 Reduce 的结果并在一起,就是最终结果。

2) 实现机制

在用户程序调用 MapReduce 函数时,会引起以下操作:

(1) 用户程序中的 MapReduce 函数库,首先把输入文件分成 M 块,每块 16～64MB,然后在集群上执行处理程序。

(2) 在分配的执行程序中,有一个程序比较特别,即主控程序 Master。剩下的执行程序,都是作为 Master 分配工作的 Worker。总共有 M 个 Map 任务和 R 个 Reduce 任务需要分配,Master 选择空闲的 Worker 来分配这些 Map、Reduce 任务。

(3) 一个分配了 Map 任务的 Worker 读取并处理相关的输入块,处理输入的数据,并且将分析出的<key,value>对传递给用户定义的 Map 函数。Map 函数产生的中间结果<key,value>对暂时缓冲到内存。

(4) 缓冲到内存的中间结果定时写到本地硬盘,这些数据通过分区函数分成 R 个区。中间结果在本地硬盘的位置信息将发送回 Master,然后,Master 负责把这些位置信息传送给 Reduce Worker。

(5) Master 通知 Reduce 的 Worker 关于中间<key,value>对的位置时,调用远程过程,从 Map Worker 的本地硬盘上读取缓冲的中间数据。当 Reduce Worker 读到所有的中间数据时,使用中间 key 进行排序,这样可以使相同 key 的值在一起。因为许多不同 key 的 Map 对应相同的 Reduce 任务,所以,排序是必需的。如果中间结果集过于庞大,那么需要使用外排序。

(6) Reduce Worker 根据每一个唯一中间 key,遍历所有的排序后的中间数据,并把 key 和相关的中间结果值集合,传递给用户定义的 Reduce 函数。Reduce 函数的结果将输出到最终的输出文件。

(7) 当所有的 Map 任务和 Reduce 任务都已经完成时,Master 激活用户程序。此时,Map、Reduce 返回到用户程序的调用点。

3. 大规模分布式数据库 BigTable

BigTable 是谷歌开发的基于 GFS 和 Chubby 的分布式存储系统,也是谷歌的 NOSQL 系统。

谷歌的很多数据,包括 Web 索引、卫星图像数据等在内的海量结构化、半结构化数据,都是存储在 BigTable 中的。从实现上看,BigTable 并没有什么全新的技术,但是,如何选择合适的技术,并将这些技术高效、巧妙地结合在一起,恰恰是最大的难点。谷歌软件架构师通过研究、实践,完美地实现了技术的选择及融合。BigTable 在很多方面和数据库类似,但并不是真正意义上的数据库。通过本节的学习,读者将会对 BigTable 的数据模型、系统架构、实现以及使用的数据库技术有一个全面的认识。

1) 设计目标

BigTable 开发团队确定了 BigTable 设计所需达到的以下几个目标。

(1) 广泛的适用性:BigTable 是为了满足一系列谷歌产品而并非特定产品的存储要求。

(2) 很强的可扩展性:根据需要,可以随时加入或撤销服务器。

(3) 高可用性:对于客户,有时即使短暂的服务中断也是不能忍受的。BigTable 设计的重要目标之一就是确保所有情况下的系统都可用。

(4) 简单性:底层系统的简单性,既可以减少系统出错的概率,也为上层的应用开发带来便利。

在目标确定之后,谷歌软件架构师在现有的数据库技术中进行了大规模筛选,希望能够将各种技术扬长避短、巧妙地结合起来。最终,实现的系统也确实达到了原定目标。下面,就开始详细讲解 BigTable。

2) 系统架构

BigTable 提供了一个比传统数据库系统更简化的数据模型。

图 14-12 描述了一个 Web Table 表格实例的数据模型。Web Table 存储了有关网页的数据,每个网页都能由 URL 访问,URL 被当作索引。列提供了和 URL 相关的不同数据,例如内容的不同版本、网页中出现的锚。从这一点来看,BigTable 是一个分布式的多维稀疏存储映射。

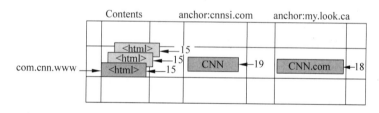

图 14-12 BigTable 的数据模型

BigTable 还需要得到一个锁服务的支持,BigTable 选用了谷歌自己开发的分布式锁服务 Chubby。在 BigTable 中,Chubby 主要有以下几个作用:

(1) 选取并保证同一时间内只有一个主服务器。

(2) 获取子表的位置信息。

(3) 保存 BigTable 的模式信息、访问控制列表。

BigTable 是在谷歌的另外 3 个云计算组件基础之上构建的,基本架构如图 14-13 所示。BigTable 主要由 3 个部分组成,即 BigTable 客户端程序库、一个 BigTable 主服务器、多个 BigTable 子表服务器。当客户需要访问 BigTable 服务时,首先要利用库函数执行 open()操作打开一个锁(实际上就是获取文件目录),锁打开以后,客户端就可以和子表服务器通信了。和许多具有单个主节点的分布式系统一样,客户端主要和子表服务器通信,几乎不和主服务器进行通信,这使得主服务器的负载大大降低。主服务器主要进行元数据的操作以及子表服务器之间的负载调度,实际的数据存储在子表服务器上。

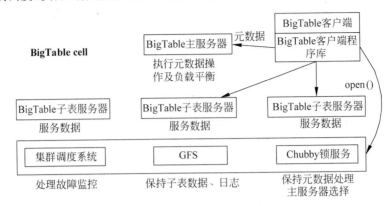

图 14-13　BigTable 的基本架构

14.3.2　亚马逊的弹性计算云

亚马逊是美国最大的在线零售商,已经成为提供公有云服务的"领袖"。

2002 年开放了电子商务平台亚马逊的 Web 服务(Amazon Web Service,AWS),迄今为止,共有 4 种主要服务,即简单存储服务(Simple Storage Service,S3)、弹性计算云(Elastic Compute Cloud,EC2)、简单队列服务(Simple Queuing Service,SQS)、简单的数据库管理(Simple DB)。亚马逊让零售商可以将自己的商品放到亚马逊网络商店中,存储商品价格、顾客评估等资料,进行后台管理。这样,亚马逊就不再仅仅卖书,而是当上了电子商务零售业的"包租公"。现在,亚马逊通过互联网提供存储、计算处理、消息队列、数据库管理系统等"即插即用"型的服务。

EC2 是亚马逊云计算环境的基本平台,其主要特性如下:

(1) 灵活性。允许用户对运行的实例类型、数量自行配置,还可以选择实例运行的地理位置,并根据用户的需求随时改变实例的使用数量。

(2) 低成本。使得企业不必为暂时的业务增长而购买额外的服务器设备。服务器都是按小时来收费的,而且价格很合理。

(3) 安全性。向用户提供了一整套安全措施,包括基于密钥对机制的 SSH 访问方式、可配置的防火墙机制等,同时,允许用户对应用程序进行监控。

(4) 易用性。用户可以根据亚马逊提供的模块自由构建自己的应用程序,并且会对用户的服务请求自动进行负载平衡。

(5) 容错性。利用系统提供的诸如弹性 IP 地址之类的机制,在故障发生时最大程度地保证用户服务维持在稳定的水平。

亚马逊是第一家引入应用托管虚拟机的公司。用户可以租借虚拟机,而不是用物理机器来运行他们的应用程序。通过虚拟机,用户可以自己选择加载任意软件。亚马逊提供了多种类型的预装虚拟机,实例通常称为亚马逊机器镜像(Amazon Machine Image,AMI)。AMI 是运行虚拟机的实例模板,这些虚拟机预先配置了 Linux、Windows 和一些附加软件。EC2 平台的运行环境如图 14-14 所示。

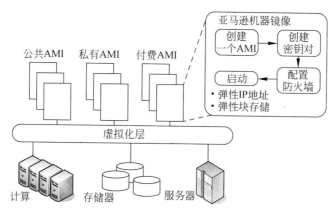

图 14-14　亚马逊 EC2 的运行环境

14.3.3　IBM 的蓝云系统

IBM 的蓝云(Blue Cloud)在硬件服务器平台上,结合已有的软件、虚拟化包以及开源和私有软件构成云计算环境。"蓝云"基于 IBM Almaden 研究中心的云基础架构,采用了 Xen 和 PowerVM 虚拟化软件、Linux 操作系统映像、Hadoop 软件。图 14-15 所示为蓝云系统架构图。蓝云计算平台由一个数据中心、IBM Tivoli 部署管理软件、IBM Tivoli 监控软件、IBM WebSphere 应用服务器、IBM DB2 数据库以及一些开源信息处理软件和开源虚拟化软件组成。蓝云的硬件平台环境与一般的 x86 服务器集群类似,采用刀片的方式增加了计算密度。蓝云软件平台的特点主要体现在虚拟机以及大规模数据处理软件 Apache Hadoop 的使用上。其中,Hadoop 是开源版本的 Google File System 软件和 MapReduce 编程规范。

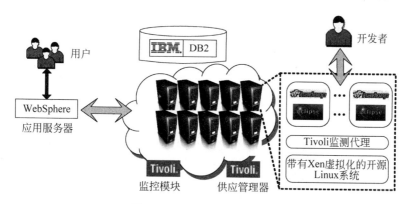

图 14-15　IBM 蓝云体系结构

下面介绍蓝云计算平台中的虚拟化技术。

蓝云软件的一个重要的特点是虚拟化技术的使用。虚拟化的方式在蓝云中有两个级别,一个是在硬件级别上实现虚拟化,另一个是通过开源软件实现虚拟化。硬件级别的虚拟化,可以使用 IBM p 系列的服务器获得硬件,逻辑分区的 CPU 资源能够通过 IBM Enterprise Workload Manager 来管理。这样的方式,加上实际使用过程中的资源分配策略,能够使资源合理地分配到各个逻辑分区。p 系列系统的逻辑分区最小粒度是 1/10 颗 CPU。Xen 则是软件级别上的虚拟化,能够在 Linux 基础上运行另外一个操作系统。

虚拟机是一类特殊的软件,能够完全模拟硬件的执行,运行不经修改的、完整的操作系统,它保留了一整套运行环境语义。虚拟机的方式在云计算平台上获得以下优点:①云计算的管理平台能够动态地将计算平台定位到所需要的物理节点上,而无须停止虚拟机平台上的应用程序,进程迁移方法更加灵活;②降低集群电能消耗,将多个负载不是很重的虚拟机计算节点合并到同一物理节点上,从而关闭空闲的物理节点,达到节约电能的目的;③通过虚拟机在不同物理节点上的动态迁移,迁移了整体的虚拟运行环境,获得与应用无关的负载平衡性能;④部署上更加灵活,可以将虚拟机直接部署到物理计算平台上,而虚拟机本身包括了相应的操作系统、应用软件,直接将大量的虚拟机映像复制到对应的物理节点即可。

然后介绍蓝云计算平台中的存储体系结构。

蓝云计算平台中的存储体系结构也非常重要,无论是操作系统、服务程序还是用户的应用程序的数据,都保存在存储体系中。蓝云存储体系结构包含类似于 GFS 的集群文件系统,以及基于块设备方式的存储区域网络(Storage Area Network,SAN)。

在设计存储体系结构时,不仅仅需要考虑存储容量的问题。实际上,随着硬盘容量的不断扩充、硬盘价格的不断下降,可以通过组合多个磁盘获得更大的磁盘容量。相对于磁盘的容量,在云计算平台的存储中,磁盘数据的读/写速度是一个更重要的问题,因此,需要对多个磁盘同时进行读/写。这种方式,要求将数据分配到多个节点的多个磁盘当中。为了达到这一目的,存储技术有两个选择,一是使用类似于 GFS 的集群文件系统,二是使用基于块设备的存储区域网络(SAN)系统。

在蓝云计算平台上,SAN 系统与分布式文件系统(例如 GFS)并不是相互对立的系统,SAN 提供块设备接口,需要在此基础上构建文件系统,才能被上层应用程序使用。而 GFS 正好是一个分布式的文件系统,能够建立在 SAN 之上。这两者都能提供可靠性、可扩展性,至于如何使用,还需要由建立在云计算平台上的应用程序来决定,这也体现了计算平台与上层应用相互协作的关系。

14.3.4　微软的 Azure

2008 年 10 月,微软公司正式推出云计算平台 Windows Azure Platform。

Azure 的意思是碧空、蓝天,就像人的想象力和创造力无穷无尽,没有极限。Windows Azure 是微软蓝天服务平台(Azure Service Platform)的一部分,该平台支持传统的微软编程语言和开发平台(如 C♯、.NET 平台),还支持 PHP、Python、Java 等多种非微软编程语言和架构。"蓝天"的重要性在于,它是继 Windows 取代 DOS 之后,微软的又一次颠覆性转型,通过在互联网架构上打造新计算平台,Windows 真正由 PC 延伸到"蓝天"上。微软希望,云平台最终和 PC 平台一样,能够让成千上万的第三方开发人员开发出丰富的应用、新颖的服务,而这样的平台,势必会造就一个全新的云产业。

微软的"蓝天"层次如下(如图 14-16 所示):

(1)"蓝天"的底层是微软全球基础服务系统 Global Foundation Services(GFS),由遍布全球的第四代数据中心构成。

(2)GFS 之上是 Windows Azure 操作系统,主要从事虚拟化计算资源管理、智能化任务分配,当接到用户计算需求时,系统会确定最合理的资源处理、数据传输、安全防护机制,并把运算任务分配给不同的 CPU,把存储任务分配给全球不同的微软数据中心。用户不需要知道子程序和数据在哪里,只要知道自己想做什么就足够了。

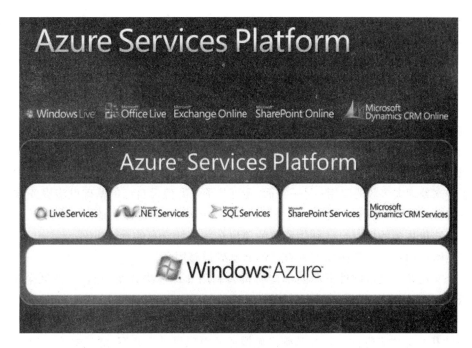

图 14-16 微软的 Azure

（3）Windows Azure 之上是一个应用服务平台，发挥构件的作用，为客户提供一系列服务，如 Live 服务、.NET 服务、SQL 服务等，用于帮助客户建立云计算应用，或将现有的业务扩展到云端。

（4）再往上是微软提供给开发者的 API、数据结构、程序库，最上层是微软为客户提供的服务，如 Windows Live、Office Live、Exchange Online 等。

Azure 的所有云服务都可以和微软的传统软件应用进行交互，如 Windows Live、Office Live、Exchange Online、SharePoint Online、动态 CRM Online。Azure 平台使用标准的 Web 通信协议 SOAP 和 REST。Azure 服务应用允许用户与其他平台或第三方云集成云应用。用户可以下载 Azure 开发工具箱来运行本地版本的 Azure，强大的 SDK 允许在 Windows 主机上开发和调试 Azure 应用程序。

14.3.5 我国云计算产业的发展

在我国，云计算发展也非常迅猛。

2008 年，IBM 先后在无锡、北京建立了两个云计算中心；世纪互联推出了 CloudEx 产品线，提供互联网主机服务、在线存储虚拟化服务等；中国移动研究院已经建立起 1024 个 CPU 的云计算试验中心。作为云计算技术的一个分支，云安全技术通过大量客户端的参与和大量服务器端的统计分析来识别病毒和木马，取得了巨大的成功。瑞星、趋势、卡巴斯基、McAfee、Symantec、江民、Panda、金山、360 安全卫士等，均推出了云安全解决方案。值得一提的是，云安全的核心思想与早在 2003 年就提出的反垃圾邮件网格非常接近。2008 年 11 月 25 日，中国电子学会专门成立了云计算专家委员会。截至 2012 年 5 月，中国电子学会已举办过 4 届中国云计算大会。

14.4 新兴云软件环境

14.4.1 开源云计算基础设施

目前,大家开始注意到云基础设施服务带来的一些挑战,例如隐私保护、安全性、可靠性等问题。因此,用户越来越希望有一种基于开源的云计算基础设施服务,这样,各公司和用户就可以灵活地搭建适合自己的云计算基础设施服务。例如,一方面,用户可使用亚马逊公司提供的基础设施服务来处理大多数的应用;另一方面,还可基于开源建设自己的基础设施服务,以便在自己的硬件资源上处理各种敏感数据。此外,开源的云计算基础设施服务还可以带来以下好处:

(1) 能够让更多的拥有自己硬件资源的单位有一个低成本的管理方案。

(2) 能够让用户进一步按需配置自己的云基础设施服务。

(3) 能够让拥有大量硬件资源的单位有机会利用开源解决方案,把自己的冗余资源向大众提供云基础设施服务,同时,推动云计算的开放。

(4) 能够推动云基础设施服务的创新。

下面就几个有代表性的云计算基础设施服务开源项目进行介绍,通过对比它们的目标、特性、框架构成等方面,来了解目前云计算服务支撑平台的发展状况和技术方向。

14.4.2 Eucalyptus

Eucalyptus 的全称是 Elastic Utility Computing Architecture for Linking Your Programs to Useful Systems,它是一个由加州大学圣巴巴拉分校研发的在集群或工作站上实现云计算的开源基础设施服务框架。

该项目的起因是当初发现大多数的云基础设施框架都是私有的,无法直接用于研究实验和进一步的分析,所以急需开发开源平台。因此,Eucalyptus 的最初定位是促进学术界对云计算以及相关实现技术、资源分配算法、服务水平协议(Service Level Agreement,SLA)机制与策略、使用模型等的研究与开发。Eucalyptus 的开发人员试图做一个类似亚马逊的弹性计算云,并提供接口兼容的开源项目,底层架构是按照支持多客户端的目标设计的。Eucalyptus 是基于常见的 Linux 工具和基本的 Web Service 技术实现的,因此,易于安装和维护。基于服务水平协议的计算模式,Eucalyptus 用户可以"租借"通过互联网获得的计算能力。

Eucalyptus 具备以下特性:

(1) 提供和亚马逊弹性计算云兼容的接口(包括 WWW 服务、查询接口两个方面)。

(2) 使用简单对象访问协议(Simple Object Access Protocol,SOAP)和网络服务安全(WS-Security)内部通信。

(3) 提供用于系统管理和计费的"云管理员"基本工具。

(4) 可以在一个云内为多个集群配置私有内部网络地址。

如图 14-17 所示,Eucalyptus 由服务实例、实例管理模块、组管理模块、云管理模块 4 个组件构成,其作用和关系为:以服务实例作为基本操作单元;实例管理模块负责虚拟机的执行和资源监控;组管理模块和部分实例管理模块相连,收集用于指导调度的实例采样信息,同时负责组的网络虚拟化;云管理模块协调组管理模块的云信息,并就服务水平协议、安全和网络方面与云用户展开交互。

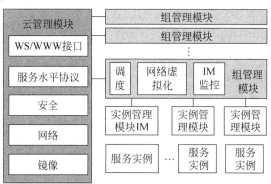

图 14-17　Eucalyptus 组件

　　Eucalyptus 的初衷是提供一个开源的"亚马逊弹性计算云系统",用来进行研究,由于它的出现源于网格计算阵营,因此其不少特点是从网格计算中的一些概念中引申而来的。Eucalyptus 给研究人员提供了一个能在弹性计算云上运行的云计算服务的设计、开发和测试模拟环境。

14.4.3　Nimbus

　　Nimbus 是芝加哥大学研究的云基础设施开源工具集。

　　自 2006 年开始,Nimbus 成为一个较有开创性的项目。Nimbus 项目的参与者有网格之父 Ian Foster 等人,开发团队包括 Globus 联盟的一些成员。因此,与 Eucalyptus 一样,Nimbus 和网格计算也有着比较紧密的联系。其主要特性如下:

　　(1) 具有弹性计算云的万维网服务描述语言(Web Services Description Language,WSDL)和网格计算的万维网服务资源框架(Web Services Resource Framework,WSRF)这两个接口集。

　　(2) 可以配置管理虚拟机的调度,以便使用便携式批处理系统(Portable Batch System,PBS)或 SGE(Sun Grid Engine)等常见调度程序。

　　(3) 具有"一键式"的自动配置虚拟集群功能。

　　(4) 为不同项目的软件自定义提供了可扩展的架构。

　　具体来说,基于原有的 Globus 4.0,Nimbus 在虚拟化方向上进行了延伸,允许用户通过部署虚拟机的方式租借远程资源,根据自己的需要构成一个虚拟的工作环境。Nimbus TP2.2 由服务结点、虚拟机管理器结点组成。此外,还有一个单独用于云客户端的软件,可以给通用需求的客户端提供简单的云计算环境部署。Nimbus 还可提供远程服务器使用的单独的程序包,便于管理员对云环境进行管理。客户端利用跨协议的 X.509 证书和服务进行通信。云客户端可以在短短几分钟内部署上线并运行。Nimbus 按照云配置对服务进行配置,为云用户的请求进行服务。云客户端则实现了基于 WWW 服务资源框架的网络服务消息传递。TP2.2 中新增加的功能,就是亚马逊弹性计算云的 WWW 服务描述语言的实现,从而使用户可以开发基于真实弹性计算云环境的系统。

　　如图 14-18 所示,Nimbus 的组件主要包括:①Workspace Service 站点管理;②基于万维网服务资源框架和弹性计算云的远程协议实现;③远程协议/安全和特定站点管理之间的桥连实现;④一键式集群云客户端,允许用户快速(几分钟内)地部署和运行实例;⑤Workspace

Pilot，允许将已配置资源分配给虚拟机；⑥Workspace 控制代理，在每个监控结点上实现虚拟机管理器和网络的特定任务；⑦Context Broker，允许客户端对自动和重复的大型集群启动过程进行协调。

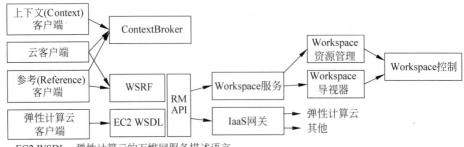

EC2 WSDL：弹性计算云的万维网服务描述语言
WSRF：万维网服务资源框架
RM API：资源管理器应用编程接口
IaaS：基础架构即服务

图 14-18　Nimbus 组件及调用关系

Nimbus 的一个重要的特性是背景融入。每一个结点所部署的特定环境（Context，如网格、工作站、虚拟集群等）各不相同，并且可能动态变化。例如，结点的 IP 地址、主机名可能重新分配，与部署相关的安全数据也会重新产生。因此，必须将当前的部署环境信息集合起来，使其在不同环境下能够持续、正常地工作，这个过程称为背景融入。通过这种技术，同一个云可以在不同环境中获得自动成功的启动配置并正常工作。

14.4.4　RESERVOIR

RESERVOIR（Resources and Services Virtualization without Barriers，无障碍资源和服务虚拟化）是 IBM 公司与 17 个欧洲组织正合作开展的云计算项目。

欧盟提供了 1.7 亿欧元作为部分资金。该项目旨在提供运用虚拟化技术的、面向服务的在线平台，其中按透明方式提供、管理资源和服务，并以按需方式实现低开销和高服务质量。RESERVOIR 的第一个发行版本是基于开放标准的、可扩展的、灵活独立的服务框架及其参考实现的。

RESERVOIR 目前正在开发的技术主要包括：

◇ 跨网络和存储的虚拟机，以及虚拟 Java 服务容器迁移技术。
◇ 遵循服务水平协议需求的资源分配算法。
◇ 跨 RESERVOIR 站点的服务部署和生命周期管理的服务定义语言。
◇ 安全部署和跨物理机以及 RESERVOIR 站点的虚拟机重调度安全机制。
◇ 商务信息模型和面向商务支付与计费机制。
◇ 实际工业案例在 RESERVOIR 环境中的测试环境开发。

RESERVOIR 的整体项目开源进展正在进行中，同时开源的虚拟机管理系统 OpenNebula 获得了 RESERVOIR 的部分资助，其架构如图 14-19 所示。

与 IBM 公司以往注重的方面类似，RESERVOIR 项目的重要目标是为欧洲范围内的云计算服务支撑平台及技术提供一套统一的标准，使得不同的平台之间可以互通、互访、互操作。从该项目基于 IBM 比较推崇的 Java 技术可以看出，提供较好的跨平台特性是 RESERVOIR 重点关注的方面，这能使统一的规范在已有的异构化平台上进行方便地部署和实现。

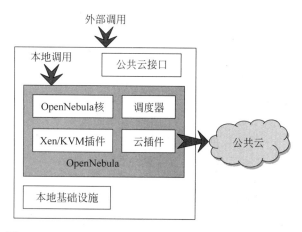

图 14-19 RESERVOIR 中的虚拟机管理系统 OpenNebula

14.5 云计算的机遇与挑战

亚当·斯密(Adam Swith)在《国富论》中对生产资源的社会化配置曾有过以下定义：在生产资源配置的初期，由于运输能力的限制，资源配置的方式是"沿河流"，随后的工业革命的财富传递，则是建立在铁路、公路连接的物流中。

而现在和未来，社会资源分配"沿互联网"，其具体实现途径则是云计算。下面，来看一看云计算的机遇与挑战。

1. 云计算和移动计算的结合

云计算和移动计算联系紧密，移动互联网的发展丰富了云计算的外沿。由于移动设备在硬件配置、接入方式上具有特殊性，所以许多问题值得研究。移动终端、集中式云、数据中心，在支持移动计算方面都有固有的缺点。移动终端面临有限的 CPU 处理能力、存储容量、网络带宽等问题，不能用于处理大规模数据(如在浏览器端解释执行脚本程序，如 JavaScript、Ajax等)。另外，互联网中的远程云平台面临广域网延迟问题，容易丢失连接，导致 SaaS 层服务的可用性降低。这样，可以提供一个资源丰富的门户，用于更新移动设备，使其具有服务远程云的能力，并使用虚拟机的灵活性来处理来自不同移动设备的请求。

2. 云计算与科学计算的结合

科学计算希望经济地求解科学问题。云计算能够给科学计算提供低成本的计算能力、存储能力，但是，在云平台上进行科学计算面临着效率低的问题。虽然一些提供商推出了面向科学计算的 IaaS 层服务，但是其性能和传统的高性能计算机相比还是差距不小。研究面向科学计算的云计算平台，首先要从 IaaS 层入手，而 IaaS 层的 I/O 性能成为影响执行时间的重要因素。首先，要考虑网络时延问题，传统的高性能计算集群采用 InfiniBand 网络降低传输时延，在虚拟机下对 InfiniBand 的支持显得很重要。其次，存在 I/O 带宽问题，虚拟机之间需要竞争磁盘、网络 I/O 带宽，对于数据密集型科学计算应用，I/O 带宽的减少会延长执行时间。再次，要在 PaaS 层讨论面向科学计算的编程模型。最后，对于复杂的科学工作流，要看如何根据执行状态与任务需求动态申请和释放云计算资源，优化执行成本。

3. 云计算的海量数据传输

云计算将海量数据在数据中心进行集中存放，对数据密集型计算应用提供强有力的支持。

按照吉尔德定律,在未来的 25 年,主干网的带宽每 6 个月会增加 1 倍,而且每比特的费用会趋于零。目前,许多数据密集型计算应用需要在端和云之间进行大数据量的传输。另外,按照亚马逊云存储服务的定价,若每年传输上述数据量,则花费约数万美元,其中并不包括支付给互联网服务提供商的费用。由此可见,云计算的海量数据传输将耗费大量的时间和经济开销。由于网络性价比的增长速度远远落后于云计算技术的发展速度,目前传输主要通过邮寄方式,将存储数据的磁盘直接放入云数据中心,这种方法仍然需要相当大的经济开销,并且在运输过程中容易导致磁盘损坏。为了支持更加高效、快捷的云计算的海量数据传输,需要从基础设施层入手,改变网络的组织方式和运行模式,提高网络的吞吐量。

4. 大规模应用的部署与调试

云计算采用虚拟化技术,在物理设备和具体应用之间加入了一层抽象,这要求原有基于底层物理系统的应用必须根据虚拟化做相应的调整,才能部署到云计算环境中,从而降低了系统的透明性和应用对底层系统的可控性。另外,云计算利用虚拟化技术能够根据应用需求的变化弹性地调整系统规模,降低运行成本。因此,对于分布式应用,开发者必须考虑如何根据负载情况动态地分配、回收资源。但该过程很容易产生错误,如资源泄漏、死锁等。上述情况,给大规模应用在云计算环境中的部署带来了巨大的挑战。

14.6 小结

云计算既代表了信息技术的不断进步,又孕育了一种全新的商业服务模式。在云计算体系结构下,位于网络终端一方的用户无须自购硬件,无须考虑如何配置和维护软件,无须为得到服务做任何预先投资,甚至无须知道是谁提供的服务,而只需关注自己真正获得什么样的资源或服务就可以了。通过软件服务化、资源虚拟化、系统透明化,云计算这种服务模式给 IT 公司带来了极大的好处,并把它们从设置服务器硬件、管理系统软件等低级任务中解放出来。同时,采用云计算模式能够实现在大规模用户聚集的情形下,以较低的服务成本提供高可用性的服务,从而保持企业的竞争优势。这也是云计算受到众多企业普遍青睐的原因。

14.7 思考题

1. 云计算有哪些特点? 云计算按服务类型可以分为哪几类? 云计算的体系结构可以分为哪几层? 请简述为何云计算技术是计算机技术的一次新飞跃?

2. 画一个层次化的结构图将裸机硬件、用户程序与 IaaS 云、PaaS 云和 SaaS 云的关系表示出来。在每层云中,简要列举主要云提供商提供的具有代表性的云服务。

3. 详细说明云计算应用程序使用数据中心虚拟化的主要优点。比较公有云和私有云,并指出它们在设计技术和应用灵活性方面的不同、优势和缺点。

4. 谷歌云计算包括哪些内容? 访问 GAE 网站,下载 SDK,搭建开发平台并配置各应用程序环境。

5. 访问微软的 Windows Azure 开发中心,下载 Azure 开发工具集和 Azure 的本地版。

6. 访问 AWS 云网站,并用 EC2 和 S3 规划一个实际计算应用。

参 考 文 献

[1] Roger S Pressman. Software Engineering：A Practitioner's Approach,7 Edition. McGraw-Hill,2010.

[2] Ian Sommerville. Software Engineering. 9 Edition. Addison-Wesley,2011.

[3] Kai Hwang,Geoffrey C. Fox, Jack J. Donggarra. Distributed and Cloud Computing：From Parallel Processing to the Internet of Things. Elsevier,2012.

[4] Mary Shaw. Software Architecture：Perspectives on an Emerging Discipline. Prentice Hall,1996.

[5] Jaroslav Tulach著. 软件框架设计的艺术. 王磊,朱兴译. 北京：人民邮电出版社,2011.

[6] Dioinidis Spinellis,Georgios Gousios 编. 架构之美. 王海鹏,等译. 北京：机械工业出版社,2010.

[7] 齐治昌. 软件设计与体系结构. 北京：高等教育出版社,2010.

[8] 覃征,刑剑宽,董金春,郑翔. 软件体系结构. 北京：清华大学出版社,2008.

[9] 刘鹏. 云计算. 二版. 北京：电子工业出版社,2011.

[10] 王伟. 计算机科学前沿技术. 北京：清华大学出版社,2012.

[11] 沈军. 软件体系结构——面向思维的解析方法. 南京：东南大学出版社,2012.

[12] 李千目. 软件体系结构设计. 北京：清华大学出版社,2008.

[13] 钟珞,袁景凌,等. 软件工程. 北京：科学出版社,2012.

[14] 牛振东,等. 软件体系结构. 北京：清华大学出版社,2007.

[15] 张友生. 软件体系结构原理、方法与实践. 二版. 北京：清华大学出版社,2011.

[16] 张春祥. 软件体系结构理论与实现. 北京：中国电力出版社,2011.

[17] 周华,孙兴平,等. 软件设计与体系结构. 北京：科学出版社,2012.

[18] 张友生. 软件体系结构. 二版. 北京：清华大学出版社,2006.

[19] 林·马斯,等. 软件构架实践. 二版. 北京：清华大学出版社,2004.

[20] 李长云,何频捷,李玉龙. 软件动态演化技术. 北京：北京大学出版社,2007.

[21] 张海藩. 软件工程导论. 5 版. 北京：清华大学出版社,2008.

[22] 齐治昌. 软件工程. 北京：高等教育出版社,2004.

[23] 殷人昆,等. 实用软件工程. 三版. 北京：清华大学出版社,2012.

[24] 卢潇,等. 软件工程. 2 版. 北京：中国水利水电出版社,2011.

[25] 李东生,等. 软件工程——原理、方法与工具. 北京：机械工业出版社,2009.

[26] 杜文洁,白萍. 实用软件工程与实训. 2 版. 北京：清华大学出版社,2013.

[27] 李军国,吴昊,等. 软件工程案例教程. 北京：清华大学出版社,2013.

[28] 许家怡. 软件工程——方法与实践. 2 版. 北京：电子工业出版社,2012.

[29] 宋礼鹏,张建华,等. 软件工程——理论与实践. 北京：北京理工大学出版社,2011.

[30] 张晓龙. 现代软件工程. 北京：清华大学出版社,2011.

[31] 郑炜,朱怡安. 软件工程. 西安：西北工业大学出版社,2010.

[32] 贾铁军. 软件工程技术及应用. 北京：机械工业出版社,2009.

[33] 李德毅. 网络时代的软件工程. 中国计算机学会通讯,第 5 卷 第 1 期,2009.

[34] 梅宏,申峻嵘. 软件体系结构研究进展. 软件学报. 第 17 卷 第 6 期,2006.

[35] 罗军舟,金嘉晖,宋爱波,东方. 云计算：体系架构与关键技术. 通信学报,2011.

[36] 金海. 漫谈云计算. 中国计算机学会通讯,2009.

[37] 陈康,郑纬民. 云计算：系统实例与研究现状. 软件学报. 第 20 卷 第 5 期,2009.

[38] 张亚勤. 与云共舞：再谈云计算. 中国计算机学会通讯,2009.

[39] 吴欣然,杨思睿,吴晓昕,何京翔. 面向服务的云计算基础设施. 中国计算机学会通讯,2009.

[40] 张莉,高晖,王守信. 软件体系结构评估技术. 软件学报. 第 19 卷 第 6 期,2008.

[41] 黄聪会,陈靖,张黎,李东阳. 软件移植理论与技术研究. 计算机应用研究. 第 29 卷 第 6 期,2012.

[42] 丁雪芳,张锐. 一种基于场景的轻量级软件架构分析方法. 西安科技大学学报. 第 31 卷 第 5 期,2011.

[43] 胡红雷,毋国庆,梁正平,刘秋华. 软件体系结构评估方法的研究. 计算机应用研究,2004.

[44] 沈群力,刘杰. 基于场景的两种软件体系结构评估方法. 计算机应用研究. 第 25 卷 第 10 期,2008.

[45] 孙昌爱,金茂忠,刘超. 软件体系结构研究综述. 软件学报. 第 13 卷 第 7 期,2002.

[46] 赵晓华. 软件拒绝喜新厌旧. 北京工业大学软件工程研究所. http://bpusei.com/all_html/lunwem22.html.

教 学 资 源 支 持

敬爱的教师：

感谢您一直以来对清华版计算机教材的支持和爱护。为了配合本课程的教学需要，本教材配有配套的电子教案（素材），有需求的教师请到清华大学出版社主页（http://www.tup.com.cn）上查询和下载，也可以拨打电话或发送电子邮件咨询。

如果您在使用本教材的过程中遇到了什么问题，或者有相关教材出版计划，也请您发邮件告诉我们，以便我们更好地为您服务。

我们的联系方式：

地　　　址：北京海淀区双清路学研大厦 A 座 707

邮　　　编：100084

电　　　话：010－62770175－4604

课件下载：http://www.tup.com.cn

电子邮件：weijj@tup.tsinghua.edu.cn

教师交流 QQ 群：136490705

教师服务微信：itbook8

教师服务 QQ：883604

（申请加入时，请写明您的学校名称和姓名）

用微信扫一扫右边的二维码，即可关注计算机教材公众号。

扫一扫
课件下载、样书申请
教材推荐、技术交流